Radongeschütztes Bauen

Walter-Reinhold Uhlig · Thomas Schönmuth ·
Joachim Kemski

Radongeschütztes Bauen

Grundlagen und Lösungen im Neubau sowie in der Sanierung

Springer Vieweg

Walter-Reinhold Uhlig
Dresden, Deutschland

Joachim Kemski
Sachverständigenbüro Dr. Joachim Kemski
Bonn, Deutschland

Thomas Schönmuth
Fakultät Maschinenwesen
Hochschule Zittau-Görlitz
Zittau, Deutschland

ISBN 978-3-658-38114-1 ISBN 978-3-658-38115-8 (eBook)
https://doi.org/10.1007/978-3-658-38115-8

Die Deutsche Nationalbibliothek verzeichnet diese Publikation in der Deutschen Nationalbibliografie; detaillierte bibliografische Daten sind im Internet über https://portal.dnb.de abrufbar.

Planung/Lektorat: Sandy Lunau
Springer Vieweg ist ein Imprint der eingetragenen Gesellschaft Springer Fachmedien Wiesbaden GmbH und ist ein Teil von Springer Nature.
Die Anschrift der Gesellschaft ist: Abraham-Lincoln-Str. 46, 65189 Wiesbaden, Germany

Inhaltsverzeichnis

1 Einführung

Radon gehört als chemisches Element mit der Ordnungszahl 86 zu den seltensten Elementen auf der Erde – der Anteil am Aufbau der Erdkruste wird auf etwa $6 \cdot 10^{-16}$ % geschätzt [1]. Gleichzeitig ist es die mit Abstand bedeutendste Quelle der natürlich vorkommenden ionisierenden Strahlung. So verursacht die Inhalation von Radon und seiner Zerfallsprodukte etwa die Hälfte der jährlichen Dosis der menschlichen Strahlenexposition aus natürlichen Quellen [2].

Ein häufiger Aufenthalt in Räumen mit einer erhöhten Radonkonzentration[1] erhöht das Risiko der Ausbildung von Lungentumoren. Dieser Zusammenhang ist durch viele, weltweit durchgeführte Studien belegt, für eine Indikation mit anderen Tumorarten oder weiteren Erkrankungen liegen bislang keine Kenntnisse vor [3]. Radon in Wohnungen und an Arbeitsplätzen ist inzwischen als weltweites Problem erkannt worden, der Schutz vor dessen schädigender Wirkung rückt deshalb seit einigen Jahren verstärkt in den Fokus und hat mit dem im Jahre 2017 verabschiedeten Strahlenschutzgesetz (Gesetz zum Schutz vor der schädlichen Wirkung ionisierender Strahlung) [4] eine gesetzliche Grundlage gefunden.

Die wichtigste Quelle für die Radonanreicherung in der Raumluft ist dessen Vorkommen im Erdreich. Über die Bodenluft kann Radon im Erdreich über weite Strecken transportiert werden, beim Austritt in die Atmosphäre erfolgt dann eine starke Verdünnung und somit Reduzierung der Radonkonzentration auf sehr niedrige Werte. Trifft die Bodenluft dagegen auf die erdberührten Teile eines Gebäudes (Bodenplatte, Grund-

[1] Hier und im Folgenden wird für die wissenschaftlich korrekte Bezeichnung „Radonaktivitätskonzentration“ von Radon-222 der Begriff „Radonkonzentration“ verwendet. Diese Lesart hat sich in großen Teilen der Fachliteratur, vor allem aber in der alltäglichen Verwendung weitestgehend durchgesetzt.

W.-R. Uhlig et al., *Radongeschütztes Bauen*,
https://doi.org/10.1007/978-3-658-38115-8_1

mauern usw.) kann diese in Abhängigkeit von der baulichen Ausbildung der erdberührten Gebäudehülle in unterschiedlicher Stärke ins Gebäude eindringen. Da zudem das Vorkommen von Radon im Erdreich aufgrund geologischer Randbedingungen sehr stark variiert, sind große Unterschiede in der Radonbelastung in Gebäuden zu beobachten.

Weitere Quellen für die Radonbelastung in Gebäuden sind die Abgabe aus Baustoffen sowie Wasser, allerdings mit deutlich geringerer Bedeutung für den Radonschutz. Bei den Maßnahmen des Radonschutzes kommt es demnach vorrangig darauf an, das Eindringen von Bodenluft ins Gebäude so weit zu reduzieren, dass erhöhte Radonkonzentrationen in der Raumluft vermieden werden. Eine weitere Strategie zur Reduzierung der Radonbelastung in Gebäuden besteht in einem erhöhten Luftaustausch von Raumluft mit der Außenluft. Die hier angesprochenen Grundprinzipien des Radonschutzes kommen allein oder in Kombination zur Anwendung, wobei zwischen den Maßnahmen in Neu- sowie Bestandsbauten grundsätzlich zu unterscheiden ist. Es entstehen somit unter Beachtung der vorhandenen Randbedingungen sowie den Zielen eine Vielzahl unterschiedlicher Lösungsmöglichkeiten, deren sinnvolle und effektive Anwendung umfangreiche Kenntnisse sowohl über die örtlich vorhandenen Ausgangssituationen als auch die erfolgversprechende Wahl und Anwendung der Maßnahmen erfordert.

Ziel des vorliegenden Buches ist es, die baulichen und lüftungstechnischen Radonschutzmaßnahmen umfassend und den aktuellen Kenntnisstand abbildend vorzustellen und Hinweise für deren sinnvolle und zielgenaue Anwendung im Neubaugeschehen als auch in der Gebäudesanierung zu geben. Dabei werden internationale Trends einbezogen, wird aber auch auf Situationen verwiesen, für die der aktuelle Wissensstand noch keine abschließenden Aussagen ermöglicht. Das betrifft neben verschiedenen Lösungen auch rechtliche Aspekte, auf die am Abschluss des Buches eingegangen wird. Zum Verständnis der grundlegenden Ausbreitungswege bzw. Wirkmechanismen werden einleitend die physikalischen Eigenschaften, geologische Aspekte und die gesundheitlichen Auswirkungen zusammengefasst dargestellt. Eine Übersicht über Wege der Messungen von Radonkonzentrationen gestattet Schlussfolgerungen über die Möglichkeiten aber auch Grenzen der Messwertermittlung in praxi.

Das Buch verfolgt einen umfassenden, das heutige Wissen zusammenfassenden Ansatz. Es wendet sich daher nicht nur an Bausachverständige, Architekten oder Bauplaner, sondern auch an alle Interessenten, die sich mit dem Thema des Radonschutzes beschäftigen.

Literatur

[1] Spektrum.de - Lexikon der Chemie, 05.05.2022, https://www.spektrum.de/lexikon/chemie/radon/7797.

[2] SOURCES, EFFECTS AND RISKS UNSCEAR 2019 Report to the General Assembly, with Scientific Annexes, ANNEX B: LUNG CANCER FROM EXPOSURE TO RADON.

[3] Radon - Dosiskoeffizienten - Empfehlungen der Strahlenschutzkommission, Verabschiedet in der 290. Sitzung am 05./06.12.2017.

[4] Gesetz zum Schutz vor der schädlichen Wirkung ionisierender Strahlung (Strahlenschutzgesetz - StrlSchG) vom 27.06.2017.

2 Physikalische Grundlagen

2.1 Entdeckung und Wesen der Radioaktivität

Zum Verständnis der grundlegenden Ausbreitungswege bzw. der Wirkmechanismen werden zunächst die Grundlagen der Radioaktivität kurz dargestellt.

Mit dem Ausgang des 19. Jahrhundert erfolgten bahnbrechende physikalische Entdeckungen. Wilhelm Conrad Röntgen's Entdeckung der von ihm als X-Rays bezeichneten Strahlung im Jahr 1895 kann dabei sicher als ein Meilenstein betrachtet werden. Dabei äußerte Henri Poincaré zunächst die Vermutung, dass Fluoreszenz-Effekte für die Entstehung dieser ungewöhnlichen Strahlung verantwortlich sind. Henri Becquerel (Abb. 2.1) – Professor im ‚Muséum d'histoire naturelle' – beschäftigte sich ebenfalls mit derartigen Fluoreszenz-Effekten und nutzte dazu auch ein Kalium-Uran-Sulfat. Dabei entdeckte er, dass dieses Material bei einer lichtgeschützten photographischen Platte eine Schwärzung hervorruft – im Gegensatz zu anderen Materialien wie ZinkSulfit (ZnS). Als Ursache identifizierte er eine – noch unbekannte – Strahlung aus dem Uran [1]. Uran als chemisches Element wurde bereits 1789 durch den deutschen Chemiker und Apotheker Martin Heinrich Klapproth aus dem Mineral Pechblende (Uraninit) isoliert. Das Erz stammte aus dem Bergwerk „Georg Wagsfort" in Wittigstal bei Johanngeorgenstadt in Sachsen.

In der Folgezeit wurden weitere Elemente entdeckt, die eine derartige Strahlung aussenden. Wegweisende Entdeckungen erfolgten von Marie und Pierre Curie (Abb. 2.2). Im Jahr 1898 konnten sie ein unbekanntes Element aus uranhaltigen Mineralien gewinnen. Marie Curie schlug für das dem Bismut ähnliche Element den Namen *„Polonium"* zu Ehren ihres Heimatlandes vor. Bei diesen Untersuchungen entdeckten sie ein weiteres Element, dass sie *„Radium"* (lat. „das Strahlende") nannten. In diesem Zusammenhang tauchte erstmalig der Begriff ‚radio-active' für diese nun ‚Becquerel-Strahlen' genannten

W.-R. Uhlig et al., *Radongeschütztes Bauen*,
https://doi.org/10.1007/978-3-658-38115-8_2

Abb. 2.1 Henri Becquerel [4]

Abb. 2.2 Marie und Pierre Curie [4]

Effekte auf [2]. In Zusammenarbeit mit den Curies entdeckte Andrè Louis Debierne wenig später das Actinium.

Die Erforschung dieser zunächst noch unbekannten Strahlung wurde zu einer internationalen Aufgabe. Der neuseeländische Wissenschaftler Ernest Rutherford stellte fest, dass es zumindest zwei Arten der Strahlung gibt und nannte die schnell absorbierte Komponente Alpha (α) – und die etwas durchdringendere Art Beta (β)-Strahlung [3]. Weitere

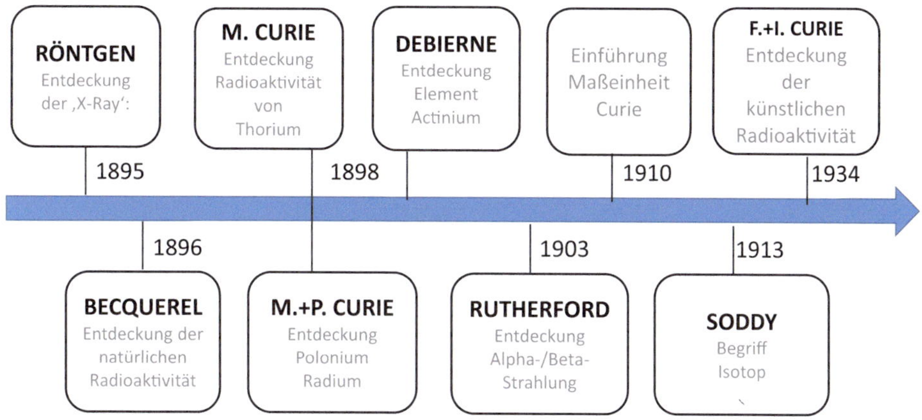

Abb. 2.3 Ausgewählte Meilensteine im Zusammenhang mit der Entdeckung der Radioaktivität im Zeitstrahl

Untersuchungen – z. B. zum Verhalten in elektrischen und magnetischen Feldern – wurden von Rutherford, aber auch anderen Wissenschaftlern wie z. B. Friedrich Oskar Giesel, Henri Becquerel, Paul Villard oder Frederick Soddy durchgeführt.

Eine kurze Übersicht über einige ausgewählte Meilensteine der Erforschung der Radioaktivität zeigt Abb. 2.3.

Die von Becquerel entdeckte Radioaktivität ist durch eine spontane Umwandlung instabiler Atomkerne gekennzeichnet. Dabei erfolgt zugleich eine Energieabgabe in Form einer energiereichen, ionisierenden Strahlung. Diese kann entweder direkt vom Kern ausgehen oder indirekt durch die Umwandlungen in der Atomhülle erzeugt werden.

Atome besitzen eine Elektronenhülle und einen positiv geladenen Kern, der nahezu die gesamte Masse vereinigt. Der Kern selbst besteht aus Protonen und Neutronen. Die Protonenzahl Z bestimmt die elektrische Ladung des Atomkerns und wird auch Ordnungszahl oder Kernladungszahl genannt. Sie stimmt mit der Zahl der Hüllenelektronen des neutralen Atoms überein und definiert die Stellung des so gebildeten Elements im Periodensystem. Die Nukleonenanzahl A ist die Summe aus der Anzahl der Protonen Z und Neutronen N. Mit Angabe der Zahlen Z und A kann eine Atomart beschreiben werden: das Nuklid.

Die Stabilität oder Instabilität eines Atoms wird durch das Verhältnis seiner Bestandteile, der positiv geladenen Protonen und der neutralen Neutronen bestimmt. Unter allen existierenden Kernen sind nur verhältnismäßig wenige stabil – der weitaus größte Teil der bekannten Nuklide ist instabil. Diese Kerne werden auch radioaktive Nuklide genannt. Zur besseren Übersicht werden die bekannten Kerne oft in einem sogenannten N-Z-Diagramm dargestellt (N…Anzahl der Neutronen; Z…Anzahl der Protonen) – siehe Abb. 2.4).

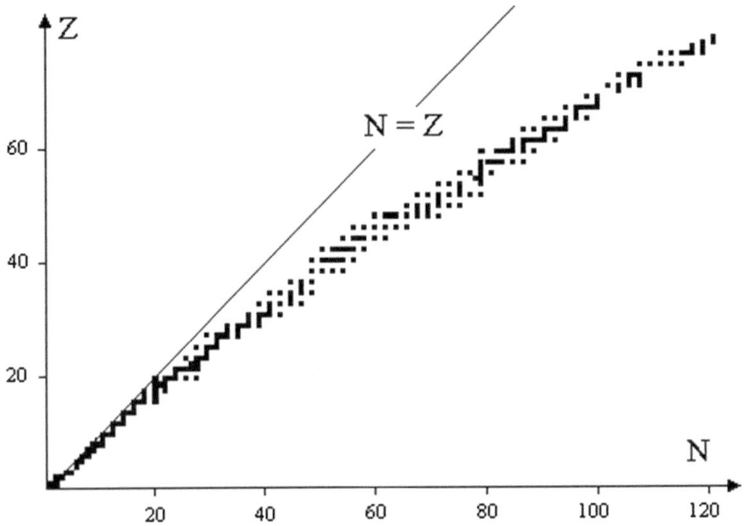

Abb. 2.4 Anzahl der Protonen Z gegenüber Anzahl der Neutronen N für die bekannten Nuklide (N-Z-Diagramm). Quelle: [8]

Der Begriff ‚Nuklid' wurde 1947 von Truman Kohman vorgeschlagen und wird etwa seit 1950 international verwendet [5]. Aktuell sind etwa 3000 Nuklide bekannt [6].

Zur Charakterisierung wird oft folgende Schreibweise benutzt:

$^{A}_{Z}X^{m}$ Beispiel: $^{222}_{86}Rn\ oder\ ^{110}_{47}Ag^{m}$

A… Anzahl der Nukleonen
Z… Anzahl der Protonen, bestimmt Element X
m… bei Bedarf: Ionisationszustand oder Anregungszustand

Durch Angabe des Elements X ist die Protonenanzahl festgelegt, daher wird häufig eine vereinfachte Schreibweise nur mit Angabe der Nukleonenanzahl verwendet (Beispiele: ^{222}Rn/ Rn-222 / Radon-222 oder ^{110m}Ag / Ag-110 m / Silber-110 m).

Nuklide mit gleicher Protonenzahl Z gehören zum selben chemischen Element und werden als die **ISOTOPE** dieses Elements bezeichnet.

Nuklide mit gleicher Massenzahl A sind Isobare, Nuklide mit gleicher Neutronenzahl Isotone. Isomere sind Nuklide, deren Atomkerne sich bei gleicher Ladung Z und gleicher Massenzahl A in verschiedenen inneren Zuständen befinden (Angabe ‚m').

2.2 Kernumwandlungen und Zerfallsketten

Die spontane Umwandlung der Atomkerne ist ein statistischer Prozess, der durch äußere Einflüsse kaum beeinflussbar ist. Der exakte Zeitpunkt einer Umwandlung ist unbestimmt; es kann lediglich eine Umwandlungswahrscheinlichkeit angegeben werden. Ein Maß dafür ist die Umwandlungskonstante λ. Damit kann ein Umwandlungs- oder Zerfallsgesetz mit

$$N(t) = N_0 e^{-\lambda t} \qquad (2.1)$$

$N(t)$ .....Anzahl Atome zur Zeit t, N_0 ... Anzahl zur Zeit $t = 0$

beschrieben werden.

Die Zeit $\tau = 1/\lambda$ wird als mittlere Lebensdauer des betreffenden Nuklids bezeichnet. In der Praxis wird häufig die Halbwertszeit $T_{1/2}$ benutzt, d. h. diejenige Zeit, in der sich die Anzahl der vorhandenen Atome halbiert:

$$T_{1/2} = \tau \ \ln 2 = \ln 2/\lambda \sim 0{,}69/\lambda \qquad (2.2)$$

Die Größen λ bzw. τ und $T_{1/2}$ sind charakteristische Konstanten eines radioaktiven Nuklids. Halbwertszeiten der bekannten radioaktiven Nuklide überstreichen dabei einen Größenbereich von etwa 10^{-10} s bis zu 10^{18} Jahren.

Die Anzahl der Kerne einer radioaktiven Substanz kann nur schwer gemessen werden bzw. ist nicht direkt aussagefähig. In praxi wird daher die Anzahl der zerfallenden Kerne pro Zeiteinheit (Umwandlungsrate oder ***Aktivität A,*** siehe auch Abb. 2.5) betrachtet:

$$A = -\frac{dN}{dt} = \lambda N = \frac{ln2}{T_{1/2}} \frac{m\ h_R\ N_A}{M_R} = A_0 e^{-ln2\ /T_{1/2}} \quad [1/s = Bq] \qquad (2.3)$$

m... Masse Substanz mit h_R...Anteil Nuklid R
M_R... stoffmengenbezogene Masse des Radionuklids in g/mol
(der Zahlenwert für M_R entspricht der Massenzahl eines Radionuklids)
N_A... Avogadro-Konstante (Loschmidtsche Zahl): $6{,}02 \cdot 10^{23}$ mol^{-1}
A_0... Ausgangsaktivität zur Zeit $t = 0$

Die Einheit der Aktivität ist das Becquerel [Bq] und bezeichnet die Anzahl der Zerfälle pro Sekunde. Für den praktischen Gebrauch werden auch Vielfache (z. B. kBq oder MBq) bzw. Aktivitätskonzentrationen (z. B. Bq/m^3 oder Bq/g) verwendet.

Hinweis: Die alte Einheit Curie [Ci] mit 1 Ci $= 3{,}7 \cdot 10^{10}$ Bq geht zurück auf die Anzahl der Zerfälle in einem Gramm Radium-226 und wird als abgeleitete Einheit im internationalen Einheitensystem (SI) nicht mehr verwendet.

Die Kernumwandlungen können im Wesentlichen in die Alpha- und Betaumwandlungen bzw. Gammaübergänge eingeteilt werden. Spontane Nukleonenemissionen bzw. Emissionen schwerer Kerne sowie spontane Kernspaltungen spielen eine untergeordnete Rolle.

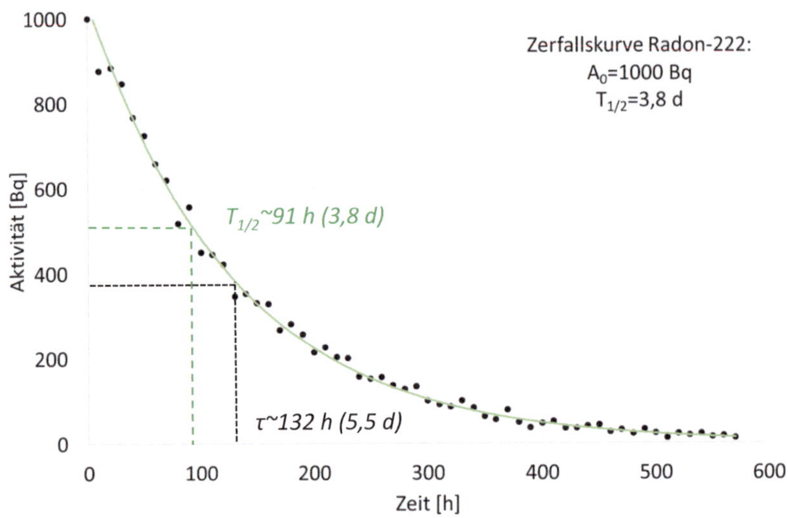

Abb. 2.5 Simulation des zeitlichen Verlaufs der Aktivität für Radon-222 (Zerfalls- oder Abklingkurve); Ausgangsaktivität 1000 Bq; eingezeichnet sind zusätzlich eine Ausgleichskurve sowie die Halbwertszeit $T_{1/2}$ bzw. mittlere Lebensdauer τ

Abb. 2.6 Beispiel für eine Alphaumwandlung $T_{1/2}$ $_{\text{(Radium-226)}}$ ~ 1600 a

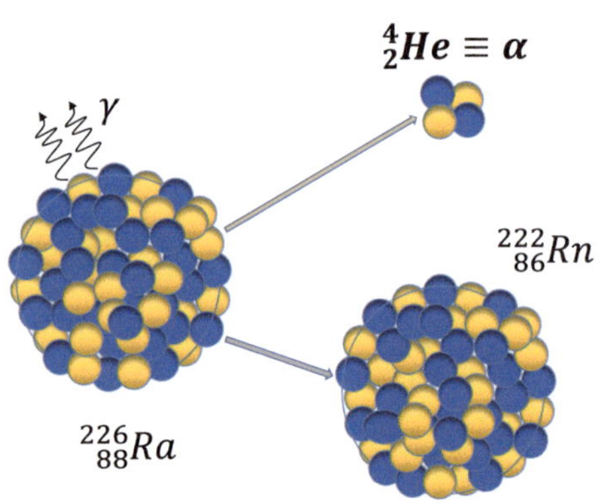

Alphaumwandlungen

Bei diesen Umwandlungen stößt der Atomkern einen Heliumkern $^4_2He = \alpha - Teilchen$ mit hoher kinetischer Energie aus. Ein Beispiel ist die Umwandlung des Radiums (Abb. 2.6);

$$^{226}_{88}Ra \to ^{222}_{86}Rn + \alpha\left(^4_2He\right)$$

Aus energetischen Gründen finden Alphaumwandlungen vorwiegend bei schweren Kernen statt.

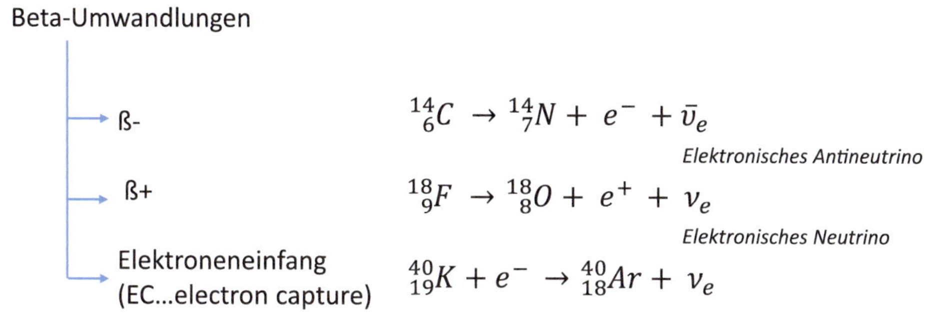

Abb. 2.7 Beispiele für Betaumwandlungen

Betaumwandlungen

Als Betaumwandlung werden drei verschiedene Arten einer spontanen Kernumwandlung zusammengefasst: die $ß^-$-Umwandlung, die $ß^+$-Umwandlung und der Elektroneneinfang (Electron Capture = EC). Diese Prozesse beruhen auf der Fähigkeit, dass sich Nukleonen ineinander umwandeln können: ein Neutron kann in ein Proton und umgekehrt übergehen. Aufgrund von Erhaltungssätzen emittiert dabei der Kern neben einem Elektron (e^-) bzw. Positron (e^+) ein weiteres elektrisch neutrales Teilchen (Elektronisches Antineutrino oder elektronisches Neutrino) bzw. fängt ein Hüllenelektron (EC) ein. Typische Beispiele sind in Abb. 2.7 und 2.8 enthalten.

Gammaübergänge

Der Atomkern kann – ähnlich wie die Elektronenhülle – in einem angeregten Zustand existieren. Häufig tritt dies bei einer Alpha- oder Beta-Umwandlung auf (siehe Abb. 2.6). Kerne in verschiedenen Anregungszuständen sind übrigens aufgrund weiterer physikalischer Parameter (z. B. Kernspin) als unterschiedliche Kernarten anzusehen. Reicht diese Anregungsenergie nicht zur Entfernung eines Nukleons aus so kann ein spontaner Gammaübergang stattfinden, d. h. es werden Gamma-Quanten oder Photonen (Gammastrahlung = elektromagnetische Strahlung) abgegeben. Diese Übergänge erfolgen entweder direkt zum Grundzustand oder über mehrere Anregungsstufen. Es findet keine Veränderung der Kernladungs- oder Nukleonenzahl statt. Gammaübergänge finden daher immer als Folgeerscheinungen statt. Die Anregungsenergie wird dabei meist sehr schnell

Abb. 2.8 Beispiel für eine $ß^-$-Umwandlung: Zerfall von Kohlenstoff-14 ($T_{1/2}$ (Kohlenstoff-14) ~ 5730 a)

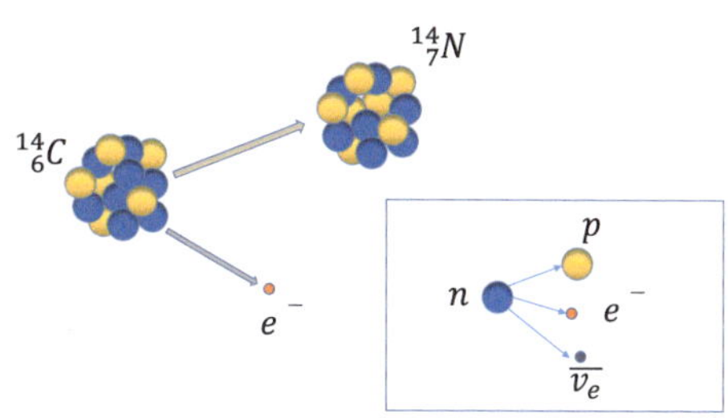

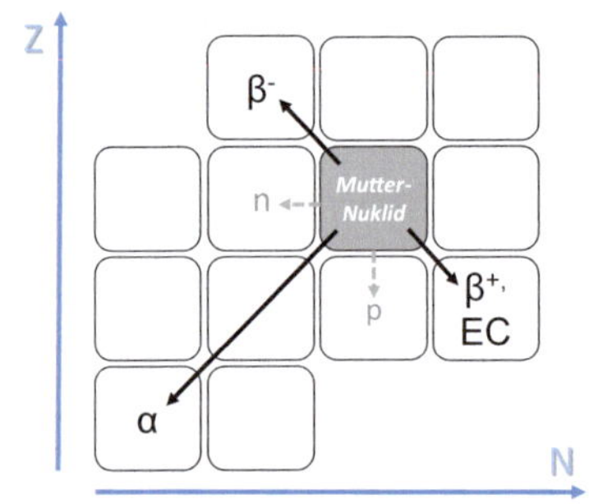

Abb. 2.9 Überblick über die verschiedenen Zerfallsarten. Zum Vergleich sind Emissionen von Protonen (p) und Neutronen (n) eingezeichnet

(< 10^{-10} s) abgegeben. In einigen Fällen kann die Lebensdauer dieser angeregten Zustände Sekunden bis Jahre betragen. Angeregte Kerne mit messbaren Halbwertszeiten werden als isomere Kerne bezeichnet (siehe auch Abschn. 2.1 – Schreibweise Nuklid). Gegebenenfalls können auch Wechselwirkungen mit Hüllenelektronen eintreten (Innere Konversion).

Detailliertere Ausführungen zu den Zerfallsarten können z. B. [9, 7] entnommen werden,In Abb. 2.9 sind die beschriebenen Zerfälle noch einmal zusammenfassend dargestellt.

Bei Durchdringen einer Materialschicht verlieren geladene Teilchen schrittweise ihre Bewegungsenergie; die Wegstrecke im Material wird dabei als Reichweite bezeichnet. Durch diese Energieübertragung können Atome und Moleküle angeregt bzw. ionisiert werden (*direkt ionisierende Strahlung*). Photonen können – ebenso wie ungeladene Teilchen mit einer von Null verschiedenen Ruhemasse (Neutronen) – im durchstrahlten Material energiereiche geladene Teilchen erzeugen (*indirekt ionisierende Strahlung*). Durch die Wechselwirkungsprozesse verringert sich die Anzahl, d. h. es erfolgt eine Schwächung.

Auf das Wechselwirkungsmaterial wird somit Energie übertragen. Als Folge können eine Erwärmung oder Veränderungen von physikalischen, chemischen und/oder biologischen Eigenschaften auftreten. Dabei ist besonders die Alpha-Strahlung aufgrund ihrer hohen Ionisationsdichte zu beachten.

Eine detaillierte Beschreibung der auftretenden Wechselwirkungsprozesse ist z. B. in [9] enthalten. Gesundheitliche Auswirkungen – insbesondere durch Radon – werden im Kap. 3 näher erläutert.

Zerfallsketten

Natürlich vorkommende radioaktive Nuklide werden entweder laufend nacherzeugt (isolierte natürliche Radionuklide wie z. B. Kohlenstoff-14) oder sind sehr langlebigen ‚Urnukliden' (primordiale Nuklide) zuzuordnen (z. B. Kalium-40 oder Rubidium-87).

Insgesamt 46 natürliche radioaktive Nuklide können zusammenhängenden Umwandlungsreihen zugeordnet werden. Am Anfang stehen die sehr langlebigen ‚Mutter'nuklide $^{232}_{90}Th$, $^{235}_{92}U$ *und* $^{238}_{92}U$. Bis zum Erreichen eines stabilen Nuklides müssen viele α- und β-Umwandlungen stattfinden, zusätzlich tritt auch Gamma-Strahlung auf. Die Zerfallsketten sind in den Abb. 2.10, 2.11, und 2.12 dargestellt. Eine weitere

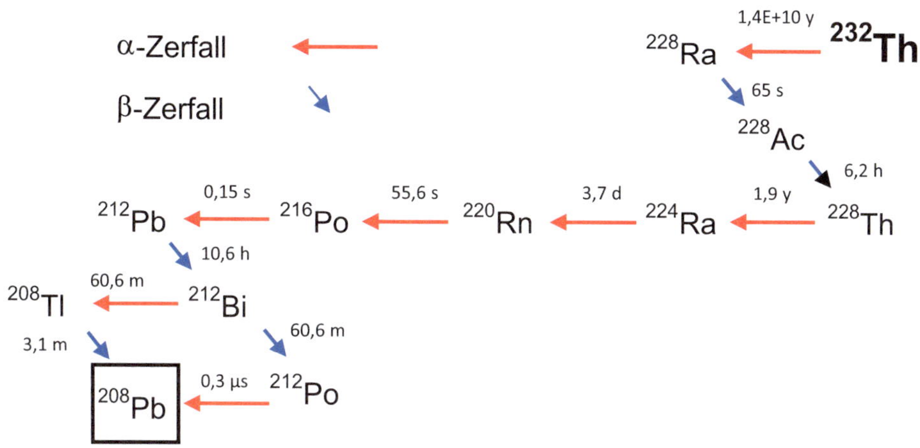

Abb. 2.10 Thorium-Zerfallsreihe mit Angabe der Halbwertszeiten (Daten aus [10])

natürliche ‚prähistorische' Zerfallskete mit dem Mutternuklid Neptunium-237 ist aufgrund der im Vergleich zum Erdalter kurzen Halbwertszeit von 2,1 Mio. Jahren heute nicht mehr existent.

Als radioaktives Gleichgewicht wird dabei ein Zustand beschrieben, der durch ein konstantes Aktivitätsverhältnis des Mutternuklides zu allen radioaktivem Folgenukliden gekennzeichnet wird (siehe auch Abschn. 2.3 – Definition Gleichgewichtsfaktor). Jedes Folge(Tochter-)nuklid zerfällt demnach genauso schnell wie es gebildet wird. Dieses Gleichgewicht kann sich allerdings nur einstellen, wenn das Mutternuklid die größte Halbwertszeit aufweist, eine hinreichend lange Zeit zur Gleichgewichtsentwicklung verstrichen ist und keine Störeinflüsse die Zerfallskette beeinflussen.

2.3 Radon – Isotope und Eigenschaften

In allen natürlich vorkommenden Zerfallsketten entstehen radioaktive Radon-Isotope (siehe Abb. 2.10, 2.11, und 2.12). Diese wurden bereits mit der Entdeckung der Radioaktivität nachgewiesen. Ernest Rutherford berichtete 1899 über eine radioaktive Substanz, die von Thorium ausgestrahlt wird und als Emanation (lat. Ausfluss) bezeichnet wurde [11]. Im Jahr 1900 entdeckte Friedrich Dorn aus Halle die Radiumemanation [12]. 1904 wurde die Actinium-Emanation unabhängig durch André-Louis Debierne und Friedrich Giesel beschrieben [13].

Aufgrund der chemischen Ähnlichkeiten der Radium-Emanation mit den bis dahin bekannten Edelgasen wurde durch Ramsay und Robert Whytlaw-Gray der Name ‚Niton' (Nt – lat. nitens…leuchtend)) vorgeschlagen [14]. 1911 nahm das Internationale Komitee für Atomgewichte das „Isotop" Niton in seine Liste der Liste der Elemente auf [15].

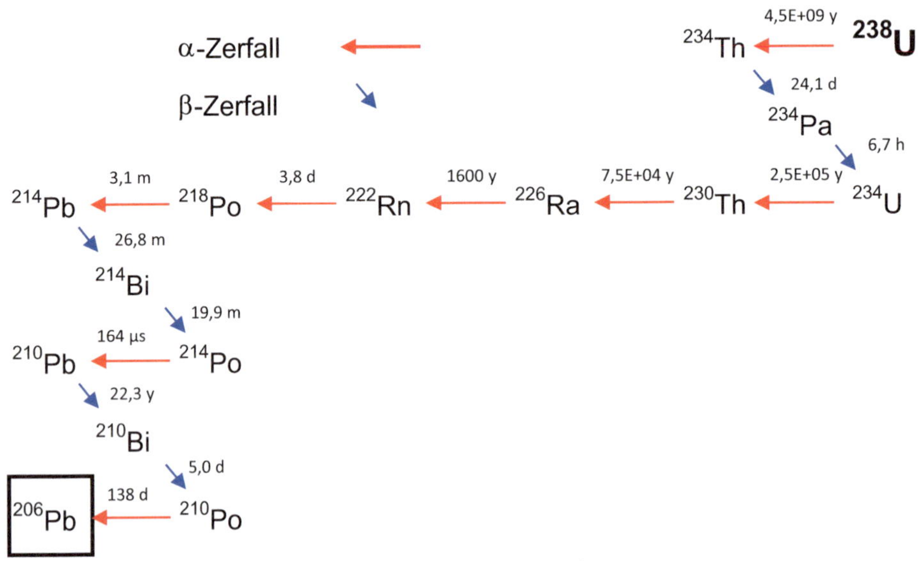

Abb. 2.11 Uran-Zerfallsreihe mit Angabe der Halbwertszeiten (Daten aus [10])

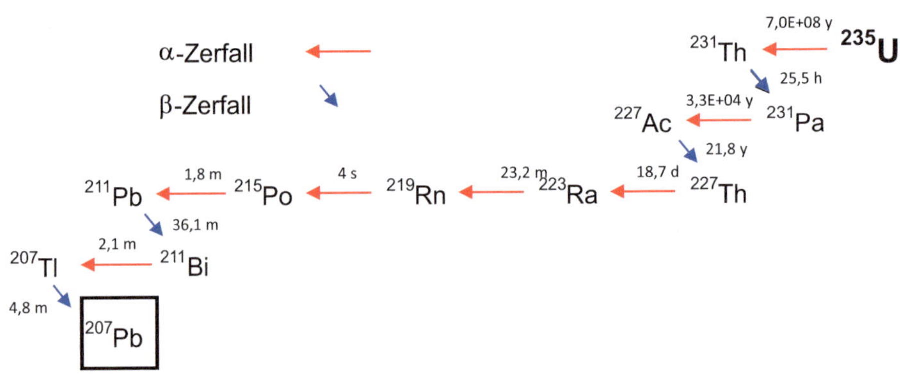

Abb. 2.12 Actinium-Zerfallsreihe (Daten der Halbwertszeiten aus [10]).

Damit wurden versehentlich die Begriffe Isotop und Element verquickt. Erst 1913 zeigte Moseley, dass jedes Element eine eindeutige Ordnungszahl hat und Frederick Soddy prägte den Begriff „Isotop" [16].

Aufgrund ihres Vorkommens in den unterschiedlichen Zerfallsketten werden die verschiedenen Radon-Isotope auch als Radon (Radon-222), Thoron (Radon-220) oder Actinon (Radon-219) bezeichnet. Von der IUPAC wurden 1923 diese Bezeichnungen übernommen [17].

Marie Curie veröffentlichte 1931 mit Rutherford und Debierne als Co-Autoren einen Vorschlag, Rutherfords ursprünglichen Elementnamen von 1899 ‚Emanation' (Em) zusätzlich zu den drei Isotopennamen zu verwenden [18]. Trotz dieses Konsenses wurde in periodischen Tabellen und Elementlisten der Name Radon – das langlebigste Isotop – anstelle von Emanation verwendet.

Die IUPAC-Nomenklatur der anorganischen Chemie von 1957 erhob Radon von der Isotopenbezeichnung zum Elementnamen [19]. Der Begriff ‚Radon' wird daher sowohl für das chemische Element Radon als auch das Radonisotop Radon-222 verwendet.

Das Element Radon gehört zur Hauptgruppe VIII und ist wie alle anderen Edelgase inert (lat. für untätig, unbeteiligt, träge: reagiert mit Reaktionspartnern nicht oder nur in verschwindend geringem Maße), kann jedoch wie Krypton und Xenon mit Fluor zu Fluoriden reagieren (RaF_2 [20]). Aufgrund seiner Dichte ist es das schwerste Edelgas und gut in Wasser löslich. Als einatomiges Edelgas ist es weiterhin farblos sowie geruchs- und geschmacklos. Tab. 2.1 enthält einen Überblick über die chemischen und physikalischen Eigenschaften des Elementes Radon bzw. der Radonisotope. Weitere Radonisotope konnten künstlich hergestellt werden – inzwischen sind mehr als 30 Isotope bekannt [7]. Praktische Relevanz haben allerdings nur die bekannten natürlichen Isotope. Die ebenfalls natürlich vorkommenden Isotope Radon-218 und Radon-223 sind aufgrund der extremen Seltenheit (Zerfall in Seitenketten der Zerfallsreihen,nicht in den Abb. 2.10, 2.11, und 2.12 enthalten) radiologisch bedeutungslos.

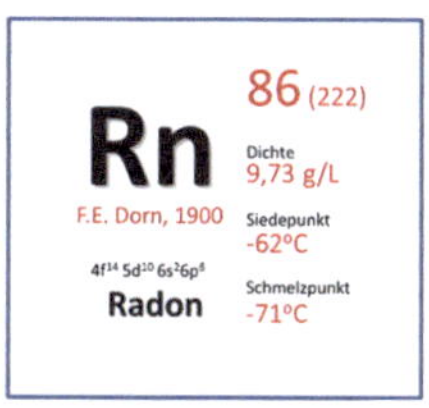

Tab. 2.1 Überblick über chemische und physikalische Eigenschaften des Elementes Radon bzw. der Radonisotope [21, 22, 23]

Ordnungszahl	86 (VIII. Hauptgruppe)			
CAS Nummer	10.043-92-2			
Dichte	0,0097 g/cm³ (20 °C)			
Siedepunkt	–61,7 °C (211,5 K)			
Schmelzpunkt	–71 °C (202 K)			
Löslichkeit in Wasser	230 cm³/kg (20 °C) / 510 cm³/kg (0 °C)			
Diffusionskoeffizient in Luft	0,1 cm^2s^{-1}			
Elektronenkonfiguration	[Xe] $4f^{14}5d^{10}6s^26p^6$			
Natürliche Isotope	Name	Rn-219	Rn-220	Rn-222
		Actinon	Thoron	Radon
	Halbwertszeit	3,96 s	55,6 s	3,8 d
	Häufigkeit	1 %	9 %	90 %

In der Lufthülle ist Radon das radiologisch bedeutsamste Element – auch wenn es vergleichsweise äußerst selten vorkommt: der relative Anteil an der Lufthülle beträgt etwa 10^{-11} ppmw (ppmw = part per million weight), d. h. Radon kommt etwa 100.000 mal seltener als das Spurengas Xenon in der Lufthülle vor.

Im folgendem liegt der Fokus auf dem Verhalten bzw. den Wirkungen der einzelnen Radonisotope. ***Radon bezeichnet daher immer das Nuklid Radon-222***.

Bis zum Radium sind alle Stoffe der in den Abb. 2.10, 2.11, und 2.12 dargestellten Zerfallsreihen feste Stoffe – die Umwandlungen erfolgen daher ortsfest. Radon entsteht als Zwischenprodukt des radioaktiven Zerfalls und findet sich daher vermehrt an Stellen, an welchem natürliche Vorkommen von Uran und Thorium vorhanden sind (siehe auch Kap. 4). Die Radonisotope sind aufgrund ihrer chemischen Eigenschaften (gasförmig unter Normalbedingungen) im Gegensatz zu den festen Mutternukliden sehr leicht flüchtig. Daher dringt Radon sehr schnell durch Diffusionsprozesse in die Bodenkapillaren, Gesteinsspalten oder Hohlräume von Baumaterialien ein.

Die Freisetzung erfolgt im Boden, es kann dann mit anderen Bodengasen an die Oberfläche bzw. in die Atmosphäre gelangen. Der Transport im Boden bzw. der Übergang aus dem Boden wird durch verschiedene Parameter wie Bodenbeschaffenheit (Permeabilität), Druckverhältnisse und Witterungsbedingungen beeinflusst (siehe auch Kap. 4). In Deutschland kann mit einem Mittelwert der Radonaktivitätskonzentration in der bodennahen Luft von etwa 10 Bq/m^3 gerechnet werden. Dabei treten örtlich und zeitlich große Schwankungen auf. Erhebungsmessungen ergaben für die Radonaktivitätskonzentration in Häusern einen Mittelwert von etwa 50 Bq/m^3 mit Schwankungsbreiten bis zu einigen 1000 Bq/m^3 [23].

Eine Zunahme der Radon-Emanationen aus dem Boden kann auch ein Indikator für Erdbeben oder Vulkanausbrüchen sein [24]. Interessante Anwendungen finden sich auch als Tracer für Luftqualitätsüberwachung [25, 26], in der Atmosphärenbeobachtung [27] oder im Bereich der Geochemie und Hydrogeologie (z. B. [28, 29, 49]).

Aufgrund seiner guten Löslichkeit (siehe Tab. 2.1) kann Radon durch Grundwasser transportiert werden und dementsprechend auch in das Trinkwasser gelangen bzw. wird durch dort vorhandene Mutternuklide (z. B. Radium-226) nachgebildet. In Quell- und Brunnenwasser in Deutschland wurden Radonaktivitätskonzentrationen im Bereich bis etwa 1000 Bq/L registriert [23].

Aufgrund der mittleren spezifischen Uran- und Thoriumkonzentrationen von etwa 3 µg/kg bzw. 10 µg/kg in der Erdkruste sind viele Gesteine und Baumaterialien eine Quelle von Radonemanationen – enthalten aber auch andere natürliche Radionuklide wie z. B. das Kaliumisotop Kalium-40 (siehe z. B. [30]). Neben dem Radon ist daher auch das Thoron (Radon-220) hinsichtlich möglicher Strahlenexpositionen zu beachten.

Betrachtungen von Massenbaustoffen in Deutschland haben jedoch gezeigt, dass die spezifische Aktivität von Th-232 unterhalb von 100 Bq/kg liegt (vgl. Radium-226 < 80 Bq/kg; siehe auch Kap. 6) [30]. Die Aktivitätskonzentration in der Raumluft von Thoron ist aufgrund der kürzeren Halbwertszeit deutlich geringer als die von Radon. Ein Großteil des gasförmigen Thoron zerfällt im Unterschied zum Radon bereits vor der Exhalation aus Wänden und Böden [31]. Zusätzlich wurde ein exponentieller Abfall der Thoron-Aktivitätskonzentration vom Austrittsort mit zunehmenden Abstand festgestellt – nach ca. 50 cm Entfernung von Wand bzw. Boden ist der Großteil des Thoron selbst zerfallen [32, 33]. Die Tochternuklide verbleiben ähnlich wie beim Radon in der Innenraumluft und verteilen sich nahezu homogen. In der Praxis wird daher der Thoron-Anteil an der Strahlenexposition in den meisten Fällen nicht berücksichtigt.

Actinon (Radon-219) kann – von wenigen Ausnahmen bei Verwendung von Thorium-227 oder Radium-223 in der Nuklearmedizin – vernachlässigt werden.

Alle Folgeprodukte des Radons sind wiederum Schwermetalle (siehe Abb. 2.10, 2.11, und 2.12). Durch die radioaktive Umwandlung (‚Zerfall‘) bilden sich zunächst freie Polonium-Isotope, die nach der Bildung im Allgemeinen positiv geladen sind. Spurengase oder Wasserdampf können sehr schnell (< 1 Sekunde) mit diesen Ionen einen Verband von mehreren Molekülen bilden – diese Cluster oder unangelagerten Radionuklide weisen Durchmesser von etwa 0,5 bis 5 nm auf. Die freien Ionen bzw. Molekülverbünde sind sehr beweglich. Als Folge können sich die Radontöchter neben der Clusterbildung in einem Zeitraum von etwa 1 bis 100 s an Oberflächen oder an in der Luft beweglichen Staubteilchen (Aerosole) anlagern (Abb. 2.13). Quantitativ kann dies durch einen Anlagerungskoeffizienten beschrieben werden (siehe z. B. [34]). Nur ein zumeist kleiner Anteil verbleibt als unangelagertes Zerfallsprodukt in der Luft [35, 36, 37].

In Wohnräumen wird etwa mit einem Durchschnittswert von $5 \cdot 10^{10}$ Aerosolpartikeln pro m^3 gerechnet [38]. Physikalisch erfährt beim Zerfall eines angelagerten Polonium-Isotops das entstehende Tochternuklid einen Rückstoß. Die Rückstoßenergien der Alpha-Zerfälle reichen prinzipiell aus, um das Tochternuklid vom Aerosol zu trennen. Mit wachsender Aerosolgröße sinkt jedoch die Wahrscheinlichkeit dieser Abtrennung. Je nach Partikelgrößenverteilung und Aerosolgröße und durchschnittlichen Bedingungen

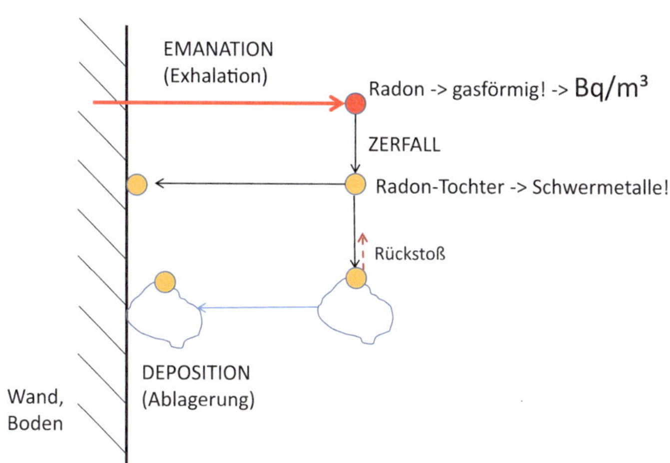

Abb. 2.13 Verhalten der Radonisotope und der Zerfallsprodukte in Luft

Abb. 2.14 Partikelgrößen Zerfallsprodukte und an Aerosole angelagerte Produkte (nach [40])

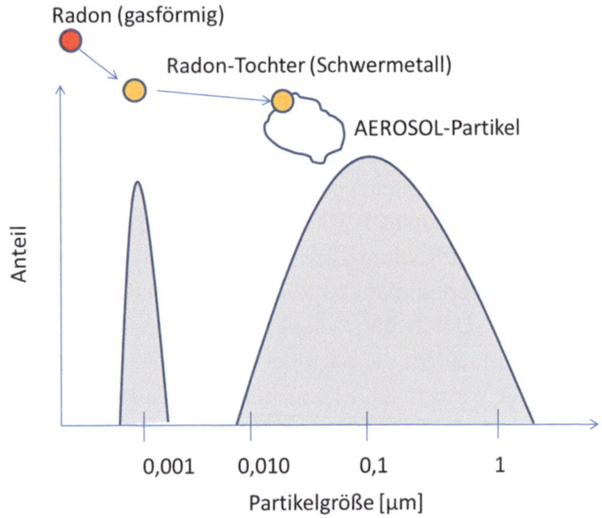

lösen sich z. B. Blei-214-Isotope in der Außenluft zu etwa 80 % und in der Innenluft zu etwa 50 % [36, 39]. Sofern nicht unmittelbar eine Anlagerung an ein anderes Aerosol erfolgt, können Sie sich als freies Ion oder Molekülverband (s. oben) bewegen.

Betazerfälle weisen eine deutlich geringere Rückstoßenergie auf – hier ist eine Trennung vom Aerosol unwahrscheinlich.

Die in Luft befindlichen Aerosole mit den angelagerten Ionen haben Durchmesser im Bereich von 0,01…10 µm (Abb. 2.14) [40, 23]. Dies ist von großer Bedeutung für die Ablagerung in den unterschiedlichen Bereichen des menschlichen Atemtraktes (siehe Kap. 3). Die Beweglichkeit der Radonzerfallsprodukte wird durch den Diffusionskoeffizienten beschrieben und hängt von der Aerosolgröße ab: kleine Partikel (Cluster) weisen ein deutlich höhere Beweglichkeit auf als größere Partikel (angelagerter Anteil) [34].

Entscheidend für die Strahlungswirkung ist der Betrag der Energie welche möglicherweise in der Lunge freigesetzt werden könnte und der durch die Alpha-emittierenden kurzlebigen Nuklide dominiert wird (siehe auch Kap. 3). Diese potenzielle Alpha-Energie E_P der Zerfallsprodukte (PAE) ist die Summe der emittierten Alpha Energien $E_{P,j}$ eines Nuklids welches die betrachtete Zerfallsreihe durchläuft. Für Thoron zum Beispiel endet diese Reihe beim stabilen Blei-208; für das Radon beim Blei-206. Unter Berücksichtigung der Halbwertszeiten interessieren hinsichtlich der Strahlenwirkung tatsächlich nur die eher kurzlebigen Zerfallsprodukte (Radon: bis zum Blei-210). Ursprünglich wurde dafür die Einheit Working-Level (WL) eingeführt. 1 WL entspricht einer äquivalenten Gleichgewichtskonzentration von 100 pCi/L = 3700 Bq/m³ (siehe Tab. 2.2).

Die PAE kann daher zur Bestimmung der Strahlenexposition (Dosis) benutzt werden. Unter Exposition wird hier die Einwirkung der ionisierenden Strahlung auf ein Organ bzw. einen Organismus verstanden. Aufgrund der natürlichen Quellen des Radon wird

Tab. 2.2 Zusammensetzung des Working Levels: Daten der Radonzerfallsprodukte bezogen auf eine esamte Potenzielle Alpha-Energie E_P von 100 pCi (1 pCi = 0,037 Bq). Zusätzlich sind die inzwischen nicht mehr gebräuchlichen historischen Namen der Zerfallsprodukte angegeben; Halbwertszeiten in Minuten (m) oder µs

Nuklid	Halbwertszeit	Anzahl der Atome per 100 pCi	PAE per Atom [MeV]	PAE per 100 pCi [MeV/100 pCi)	Anteil PAE
Po-218 (RaA)	3,1 m	993	6,0 + 7,7	$0{,}13 \cdot 10^5$	0,104
Pb-214 (RaB)	26,8 m	8583	7,7	$0{,}66 \cdot 10^5$	0,514
Bi-214 (RaC)	19,9 m	6374	7,7	$0{,}49 \cdot 10^5$	0,382
Po-214 (RaC‘)	164 µs	~0	7,7	$0{,}01 \cdot 10^5$	~0
Gesamt (im vollständigem Gleichgewicht) = Working Level (WL)				$\mathbf{1{,}3 \cdot 10^5}$	1,0

der Begriff ‚Strahlenbelastung‘ nicht verwendet. Die Strahlenexposition wird durch die Dosis quantitativ beschrieben (siehe Kap. 3).

Für eine Beschreibung der Aktivitätskonzentration in der Raumluft ist das Verhalten der Aerosole (Beachtung Ventilation oder Absinken), möglicher Luftaustauschraten oder Oberflächen-Volumen-Verhältnisse wesentlich. Die in der Luft vorhandenen Radon-Folgeprodukte befinden sich in praxi selten im radioaktiven Gleichgewicht (siehe Abschn. 2.2) mit dem Radon-Mutternuklid. Das liegt zum einen am Anteil der an Wand und Boden angelagerten Zerfallsprodukte bzw. wie beim Thoron an den längeren Halbwertszeiten und zum anderen an Ventilations- und Luftwechseleffekten. Für eine Beschreibung dieser Situation eines radioaktiven Ungleichgewichtes wurde deshalb ein Gleichgewichtsfaktor F eingeführt.

Dieser ist definiert als das Verhältnis zwischen einer Mischung der Folgeprodukte und dem gasförmigen Mutternuklid und einem Gleichgewichtszustand im Hinblick auf eine identische potenzielle Alphaenergie (PAE):

$$F = \frac{C_{eq}}{C_{Rn}} \tag{2.4}$$

C_{eq}… Gleichgewichtskonzentration (equlibrium-equivalent concentration, EEC)
C_{Rn}… Konzentration des Mutternuklids (Radon / Thoron) in der Luft

Der Gleichgewichtsfaktor wird verwendet um eine gemessene Radonaktivitätskonzentration in eine Gleichgewichtskonzentration zu konvertieren. In Gebäuden kann der Gleichgewichtsfaktor für Radon zwischen 0,1 und 0,9 variieren. In Schaubergwerken mit effektiven Belüftungssystemen kann F auch kleiner als 0,1 sein; in Gebäuden mit sehr geringen Luftwechselraten nahe 1 [41]. In Praxi wird dieser Wert nicht unmittelbar vor Ort

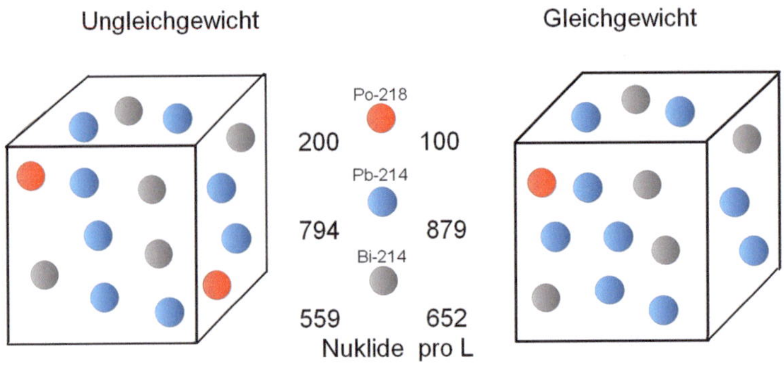

Abb. 2.15 Beispiel für Verhältnisse mit einer identischen potenziellen Alphaenergie (PAE) für eine Gleichgewichts- (rechts) und eine Ungleichgewichtskonzentration (links) mit $E_P = 1{,}3 \cdot 10^7$ MeV/m³ $= 2{,}1 \cdot 10^{-6}$ J/m³ $= 0{,}1$ WL

ermittelt sondern ein empfohlener Durchschnittswert von 0,4 für Radon in Innenräumen verwendet [42, 43, 44]. Gemessene Werte für übliche Aerosolteilchenkonzentrationen von 10^3 bis 10^4 Teilchen pro cm³ liegen im Bereich von 0,2–0,4 [39].

Im Freien kann mit einem Faktor von etwa 0,6 gerechnet werden [44]. Für Thoron sind aufgrund der starken Konzentrationsgradienten nur Angaben für Innenräume sinnvoll, diese betragen etwa 0,02…0,06 – verfügen aber über eine große Unsicherheit [45, 46].

Die Gleichgewichtskonzentration C_{eq} (equlibrium-equivalent concentration, EEC) ist dabei diejenige Radon- oder Thoron-Konzentration mit einem radioaktiven Gleichgewicht aller Tochternuklide bei einer identischen potenziellen Alphaenergiekonzentration (PAEC) wie die betrachtete im Ungleichgewicht befindliche Mischung (siehe auch Abb. 2.15):

$$C_{eq} = \sum_j k_{p,j} C_j \tag{2.5}$$

C_j… Konzentration des Nuklides j in [Bq/m³]
$k_{P,j}$… anteiliger Beitrag des Nuklids j zur totalen potenziellen Alpha-Energie (PAE)

$$k_{p,j} = \frac{E_{p,j}}{\lambda_j} / \sum_j \frac{E_{p,j}}{\lambda_j} \tag{2.6}$$

$E_{P,j}$… Alpha-Energie(n) des Nuklides j mit der Zerfallskontante λ_j in [MeV] oder [J]

Für Radon bzw. Thoron berechnen sich die Gleichgewichtskonzentrationen mit den Formeln (2.7) und (2.8) zu

$$\begin{aligned} C_{eq,Rn-220} &= 7 \cdot 10^{-6} C_{Po-216} + 0{,}913 C_{Pb-212} + 0{,}087 C_{Bi-212} + 8 \cdot 10^{-12} C_{Pb-212} \\ &\sim 0{,}913 C_{Pb-212} + 0{,}087 C_{Bi-212} \end{aligned} \tag{2.7}$$

$$\begin{aligned} C_{eq,Rn-222} &= 0{,}104C_{Po-218} + 0{,}514C_{Pb-214} + 0{,}382C_{Po-214} + 5 \cdot 10^{-8}C_{Pb-214} \\ &\sim 0{,}104C_{Po-218} + 0{,}514C_{Pb-214} + 0{,}382C_{Po-214} \end{aligned} \tag{2.8}$$

Die potenzielle Alpha-Energiekonzentration (PAEC) C_p einer beliebigen Mischung dieser kurzlebigen Zerfallsprodukte ist definiert als Summe der PAE aller in einer Volumeneinheit vorhandenen Tochternuklide und wird mit der Einheit [MeV/m³][1] oder [J/m³] angeben:

$$C_{P,Rn-220} = C_{P,Po-216} + C_{P,Pb-212} + C_{P,Bi-212} + C_{P,Pb-214} \tag{2.9}$$

$$C_{P,Rn-222} = C_{P,Po-218} + C_{P,Pb-214} + C_{P,Po-214} \tag{2.10}$$

Die PAEC kann ebenfalls mit den Aktivitätskonzentrationen C_J angegeben werden mit.

$$C_p = \sum\nolimits_j C_{p,j} = \sum\nolimits_j C_j \frac{E_{p,j}}{\lambda_j}. \tag{2.11}$$

Aufgrund der identischen Dimension für C_{eq} und C_{Rn} wird zur Unterscheidung oft Bq/m³ (EEC) benutzt. Unter Gleichgewichtsbedingungen lässt sich die PAEC [Einheit J/m³] mittels eines Faktors in die Gleichgewichtskonzentration [Bq/m³] umwandeln (für Radon: $1{,}80 \cdot 10^8$ Bq/J, für Thoron $1{,}32 \cdot 10^7$ Bq/J).

Abb. 2.15 enthält ein Beispiel für eine identische PAE einer Gleichgewichts- und einer Nicht-Gleichgewichtskonzentration.

Der Anteil f_P der nicht an Aerosolen angelagerten Zerfallsprodukte in der Luft (siehe auch Abb. 2.13) berechnet sich zu

$$f_p = \frac{C_P^f}{C_P^f + C_P^a} \tag{2.12}$$

C_P^f... PAEC der unangelagerten Zerfallsprodukte
C_P^a... PAEC der an Aerosolen angelarten Zerfallsprodukte

Eine hohe Aerosolpartikelkonzentration erhöht die Anlagerungsrate – der nichtangelagerte Anteil kann auf Werte von etwa 0,01 sinken und der Gleichgewichtsfaktor F auf Werte von 0,6…0,7 steigen – typisch für Verhältnisse im Freien. In Innenräumen kann bei einer sehr niedrigen Aerosolkonzentration der unangelagerte Anteil Werte von 0,25 erreichen, der Gleichgewichtsfaktor kann auf Werte bis 0,1 absinken [47].

[1] Die Einheit MeV [Megaelektronenvolt] ist aufgrund der praktischen Dimension in der Strahlentechnik eine oft genutzte Maßeinheit für die Energie: 1 MeV entspricht einer Energie von $1{,}6 \cdot 10^{-13}$ J.

Tab. 2.3 Umrechnungsfaktoren für die potenzielle Alphaenergiekonzentration

	J / m³	MeV / m³	Bq / m³ (EEC)	WL
J / m³	1	$6{,}2 \cdot 10^{12}$	$1{,}8 \cdot 10^{8}$	$4{,}8 \cdot 10^{4}$
MeV / m³	$1{,}6 \cdot 10^{-13}$	1	$2{,}9 \cdot 10^{-5}$	$7{,}7 \cdot 10^{-9}$
Bq / m³ (EEC)	$5{,}6 \cdot 10^{-9}$	$3{,}5 \cdot 10^{4}$	1	$2{,}7 \cdot 10^{-4}$
WL	$2{,}1 \cdot 10^{-5}$	$1{,}3 \cdot 10^{8}$	$3{,}7 \cdot 10^{3}$	1

Ursprünglich wurde als Einheit der PAEC das Working Level (WL) für den Arbeitsschutz im Uranbergbau eingeführt [48], siehe auch Tab. 2.2). Das WL bezog sich auf eine Gleichgewichtskonzentration von 100 pCi bzw. 130.000 MeV in einem Liter Luft, Umrechnungsfaktor: 1 $\text{WL} = 2{,}08 \cdot 10^{-5}\ \text{J/m}^3$ und wird heute üblicherweise nicht mehr verwendet. Umrechnungsfaktoren für die potenzielle Alphaenergiekonzentrationen E_P befinden sich in der Tab. 2.3.

Im folgenden Kapitel werden ausgehend von den dargestellten physikalischen Parametern die biologischen Auswirkungen einer Radonexposition beschrieben.

Im weiteren Verlauf des Buches wird zur Vereinfachung für die Aktivitätskonzentration von Radon-222 (Einheit: Bq/m³) der Begriff ***‚Radonkonzentration'*** verwendet.

Literatur

[1] H. Becquerel, Sur diverses propriétés des rayons uraniques, C. R. hebd. Séanc. Acad. Sci. Paris 123 (1896) 855–858

[2] P. Curie, M. Curie, „Sur une substance nouvelle radio-active, contenue dans la pechblende," *(On a new radioactive substance contained in pitchblende).*

[3] E. Rutherford, Uranium radiation and the electrical conduction produced by it, Philos. Mag. 47 (1899) 109–163.

[4] de.wikipedia.org / 20.04.2024

[5] T. P. Kohman, Proposed New Word: Nuclide. In: American Journal of Physics Bd. 15, Nr. 4, 1947, S. 356–357, https://doi.org/10.1119/1.1990965

[6] J. Magill, G. Pfennig, R. Dreher, Z. Sóti, „Karlsruher Nuklidkarte. 8. Auflage. Nucleonica GmbH, Eggenstein-Leopoldshafen 2012, ISBN 92-79-02431-0 (Wandkarte) bzw. ISBN 978–3–00–038392–2 (Faltkarte), ISBN 92-79-02175-3 (Begleitbroschüre)"

[7] Nudat Datenbank, 20.04.2024, https://www.nndc.bnl.gov/nudat3/

[8] www.leifiphysik.de / 20.04.2024

[9] W. Stolz, Radioaktivität Grundlagen – Messung – Anwendung, ISBN: 978-3-663-01497-3, Springer 2003

[10] www Table of Radioactive Isotopes, http://nucleardata.nuclear.lu.se/toi/ /20.04.2024, The Lund/LBNL Nuclear Data Search

[11] E. Rutherford, A radioactive substance emitted from thorium compounds.Philoophical Magazine, Series 5, 49 (1900) S. 1–14

[12] F. E. Dorn, Die von radioactiven Substanzen ausgesandte Emanation, Abhandlungen der Naturforschenden Gesellschaft zu Halle 23 (1900), S. 1–15

[13] F. Giesel, Untersuchungen über das Emanium (Aktinium), Jahrbuch der Radioakivität 1 (1904), S. 345–358

[14] R. Whytlaw Gray, W. Ramssay, The density of niton ('radium emanation') and the disintegration theory, Proceedings of the Royal Society of London Vol. 84, Issue 573 (911)

[15] F. Clarke, T. Thorpe, W. Ostwald, G. J. Urbain, Am. Chem. Soc. 33, 1639–1642 (1911)

[16] F. Soddy, Chemical Society Annual Reports 10, 262–288 (1913)

[17] F. W. Aston et al. J. Am. Chem. Soc. 45, 867–874 (1923)

[18] Curie, M. et al. J. Am. Chem. Soc. 53, 2437–2450 (1931)

[19] Bassett, H. et al. J. Am. Chem. Soc. 82, 5523–5544 (1960)

[20] Spektrum.de – Lexikon der Chemie, 20.04.2024, https://www.spektrum.de/lexikon/chemie/radon/7797

[21] Royal Society of Chemistry, rsc.org/periodic-table/element/86/radon / 20.04.2024

[22] BfS, Radon-Handbuch Deutschland, 2019

[23] SSK, Leitfaden zur Messung vin Radon, Thoron und ihren Zerfallsprodukten, ISBN 3-437-21478-0, 2002, Veröffentlichungen der Strahlenschutzkommission, Band 47

[24] P.-J. Quadbeck-Seeger, Die Welt der Elemente Die Elemente der Welt, Weihnhein WILEY-VCH Verlag, 1. Ausg. 2006

[25] M. Westphal, „Radon als Tracer in der Luftqualitätsüberwachung,“ Dissertation, TU Dresden 2018

[26] F. A. Rößler, „Entwicklung eines effizienten Messverfahrens zur Bestimmung der Radonkonzentration als Indikator für die Qualität der Innenraumluft,“ Masterarbeit, THM 2013

[27] U. Kaminski und S. Gilge, „Die Bedeutung von Radon als Tracer im luftchemischen Meßprogramm der GAW Globalstation Zugspitze/Hohenpeißenberg,“ Conference: Proc. DACH-Meteorologentagung 2001, Wien

[28] S. H. U. Bowie und J. Cameron, „Existing and new techniques in uranium exploratio in Exploration for uranium ore deposits,“ Proceedings of a Symposium, Vienna, 29 March – 2 April 1976, Jointly organized by the IAEA and NEA (OECD)

[29] R. L. Fleischer und L. G. Turner, „ Correlations of radon and carbon isotopic measurements with petroleum and natural gas at Cement, Oklahoma,“ Geophysics, 49(6), 810–817 (1984)

[30] K. Gehrke et. al. Natürliche Radioaktivität in Baumaterialien und die daraus resultierende Strahlenexposition, http://nbn-resolving.de/urn:nbn:de:0221-201210099810, Bundesamt für Strahlenschutz 2012

[31] R. P. Chauhan et. al. Radon diffusion studies through some building materials: Effect of grain size, Radiation Measurements, 43, Supple, S445–S448, 2008

[32] L. e. Tommasino, The measurements of thoron radon and their decay products thanks to Pinocchio, Tengu and Trolls, Radiation Protection Dosimetry, 141(4), 340–345, 2010

[33] M. S. Kobayashi, Spatial distribution of thoron and radon concentrations n the indoor air of a traditional Japanese wooden house., Health Physics, 66(1), 43–49, 1994

[34] European Commission, Joint Research Centre – Cinelli, G., De Cort, M. & Tollefsen, T. (Eds.), „European Atlas of Natural Radiation, Publication Office of the European Union“

[35] W. Jacobi, „Activity and potential energy of Radon-222 and Radon-220 daughters in different air atmospheres,“ Health Phys. 22, 441–450, 1972

[36] J. Porstendörfer, „Properties and behaviour of radon and thoron and their decay products in the air,“ Journal of Aerosol Science 25.2 (1994)

[37] G. A. Swedjemark, „The equilibrium facor F,“ Health Phys., 45: 453–462, 1983

[38] Strahlenschutzkommission, Band 19: Die Exposition durch Radon und seine Zerfallsprodukte in Wohnungen in der Bundesrepublik Deutschland und deren Bewertung, Bonn1992, ISBN 3-437-11451-4

[39] J. Porstendörfer und A. Reineking, „Indoor Behaviour and Characteristics of Radon Progeny," Radiation Protection Dosimetry 45.1–4 (1992)

[40] Y. Yamada, Radon Exposure and its Health Effects, J. of. Health Science, 49(6), 2003

[41] Stellungnahme des Deutsch-Schweizerischen Fachverbandes für Strahlenschutz e.V. zur Einführung von Referenzwerten für Radon in Aufenthaltsräumen und an Arbeitsplätzen, Erarbeiten vom AKNat, bestätigt vom Direktorium Mai 2016

[42] ICRP (1993) Radon-222 at Home and at Work ICRP Publication, 65

[43] N. Tirmarche et al. Lung Cancer Risk from Radon and Progeny and Statement on Radon, Annals of the ICRP, 40(1), 2010

[44] Strahlenschutzverordnung vom 29. November 2018 (BGBl. I S. 2034, 2036; 2021 I S. 5261), die zuletzt durch, Artikel 2 der Verordnung vom 17. April 2024 (BGBl. 2024 I Nr. 132) geändert worden ist

[45] UNSCEAR, SOURCES, EFFECTS AND RISKS OF IONIZING RADIATION – Annex B: LUNG CANCER FROM EXPOSURE TO RADON, Report to the General Assembly, with Scientific Annexes 2019, United Nations Scientific Committee on the Effects of Atomic Radiation

[46] S. Tokonami, Thoron in the environment, www.iaea.org/sites/default/files/19/11/thoron-presentation-tokonami.pdf / 05.05.2022

[47] 2009, UNSCEAR, Effects of Ionizing Radiation: United Nations Scientific Committee onhe Effects of Atomic Radiation-UNSCEAR 2006 Report, Volume II-Report to the General, Assembly, with Scientific Annexes C, D, and E (Vol. 2). United Nations Publications

[48] J. Postendörfer, „Behaviour of radon daughter products in indoor air," Radiation Protection Dosimetry, 7: 107–113, 1984

[49] C. R. Cothern, J. E. Smith, Environmental Radon, 1987, Springer Retrieved from http://books.google.de/books?id=K7WvwZlc72MC.

Gesundheitliche Auswirkungen

3

3.1 Radon und Radonfolgeprodukte

Bereits ab etwa 1400 war eine mysteriöse Bergkrankheit bekannt, die bei Bergleuten in den Bergen um Schneeberg (Sachsen) und Joachimsthal (Jachymov – Tschechien) bereits in jungen Jahren zum Tode führte. 1879 wurde die ‚Scheeberger Krankheit' als Lungenkrebs identifiziert – es wurde ein Lymphosarkom vermutet, dessen Ursache allerdings unklar war [1].

In den 1920ern bestand die Vermutung, dass Radium und die Radium-Emanationen als Ursache für diese Erkrankungen verantwortlich sind – dies konnte aber noch nicht bewiesen werden. Zusätzlich begannen Messungen der Grubenluft, um mögliche Korrelationen zwischen Gebieten mit hohem Radonvorkommen und Gebieten mit hohem Krebsaufkommen unter den Bergleuten festzustellen. 1926 stimmte die damalige tschechoslowakische Regierung zu, dass es sich bei der Krankheit in den Joachimsthaler Bergwerken um Lungenkrebs handelt. Es folgten ausführliche wissenschaftliche Berichte in den frühen 1930er Jahren. Daten aus den Jahren 1929/30 zeigen, dass bei 50 % Prozent der Bergleute im Joachimsthal ein Lungenkarzinom festgestellt wurde [2].

Boris Rajewsky wies schließlich 1939 nach, dass die Inhalation von Radon sowie die Aufnahme (Inkorporation) der gasförmigen Radiumemanationen und radioaktiver Stäube bei Bergleuten Lungenkrebs auslösen kann [3]. Die seit den 1960ern durchgeführten epidemiologischen Studien an Bergarbeitern konnten dies wissenschaftlich bestätigen (siehe auch [4]).[1]

[1] Als Epidemiologie wird eine wissenschaftliche Disziplin bezeichnet, die sich mit dem Auftreten und der Verteilung von Krankheiten in einer Bevölkerung (insgesamt oder in Gruppen innerhalb dieser) beschäftigt sowie mit möglichen Ursachen und Folgen dieser Erkrankungen.

W.-R. Uhlig et al., *Radongeschütztes Bauen*,
https://doi.org/10.1007/978-3-658-38115-8_3

Die WHO hat auf der Basis dieser Bergarbeiterstudien 1988 Radon als nachgewiesen krebserregend für den Menschen eingestuft [5].

Die seit den 1980ern gesicherte Erkenntnis, dass langfristige Expositionen mit Radon / Radonfolgeprodukten das Risiko für eine Tumorerkrankung erhöhen, führte auch zu einer intensiven Betrachtung niedrigerer Radonaktivitätskonzentrationen wie z. B. in Innenräumen. Vor allem in Europa, Nordamerika und China wurden mehr als 20 große epidemiologische Studien dazu durchgeführt. Alle Untersuchungen zeigen übereinstimmend ein erhöhtes Lungenkrebsrisiko durch Radon in Wohnungen.

Als eine der wichtigsten Untersuchungen in diesem Zusammenhang wird die 2005 publizierte Darby-Studie angesehen [6]. In die Studie gingen insgesamt 7.148 Lungenkrebspatienten und 14.208 Kontrollpersonen (ohne Erkrankungen) ein. Dabei wurden in allen durch die Probanden in den letzten 35 Jahren bewohnten Wohnungen mindestens 6 Monate lang die Radonkonzentrationen gemessen. Zusätzlich wurden alle Teilnehmer detailliert neben dem Rauchverhalten nach weiteren möglichen Indikationen befragt (z. B. Asbestkonzentrationen).

Die wichtigsten Aussagen der ‚Darby-Studie' [6] sind:

- Auch nach Berücksichtigung des Rauchverhaltens besteht ein eindeutiger Zusammenhang zwischen Radonkonzentrationen in Innenräumen und dem Auftreten von Lungenkrebs.
- Selbst im Bereich niedriger Radonkonzentrationen von 200 Bq/m^3 wurde eine Dosis-Wirkungs-Beziehung festgestellt; es wurden keine Hinweise auf einen Schwellenwert gefunden. Unterhalb von 100…200 Bq/m^3 sind keine belastbaren Angaben möglich; die quantitativen Risikoangaben können nur mit großen Unsicherheiten angegeben werden.
- Das absolute Risiko für Raucher und aktuelle Ex-Raucher war viel größer als für lebenslange Nichtraucher, d. h. Radon und Rauchen verstärken sich gegenseitig.
- Pro 100 Bq/m^3 langjähriger Radonkonzentration erhöht sich das Lungenkrebsrisiko um etwa 16 % – unabhängig davon, ob man derzeit raucht, früher geraucht hat oder lebenslanger Nichtraucher war.
- Es wird geschätzt, dass Radon in Innenräumen die Ursache für etwa 9 % aller Todesfälle durch Lungenkrebs und 2 % aller Todesfälle durch Krebs in Europa ist.

Aktuell werden von der WHO etwa 3 bis 14 % aller Lungentumore auf die Wirkungen von Radon zurückgeführt – abhängig von der mittleren Radonaktivitätskonzentration und den Berechnungsmethoden [7]. Für Deutschland betrifft dies etwa 1.900 durch Radon induzierte Todesfälle [8]. Radon ist daher neben dem Rauchen der wichtigste Risikofaktor für einen Lungentumor (siehe Tab. 3.1) [9].

Hinweis: Die oben aufgeführten Daten sind geschätzte Mittelwerte über Geschlechter und Altersklassen hinweg. Wie schon erwähnt sind Schätzungen bei Radonkonzentrationen im Bereich von 100 Bq/m^3 oder darunter mit großen Unsicherheiten be-

Tab. 3.1 Risiko Bronchialkarzinom (BC = Lungentumor) bei Rauchern / Nichtrauchern mit und ohne eine permanente Radonkonzentration in Innenräumen [9]. Dargestellt ist das Risiko für einen Lungentumor bis zum 75. Lebensjahr

	Risiko BC Kein Radon	Risiko BC Radon 100 Bq/m³
Nichtraucher	0,4 %	0,5%
Raucher	10%	12%

haftet. Üblicherweise wird dafür die Grundhypothese einer linearen Dosis-Wirkungs-Beziehung (LNT – siehe Abschn. 3.2) verwendet.

Eine Strahlenexposition durch Radon kann auch andere Organe als die Lunge betreffen (z. B. die extrathorakalen Bereiche im Hals-Nasen-Rachenraum oder die Haut bei Badekuren [10]). Prinzipiell kann Radon auch durch Ingestion (d. h. Nahrungsaufnahme oder Trinken von radonhaltigem Wasser) in den Körper gelangen [11]. Die dadurch verursachten Dosen sind deutlich geringer als bei Inhalation. Aktuell gibt es keine belastbaren Belege dafür, dass Radon zu anderen Erkrankungen als Lungenkrebs führt [12].

3.2 Biologische Auswirkungen

Je nach Strahlenart und Intensität kann ionisierende Strahlung (siehe auch Abschn. 2.2) zu einer Vielzahl biologischer Effekte führen. Ausgangspunkt ist dabei die Erzeugung von Ionen bzw. das Aufbrechen chemischer Bindungen aufgrund der hohen Energie ihrer Partikel[2]. Die Anzahl der Ionisationsereignisse entlang des Strahlungsweges spielt dabei eine wichtige Rolle. Es wird daher zwischen dicht und locker ionisierender Strahlung unterschieden – physikalisch beschrieben durch die Größe LET (linearer Energietransfer). Die biologische Wirkung einer ionisierenden Strahlung hängt stark von deren LET ab [13, 14].

Alpha-Strahler wie Radon und einige Zerfallsprodukte zählen zu den dicht ionisierenden Strahlungen, d. h. die gesamte Energie wird auf einer sehr kurzen Wegstrecke abgegeben. Zur Verdeutlichung ist in Abb. 3.1 die Reichweite von Alphateilchen und Elektronen gegenübergestellt.

Diese Ereignisse finden in Makromolekülen (z. B. Proteine, Nukleinsäuren) statt bzw. können auch eine Spaltung von Wassermolekülen verursachen. Durch die dadurch entstehenden hochreaktiven Radikale des Wassers[3] wie auch durch die Strahlung direkt

[2] Röntgen- und Gammastrahlen können sowohl als elektromagnetische Wellen als auch als Partikel (Photonen) betrachtet werden.

[3] Energieabsorption und biologische Wirkung finden in verschiedenen Molekülen statt (indirekte Strahlenwirkung).

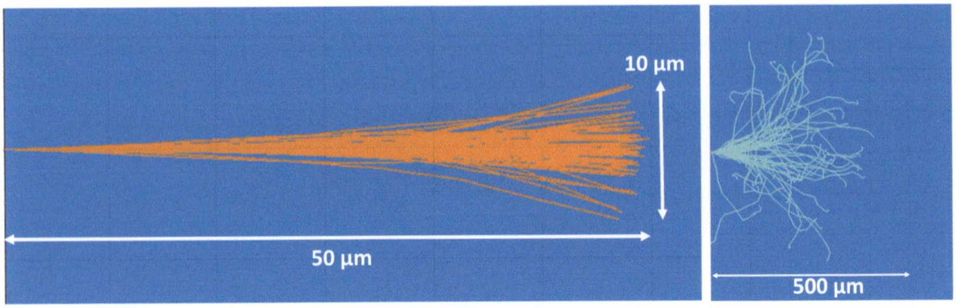

Abb. 3.1 Reichweite von Alphastrahlen (oben) und Elektronen (rechts) in Wasser. $E_{Alpha} = 6$ MeV (entspricht etwa der Energie der Radonzerfallsprodukte); zum Vergleich: $E_{Beta} = 1$ MeV. Abbildungen wurden mittels FLUKA bzw. Flair [15, 16, 17] generiert

können Veränderungen (Mutationen) an der Desoxyribonukleinsäure (DNS) – der Erbsubstanz im Zellkern – entstehen. In der Folge kann dies zum Absterben der Zelle, zu einer korrekten Reparatur der DNS durch die Schutzmechanismen der Zelle oder zu einer fehlerhaften Reparatur der DNS mit dennoch lebensfähiger Zelle führen. Der letztgenannte Mechanismus – prinzipiell auch durch andere Einflüsse oder Zellgifte verursacht – wird als Ursache für die Entstehung eines (strahleninduzierten) Tumors angesehen. Beispielsweise konnten bereits wenige Jahre nach den Entdeckungen der Röntgenstrahlung (1895 – W. C. Röntgen) bzw. der natürlichen Radioaktivität (1896 – H. Becquerel) Schäden der Haut oder Leukämie als strahleninduzierte Schädigungen diagnostiziert werden (z. B. [18, 19]).

Ionisierende Strahlen können dabei langfristige (stochastische) oder sofortige (deterministische) Auswirkungen auf den Organismus haben. Als Maß für die Intensität bzw. Wirkung einer Strahlung wird die Dosis benutzt. Diese berücksichtigt neben der massebezogenen aufgenommenen Energie sowohl die Eigenschaften der Strahlung (Art, Ionisationsdichte) als auch die biologischen Wirkungen auf Organe und Gewebe im menschlichen Körper. Die Einheit dieser Dosis ist das **Sievert (Sv) bzw. Millisievert (mSv)** und wird entweder als effektive Dosis E (als Maß für das gesamte Strahlenrisiko einer Person) bzw. als Organdosis oder Organ-Äquivalentdosis H_T (bezogen auf ein bestimmtes Organ, Gewebe oder Körperteil) angegeben. Detaillierte Ausführungen dazu sind z. B. in [20, 21] enthalten.

Langfristige (stochastische) Auswirkungen wie z. B. eine Tumorentstehung sind auf zelluläre Veränderungen zurückzuführen. Dabei gibt es keinen Schwellenwert, d. h. sie können theoretisch auch bei einer sehr geringen Dosis auftreten. Es wird davon ausgegangen, dass das Risiko einer Erkrankung linear mit der Dosis steigt (lineare schwellenlose Hypothese – LNT). Die Internationalen Strahlenschutzkommission (ICRP) definiert

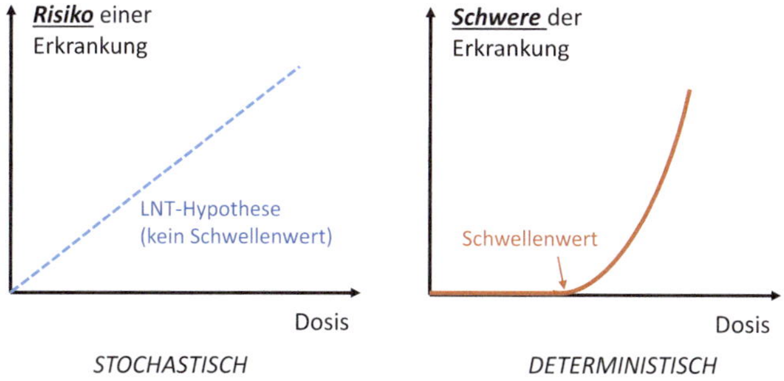

Abb. 3.2 Vergleich stochastischer und deterministischer Strahlenwirkungen

dieses Risiko mit etwa 5 % /Sv[4] [21]. Dabei ist zu beachten, dass Kinder empfindlicher reagieren als Erwachsene. Die Effekte nach Strahlendosen unterhalb von 100 mSv sind allerdings gering und gehen im ‚Rauschen' der Tumorerkrankungen unter – abhängig von Region, Zeit, Lebensstil und weiteren Umwelt-Faktoren [21, 22].

Zu sofortigen (deterministischen) Auswirkungen kommt es, wenn die Strahlung eine Vielzahl von Zellen zerstört und damit den Funktionsverlust eines Organs bewirkt. Für diese Auswirkungen kann eine Dosisschwelle (Mindestdosis) zum Erreichen definiert werden (siehe auch Abb. 3.2). Diese Auswirkungen werden nur durch hohe Dosiswerte erreicht. Beispiele sind die Zerstörung des aktiven Knochenmarks oder der Darmschleimhäute, Hautverbrennungen und Sterilisation. Die Schwellenwerte liegen dabei meist über 500 mSv.

Die akuten Wirkungen einer ionisierenden Strahlung wie auch die Kinetik der Reparatur der DNS sind zwar prinzipiell gut bekannt. Im Detail sind jedoch viele Schritte von der Veränderung auf zellulärer Ebene bis hin zu einem klinisch fassbaren Tumor noch nicht vollständig erforscht. Diese sehr komplexen, mehrstufigen Vorgänge führen im Endeffekt zu einer zeitlichen Verschiebung zwischen Bestrahlung und Auftreten eines Tumors. Bei Lungentumoren beträgt diese Zeitspanne meist nicht unter 5–10 Jahren nach einer Bestrahlung [29]. Dabei spielen auch andere Faktoren eine Rolle, z. B. Rauchen oder altersbedingte Prozesse.

Radon und die Radonzerfallsprodukte – ob frei oder angelagert – wirken hauptsächlich auf die thorakalen Bereiche des menschlichen Körpers.

Radon selbst wird als Edelgas im Atemtrakt nicht angereichert und wird im Körper nicht gebunden. Es kann zu etwa 1 % ins Blut aufgenommen werden und in verschiedenen Organen oder Geweben gelangen – die restlichen 99 % werden ausgeatmet [23, 24, 25]. Die Aufnahme der kurzlebigen, teilweise elektrisch geladenen Zerfallsprodukte mit

[4] Diese schadensgewichtete Wahrscheinlichkeit pro Dosis an einem Tumor zu erkranken wird auch als Detriment bezeichnet [21]. Das Fehlen einer Schwellendosis wurde jedoch noch nicht nachgewiesen [42].

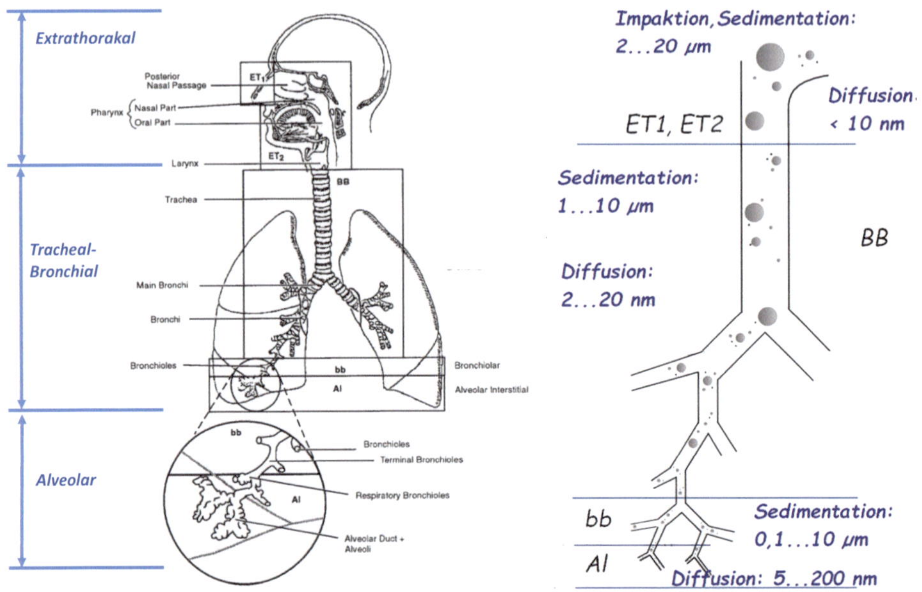

Abb. 3.3 Atemtraktmodell nach ICRP130 [26] sowie schematische Darstellung der Aufnahme angelagerter und unangelagerter Zerfallsprodukte durch unterschiedliche Mechanismen (nach [27, 28]). Angegeben sind zusätzlich typische Partikeldurchmesser

Schwermetalleigenschaften ist jedoch grundsätzlich unterschiedlich: die freien Zerfallsprodukte lagern sich überwiegend im Tracheal-Bronchial-Raum ab, während die an Aerosole gebundenen Produkte bis in die tiefen Lungenbereiche (Alveolar-Bereich) gelangen und abgeschieden werden können (siehe auch Abb. 3.3). Prinzipiell ist dort eine biologische Elimination (Aufnahme in das Blut) möglich. Diese erfolgt aber so langsam, dass der physikalische Prozess des Zerfalls dominiert und hauptsächlich im Atemtrakt abläuft [23].

3.3 Exposition und Dosisabschätzung

Entscheidend für die Exposition sind die Konzentrationen der Radonzerfallsprodukte in der Luft. Je nach Aufenthaltsort können diese Werte im Einzelfall durchaus erheblichen Schwankungen unterworfen sein.

Die energiereichen dichtionisierenden Alpha-Teilchen (sieh auch Abschn. 3.2) bestimmen dabei die Dosis im Lungengewebe. Es wird angenommen, dass der potenzielle Schaden durch den Zerfall in etwa proportional zur Gesamtenergie der vom Radionuklid und seinen weiteren kurzlebigen Zerfallsprodukten emittierten Alphapartikel ist. Die Größe „Potentielle Alphaenergiekonzentration“ (PAEC) kann folglich für eine beliebige Zusammensetzung als entscheidende Größe verwendet werden.

Für eine Abschätzung der Lungendosis bzw. effektiven Dosis sind jedoch noch weitere Faktoren zu beachten. Dies sind zum einen die unterschiedlichen Strahlenempfindlichkeiten der verschiedenen Lungenbereiche. Zum anderen sind der Ort und auch der Umfang der Ablagerung der Zerfallsprodukte von der Größe der eingeatmeten Aerosole abhängig. Der unangelagerte Anteil f_P hat zudem aufgrund der geringeren Größe und damit schnelleren Diffusionsgeschwindigkeit eine höhere Ablagewahrscheinlichkeit. Prinzipiell kann dieser Anteil durch Messungen bestimmt werden und liegt in der Regel zwischen 0,5….20 % [29].

Daher wird im Gegensatz zur üblichen Verwendung der Dosis im Strahlenschutz beim Schutz vor Radon – nicht nur aufgrund der technisch einfacheren Messung (siehe Kap. 5) – zumeist die Radonkonzentration in Verbindung mit dem Gleichgewichtsfaktor F (siehe Abschn. 2.3) herangezogen. Dabei erfolgt keine Unterscheidung geogener oder etwaiger anthropogener Anteile. Dies stellt eine praktikable Vereinfachung dar: komplexe und belastbare Berechnungen von Organ- oder effektiven Dosen werden umgangen.

Die Exposition einer Person in einem bestimmten Zeitintervall Δt wird durch eine Größe EX definiert. Dabei kann sich die Exposition EX entweder auf die gleichgewichtsäquivalente Radonkonzentration C_{eq}, die Radonkonzentration C_{Rn} oder die potenzielle Alphaenergiekonzentration C_P beziehen:

$$\begin{aligned} EX_{eq} &= \int C_{eq}(t)dt = \sum\nolimits_i C_{eq,i}\,\Delta t_i \quad \left[Bq\ h\ m^{-3}(EEC)\right] \\ EX_{Rn} &= \int C_{Rn}(t)dt = \sum\nolimits_i C_{Rn,i}\,\Delta t_i \quad \left[Bq\ h\ m^{-3}\right] \\ EX_P &= \int C_P(t)dt = \sum\nolimits_i C_{P,i}\,\Delta t_i \quad \left[MeV\ h\ m^{-3}\right] bzw.\ \left[J\ h\ m^{-3}\right] \end{aligned} \tag{3.1}$$

Ursprünglich wurde für die Beschreibung der Exposition die Einheit ‚Working Level Month' (WLM) verwendet. Dies entspricht einer Konzentration von $C_P = 1$ WL in einer Arbeitszeit von 170 h pro Monat. Diese Einheit gehört nicht zum SI-Einheitensystem, kann jedoch zu Vergleichszwecken weiterhin verwendet werden. Eine Übersicht über die Umrechnungen zwischen den Einheiten enthält Tab. 3.2.

1 WLM entspricht z. B. einer einstündigen Exposition mit der Gleichgewichtskonzentration von $6{,}37 \cdot 10^5$ Bq/m^3.

Tab. 3.2 Umrechnung zwischen den Einheiten für die Exposition

	J h m^{-3}	MeV h m^{-3}	Bq h m^{-3}(EEC)	WLM
J h m^{-3}	1	$6{,}3 \cdot 10^{12}$	$1{,}8 \cdot 10^{8}$	$2{,}9 \cdot 10^{2}$
MeV h m^{-3}	$1{,}6 \cdot 10^{-13}$	1	$2{,}9 \cdot 10^{-5}$	$4{,}6 \cdot 10^{-11}$
Bq h m^{-3}(EEC)	$5{,}6 \cdot 10^{-9}$	$3{,}5 \cdot 10^{4}$	1	$1{,}6 \cdot 10^{-6}$
WLM	$3{,}5 \cdot 10^{-3}$	$2{,}2 \cdot 10^{10}$	$6{,}4 \cdot 10^{5}$	1

Tab. 3.3 Umrechnungsfaktoren (Radon-Dosiskoeffizienten) nach [30, 31]

Risikokoeffizient [/WLM]	Zuordnung	Detriment [/Sv]	Dosiskoeffizient [F·mSv / MBq h m^{-3}	[F·mSv / WLM
$2{,}8 \cdot 10^{-4}$	Beruflich	0,056	7,8	5
	Bevölkerung	0,073	6,3	4

Des Weiteren können innerhalb des häuslichen Bereichs sowie insbesondere an Arbeitsplätzen weitere Quellen ionisierender Strahlung auftreten. Daher ist es sinnvoll, die Exposition EX in eine effektive Dosis E als allgemeine Schutzgröße umzuwandeln. Auf der Basis der epidemiologischen Uranbergarbeiterstudien wurde 1993 durch die ICRP ein Risikokoeffizient $e_{RISK} = 2{,}8 \cdot 10^{-4}/WLM$ (ICRP-Publikation 65, [30]) für die Lungenkrebsmortalität vorgeschlagen.

Diese Koeffizienten sollten sowohl für den beruflichen Bereich als auch für die Allgemeinbevölkerung gelten. Unter Berücksichtigung eines Schadenerwartungswertes (‚Detriment') nach ICRP60 von 5,65 % / Sv für Beschäftigte bzw. 7,3 % / Sv für die Bevölkerung ergeben sich die in Tab. 3.3 aufgeführten Relationen (‚Dose Conversation Conventions') [31].

Anmerkung: Aufgrund neuer epidemiologischer Studien und um ca. 25 % niedrigerer Detriment-Werte aus der ICRP-103 [21] wurden Änderungen der ‚Dose Conversion Convention' vorgeschlagen [9]. Basierend auf einem dosimetrischen Ansatz ergaben Abschätzungen der effektiven Dosis einen Wert von etwa F·(14,1 mSv)/(MBq·h·m^{-3}), d. h. ein mehr als doppelt so hoher Dosisfaktor bei gleicher Exposition. Aufgrund der bestehenden Unsicherheiten schlägt die Strahlenschutzkommission (SSK) daher derzeit keine quantitativen Änderungen der Radondosiskoeffizienten vor. Detaillierte Daten und Bewertungen finden sich in [9, 32]. Für die Bewertung radioaktiver Altlasten empfiehlt die SSK darüber hinaus einen Referenzwert von 80 Bq/m^3 in der Luft an relevanten Einwirkungsorten im Freien [41].

Aus Angaben (Messungen) einer kumulierten Aktivitätskonzentration (Einheit $MBq{\cdot}h{\cdot}m^{-3}$) kann unter Berücksichtigung des Gleichgewichtsfaktors somit eine effektive Dosis E abgeschätzt werden.

In der aktuellen Strahlenschutzverordnung (StrlSchV [33]) wurde dementsprechend für Arbeitsplätze in Innenräumen festgelegt, dass 0,32 MBq·h·m^{-3} einer effektiven Dosis von 1 mSv entsprechen (F = 0,4).

Für die Bevölkerung wird üblicherweise (konservativ) angenommen, dass eine Person im Mittel 80 % der Zeit im Haus verbringt, d. h. etwa 7000 h im Kalenderjahr. Mit einer Vernachlässigung der Beiträge der geringeren Radonaktivitätskonzentration im Freien lässt sich mit einem Wert von F = 0,4 eine Relation von etwa **58 Bq m^{-3} / mSv** (23 Bq m^{-3}(EEC)/mSv) abschätzen.

Die effektive Dosis wird hauptsächlich (etwa 95 %) durch die Äquivalentdosis für die Lunge bestimmt. Diese Lungendosis wiederum wird zu etwa ***95 % durch die Radonfolgeprodukte***, hervorgerufen, insbesondere infolge des Zerfalls der kurzlebigen Töchter-

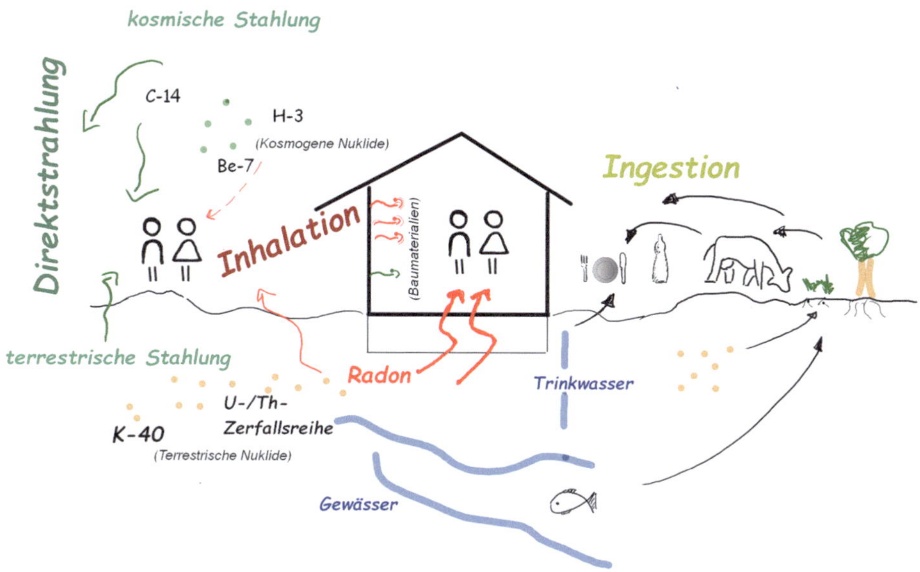

Abb. 3.4 Schematische Darstellung der Strahlenexpositionen durch natürliche Quellen

nuklide (Polonium-218 und Polonium-214 zerfallen durch Emission von Alphateilchen). [9, 11].

In Abb. 3.4 sind zum Vergleich die natürlichen Strahlenexpositionen schematisch dargestellt. Unter Berücksichtigung der mittleren Radonaktivitätskonzentration in Innenräumen von etwa 50 Bq/m^3 ergeben sich somit die in Abb. 3.5 dargestellten Beiträge durch Radon und Radonfolgeprodukte zur natürlichen Strahlenexposition.

In Deutschland weisen etwa 5–20 % aller Wohnungen Werte der Radonkonzentration oberhalb von 100 Bq/m^3 auf (etwa 0,04 % oberhalb von 1000 Bq/m^3) [34]. Zusätzlich sind in Abb. 3.5 weitere zivilisatorisch bedingte Beiträge sowie mittlere berufliche Expositionen dargestellt. Radon selbst hat nur einen Anteil von ca. 10 % an der Gesamtdosis durch Radon und Radonfolgeprodukte, die Beiträge der Radonzerfallsprodukte dominieren (ca. 90 %). Hinsichtlich der beruflichen Expositionen überwiegen die Werte für Beschäftigte im Bereich Radon / NORM[5] [35].

Die natürlichen Radon-Strahlenquellen können durch bauliche Maßnahmen (siehe Kap. 7 ff) deutlich reduziert, aber nicht eliminiert werden. Daher können entsprechen der ICRP-Empfehlungen folgende Grundsätze formuliert werden:

[5] NORM: **N**aturally **O**ccuring **R**adioactive **M**aterials = Natürlich vorkommende radioaktive Stoffe.

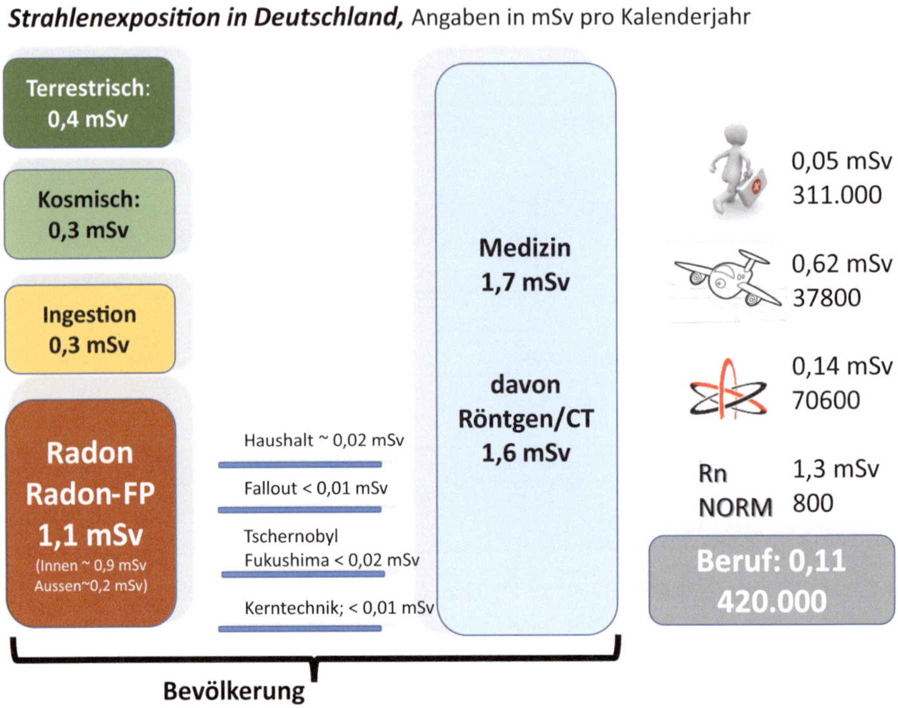

Abb. 3.5 Übersicht über die mittleren Strahlenexpositionen in Deutschland. (Daten für 2020 [35]). Berufliche Strahlenexposition: obere Zeile – mittlere Dosis; untere Zeile – Anzahl der Beschäftigten

- *In Innenräumen gibt es einen Bereich der Radonaktivitätskonzentration, der als ‚NORMAL' angesehen werden kann, d. h. die sich ergebende Dosis liegt im Schwankungsbereich der natürlichen Strahlenexpositionen. Hier sind keine Maßnahmen zur Reduzierung sinnvoll.*
- *Im Bestandsbau werden Maßnahmen vorgeschlagen, wenn langzeitige Mittelwerte der Radonaktivitätskonzentrationen oberhalb des Normalbereiches liegen.*
- *Im Neubau soll durch entsprechende Planungen und Bauausführungen gewährleistet werden, dass die mittlere Radonaktivitätskonzentration den Normalbereich nicht überschreitet.*

Die Strahlenschutzkommission (SSK) hat bereits 1988 die Obergrenze des Normalbereiches der Radon-222-Aktivitätskonzentration in der Raumluft auf 250 Bq/m^3 definiert [36].

Die ICRP hat nach einer Überprüfung epidemiologischer Studien zu gesundheitlichen Folgen der Radonexposition den oberen Referenzwert für Wohnungen von 600 Bq/m^3 aus dem Jahr 2007 [21] auf 300 Bq/m^3 gesenkt (ICRP-Empfehlung 115 [9]). Dies wurde

2014 im Einklang mit der ICRP-Empfehlung 126 [37] von der EU in der Richtlinie 2013/59/Euratom [38] übernommen und auch in die deutsche Gesetzgebung überführt. In der aktuellen Strahlenschutzverordnung (StrlSchV [33]) bzw. dem Strahlenschutzgesetz (StrlSchG [39]) wird ein Referenzwert für die über das Jahr gemittelte Radonkonzentration in der Raumluft an Arbeitsplätzen von **300 Bq/m³** festgelegt. Weitere Details sind in Kap. 9 aufgeführt.

Der Referenzwert ist dabei als ein Maßstab für die Prüfung der Angemessenheit von Maßnahmen zum Schutz vor Radon zu interpretieren – es ist kein Grenzwert (diese dürfen nicht überschritten werden). Ähnlich einem Richtwert (an diesem soll sich gerichtet werden, um sicherzustellen, dass ein Grenzwert nicht überschritten wird) wird empfohlen, nicht erst bei Überschreitung des Referenzwertes zu handeln – Schutzmaßnahmen sind auch vorher sinnvoll.

Für die Risikoabschätzung der Exposition durch Thoron und dessen Folgeprodukte in Innenräumen haben bisher keine epidemiologischen Untersuchungen stattgefunden. Dosisabschätzungen sind über einen dosimetrischen Ansatz möglich. Üblicherweise wird davon ausgegangen, dass Expositionen durch Thoron infolge einer Exhalation aus Baustoffen zu einem vernachlässigbaren Anteil an der Strahlenexposition führen [41].

Literatur

[1] F. H. Hesse, W.Härting, „Der Lungenkrebs, die Bergkrankheit in den Schneeberger Gruben," Vierteljahresschrift für gerichtliche Medizin und öffentliches Sanitätswesen 30 (1879)

[2] N. Stannard, "Radioactivity and Health: A History," U.S. Department of Energy, DOE/RL/01830-T59, October 1988

[3] B. Rajewsky, Bericht über die Schneeberger Untersuchungen, Zeitschrift für Krebsforschung 49 (1939), S. 312–340

[4] BEIR, „Health risks of radon and other internally deposited alpha-emitters," Washinghton D.C.: National Acadamy Press, 1988, Bd. IV. BEIR

[5] IARC, Man-made mineral fibres and radon. IARC Monographs on the evaluation of carcinogenic risks to humans, Vol. 43, Lyon: 1988, International Agency for Research on Cancer

[6] S. Darby et.al., Radon in homes and risk of lung cancer: collaborative analysis of individual data from 13 European case-control studies, British Medical Journal 2005; 330:223

[7] WHO, Handbook on Inddoor radon. A Public Health Perspective, Geneva 2009, WHO Press

[8] S. Menzler et. al., Abschätzung des attributablen Lungenkrebsrisikos n Deutschland durch Radon in Wohnungen., Ecomed-Verlag Landsberg, 2006

[9] ICRP, Lung Cancer Risk from Radon and Progeny and Statement on Radon, ICRP Publication 115, Ann. ICRP 40(1), 2010

[10] W. Hofmann et. al., „Radon transfer from thermal water to human organs in radon therapy: exhalation measurements and model simulations," Radiation and Environmental Biophysics 58.4, 2019

[11] ICRP, „Occupational intakes of radionuclides: Part 3," Bd. 137. ICRP publication. London: Sage, 2018

[12] BfS, Radon-Handbuch Deutschland, 2019

[13] T. Herrmann et.al., „Klinische Strahlenbiologie – kurz und bündig-," 4. Auflage 2016, Elsevier GmbH München
[14] F. F. (Russ) Knapp, A. Dash, „Radiopharmaceuticals fore Therapy," Springer India 2016
[15] G. Battistoni et.al, „Overview of the FLUKA code," Annals of Nuclear Energy 82, 10–18 (2015)
[16] https://fluka.cern, „20.04.2024"
[17] V. Vlachoudis, „FLAIR: A Powerful But User Friendly Graphical Interface For FLUKA," Proc. Int. Conf. on Mathematics, Computational Methods & Reactor Physics (M&C 2009), Saratoga Springs, New York, 2009
[18] B. Leppin, „ Aus kleine Mitteilungen. Wirkung der Röntgenstrahlen auf die Haut.," DMW 1896; 28: 454
[19] E. Thompson, „Roentgen rays act strongly on the tissues," . Elect Engineer Nov. 25, 1896; 22: 534
[20] W. Stolz, Radioaktivität Grundlagen – Messung – Anwendung, ISBN: 978-3-663-01497-3, Springer 2003
[21] ICRP, The 2007 Recommendations of the International Commission on Radiological Protection, ICRP Publication 103. Ann. ICRP 37 (2–4)., 2007
[22] C. Streffer, „Radiological protection: Challanges and fascination of biological research," Strahlenschutzpraxis, 2 (2009)
[23] Strahlenschutzkommission, Band 19: Die Exposition durch Radon und seine Zerfallsprodukte in Wohnungen in der Bundesrepublik Deutschland und deren Bewertung, Bonn1992, ISBN 3-437-11451-4
[24] A. Sakoda et.al., „Physiologically Based Pharmacokinetic Modeling of Inhaled Radon to Calculate Absorbed Doses in Mice, Rats, and Humans," Journal of Nuclear Science and Technology 47.8 (2010)
[25] A. Khursheed, „Doses to Systemic Tissues from Radon Gas," Radiation Protection Dosimetry 88.2 (2000)
[26] ICRP, Occupational Intakes of Radionuclides: Part 1, CRP Publication 130. Ann. ICRP 44(2). 2015
[27] B. O. Stuart, „Deposition and clearance of inhaled particles," : Environmental Health Perspectives 55 (1984)
[28] F. Papenfuß, „Physikalische Parameter bei der Inkorporation von Radon und seinen Folgeprodukten im Modell und Organismus," Dissertation, TU Darmstadt, D-17,2021
[29] Strahlenschutzkommission, Leitfaden zur Messung von Radon, Thoron und ihren Zerfallsprodukten, ISBN 3-437-21478-0, 2002, Veröffentlichungen der Strahlenschutzkommission, Band 47
[30] ICRP, Radon-222 at Home and at Work ICRP Publication, 65. 1993
[31] ICRP, 1990 Recommendations of the International Commission on Radiological Protection, ICRP Publication 60. Ann. ICRP 21 (1–3), 1990
[32] Strahlenschutzkommission, Radon- Dosiskoeffizienten – Empfehlungen der Strahlenschutzkommission, Verabschiedet in der 290. Sitzung am 05./06.12.2017
[33] Strahlenschutzverordnung vom 29. November 2018 (BGBl. I S. 2034, 2036; 2021 I S. 5261), die zuletzt durch Artikel 2 der Verordnung vom 17. April 2024 (BGBl. 2024 I Nr. 132) geändert worden ist
[34] BfS, Radon – ein kaum wahrgenommes Risiko., Strahlenschutz konkret – Download bfs.de 08.05.2022
[35] BfS, Daten zu natürlichen und beruflichen Expositionen, www.bfs.de / 05.05.2022
[36] Strahlenschutzkommission, „Strahlenschutzgrundsätze zur Begrenzung der Bevölkerung durch Radon und seine Zerfallsprodukte – Empfehlungen der Strahlenschutzkommission,"

verabschiedet in der 84. Sitzung der Strahlenschutzkommission am 30. Juni 1988. Bekanntmachung im Nr. 208 vom 05.11.1988

[37] ICRP, „Radiological Protection against Radon Exposure. ICRP Publication 126. Ann. ICRP 43(3). 2014"

[38] EURATOM, „RICHTLINIE 2013/59/EURATOM DES RATES vom 5. Dezember 2013 zur Festlegung grundlegender Sicherheitsnormen für den Schutz vor den Gefahren einer Exposition gegenüber ionisierender Strahlung und zur Aufhebung der Richtlinien " 89/618/ Euratom, 90/641/Euratom, 96/29/Euratom, 97/43/Euratom und 2003/122/Euratom, Exposition gegenüber ionisierender Strahlung und zur Aufhebung der Richtlinien

[39] Strahlenschutzgesetz vom 27. Juni 2017 (BGBl. I S. 1966), das zuletzt durch Artikel 2 des Gesetzes vom 20. Mai, 2021 (BGBl. I S. 1194; 2022 I 15) geändert worden ist

[40] Deutscher Bundestag, Unterrichtung durch die Bundesregierung: Umweltradioaktivität und Strahlenbelastung im Jahr 2017, Drucksache 19/18500, 08.04.2020

[41] „Exposition der Bevölkerung durch Radon im Zusammenhang mit radioaktiven Altlasten – Empfehlung der Strahlenschutzkommission," erabschiedet in der 319. Sitzung der Strahlenschutzkommission am 28./ 29. März 2022

[42] C. Streffer, „Ionisierende Strahlen – Dosisgrenzwerte: Wissenschaftliche Grundlagen und Ethische Aspekte," https://doi.org/10.1515/jwiet-2018-0004

Geologie und Radon

4

Dr. J. Kemski.
Sachverständigenbüro Dr. Kemski, Euskirchener Straße 54, 53.121 Bonn.
ö.b.u.v. Sachverständiger für Radon (IHK Bonn Rhein-Sieg).

Eine umfangreiche und z. T. sehr detaillierte Beschreibung dieses Themenkomplexes, auch mit Zitaten zahlreicher Originalliteratur, findet sich in [2].

Alle nachfolgenden Betrachtungen beziehen sich, wenn nicht ausdrücklich anders erwähnt, auf das Isotop ^{222}Rn (Radon).

4.1 Radon in den Geowissenschaften

Untersuchungen über das Auftreten und Vorkommen von Radionukliden in den unterschiedlichen Umweltmedien wie Atmosphäre, Gestein und Boden sowie Wasser wurden bereits in den ersten Jahren nach Entdeckung des Phänomens der Radioaktivität am Ende des 19. Jahrhunderts durchgeführt. Zu diesem Themenkomplex zählen auch Messungen von Radon in der Bodenluft und deren räumliche Variabilität. Schnell war klar, dass Böden und Gesteine – und hier konkret die variierenden Radiumaktivitäten – die direkte Quelle von Radon sind.

Dementsprechend fanden sich in der Folgezeit auch praktische Anwendungen für die Nutzung natürlich vorkommender Radionuklide im Bereich der Geowissenschaften. Beispielhaft seien Radonmessungen in der Bodenluft zur Kartierung verdeckter Spalten, Klüfte u.ä. im Untergrund oder bei der weltweiten Uranexploration genannt. Neben zahlreichen anderen Parametern werden kontinuierlich erhobene Radonwerte auch im Zuge einer möglichen Prognose von Erdbeben oder Vulkanausbrüchen genutzt. Aktuell stellen in Deutschland Messungen der Radonkonzentration in der Bodenluft die Grundlage für eine Kartierung des geogenen Radonpotenzials dar. Dieses wiederum ist ein wichtiger

W.-R. Uhlig et al., *Radongeschütztes Bauen*,
https://doi.org/10.1007/978-3-658-38115-8_4

Grundpfeiler bei der Ausweisung sogenannter Radonvorsorgegebiete. In diesen wird ein erhöhter Anteil an Gebäuden und Arbeitsplätzen mit Überschreitungen des gesetzlichen Referenzwertes erwartet.

Um geogene Aspekte der Radonkonzentration in der Umwelt verstehen zu können, ist es erforderlich, zunächst das Auftreten und Verhalten der natürlichen Radionuklide Uran und Radium als Mutternuklide des Radons in Gesteinen, Böden und Wässern detaillierter zu betrachten.

4.2 Radionuklide in Böden und Gesteinen

Alle Gesteine und Böden enthalten in unterschiedlichen Konzentrationen Uran und das daraus entstehende Radium und sind daher immer auch Quellen für Radon. Uran kommt primär in Magmatiten in akzessorischen Gesteinsmineralen (z. B.: Monazit, Apatit, Zirkon) vor. Im Zuge der Verwitterung kann es sich adsorptiv an neugebildeten Tonmineralen oder Eisen-Mangan-Oxihydroxiden anreichern. Auch Ausfällungen aus Wässern, die im Gestein und Boden zirkulieren, sind möglich; hierbei kommt es oftmals zu Mineralneubildungen an Korngrenzen oder auf Kluftflächen.

Die spezifischen Radionuklidaktivitäten der Böden hängen zumeist unmittelbar vom Gehalt der natürlichen Radionuklide im unverwitterten Ausgangsgestein ab. So sind beispielsweise in kieselsäurereichen (sauren) magmatischen Gesteinen (z. B.: Granite, Rhyolithe) die Konzentrationen der primordialen Radionuklide Uran (und Thorium) nicht selten höher als in vielen anderen Gesteinen wie beispielsweise kieselsäurearmen (basischen) Magmatiten (z. B.: Basalte). Dies paust sich dann in den darüber liegenden Böden mit hohen Anteilen an Verwitterungsprodukten der Gesteine durch. Es sind jedoch auch Abweichungen von diesen Regeln bekannt. So sind Carbonate (Kalksteine) durch eher unterdurchschnittliche Uran- und Radiumaktivitäten gekennzeichnet. In den darüber befindlichen Verwitterungsböden kommt es aber während des Verwitterungsprozesses oftmals zu einer relativen Anreicherung dieser Elemente.

4.3 Radonkonzentrationen in der Bodenluft

Der Zusammenhang zwischen der Art des oberflächennah anstehenden Gesteins mit jeweils charakteristischen Radionuklidkonzentrationen spiegelt sich u. a. auch in der räumlichen Verteilung der Radonkonzentrationen in der oberflächennahen Bodenluft wider.

Bekanntermaßen sind solche Pauschalaussagen nicht immer und für alle Fälle zutreffend. So können beispielsweise Prozesse bei der Radonfreisetzung in den Porenraum diese Abhängigkeiten überlagern und zu einer „Unschärfe" in der Aussage führen. Zudem gibt es beispielsweise nicht „den" Granit oder „den" Sandstein. Innerhalb solcher Gesteinsgruppen beobachtet man in Abhängigkeit von der jeweiligen Entstehung durchaus signifikante Unterschiede. So können sich Granite geochemisch unterscheiden und stark variierende Radionuklidkonzentrationen aufweisen. Bei Sandsteinen spielt die Zusammensetzung des Ausgangsmaterials eine wichtige Rolle. Durch Erosion, Transport und Ablagerung kann es zu einer Umverteilung des ursprünglich vorhandenen Radionuklidinventars kommen.

Die beschriebenen Gesetzmäßigkeiten und Ausnahmen führen dazu, dass für den Einzelfall keine direkte Abhängigkeit zwischen der Uran- bzw. Radiumaktivität des Gesteins bzw. Bodens und der Radonkonzentration in der Bodenluft bestehen muss. Es lassen sich lediglich Trends erkennen, insbesondere wenn man gleichartige Gesteine und Gesteinsgruppen (z. B.: Granit, Carbonat, Sandstein) betrachtet.

In Gesteinen und Böden erfolgt eine ständige Neubildung von Radon durch den Alpha-Zerfall von Radium. Weil Radon ein Gas ist, können sich die neu entstandenen Radonatome von ihrem Bildungsort entfernen. Aufgrund der Halbwertszeit von ca. 3,8 Tagen ist nur das Isotop ^{222}Rn (Radon) in der Lage, über größere Wegstrecken zu wandern. Wegen der kurzen Halbwertszeiten spielen ^{220}Rn (Thoron; 55,6 s) und ^{219}Rn (Actinon; 3,9 s) hierbei keine Rolle.

Unter **Emanation** versteht man die Radonfreisetzung aus der festen Phase des Mineralkorns in den Porenraum des Gesteins oder Bodens. Sie wird wesentlich durch die Bindungsform der Mutternuklide, die Größe der inneren Oberfläche und somit der Korngrößenverteilung sowie dem Vorhandensein oder Fehlen von Wasser im Porenraum beeinflusst. Quantitativ lässt sich dieser Prozess durch den sogenannten Emanationskoeffizienten beschreiben. Hierbei handelt es sich um den Anteil des im Korn gebildeten Radon, der schließlich in den luftgefüllten Porenraum gelangt. Die Freisetzungsraten von Gesteinen und Böden variieren in weiten Bereichen. Gesteine sind zumeist schlechte „Radonlieferanten". Freisetzungsraten übersteigen selten 10 bis 15 % und liegen nur in Einzelfällen deutlich höher. Böden wiederum haben wesentlich höhere Emanationskoeffizienten. Während der Verwitterung und des Transportes kann sich durch mechanische Zerkleinerung oder Neubildung feinkörniger Tonminerale die innere Oberfläche und damit die Wahrscheinlichkeit der Radonfreisetzung in die Gasphase vergrößern. Emanationsraten von 30 bis 40 % sind daher durchaus möglich. Die Anreicherung von Schwermineralen mit primär erhöhtem Einbau von Uran (z. B.: Zirkon, Apatit, Monazit) in den kleineren Kornfraktionen im Zuge der Verwitterung kann diesen Prozess verstärken.

Während der **Migration** bewegen sich die Radonatome diffusiv und/oder advektiv durch Gestein und Boden. Die Diffusion hat ihre Ursache in dem zwischen Boden- und Atmosphärenluft herrschenden deutlichen Konzentrationsgefälle von Radon, wodurch eine zur Erdoberfläche gerichtete Radonbewegung ausgelöst wird. Diffusion liefert den „Untergrund" der Radonkonzentration in der Bodenluft. Die Quelle ist die spezifische Radiumaktivität im Boden in unmittelbarer Nähe. Eine advektive Komponente einer Radonbewegung entlang von Wegsamkeiten (Porenraum, Klüfte, Verwerfungen) kann die Diffusion überlagern. Grundwasser oder Bodengase (z. B.: CO_2, CH_4) können Radon entlang lokal erhöhter Wegsamkeiten transportieren. Die Migrationsweite wird durch die Halbwertszeit von Radon und den effektiven Radondiffusionskoeffizienten in den Porenfluiden sowie die Strömungsgeschwindigkeit von Grundwasser und Bodenluft auf Meter bis Zehnermeter beschränkt.

Im Zuge der **Exhalation** treten die Atome schließlich in die Atmosphäre über und nehmen an vertikalen und horizontalen Luftbewegungen teil.

Die Radonkonzentrationen in Gesteinen, Böden und Wässern sowie Raum- und Außenluft überdecken einen Bereich mehrerer Größenordnungen von wenigen Bq/m^3 bis zu einigen Millionen Bq/m^3.

In der Bodenluft – als Hauptquelle von Radon – variieren die Radonkonzentrationen zwischen einigen 1 000 Bq/m^3 und Millionen von Bq/m^3, beispielsweise im unmittelbaren Bereich von Uranvererzungen. Das im Untergrund zur Verfügung stehende Radon kann in Gebäude übertreten und zu Raumluftkonzentrationen von einigen hundert bis tausend Bq/m^3 führen. Für die tatsächliche Höhe der Innenraumkonzentrationen spielen aber zusätzlich Bauweise, Zustand der Bausubstanz sowie Nutzerverhalten eine wichtige Rolle. Auf diese Aspekte wird umfassend in Kap. 6 und 7 eingegangen. In der Atmosphärenluft bedingt die rasche Verdünnung beim Übertritt aus dem Boden niedrige Radonkonzentrationen, in der freien Atmosphäre überschreiten diese selten 50 Bq/m^3. Der Mittelwert für Deutschland liegt bei ca. 10 Bq/m^3. Radon ist sehr gut wasserlöslich. Daher können in Grund- und Quellwässern lokal Radonkonzentrationen bis zu einigen Millionen Bq/m^3 gemessen werden. In Oberflächenwässern kommt es aufgrund turbulenter Wasserbewegungen in der Regel zu einer raschen Entgasung, woraus sehr geringe Radongehalte ($< 5\ kBq/m^3$) resultieren (Abb. 4.1).

Die Höhe der Radonkonzentration in der Bodenluft und somit auch gemessener Werte hängt von verschiedenen Faktoren ab. Primär sind die oben beschriebenen Radionuklidgehalte des unmittelbaren Mutternuklides Radium und somit indirekt auch von Uran, dem Ausgangsnuklid der ^{238}U-Zerfallsreihe, ausschlaggebend. Unterschiede in Korngröße oder Bodenfeuchte spielen eine Rolle bei der Radonfreisetzung aus dem Festkörper in die Bodenluft. Insbesondere im oberflächennahen Bereich spielt aufgrund der starken Unterschiede der Radonkonzentrationen in Boden- und Atmosphärenluft die Probenahmetiefe eine bedeutende Rolle und kann einen großen Einfluss auf die Höhe der Messwerte besitzen. Zudem können hier die Radonkonzentrationen auch Einflüssen der Witterung unterliegen und somit saisonale Variationen aufweisen.

Die Abhängigkeit der Radonkonzentration von der **Tiefe** soll nachfolgend kurz beschrieben werden. Diese ist insbesondere für Bewertungen im Zuge von Kartierungen, Gebietsausweisungen oder Baugrunduntersuchungen von Bedeutung. Hier ist stets auf die Vergleichbarkeit der Randbedingungen bei der Erhebung der Messwerte (z. B.: Probenahmetiefe) zu achten.

In größerer Tiefe im Boden halten sich Entstehung und Zerfall von Radon die Waage (radioaktives Gleichgewicht), d. h. in der Zeit wird stets ebenso viel Radon durch den Zerfall von Radium „nachgeliefert" wie wegen seines radioaktiven Charakters zerfällt. Die Höhe der Radonkonzentrationen kann in Abhängigkeit von Gestein und Boden deutlich variieren, beträgt in der Regel aber stets einige 1 000 Bq/m^3. Wegen der deutlich geringeren Konzentrationen in der freien Atmosphäre (wenige 10er Bq/m^3) besteht ein

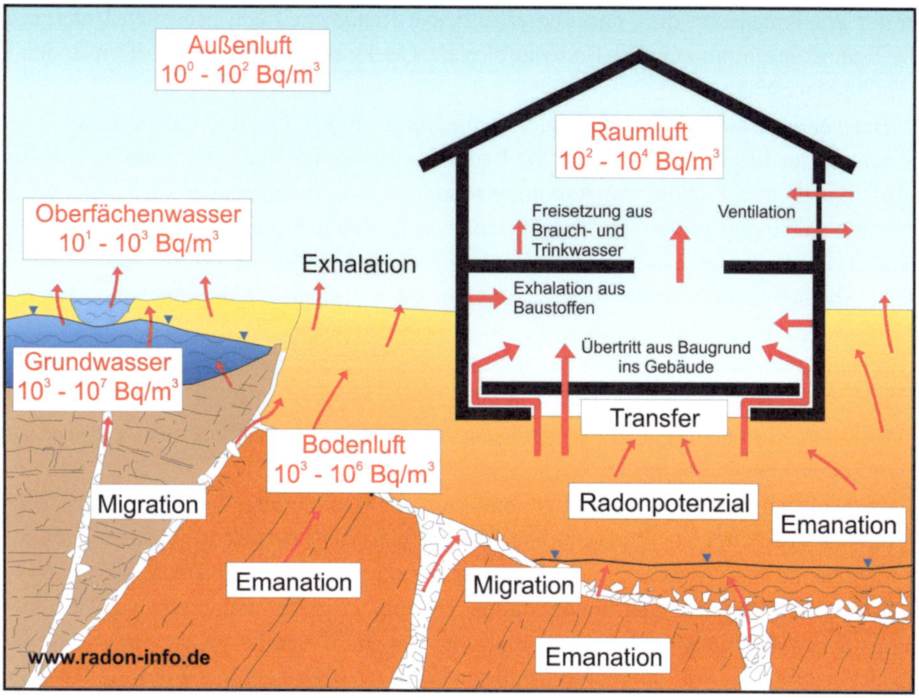

Abb. 4.1 Variation der Radonkonzentrationen in der Umwelt

ausgeprägtes Konzentrationsgefälle zwischen Boden und Luft. Über eine diffusive Radonbewegung im Boden, die aus der Tiefe zur Erdoberfläche hin gerichtet ist, soll dieses Gefälle ausgeglichen werden.

Das Fick'sche Gesetz beschreibt mithilfe des Diffusionskoeffizienten D [m^2/s] den diffusionsbedingten Radonfluss durch eine Fläche pro Zeiteinheit. Für Böden wird meist ein effektiver Diffusionskoeffizient D* [m^2/s] verwendet. Dieser beschreibt die Diffusion durch den für die Radonbewegung verfügbaren Porenraum und berücksichtigt somit Porosität und Wassersättigung im Boden. Für die meisten Böden liegt D* im Bereich von 10^{-6} bis 10^{-7} m^2/s.

Einen Vergleichswert für ausschließlich diffusive Radonbewegung unter Berücksichtigung der radioaktiven Zerfallskonstante λ_{Rn} [s^{-1}] stellt die Diffusionsweite l [m] dar:

$$l = \sqrt{\frac{D^*}{\lambda_{Rn}}} \tag{4.1}$$

Diese Weite gibt die Entfernung von einer Radonquelle an, in der die Ursprungskonzentration auf den Bruchteil 1/e (e = 2,718) abgesunken ist. Sie variiert zwischen einigen Zentimetern in wassergesättigten, feinkörnigen Böden und wenigen Metern in Kiesen.

In der Praxis bedeutet dies, dass dieser diffusive Radonanteil den geogenen Untergrund der Radonkonzentration in der Bodenluft liefert. Quelle ist der Radiumgehalt im Boden in unmittelbarer Nähe.

Bei vereinfachter eindimensionaler Betrachtung nimmt die Radonkonzentration exponentiell zur Erdoberfläche hin ab, da Radon kontinuierlich in die Atmosphäre exhaliert wird. Entsprechend steigt die Radonkonzentration mit zunehmender Tiefe an und erreicht in Abhängigkeit von der Bodenart in einer bestimmten Tiefe mit einem konstanten Wert das radioaktive Gleichgewicht (Radonnachbildung = Radonzerfall). Abb. 4.2 zeigt diese Abhängigkeiten für den – allerdings nur theoretischen – Fall homogener und isotroper Verhältnisse im Untergrund.

In sandig-kiesigen Böden mit einem hohen effektiven Diffusionskoeffizienten werden konstante Radonkonzentrationen erst in einigen Metern Tiefe erreicht, in lehmig-tonigen Böden mit einem niedrigen effektiven Diffusionskoeffizienten ist dies bereits in wenigen Dezimetern Tiefe der Fall.

In natürlich gewachsenen Böden mit einer Horizontierung und somit auch einer vertikalen Variation in Radionuklidgehalt, Emanationskoeffizient, Gaspermeabilität, Bodenfeuchte u. a. werden die Kurven in mehr oder weniger starkem Maße moduliert und dadurch gegenüber dem modellhaften Verlauf „verzerrt". Feldmessungen in unterschiedlichen Böden und Tiefen bestätigen jedoch im Wesentlichen die Ergebnisse der Modellrechnungen. Ein möglicher Einfluss von Witterungsänderungen auf die Höhe der Radonkonzentration in der Bodenluft ist in der Abbildung nicht berücksichtigt. In den oberen Dezimetern des Bodens mag ein solcher Einfluss temporär existieren, mit zunehmender Tiefe nimmt dieser jedoch ab (s. o.: Abb. 4.2).

Für praktische Belange wie beispielsweise die Ermittlung des geogenen Radonpotenzials (s. u.: Abschn. 4.5) ist ein qualitativer Zusammenhang zwischen der Gasdurchlässigkeit des Bodens und der Bodenart von Interesse. So lassen sich einer Bodenart Spannweiten der Gasdurchlässigkeit zuordnen (Tab. 4.1). Es gilt: Je grobkörniger der Boden, desto höher die Gasdurchlässigkeit und umgekehrt.

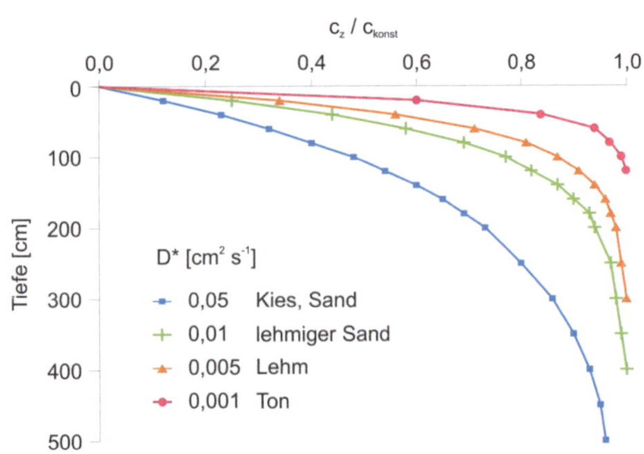

Abb. 4.2 modellhafte, tiefenabhängige Radonkonzentration in der Bodenluft für verschiedene Bodenarten (Annahme: homogener, isotroper Untergrund)

Tab. 4.1 Abhängigkeit der Gasdurchlässigkeit des Bodens von der Bodenart

Bodenart	Gaspermeabilität [m^2]
Kies	$> 10^{-10}$
Sand	10^{-10}–$5 * 10^{-12}$
Schluff	$5 * 10^{-12}$–10^{-15}
Ton	$< 10^{-15}$

Neben Diffusion kann auch ein advektiver Radontransport im Untergrund erfolgen und zu einer inhomogenen Radonverteilung mit weitreichender Verschleppung von der Quelle führen. Radon wird passiv mit Trägermedien wie Grundwasser oder anderen Bodengasen (z. B.: CO_2, CH_4) im Porenraum oder entlang lokal erhöhter Wegsamkeiten (z. B.: Klüfte, Auflockerungszonen) transportiert. Oberflächennah paust sich dies zumeist kleinräumig durch, sodass es sich um ein lokales Phänomen handelt, wie man es beispielsweise über tektonischen Störungen, in Karstgebieten oder in Einwirkungsbereichen des untertägigen Bergbaus kennt. CO_2 als Gas der spät- bzw. post-vulkanischen Phase kann in vulkanisch überprägten Regionen als Transportmedium fungieren, CH_4 als Produkt der Inkohlung in Bergbaugebieten. Die Migrationsweite von Radon hängt von der Geschwindigkeit des Transportmediums unter Berücksichtigung des radioaktiven Zerfalls ab.

4.4 Variation der Radonkonzentration in der Bodenluft

Von primärem Interesse ist die **räumliche Variation** der Radonkonzentrationen in der Bodenluft. Diese hängt vorrangig von der Art des anstehenden Gesteins bzw. der sich daraus entwickelten Böden ab. Die Verschiedenartigkeit der Gesteine paust sich in groben Zügen auch in den Bodenluftkonzentrationen durch. Auf die innerhalb gleicher Gesteinsarten auftretenden Unterschiede wurde bereits hingewiesen. Im Detail sind es primär die von Gestein zu Gestein unterschiedlichen, aber mitunter charakteristischen Radionuklidgehalte sowie die variierenden Radonfreisetzungsraten, die zu entsprechenden Variationen führen.

Zahlreiche Untersuchungen der Radonkonzentrationen in der Bodenluft haben gezeigt, dass in regionalem Maßstab zwischen verschiedenen Gesteinsarten oftmals signifikante Unterschiede in der Höhe der Radonwerte existieren, die sich auch in den statistischen Kennwerten entsprechender Verteilungen widerspiegeln. Aber auch innerhalb gleichartiger Gesteine ist eine Streuung der Werte und eine daraus resultierende Spannweite durchaus normal. So können beispielsweise Granite oder Sandsteine aus verschiedenen Regionen unterschiedlich ausgebildet sein. Aber auch kleinräumig kann es zu Unterschieden kommen, wie beispielsweise beim Besuch eines größeren Steinbruches oder in Baugruben oftmals gut zu erkennen ist.

Pauschale Aussagen über Lockersedimente sind schwieriger. Begriffe wie Kies, Sand, Schluff, Ton oder Lehm beschreiben die Korngröße des Materials, sagen aber nichts über die (qualitative) geochemische Zusammensetzung (also Uran- bzw. Radiumgehalte) aus. Die Radionuklidaktivitäten sind u. a. abhängig vom Ausgangsprodukt. Zudem können insbesondere bei grobkörnigen Sedimenten (z. B.: Sande, Kiese) erhöhte Gasdurchlässigkeiten eine wichtige Rolle spielen, verbessern sie doch die Migrationsmöglichkeiten im Untergrund.

Die Unterschiede in der Höhe der Radonkonzentrationen in der Bodenluft über verschiedenen Gesteinen ist beispielhaft in Abb. 4.3 dargestellt. Verschiedene Granite und Sedimentgesteine sind einander gegenübergestellt. Es fallen die generell hohen Werte der Granite auf, die im Mittel zumeist über 120 kBq/m³ liegen und deren Maxima lokal mehrere 100 kBq/m³ erreichen können. Die Radonkonzentrationen in der Bodenluft über Sedimentgesteinen sind mit Werten meist unter 50 kBq/m³ durchgängig niedriger. Diese regionalen Unterschiede zwischen gleichartigen Gesteinen lassen sich durch einen Wechsel in der Faziesausbildung (Bedingungen zur Zeit der Gesteinsentstehung) oder durch unterschiedliche Liefergebiete des Ausgangsmaterials erklären. So stammt das Material der Sandsteine des Buntsandsteins im Thüringer Becken aus dem Erzgebirge, hat daher mitunter einen hohen Anteil an Radionukliden aus abgetragenen Graniten und

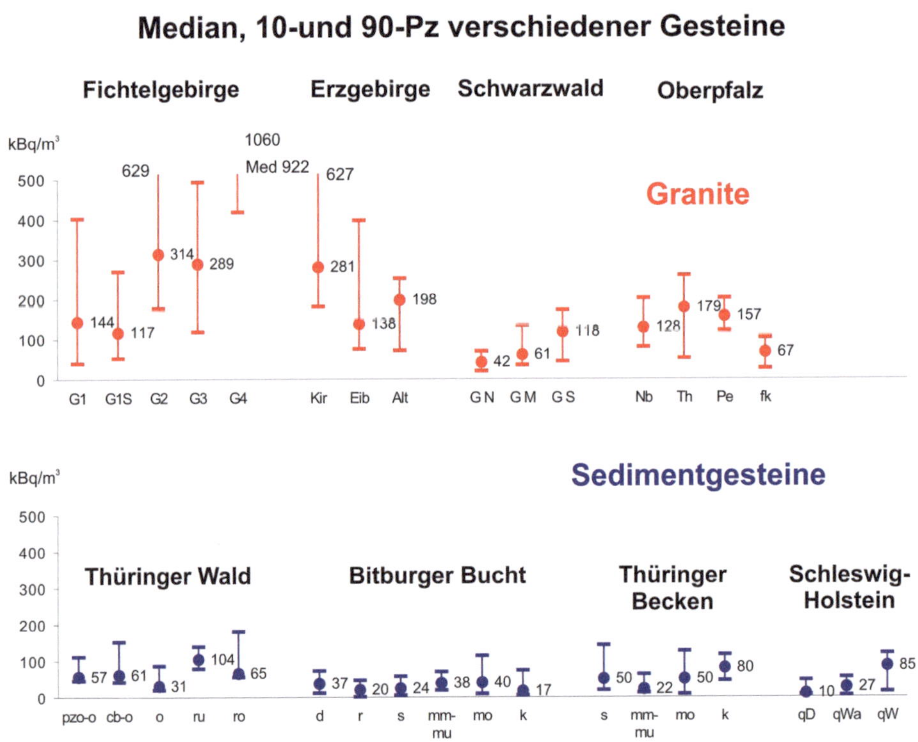

Abb. 4.3 Spannweiten der Radonkonzentrationen in der Bodenluft in 1 m Tiefe über verschiedenen Gesteinen (x-Achse: Abkürzungen für Lokalnamen bzw. geologische Zeitalter; kBq/m³ = 1.000 Bq/m³)

weist somit auch erhöhte Radonkonzentrationen in der Bodenluft auf. Anders die Situation der gleich alten Sandsteine in der Trierer Bucht: Ausgangsmaterial sind die eher radionuklidarmen Gesteine des Rheinischen Schiefergebirges, woraus tendenziell niedrige Radongehalte in der Bodenluft resultieren.

Die möglichen Variationen innerhalb derselben Gesteinsgruppe zeigt Abb. 4.4 am Beispiel verschiedener Granite aus Deutschland. Sehr deutlich spiegeln sich Unterschiede in Abhängigkeit vom regionalen Vorkommen wider. In den Graniten im Spessart und im Bayerischen Wald sind die Radonkonzentrationen in der Bodenluft tendenziell niedriger, wohingegen sie im Fichtelgebirge deutlich höher sind. Schwarzwald, Oberpfalz oder Thüringer Wald nehmen eine Mittelstellung ein. Betrachtet man die jeweiligen Medianwerte (50 % aller Messwerte liegen darunter, 50 % aller Messwerte darüber) so variieren diese zwischen ca. 35 kBq/m^3 im Spessart und ca. 200 kBq/m^3 im Fichtelgebirge.

Für flächige Bewertungen ist es wichtig, diese Unterschiede und Spannweiten bestmöglich zu erfassen. Dies gilt nicht nur für regionale Fragestellungen, beispielsweise bei der landesweiten Ausweisung von Radonvorsorgegebieten, sondern auch im kleineren Maßstab für Baugrunduntersuchungen. Hier werden Empfehlungen baulich-technischer Maßnahmen zum präventiven Radonschutz an die Höhe der auf einem Baugrund vorgefundenen Radonmesswerte gekoppelt.

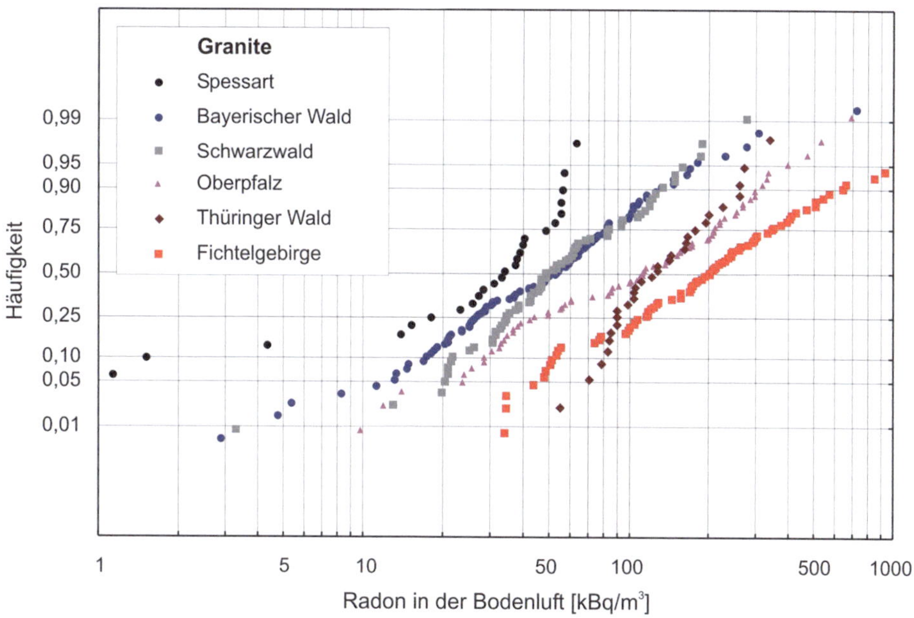

Abb. 4.4 Häufigkeitsdiagramm der Radonkonzentrationen in der Bodenluft über verschiedenen Graniten in Deutschland (1 kBq/m^3 = 1.000 Bq/m^3)

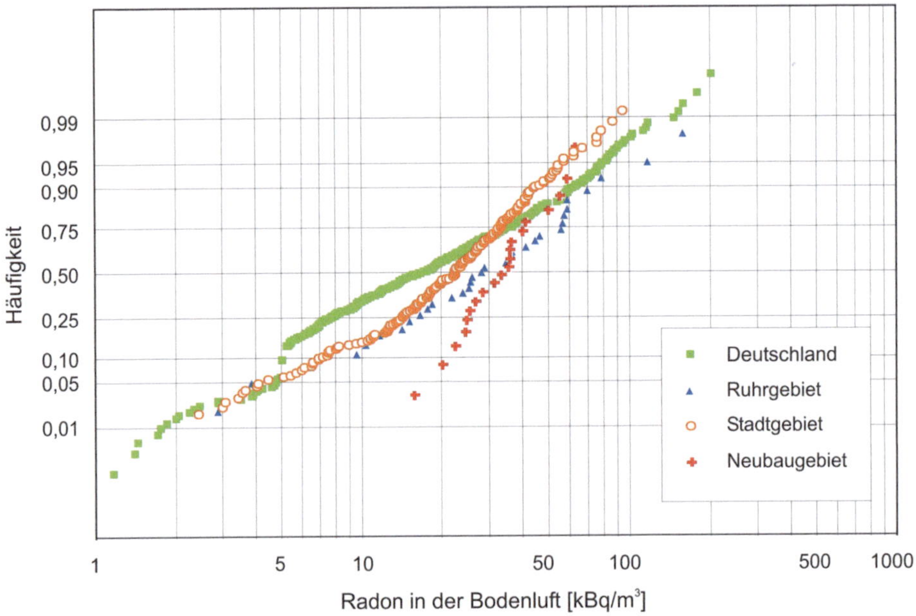

Abb. 4.5 Häufigkeitsdiagramm der Radonkonzentrationen in der Bodenluft in Abhängigkeit von der Größe des Untersuchungsgebietes (1 kBq/m^3 = 1.000 Bq/m^3)

Abb. 4.5 verdeutlicht, dass die Verteilung solcher Messwerte unabhängig vom Maßstab der Untersuchungen ist. Die grün dargestellten Messwerte wurden in einer deutschland-weiten Messkampagne erhoben (ca. 350.000 km^2), die blau dargestellten Messwerte in einer größeren Region (südliches „Ruhrgebiet": ca. 950 km^2), die orange dargestellten Messwerte in einem Stadtgebiet (ca. 170 km^2) und die rot dargestellten Messwerte in einem Neubaugebiet (ca. 2 ha = 20.000 m^2).

Es ist gut zu erkennen, dass es sich stets um gleichartige, mehr oder weniger steile Verteilungen handelt, deren statistische Kennwerte variieren können.

4.5 Radonbelastung in Deutschland

In Deutschland basieren flächenhafte Darstellungen bzw. Bewertungen der Radonbelastung schwerpunktmäßig auf Messungen der Radonquellstärke im Untergrund, d. h. die zum Eintritt in Häuser zur Verfügung stehende Radonmenge. Ergänzt wird diese Information um eine Abschätzung der Gaspermeabilität des oberflächennahen Bodens. Daraus resultieren bundesweite Karten der Radonkonzentration in der Bodenluft sowie des sogenannten geogenen Radonpotenzials. Wichtig ist hierbei, zu wissen, dass dadurch eine Eigenschaft des Untergrundes beschrieben wird, die unabhängig von einer existierenden oder geplanten Bebauung ist.

Die Festlegung der Messpunkte und die Wahl der Messpunktdichte bei den bundesweiten und auch regionalen Bodenluftmesskampagnen erfolgen vorrangig nach geologischen Kriterien. So werden die Gesteinsart und die Homogenität bzw. Heterogenität des Untergrundes berücksichtigt. In geologisch einheitlich aufgebauten Gebieten ist die Beprobungsdichte geringer, in Regionen mit kleinräumig stärker wechselnden Gegebenheiten entsprechend höher.

Die meisten Messungen erfolgten mithilfe einer standardisierten Vorgehensweise mit Kurzzeitmessungen. Hierbei wurden an jedem Messort drei Sondierungen von jeweils 1 m Tiefe niedergebracht. Anschließend wurden an jeder Sondierung die Radonkonzentration und die Gaspermeabilität bestimmt.

Aus den beiden Messgrößen Radonkonzentration in der Bodenluft (c in kBq/m^3; $1\ kBq/m^3 = 1.000\ Bq/m^3$) und Gasdurchlässigkeit des oberflächennahen Bodens (k in m^2) lässt sich das (dimensionslose) geogene Radonpotenzial (RP; modifiziert nach [4]) nach folgender Formel berechnen:

$$RP = \frac{C}{-log_{10}k - 10} \tag{4.2}$$

Die interaktive Deutschland-Karte der Radonkonzentration in der Bodenluft, die vom Bundesamt für Strahlenschutz (BfS) erstellt wurde, basiert auf den Ergebnissen von ca. 6 300 Feldmessungen, die über die gesamte Landesfläche verteilt sind (Abb. 4.6). Sie ist das Ergebnis einer flächigen Interpolation auf Basis von 1×1 km großen Rasterelementen (Pixel) und setzt sich demnach aus ca. 350.000 Rasterelementen zusammen. In der Karte ist das 90-Perzentil der in dem betreffenden Pixel erwarteten Radonkonzentration dargestellt. Dies bedeutet, dass der erwartete Radonwert in 90 % der Fälle identisch oder niedriger als der in der Karte angezeigte Wert ist. Nur in 10 % der Fälle wird ein höherer Wert erwartet.

Bei dieser Karte handelt es sich primär um eine Übersichtskarte. Die dahinterstehenden geologischen Basiskarten mit einer begrenzten Anzahl unterschiedener geologischer Einheiten besitzen einen Maßstab von 1: 250.000. Die Pixelgröße von 1 km^2 darf nicht darüber hinwegtäuschen, dass die Auflösung der Karte eher als „grob" einzustufen ist.

Dies bedeutet konkret, dass mithilfe dieser Karte keine Aussage über die Radonbelastung eines einzelnen Baugrundstückes möglich ist. Dies wäre unseriös. Lokale Anomalien sind auf diese Weise nicht zu ermitteln. Hierfür sind stets Messungen vor Ort nötig.

Oftmals lässt sich ein Zusammenhang zum geogenen Untergrund erkennen. So findet man erhöhte Bodenluftkonzentrationen beispielsweise im Erzgebirge, im Thüringer Wald, in der Oberpfalz, im Harz oder im südlichen Schwarzwald. Hier stellen zumeist Granite bzw. uranhöffige Sedimentgesteine die Radonquelle im Untergrund dar. Die höheren Bodenluftwerte im Alpenvorland lassen sich auf die gut durchlässigen Sedimente des Untergrundes zurückführen. In Schleswig–Holstein steuern die unterschiedlichen Radionuklidaktivitäten der dortigen Glazialablagerungen, die aus verschiedenen Ursprungsregionen in Skandinavien stammen, die Radonkonzentrationen in der Bodenluft.

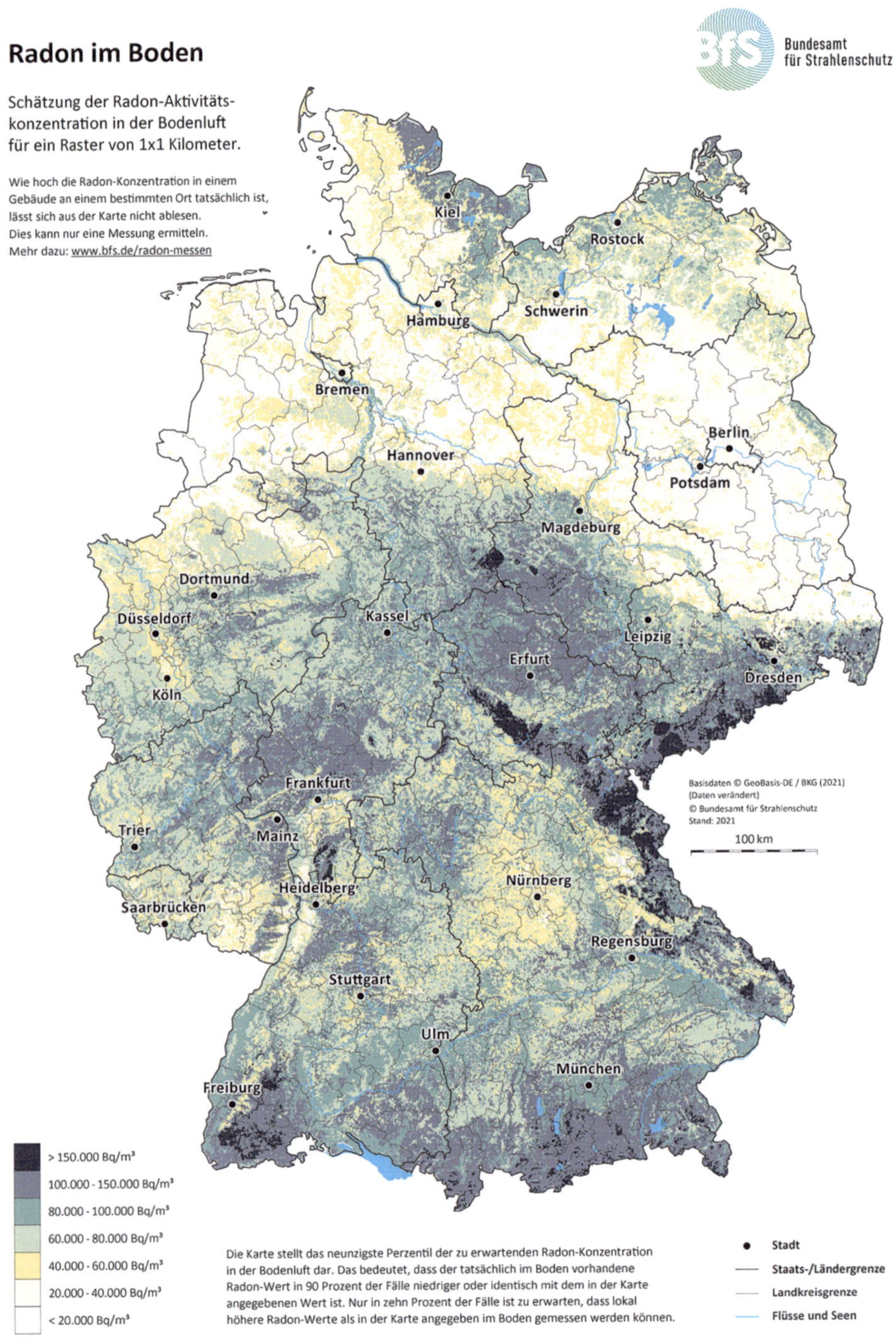

Abb. 4.6 BfS-Karte der Radonkonzentration in der Bodenluft. (Quelle: Bundesamt für Strahlenschutz)

Mittlerweile existiert auch eine bundesweite Karte der Radonkonzentration in Wohnungen (Abb. 4.7). Datenbasis sind im Wesentlichen die Ergebnisse einer bundesweiten Raumluftmesskampagne. Hierbei wurden in ca. 7.000 Gebäuden mittels einer standardisierten Vorgehensweise (z. B.: Messungen mit identischen Exposimetern, stets Jahresmessungen, Erhebung von Gebäudecharakteristika) jeweils zwei Messungen in Aufenthaltsräumen durchgeführt. Die Ergebnisse dieser 14.000 Radonmesswerte sind als durchschnittliche Radonkonzentrationen auf Gemeindeebene dargestellt.

Bekanntermaßen existiert ein statistischer Zusammenhang zwischen den Radonkonzentrationen in der Bodenluft und den Raumluftwerten in Gebäuden. So zeigt auch diese Karte eine regionale Variation, bei der die Verteilung der geogenen Quellstärke (s. Abb. 4.6: Bodenluftkarte) in weiten Teilen des Landes gut nachgezeichnet wird. Natürlich haben aber auch andere Faktoren Einfluss auf die Höhe der Raumluftwerte. So spielen Bauweise (z. B.: Unterkellerung) oder Siedlungsstruktur (ländlicher bzw. städtischer Raum mit vermehrt Einfamilienhäusern bzw. vermehrt Mehrfamilien- oder Hochhäusern) für die flächige Verteilung der Radonbelastung eine Rolle.

Der Jahresmittelwert in Wohnräumen in Deutschland liegt bei ca. 65 Bq/m^3. Die vorliegenden Daten erlauben eine Prognose, wie viele Personen in Deutschland welchen Radonkonzentrationen ausgesetzt sind. Demnach leben ca. 10,5 Mio. Menschen in Deutschland in Wohnungen, in denen die Radonkonzentration über 100 Bq/m^3 im Jahresmittel liegt, und davon ca. 2 Mio. Personen in Wohnungen mit Jahresmittelwerten über 300 Bq/m^3, dem derzeit gültigen gesetzlichen Referenzwert.

Wie bei der Bodenluft erlaubt auch diese Übersichtskarte der Radonwerte in Wohnungen keine Aussage über die Radonkonzentration in einem bestimmten Gebäude. Diese lässt sich stets nur durch Messungen vor Ort ermitteln!

Die Verteilungen der Radonkonzentration in der Bodenluft sind in der Regel „maßstabsunabhängig". Wie für eine Deutschland-Karte gilt dies analog für die Bewertung von Baugrundstücken im Hinblick auf mögliche präventive Radonschutzmaßnahmen beim Neubau. Im Unterschied zur Deutschland-Karte besitzen solche Karten einen deutlich größeren Maßstab. Auch hier lassen sich belastbare Aussagen nur auf Basis von Feldmessungen vor Ort treffen. Zur Sicherung der Repräsentativität muss eine ausreichende Anzahl von Messwerten der Radonkonzentration in der Bodenluft erhoben werden.

Die Ergebnisse zweier unterschiedlicher Beispiele solcher Untersuchungen sind in den Abb. 4.8 und 4.9 dargestellt.

Abb. 4.8 zeigt die Verteilung auf einem ca. 200×500 m (= ca. 10 ha) großen Untersuchungsareal in Prag/Tschechien. In einem 10×10 m-Raster wurde die Radonkonzentration in der Bodenluft gemessen. Es lassen sich deutliche Unterschiede in deren Höhe beobachten. Hohe Werte ließen sich über ordovizischen Tonschiefern und einer räumlich eng begrenzten Mylonitzone mit einer deutlichen „Auflockerung" des Untergrundes nachweisen.

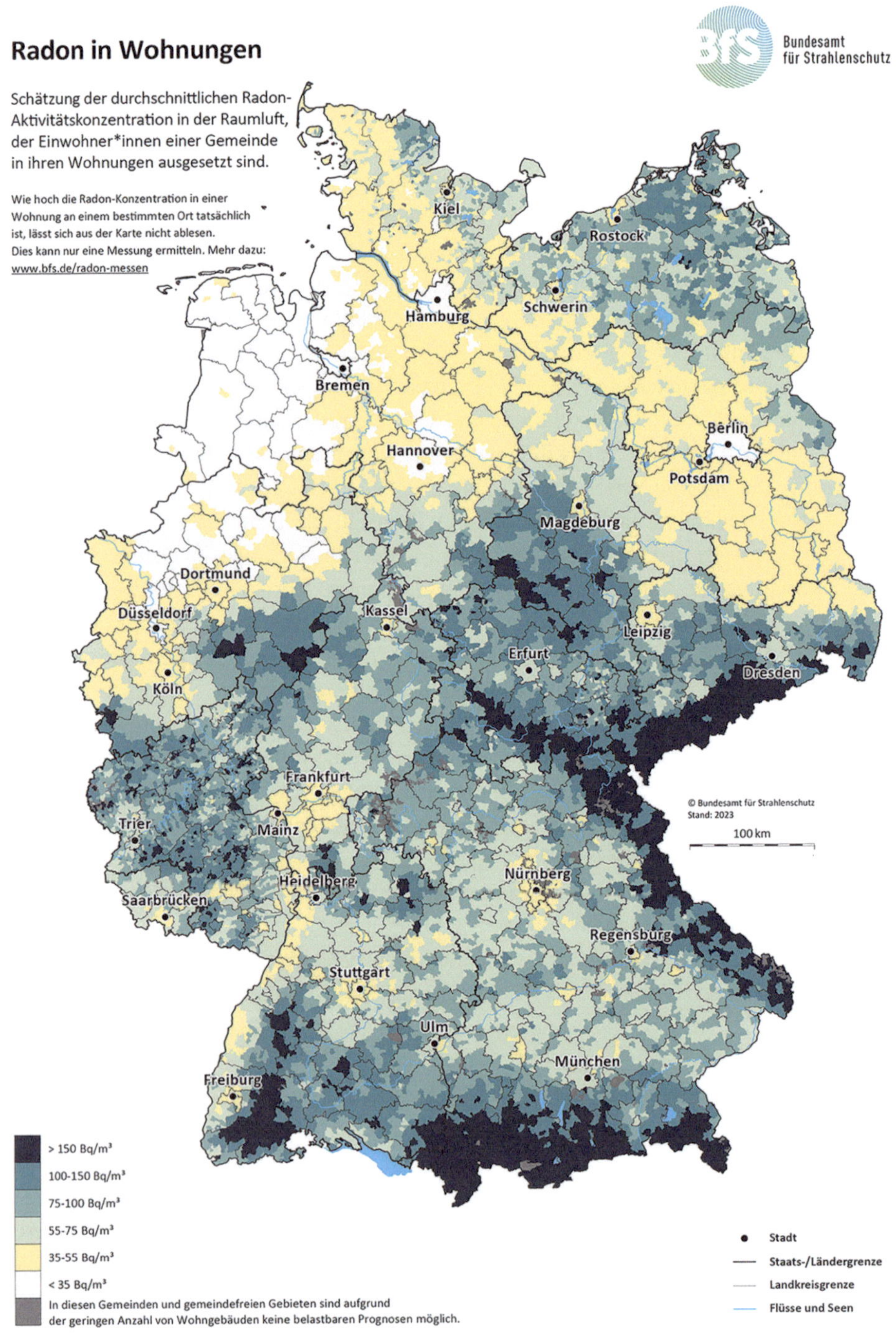

Abb. 4.7 BfS-Karte der Radonkonzentration in Wohnungen. (Quelle: Bundesamt für Strahlenschutz)

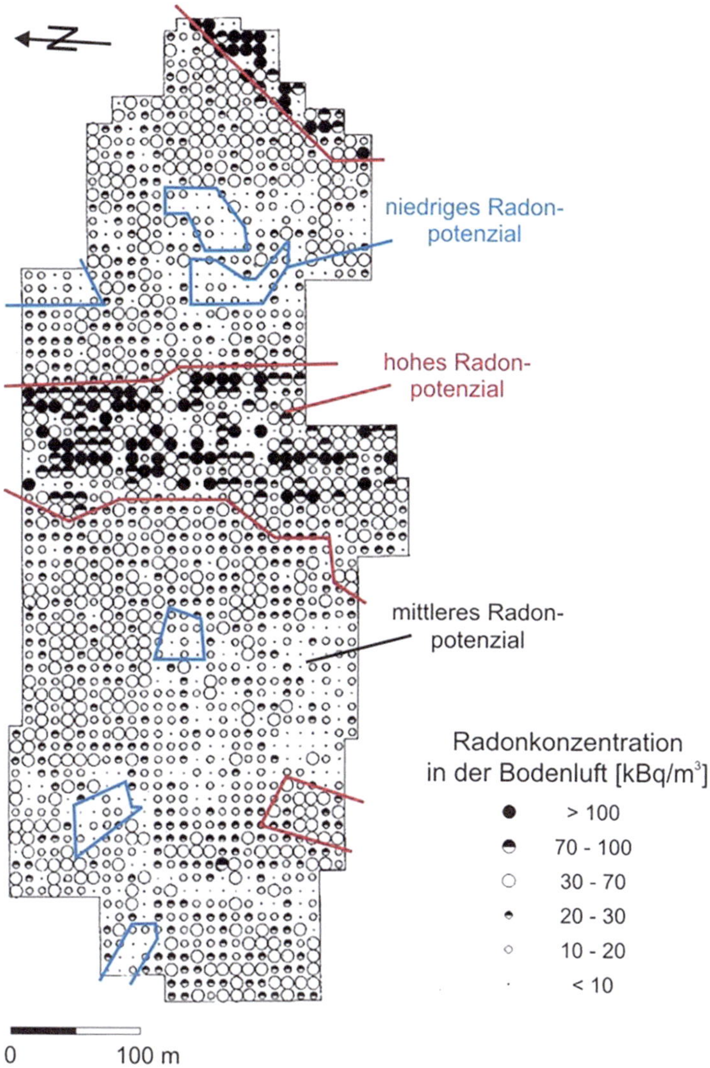

Abb. 4.8 Verteilung der Radonkonzentration in der Bodenluft auf einem Baufeld in Prag/Tschechien. (aus [3])

Alternativ zeigt Abb. 4.9 ein Beispiel mit deutlich gleichförmigeren Radonmesswerten. In einem Neubaugebiet im Hunsrück mit einer Größe von ca. 1 ha wurden 10 Radonmessungen in der Bodenluft durchgeführt, die sich gleichmäßig über den Bereich der zukünftigen Bauparzellen verteilten. Über den hier anstehenden devonischen Sand-, Silt- und Tonsteinen ließen sich sehr einheitliche Radonkonzentrationen mit Werten zwischen ca. 14 und 19 kBq/m³ beobachten.

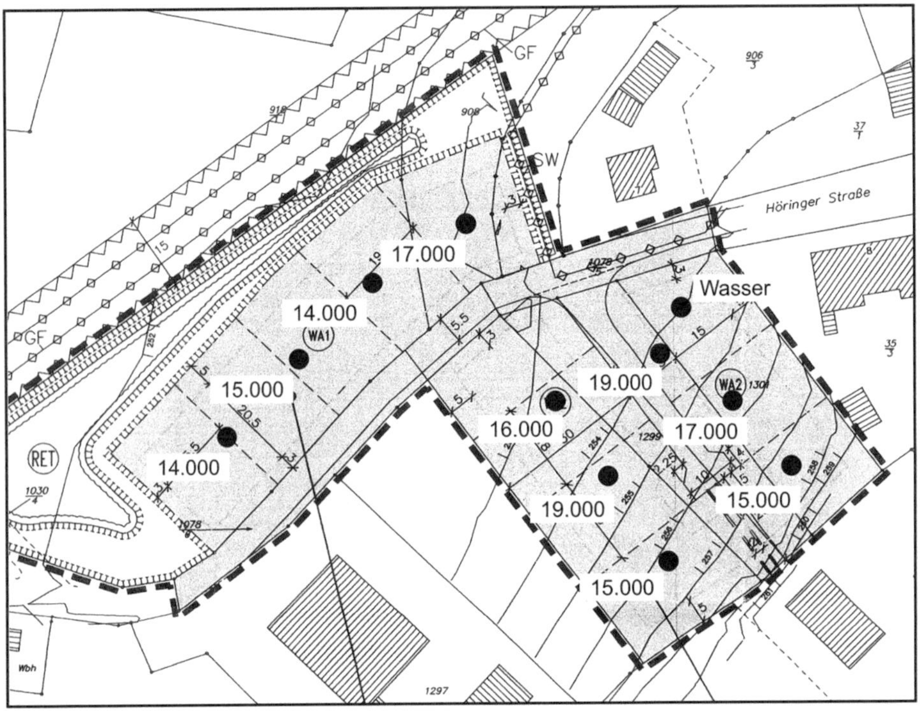

Abb. 4.9 Verteilung der Radonkonzentration in der Bodenluft in einem Neubaugebiet (Größe: ca. 1 ha)

Um einen Eindruck über die kleinräumige Variation der Radonkonzentrationen in der Bodenluft zu erhalten, wurden die Ergebnisse von ca. 700 Standorten in Norddeutschland ausgewertet. Die Substrate im Untergrund waren unterschiedlich. Zumeist handelte es sich um fluvio-glaziale Ablagerungen unterschiedlicher Zusammensetzung und Körnung. An jedem Standort wurden jeweils 3 Messpunkte beprobt, die in der Regel jeweils ca. 5 m voneinander getrennt lagen. Die Messwerte wurden stets auf den jeweiligen Maximalwert normiert, um so die Abweichungen untereinander einheitlich darstellen zu können (Abb. 4.10). Insgesamt gingen also ca. 2.100 Messwerte in die Interpretation ein.

Bei einem Großteil der Standorte zeigten alle 3 Messungen einen ähnlichen Wert (Messpunkte im Innern des Diagrammes innerhalb der gestrichelten blauen Linien). Bei Messpunkten, die in den Randbereichen des Diagrammes (außerhalb der gestrichelten blauen Linien) zu liegen kamen, war einer der drei Messwerte deutlich niedriger als die beiden anderen. Weil es sich bei der Radonkonzentration in der Bodenluft – wie oben beschrieben und erläutert – um eine Messgröße aus der Natur handelt, sind solche Variationen ganz selbstverständlich. In einigen Fällen können daher auch größere Abweichungen zwischen den Messwerten auftreten.

Neben den oftmals deutlichen räumlichen Unterschieden kann die Radonkonzentration in der Bodenluft auch **zeitliche Variationen** aufweisen. Betrachtet man

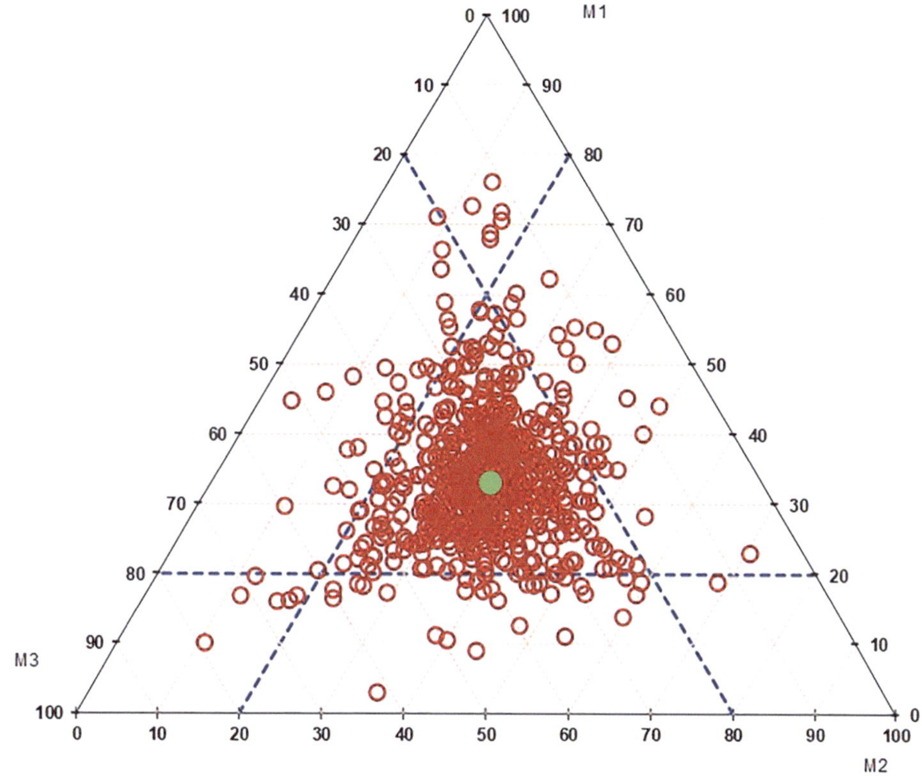

Abb. 4.10 kleinräumige Variation der Radonkonzentration in der Bodenluft an ca. 700 Standorten mit jeweils 3 Bodenluftmessungen (M1, M2 und M3; Abstand: jeweils ca. 5 m); auf jeweils Rn_{max} normierte Werte; grün = identische Messwerte an allen 3 Messpunkten

solche möglichen zeitlichen Schwankungen, wird deutlich, dass insbesondere aufgrund möglicher kurzfristiger Einflüsse Rückschlüsse schwierig sind. Zumeist sind es exogene Prozesse wie Witterungsänderungen, die für zeitliche Variationen als Ursache genannt werden. Entsprechende Literaturauswertungen zeigen allerdings ein diesbezüglich sehr heterogenes Bild. Es lassen sich keine einheitlichen und überall geltenden Zusammenhänge zwischen „Wetter" und der Höhe der Radonkonzentrationen in der Bodenluft beobachten. Teilweise existieren auch konträre Aussagen. Eine Verallgemeinerung von Ergebnissen aus der Literatur oder die Bewertung ihrer Repräsentativität ist daher nur sehr schwer möglich.

Langjährige Erfahrungen mit systematischen Messungen und Bewertungen der Radonkonzentration in der Bodenluft existieren aus Tschechien. Regelmäßige Wiederholungsmessungen auf Testflächen über einen Zeitraum von mehr als 30 Jahren erlauben belastbare Aussagen über das Langzeitverhalten der Radonwerte. So ergab sich für zahlreiche Messreihen zwischen April und November ein Verhältnis von Maximum/Minimum der arith-

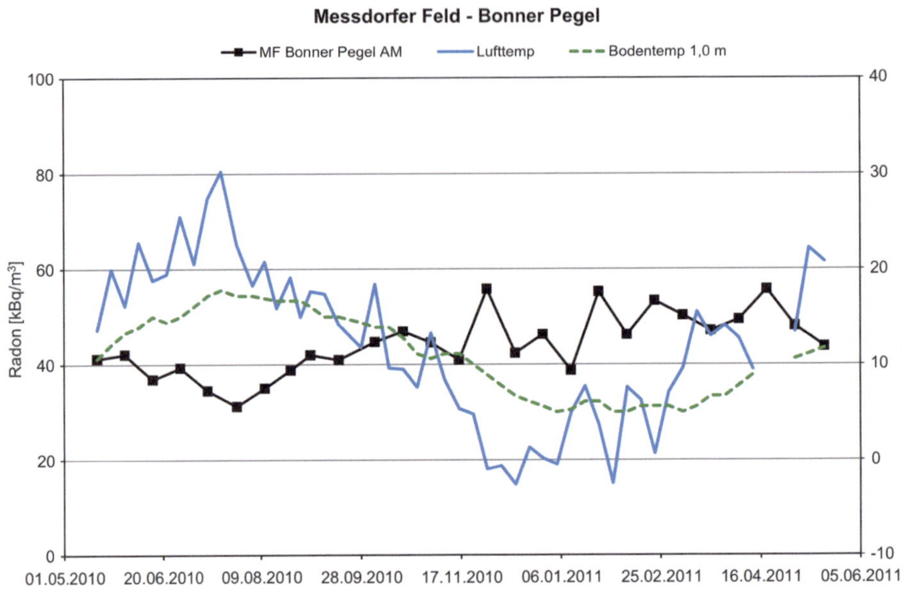

Abb. 4.11 Wiese auf Messdorfer Feld: Vergleich Radonkurzzeitmessungen an Bodenluftpegeln (MF Bonner Pegel AM; arithmetischer Mittelwert) mit Gang der Lufttemperatur (blau) und Bodentemperatur in 1,0 m Tiefe (grün). (aus [1])

metischen Messreihenmittelwerte von ca. 1,5. Eine systematische Zu- oder Abnahme der Radonkonzentration in der Bodenluft über diesen langen Beobachtungszeitraum wurde auf keiner Testfläche beobachtet. Dies bedeutet im Umkehrschluss, dass Beprobungen während der o.g. Untersuchungsperiode gut reproduzierbare Ergebnisse liefern.

Beispielhaft wird in Abb. 4.11 für eine Wiesenfläche der Zusammenhang zwischen der Radonkonzentration in der Bodenluft in 1 m Tiefe (Messungen an 3 Pegeln) und dem Gang der Temperatur in der Atmosphäre und in einer Bodentiefe von ebenfalls 1 m gezeigt. In diesem konkreten Fall ist eine negative Korrelation zu beobachten. Vergleichbare signifikante Korrelationen zu anderen Witterungsparametern ließen sich nicht feststellen.

Literatur

[1] Kemski, J., Klingel, R., Siehl, A., Neznal, M., Matolin, M. (2012 a): Erarbeitung fachlicher Grundlagen zum Beurteilung der Vergleichbarkeit unterschiedlicher Messmethoden zur Bestimmung der Radonbodenluftkonzentration – Vorhaben 3609S10003, Bd. 1: Abschlussbericht.- BfS-RESFOR-63/12-Bd.1, 132 S

[2] Kemski, J., Klingel, R., Siehl, A., Neznal, M., Matolin, M. (2012 b): Erarbeitung fachlicher Grundlagen zum Beurteilung der Vergleichbarkeit unterschiedlicher Messmethoden zur Bestimmung der Radonbodenluftkonzentration – Vorhaben 3609S10003, Bd. 2: Sachstandsbericht

"Radonmessungen in der Bodenluft – Einflussfaktoren, Messverfahren, Bewertung".- BfS-RESFOR-63/12-Bd.2, 117 S

[3] Neznal, M.; Neznal, M.; Smarda, J. (1991): Radon infiltration risk from the ground in Chaby, Prague.- in: Barnet, I. (Hsrg.): Radon investigations in Czechoslovakia, II.- 34–39, Geol. Surv

[4] Neznal, M., Neznal, M., Matolín, M., Barnet, I., Miksova, J. (2004): The New Method for Assessing the Radon Risk of Building Sites.- Czech Geological Survey, Special Papers No. 16, Prague

Radonmessung

5

5.1 Überblick

Für die Ermittlung von Radonkonzentrationen stehen verschiedene Verfahren zur Verfügung. Die Wahl des Messverfahrens bzw. des Messgerätes hängt dabei von der Aufgabenstellung ab:

- Übersichts- oder Bewertungsmessungen (‚Screening‘)
- Sniffingmessungen
- Punkt,- Kurzzeit- oder langfristige Messung
- Raumluft-, Exhalations- oder Bodenluftmessung
- Dosimetrische Messungen, d. h. Bestimmung der Folgeprodukte bzw. des unangelagerten Anteils; ergänzend Aerosolgrößenbestimmung
- Sondermessungen zum Diffusionsverhalten

Prinzipiell können die Messmethoden in aktive (zeitaufgelöste) und passive (integrierende) Verfahren eingeteilt werden. Ein Überblick ist in Abb. 5.1 enthalten.

Aktive Sonden benötigen eine geeignete Betriebsspannung (Netz oder Batterie) entsprechend der Einsatzzeit. Dies bietet den Vorteil, dass zeitaufgelöste Datenreihen gespeichert und ausgegeben werden können. Zudem können Schaltvorgänge zur Lüftungssteuerung eingeleitet werden.

Passive Sonden ermöglichen hingegen längerfristige Messungen (Monate bis Jahr) ohne zusätzliche Betriebsspannungen. Aufgrund dessen sind diese Sonden in der Regel kompakter und preiswerter. Im Gegensatz zu einer zeitlichen Darstellung der Radon- bzw. Thoronkonzentration bei den aktiven Messsystemen ist die Information lediglich als Zeitintegral verfügbar. Die Auswertung erfolgt erst nach Abschluss der Messung. Die dafür

W.-R. Uhlig et al., *Radongeschütztes Bauen*,
https://doi.org/10.1007/978-3-658-38115-8_5

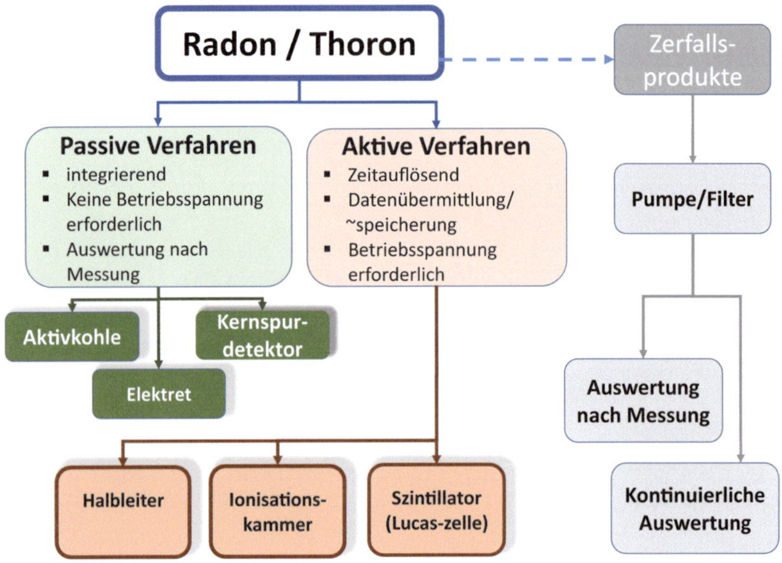

Abb. 5.1 Überblick über mögliche Messverfahren

erforderliche Technik ist insbesondere für die Kernspurdetektoren in der Regel nur in darauf spezialisierten Institutionen verfügbar.

Die Dauer der Messung richtet sich nach dem Messziel; eine Übersicht ist in Tab. 5.1 enthalten.

Die Entscheidung über den Umfang und die Art der erforderlichen Sanierungsarbeiten im Bestandsbau sollte ausschließlich auf Basis von längerfristigen Bewertungsmessungen erfolgen, die sich über einen Zeitraum von Wochen bis Monaten erstrecken können und gegebenenfalls wiederholt werden müssen. Diese Messungen dienen auch der Identifikation möglicher Quellen bzw. Radonausbreitungspfade im Gebäude. Die Ausbreitung im Gebäude erfolgt durch Luftdruck- bzw. Konzentrationsgradienten. Die Durchführung der Messungen sollte unter Berücksichtigung der üblichen Lebensgewohnheiten erfolgen, insbesondere im Hinblick auf Lüften und Heizen.

Übersichtsmessungen, die in einem zeitlichen Rahmen von wenigen Tagen bis zu einigen Wochen durchgeführt werden, eignen sich dazu, eine grundlegende Einordnung vorzunehmen, Bewertungsmessungen vorzubereiten oder eine Begleitung von Sanierungsmaßnahmen vorzunehmen. Dabei ist zu berücksichtigen, dass tages- und insbesondere jahreszeitliche Schwankungen sowie Einflüsse durch Lüftungsverhalten und Heizungsprozesse auftreten können.

Im Rahmen spezieller Sniffingmessungen erfolgt primär die Identifikation potenzieller Eintrittspfade mittels luftansaugender Sonden. Das Verfahren ermöglicht zudem das Auffinden von zunächst nicht erkannten radonführenden Rissen in Wänden und Böden.

Tab. 5.1 Messdauer zur Bestimmung der Radonkonzentration in der Luft (nach [1])

Messung	Art	Dauer	Bemerkungen
Punktmessung		Minuten bis Stunden	Spotmessung; nur momentane Aufnahme; geeignet für Sniffing oder PAEC-Messungen
Integrierend (passiv)	Kurzzeit	Stunden bis Wochen	Repräsentativ für Messstelle während Messzeitraum
	Langzeit	Monate	Abschätzung Mittelwert; geeignet für Bewertungsmessung oder Ermittlung PAEC (Probenahme nicht unter einer Woche)
Kontinuierlich (zeitaufgelöst)	Kurzzeit	Stunden bis Wochen	Repräsentativ für Messstelle während Messzeitraum und Ermittlung zeitliche Variationen; Hinweise auf Einflüsse von Lüftungen u.ä. möglich Ermittlung PAEC (Probenahme nicht unter einer Woche)
	Langzeit	Monate	Abschätzung Mittelwert; geeignet für Bewertungsmessung; Zusätzlich können zur Festlegung von Maßnahmen zeitliche Variationen berücksichtigt werden

Messzeiten liegen hier eher im Bereich von Minuten. Es wird empfohlen, aktive Messgeräte zu verwenden.

Im Unterschied zu Raumluftmessungen (vgl. Abschn. 5.4) dienen Bodenluftmessungen (vgl. Kap. 4 und Abschn. 5.5) der Abschätzung möglicher zu erwartender Expositionen beim Neubau bzw. des vorhandenen Radonpotenzials beim Bestandsbau. Auch hier sind aufgrund der Umgebungseinflüsse (Luftdruck, Wind, Bodenaufbau, Jahreszeit) starke Schwankungen möglich, die bei der Interpretation der Ergebnisse zu berücksichtigen sind (siehe auch Kap. 4 und 8.4). Exhalationsmessungen können Abschätzungen zum Übergang Boden -> Luft liefern und Bodenluftmessungen ergänzen (siehe Abschn. 5.6).

Exhalationen aus Baustoffen sind zumeist gegenüber den Beiträgen aus der Bodenluft gering und spielen lediglich bei der der Verwendung von Materialien mit einem hohen radioaktiven Potenzial und /oder sehr geringen Luftwechselraten eine Rolle (siehe auch Abschn. 6.3). Informationen zu spezifischen Aktivitäten sind z. B. in [2] enthalten; Messverfahren zur Ermittlung der Exhalation von Radon sind u. a. in [3] beschrieben. Die Ermittlung von Exhalationen aus bereits verbauten Materialien ist aufwendig; gegebenenfalls können Messungen der Ortsdosisleistung (ODL) oder gammaspektrometrische Messungen Hinweise auf vorhandene Mutternuklide (z. B. Radium) geben.

Einflüsse auf die Radonexposition, die auf unterschiedlichen Verteilungen der Radonfolgeprodukte, auf Bestimmungen der angelagerten Anteile (siehe Kap. 2) oder der Aerosolgrößen basieren, können lediglich durch aufwendige Messverfahren quantifiziert werden. In praxi wird daher mit standardisierten Werten für den Gleichgewichtsfaktor ($F=0{,}4$ in Innenräumen) bzw. den Dosiskonversionsfaktoren (z. B. abhängig von Aerosolgröße, angelagerten Anteil f_P – siehe Kap. 3) gerechnet. Deshalb stehen vor allem aus praktischen Erwägungen Messmethoden zur Bestimmung der Radonkonzentration im Vordergrund.

Sondermessungen zum Diffusionsverhalten einzelner Baustoffe (z. B. Folien) bzw. Abschätzung von Diffusionskoeffizienten werden nicht behandelt; hier wird auf die entsprechende Literatur z. B. in [4, 5] verwiesen.

Die folgenden Kapitel geben einen Überblick über die Vor- und Nachteile der einzelnen Messverfahren sowie Hinweise zu den jeweiligen Messmethoden. Aufgrund der deutlich kürzeren Halbwertszeit von Thoron bzw. der physikalischen Prinzipien einzelner Auswertemethoden sind nicht alle Messgeräte bzw. Messverfahren für den gleichzeitigen Nachweis von Radon und Thoron geeignet. Aufgrund der zumeist vernachlässigbaren Strahlenexpositionen durch Thoron [6] erfolgt im Folgenden eine Konzentration auf die Radon-Nachweisverfahren. Hinweise zur Bestimmung von Thoronaktivitätskonzentrationen sind beispielsweise in [7, 8, 32] enthalten.

Normative Hinweise sind in der Normenreihe zur Bestimmung der Radioaktivität in der Umwelt – Luft: Radon-222 (DIN EN ISO 11665 – VDE 0493-1 [1]) oder Strahlenschutz-Messgeräte – Geräte für die Messung von Radon und Radon-Folgeprodukten (DIN EN ISO 61577 – VDE 0493-1-10 [7]) enthalten.

Generell sollten beim Aufstellen Mindestabstände von Wänden, Böden oder Decken von ca. 30 cm eingehalten werden. Eine unmittelbare Nähe zu Fenstern, Türen oder Heizkörpern sowie ein Aufstellen in Schränken sind zu vermeiden.

Des Weiteren ist zu berücksichtigen, dass sich bei einem längeren Einsatz aufgrund von möglichen Kontaminationen mit den langlebigen Isotopen Blei-210 und Polonium-210 die Untergrundstrahlung in den Messkammern erhöhen kann.

5.2 Passive Verfahren

Bei passiven Messverfahren zur Ermittlung von Radon-Expositionen handelt es sich um integrierende Verfahren. Bei diesen kommen üblicherweise Aktivkohle, Elektrete oder Kernspurdetektoren in kompakten Exposimetern zum Einsatz. Diese Exposimeter werden an einem Messort ausgelegt und benötigen keine äußeren Betriebsspannungen. Ein Überblick über die Einsatzgebiete ist in Tab. 5.2 enthalten. Die zu untersuchende Luft gelangt dabei durch freie Konvektion oder natürliche Diffusion zum Detektor, möglich sind zudem offene und geschlossene Bauformen. Eine Verwendung als personengetragenes Exposimeter ist prinzipiell möglich.

Im Folgenden werden diese Messmöglichkeiten kurz vorgestellt.

Messverfahren mit Aktivkohle

Ausgeheizte Aktivkohle ist in der Lage, Radon bzw. Thoron aus der Luft zu adsorbieren. In gebräuchlichen Sammlern, wie beispielsweise Dosen mit einem Volumen von 50 bis 500 cm^3 oder Röhrchen mit einem Volumen von 10 bis 20 cm^3, erreicht die aufgenommene Radonmenge nach einem Zeitraum von 1 bis 3 Tagen einen Sättigungswert:

Tab. 5.2 Überblick und Einsatzgebiete passiver Radonexposimeter

Bezeichnung	Messverfahren	Typ. Einsatzzeit	Übersichts-messung	Referenzmessung
Aktivkohleröhrchen Aktivkohledose	adsorbiertes Radon-222 an Aktivkohle	Stunden bis wenige Tage	geeignet	Nicht geeignet
Elektret	Entladung eines Elektreten	Tage bis Monate	Bedingt geeignet	geeignet
Kernspurdetektor	Bildung latenter Spuren	Wochen bis Monate	geeignet	geeignet

die Rate der Adsorption entspricht etwa der Rate des Desorption. Die Auswertung erfolgt entweder mit einem Flüssigszintillationszähler (bevorzugt bei Röhrchen; Nachweisgrenze ca. 20 Bq/m^3) oder durch Gammaspektrometrie (bevorzugt bei Dosen; Nachweisgrenze ca. 10 Bq/m^3); die Messunsicherheiten liegen in einem Bereich von 10 bis 40 % [8].

Zu beachten ist die Abhängigkeit des Wirkungsgrades von der Temperatur und der Luftfeuchte (adsorbierter Wasserdampf verringert die Aufnahmefähigkeit für Radon). Aus diesem Grund wird oft ein kaum Radon adsorbierendes Trocknungsmittel (z. B. Kieselgel) zugesetzt. Bei hohen Luftfeuchten ist ein Einsatz nicht zu empfehlen. Des Weiteren ist die Desorption zu berücksichtigen: stark schwankende Aktivitätskonzentrationen können aufgrund einer unterschiedlichen Bewertung der Messzeiten fehlerhaft interpretiert werden.

Sammler mit Aktivkohle können mehrfach verwendet werden. Eine Regeneration durch Ausheizen vor der Messung entfernt möglicherweise enthaltenes Radon bzw. Wasserdampf. Die Aktivkohlefilter müssen bis zum Beginn der Messung bzw. nach Messende gasdicht verschlossen werden (Abb. 5.2). Zu Kalibrierzwecken werden auch aktive Messsysteme (Ansaugung Luft durch eine Pumpe) verwendet.

Messverfahren mittels Elektret

Elektrete werden der Gruppe der Dielektrika (elektrisch schwach oder nicht leitende Substanzen) zugeordnet. Sie verfügen über eine quasipermanente elektrische Polarisation und können somit als elektrisches Analogon zum Magneten betrachtet werden. Als Materialien werden üblicherweise Polytetrafluorethylen (PTFE) für Kurzzeit- oder fluoriertes Ethylen-Propylen (FEP) für Langzeitmessungen verwendet [9]).

Radon diffundiert in eine spezielle Messkammer mit definierten Luftvolumen (prinzipieller Aufbau siehe Abb. 5.3). Im durch die Elektretladung erzeugten elektrischen Feld (Potenzial einige hundert Volt) kommt es durch die Kernzerfälle zu Ionisationen. Die Ionen bewegen sich durch Feldeinfluss zum Elektreten und entladen diesen, d. h. die Ladungsänderung ist ein Maß für die erfolgte Radonexposition. Die Auswertung ist daher vergleichsweise einfach (Spannungsmessgerät). Entladungen werden allerdings auch durch die vorhandene natürliche Exposition erzeugt und müssen entsprechend korrigiert werden.

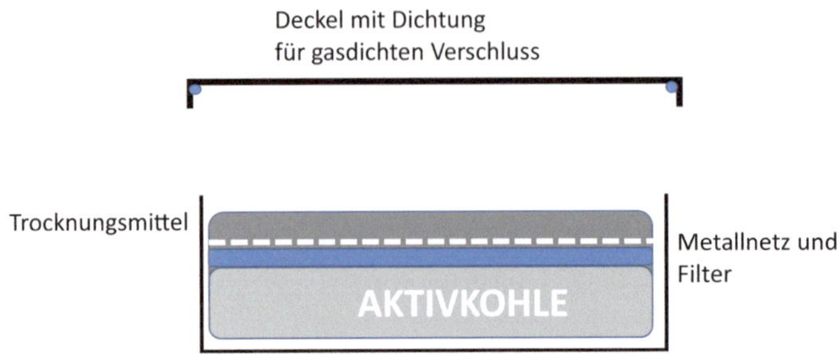

Abb. 5.2 Prinzipieller Aufbau eines Exposimeters mit Aktivkohlefilter

Abb. 5.3 Aufbau einer Elektret-Diffusionskammer

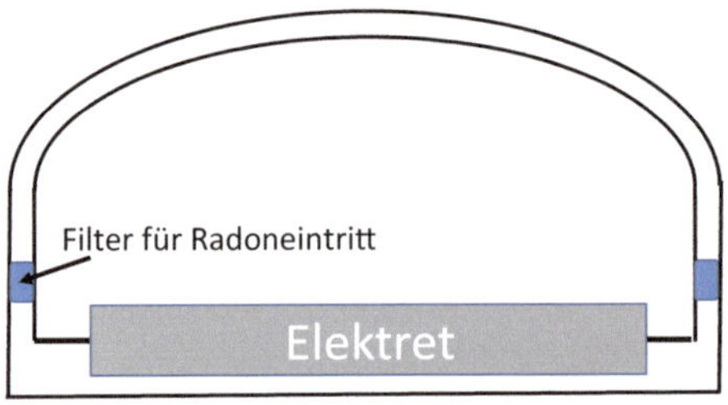

Wie bei den Aktivkohlefiltern beginnt die Messung mit der Entfernung der gasdichten Verpackung bzw. ist nach Messende eine Verriegelung erforderlich. Langzeitmessungen auch über 12 Monate sind prinzipiell möglich; Messunsicherheiten liegen bei ca. 15 %. Die Empfindlichkeit ist allerdings deutlich geringer als bei Aktivkohleverfahren, d. h. ein Einsatz für kurzzeitige Übersichtsmessungen ist nicht zu empfehlen.

Messverfahren mittels Kernspurdetektor

Festkörperspurdetektoren (FKSD oder auch Solid State Nuclear Track Detector-SSNTD) sind Polymerfolien, in denen Alphazerfälle latente Strahlungsschäden verursachen. Die Alphateilchen können bis etwa 60 µm in das Material eindringen; die Spurengrößen liegen im Bereich von Nanometern.

Diese werden durch einen elektrochemischen Ätzvorgang als Spuren (Größe ca. 1 bis 100 µm) sichtbar und können mittels optischer Verfahren (Mikroskop oder automatische Systeme) gezählt werden. Die Kernspurdichte dient als Maß der Radonexposition. Dabei sind sowohl offene als auch geschlossene Strukturen möglich (Diffusionskammer; Prinzipdarstellung siehe Abb. 5.4, Beispiel für sichtbare Ätzspuren bzw. Diffusionskammer siehe Abb. 5.5).

Als Materialien kommen beispielsweise Allyldiglykolpolycarbonat (z. B. CR-39), Biphenylpolycarbonat (z. B.: Makrofol) oder Zellulosenitrat (z. B.: Kodak LR 115) mit Foliengrößen von 1 bis 10 cm2 und Dicken von 0,1 bis 1 mm zum Einsatz. Wie bei allen passiven Verfahren beginnt die Messung mit der Entfernung der Verpackung oder auch dem Einsetzen eines FKSD. Nach Beendigung der Messung ist dann wieder ein

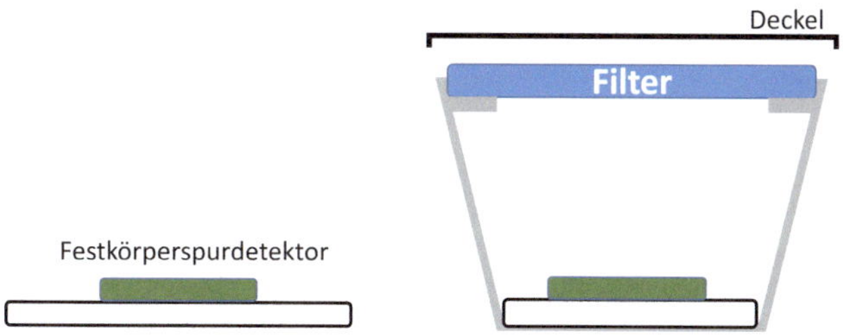

Abb. 5.4 Aufbau eines Messsystems mit Festkörperspurdetektor (offen oder geschlossen)

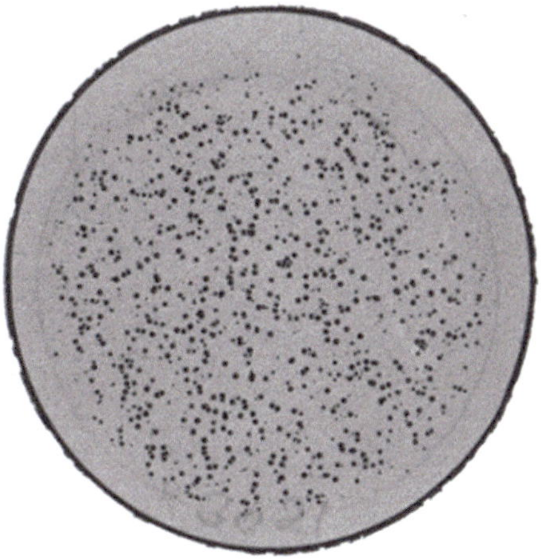

Abb. 5.5 Beispiel für sichtbare Ätzspuren [10] bzw. einer Diffusionskammer mit Festkörperspurdetektor (Abb. Kemski)

radondichtes Verschließen erforderlich (z. B. Blechdose oder in Folie einschweißen). Expositionen sind ab etwa 10^5 Bq h/m3 nachweisbar, Messunsicherheiten liegen bei etwa 25 % [8].

In Bereichen mit großen Aerosolgehalt (z. B. Küche, Bad) sollten aufgrund Verschmutzungsgefahr keine offenen Systeme eingesetzt werden. Stark schwankende Temperaturen können das Messergebnis beeinflussen; zu beachten sind die Alterungseffekte der eingesetzten Polymerfolien.

5.3 Aktive Verfahren

Aktive Radon-Messverfahren basieren auf einem geeigneten Detektor und einem mikroprozessorgesteuerten System zur Datenerfassung, Verarbeitung, Speicherung und Ausgabe. Die Messung erfolgt entweder direkt durch die Erfassung der Strahlung des Radons

(Thorons) und/oder der Zerfallsprodukte. Bei allen Verfahren gelangt das Radon (Thoron) in eine Messkammer. Um Verfälschungen des Messergebnisses durch in der Luft vorhandene Zerfallsprodukte zu vermeiden, wird üblicherweise ein Einlassfilter verwendet, welcher das Eindringen dieser Produkte in die Messkammer verhindert.

Geeignete Detektoren sind Strom- oder Impuls-Ionisationskammern, Szintillationskammern, Kammern mit elektrostatischer Abscheidung sowie Halbleiterdetektoren. Inzwischen sind auch kostengünstige Messgeräte verfügbar, die mit Messintervallen im Bereich von Minuten bis Stunden zuverlässige Übersichtsmessungen ermöglichen. Bewertungsmessungen über langfristige Zeiträume von mehreren Monaten sind unter Beachtung des gerätetechnischen Aufwands bzw. der Speicherkapazität prinzipiell möglich.

Im Folgenden werden die hauptsächlich verwendeten Systeme kurz vorgestellt.

Szintillationskammer

Als Szintillatoren werden Materialien bezeichnet, die beim Durchgang von Photonen oder geladener Teilchen infolge von Anregungsprozessen selbst Photonen im sichtbaren oder ultravioletten Bereich aussenden. Diese können dann mittels eines Photo-Elektronenvervielfachers (SEV) effektiv nachgewiesen werden.

Zumeist werden Detektoren mit silberdotiertem Zinksulfid (ZnS(Ag)) zum Nachweis der Alpha-Strahlung verwendet – die sogenannte Lucas-Zelle [11]. Eine eventuelle Thoron-Abscheidung z. B. über ein vorgeschaltetes Zerfallsvolumen kann bei kontinuierlichen Messungen erforderlich sein.

Die Luft wird durch einen Einlassfilter in eine üblicherweise zylindrische Kammer gesaugt, die Wände der Kammer sind dabei mit ZnS(Ag) beaufschlagt (siehe Abb. 5.6). Nachweisgrenzen liegen bei etwa 20 Bq/m^3 (Messzeit 3 h, Kammervolumen 250 cm^3) und einer Messunsicherheit von ca. 5 % [8]. Im Gegensatz zu den passiven Messverfahren sind Einflüsse durch Temperaturschwankungen oder Luftfeuchte gering.

Abb. 5.6 Prinzip einer Lucas-Zelle

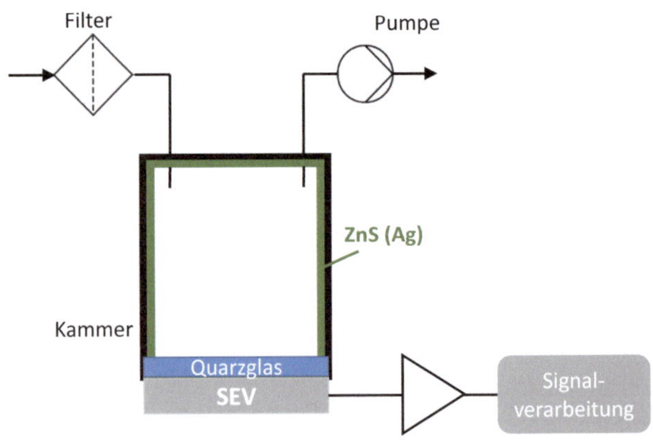

Ionisationskammer
Alphateilchen erzeugen beim Durchgang durch Luft eine große Anzahl von Ionenpaaren (dicht ionisierende Strahlung). Diese können in einer geeigneten Anordnung einen Ionisationsstrom erzeugen, der trotz seiner geringen Größe gut gemessen werden kann. Das Signal ist damit proportional zur Radonkonzentration.

Üblicherweise werden zylinderförmige Kammern verwendet (siehe Abb. 5.7). Für präzise Messungen ist eine zusätzliche Trocknung der Luft erforderlich. Zudem ist eine Energiebestimmung möglich, sodass die Kammer eine Radon-Thoron-Diskriminierung durchführen kann. Bei niedrigen Aktivitätskonzentrationen erfolgt der Betrieb als Impulskammer, d. h. jeder Ladungsträgerimpuls aufgrund eines Zerfalls wird als Spannungsimpuls registriert.

Nachweisgrenzen können bei 5 Bq/m^3 Radon liegen (Kammervolumen 1 L, 3 h Messzeit; Messunsicherheiten bei etwa 5 bis 10 % ohne statistischen Beitrag) [8].

Halbleiterdetektor
Die Basis der Messgeräte bildet wiederum eine Diffusionskammer. Zum Nachweis wird ein Halbleiter verwendet. Aufgrund der geringen Reichweite der Alpha-Strahlung eignen sich insbesondere Oberflächen-Sperrschichtdetektoren. Dort kann eine nahezu 100-%ige Registrierung der Alphateilchen in einer 80–100 µm dicken Halbleiterschicht erfolgen. Die nach dem Radonzerfall in der Kammer entstehenden Ionen werden durch ein angelegtes elektrostatisches Feld auf der Oberfläche des Halbleiterdetektors abgeschieden (vgl. Abb. 5.8). Zudem ist eine Unterscheidung zwischen Radon und Thoron möglich.

Alphaspektroskopisch arbeitende Geräte können physikalisch zwei Berechnungsarten für die Radonaktivitätskonzentration realisieren. Im sogenannten „Slow-Mode" werden sowohl das Polonium-218 als auch das Polonium-214 in die Berechnung einbezogen Ein Aktivitätsgleichgewicht stellt sich allerdings erst nach etwa 3 h ein. Im „Fast-Mode" wird nur das beim Radonzerfall entstehende Polonium-218 verwendet (siehe auch Kap. 2) – damit ist eine schnelle Ansprechzeit hinsichtlich auftretender Konzentrationsänderungen möglich – allerdings ist der statistischen Fehler der Messung hier größer.

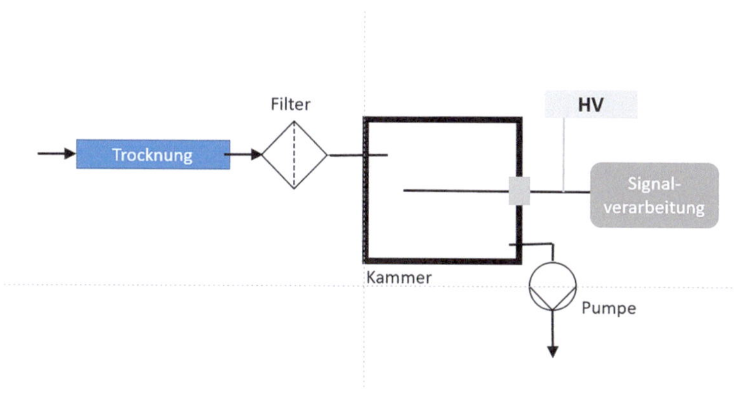

Abb. 5.7 Prinzipdarstellung einer Ionisationskammer (hier: Stromkammer, HV…Hochspannung)

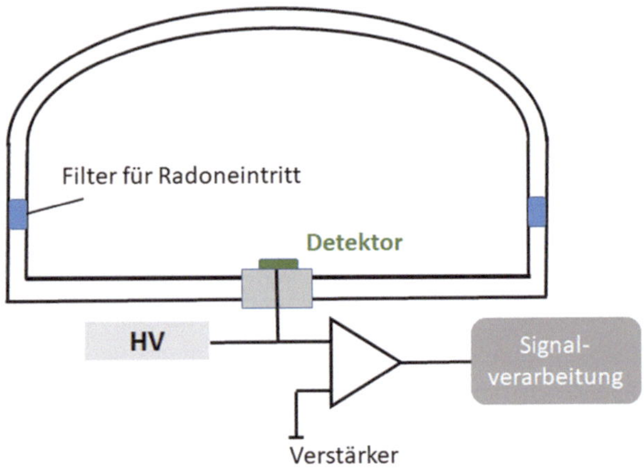

Abb. 5.8 Aufbau einer Diffusionskammer mit Halbleiterdetektor

Nachweisgrenzen liegen bei vielen Geräten bei etwa 10 Bq/m^3 mit Unsicherheiten von 10 % (ohne statistische Unsicherheit; Messzeit 3h) [8]. Die Eignung für längere Messzeiten ist abhängig von der Stromversorgung bzw. Kapazität der Datenspeicherung.

Weitere Messprinzipien beruhen auf Filtermessungen (Gesamtalpha- oder Beta-Gammamessung), elektrostatischen Abscheidungen auf einem Halbleiterdetektor oder nutzen ein Zweifilterverfahren. Für weitere Details wird z. B. auf [8] oder die bereits erwähnten Normenreihen DIN EN ISO 11665 – VDE 0493-1 oder DIN EN ISO 61577 – VDE 0493-1-10 verwiesen.

Messungen von Expositionsdaten zur Bewertung von Inkorporationen werden hier nicht behandelt (siehe z. B. [12, 13]).

5.4 Raumluftmessungen

Zur Abschätzung der Aktivitätskonzentration in der Raumluft kommen sowohl passive als auch aktive Methoden zum Einsatz. Generell muss zwischen Orientierungs- (Übersichts-) messungen, Bewertungsmessungen und Messungen mit bestimmten Zielen (z. B. Suche nach Eintrittspfaden, Erhebungsmessungen in der Bevölkerung) unterschieden werden.

Insbesondere aktive Messgeräte liefern zeitnahe Informationen über das Niveau bzw. die Verteilung der Aktivitätskonzentrationen in Keller- und Wohnräumen (vgl. Abb. 5.9 und 5.10). Bei entsprechender Geräteausstattung bzw. Beachtung der Randbedingungen (kontinuierliche Stromversorgung; Größe des Datenspeichers; Messgeräteverfügbarkeit) sind aber auch langfristige Messungen hinsichtlich einer Bewertung möglich.

Hinweise zum Aufstellen der Geräte sind bereits in Abschn. 5.1 aufgeführt. In Tab. 5.3 und 5.4 sind die Eigenschaften der oben beschriebenen passiven und aktiven Messverfahren noch einmal kurz zusammengestellt. Tab. 5.5 enthält ausgewählte Beispiele zu aktiven zeitauflösenden Geräten.

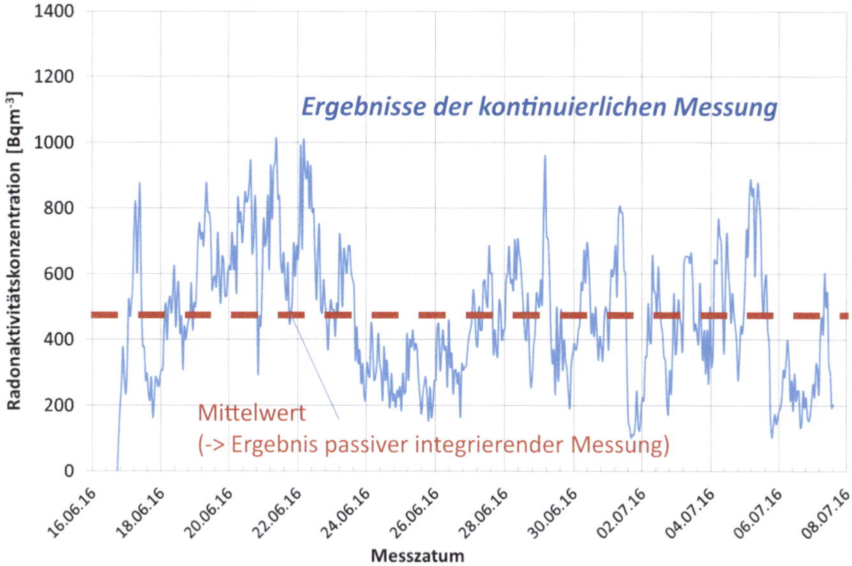

Abb. 5.9 Beispiel für zeitaufgelöste Messung der Radonkonzentration und Vergleich mit Mittelwert. Erdgeschoss, nicht unterkellerter Abstellraum, Altbergbaugebiet Kohle Zittau, keine regelmäßige Lüftung

Abb. 5.10 Einfluss der Integrationszeit auf die Aktivitätskonzentration von Radon anhand von zwei Beispielen: A (**obere Balken**): 3- Jahresmessung Gebiet Loire/ Frankreich [14] B (**untere Balken**): Jahresmessung Zittau, Kellerraum, öffentliches Gebäude [15]

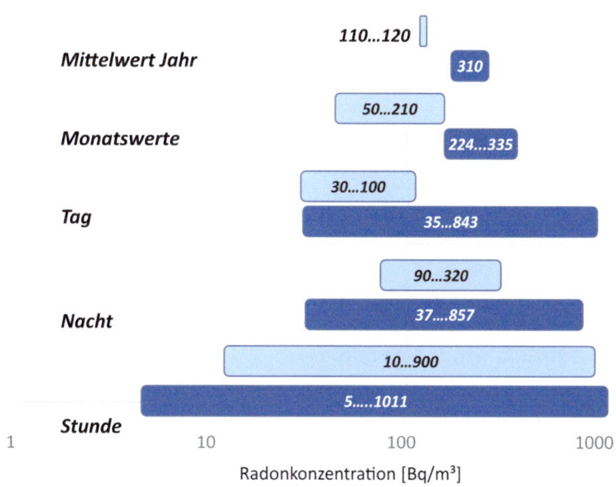

Es sei darauf hingewiesen, dass bei Messungen der Thoron-Konzentration aufgrund des starken Ungleichgewichtes und der deutlich kürzeren Halbwertszeit nicht mehr von einer homogenen Verteilung im Innenraum wie bei Radon auszugehen ist.

Ein wesentlicher Vorteil vieler aktiver Geräte, auch bereits im unteren Preissegment (vgl. Tab. 5.5), besteht in der gleichzeitigen Bestimmung von Temperatur, Luftfeuchtigkeit und Luftdruck sowie der Registrierung von Bewegungen. Die Messabweichungen

Tab. 5.3 Eigenschaften passiver Messsysteme zur Bestimmung der Radonkonzentration in der Raumluft

	Aktivkohle	Elektret	Kernspurfolie
Typischer Aufbau	Geschlossene Diffusionskammer		
Messzeitraum	Wenige Tage	Tage bis Monate	Wochen bis Monate
Auswertung	Im Labor	Einfache Spannungsmessung	Im Labor
Unsicherheit	10…40 %	~15 %	~25 %
Einsatzgebiet	Übersichtsmessung	Übersichts- und Langzeitmessung	Langzeitmessungen ab 1 Monat
Vorteile	Einfache Technik; selbst konfigurierbar gammaspektrometrische Auswertung möglich	Einfache Messung; Zwischenergebnisse möglich	Einfache Technik
Nachteile	Bei hohe Luftfeuchten nur mit Trocknungsmittel, ungenau bei starker Schwankung der Radonkonzentration	Auswahl geeigneter Elektrete nach Messzeit und Konzentrationsbereich Einfluss natürlicher Radioaktivität (Ortsdosisleistung beachten)	Geringe Messempfindlichkeit; aufwendige Auswertung Qualitätskontrolle (Alterung)

Tab. 5.4 Eigenschaften aktiver zeitauflösender Messgeräte zur Bestimmung der Radonkonzentration in der Raumluft

Typ	Lucas-Zelle	Ionisiationskammer	Halbleiterdetektor
Vorteile	Geringe Einflüsse von Temperatur und Luftfeuchte	z.T. einfacher Aufbau hohe Zuverlässigkeit kleine Nachweisgrenzen Bei besonderem Aufbau Radon und Thoron gleichzeitig messbar	Einfacher Aufbau; Nutzung Mikroprozessoren hinsichtlich Datenauswertung – und Speicherung Lufttrocknung oft nicht erforderlich Bei Verwendung Alphaspektrometrie kein Einfluss langlebiger Nuklide oder Thoron-Querkon-taminationen bzw. Kurzzeitkontaminationen (Polonium-212, Bismut-212)
Nachteile	Kontamination durch langlebige Nuklide (Blei-210 / Polonium-210) möglich		
		Lufttrocknung empfohlen Umschaltung auf Impuls-betrieb bei kleinen Aktivitätskonzentrationen notwendig	z. T. geringere Empfindlichkeit

Tab. 5.5 Eigenschaften einiger ausgewählter Messgeräte. Es sei darauf hingewiesen, dass diese Übersicht nicht vollständig ist und lediglich eine kleine Auswahl der verfügbaren Geräte enthält. Sie ist nicht als Bewertung für die nicht aufgeführten Systeme zu interpretieren. Alle Eigenschaften beziehen sich auf den Zeitpunkt der Manuskripterstellung

Messgerät	Kombinierte Radon-Thoron-Messung	Sniffing möglich	Bemerkung
Corentium Canary 			Passive Diffusionskammer, Alpha-Spektrometrie Messbereich bis 9999 Bq/m³ Anzeige 7 Tages- (stündliche) oder Langzeitmittelwert (tägliche Aktualisierung) Batteriebetrieb (3 AAA)
Airthings Wave Radon 			Passive Diffusionskammer, Alpha-Spektrometrie Messbereich bis 20 kBq/m³ Zusätzlich: Angabe Temperatur, Luftfeuchte Visuelle Warnung (Radon / Luftfeuchte Temperatur) Smartphone-App via Bluetooth (kostenfrei) Batteriebetrieb (2 AA) Mit Hub/Wave–Mini als House-Kit für Überwachung Temperatur. / Luftfeuchte / Radon
FTLab Radon Eye 			Gepulste Ionisationskammer Messbereich bis 3700 Bq/m³ Messinterball 10 Minuten Smartphone-App via Bluetooth (kostenfrei) Stromversorgung (12 V, 65 mA DC) Alarmschwelle (einstellbar) Datenspeicher 1 Jahr (für 1 h-Intervall) Radon-Eye Plus: erweiterter Messbereich bis 9435 Bq/m³; Sensoren für Temperatur / Luftfeuchte; WLAN
Sarad Radon Scout home 			Passive Diffusionskammer, Halbleiterdetektor Messbereich bis 1 MBq/m³ Batteriebetrieb (AAA) oder USB Temperatur-/Luftfeuchtesensor Optional mit Luftdruck-/ CO_2-Sensor (USB-Stromversorgung erforderlich) Ringspeicher (16.383 Datensätze; Messintervall 4h) Software (frei verfügbar)

(Fortsetzung)

Tab. 5.5 (Fortsetzung)

			Version Radon Scout Professionell: Lucas-Zelle, Messzeit 1…255 Minuten, USB oder 5 V DC *Version Smart Radon Sensor*: Lucas-Zelle, Messzeit 1…255 Minuten, Schnittstellen zur Systemintegration; Alarmausgang
αlphaSniffer [16] 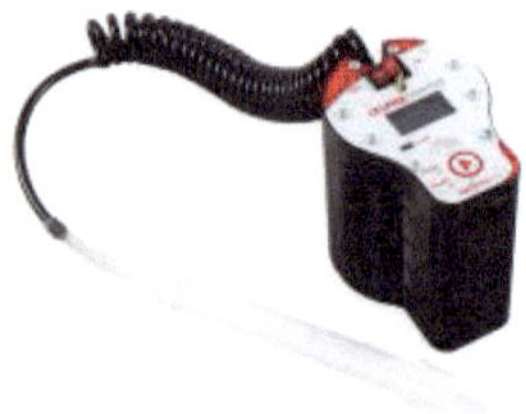		✓	Silizium Photomultiplier (SiPM) Technologie Volumen Szintillationszelle 0,3 L 4400mAh Li-Ion Akku-Pack (ca. 19 h Messzeit) Integrierte Pumpe (~ 0,5 L/min) Untere Erkennungsgrenze: 37 Bq/m³ (laufender Sniffing-Modus für 30 min) Erholungszeit bei hohen Radonkonzentrationen ca. 5 min (5% Spitzenwert)
Sarad Radon-/Thoron-Scout 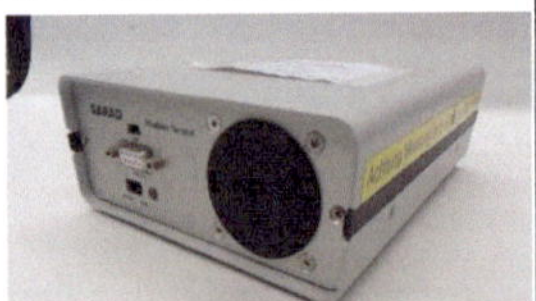 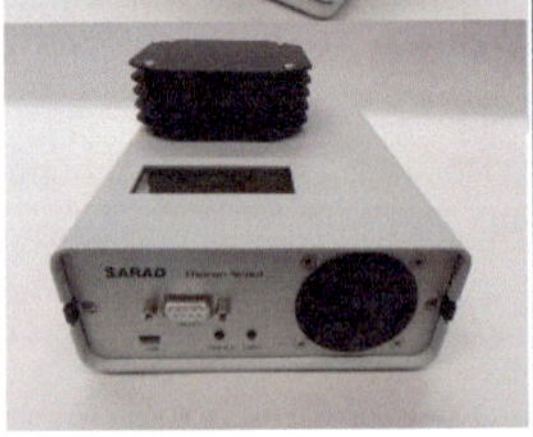	✓		Halbleiter mit Hochspannungsanreicherung Messbereich bis 10 MBq/m³ Messintervall 1 h / 3h einstellbar Schaltausgang zur Lüftungssteuerung (300 Bq/m³) Luftdruck / Temperatur-/Bewegungssensor Batteriebetrieb (Monozelle); USB-Schnittstelle Nichtflüchtiger Ringspeicher (672 Datensätze) Software (frei verfügbar) *Version PLUS:* Ringspeicher 16.383 Datensätze; Messzeit 1…255 Minuten; einstellbare Schaltschwelle, Netzbetrieb Gleichzeitige Thoron-Messung nur im *Thoron-Scout (*untere Abb.): Messzeit 1…255 Minuten, Speicher 2047 Datensätze inkl. Alphaspektrometrie
Bertin Alpha-E 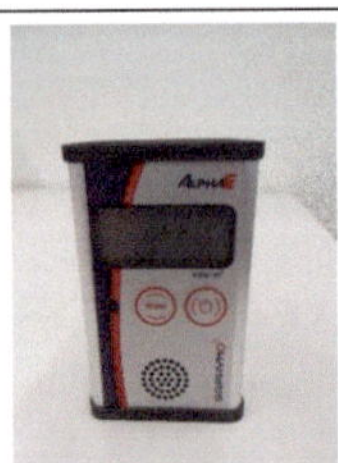			Passive Diffusionskammer, Halbleiter Messbereich 20 Bq/m³ – 10 MBq/m³ Messintervall 1 min…12 h einstellbar Speicher: 12900 Datensätze Stromversorgung: Akku (über USB aufladbar) Temperatursensor; Sensor für Bewegungs-manipulation Schnittstelle: USB; Software

(Fortsetzung)

Tab. 5.5 (Fortsetzung)

Sarad RTM 1688-2 [17] 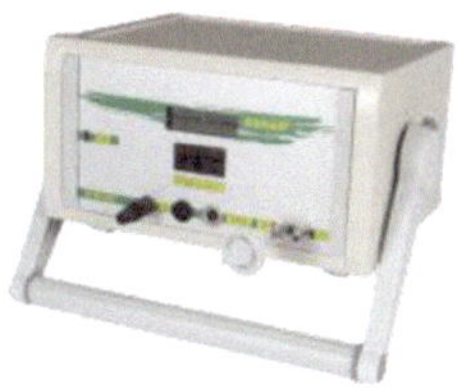	✓	✓	Halbleiter, Hochspannungs-Messkammer mit elektrostatischer Abscheidung, Alphaspektrometrie Messbereich bis 10 MBq/m^3 Empfindlichkeit: 2,5 cpm (kBq/m^3) Messintervall 1 Min bis 4 h, Datenspeicher: 2047 Datensätze; Sensoren für Temperatur, Luftfeuchte, Druck, Bewegung, Alarmfunktion Stromversorgung: Netzteil oder Akku Eingebaute Pumpe -> Sniffing- und Bodenluftmessungen
Bertin AlphaGuard [18] 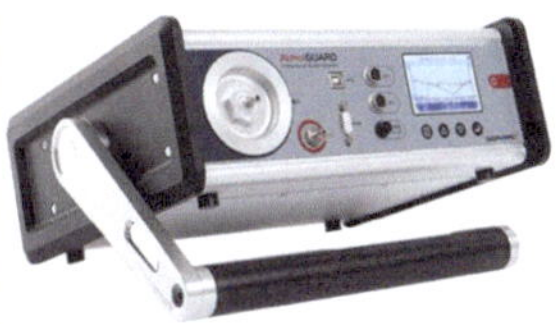	✓	✓	Gepulste Ionisationskammer, Alphaspektrometrie Messbereich bis 2 MBq/m^2 Messintervall 10 …60 Minuten Empfindlichkeit: 5 cpm bei 100 Bq/m^3 Stromversorgung: Netzteil, Akku Datenspeicher für 60.000 Datensätze Sensoren für Temperatur, Luftfeuchte, Druck, Bewegung Schnittstelle: USB, Software Parallele Thoron Messung durch Zusatzoption Externe Pumpe für Sniffing-/ Bodenluftmessungen (als Zubehör erhältlich)
Durridge RAD8 [19] 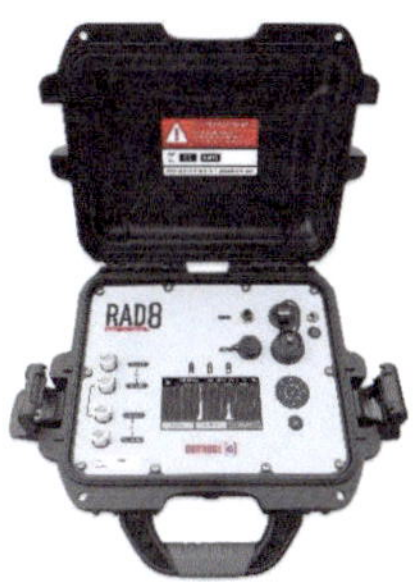 	✓	✓	Halbleiter, Hochspannungs-Messkammer mit elektrostatischer Abscheidung, Alphaspektrometrie Messbereich bis 2 MBq/m^3 Messintervall 1 Min bis 24 h, Datenspeicher: Datensätze von 10 Jahren Empfindlichkeit: 11 cpm bei 1000 Bq/m^3 (Sniffing), 22 cpm bei 1000 Bq/m^3 im präzisen Modus Parallele Thoron/Radon-Messung Sensoren für Temperatur, Luftfeuchte, Druck, Bewegung, Alarmfunktion Stromversorgung: Netzteil, Akku Eingebaute Pumpe -> Sniffing- und Bodenluftmessungen

liegen im Bereich von ca. 10–20 % (vgl. auch Ergebnisse von Messvergleichen, z. B. [31, 33]).

Für Orientierungsmessungen ist es in vielen Fällen ausreichend, ein bis zwei Geräte im Kellerbereich bzw. nichtunterkellerten Wohnräumen für wenige Wochen aufzustellen. Günstige Zeiträume sind dabei Frühjahr und Herbst.

Zur Identifizierung von Gebäuden bzw. Wohnungen mit einer hohen Radonexposition als auch zur Lokalisierung der Radon-Eindringpfade ist eine Kombination von Langzeitmessungen mit passiven Dosimetern (Kernspurdetektoren) sowie der nachfolgende Einsatz von zeitauflösenden Messungen mit elektronischen Messgeräten effektiv und erforderlich.

Wiederholte zeitaufgelöste und zeitgleiche Messungen in Keller- und Aufenthaltsräumen sind zur Planung einer Sanierung im Bestandsbau unumgänglich. Dabei ist auf ein normales Nutzerverhalten zu achten; Messungen während einer mehrtägigen oder -wöchigen Abwesenheit und geringen Luftwechselraten können Hinweise auf Maximalwerte geben.

Zur Prognose möglicher Radonkonzentrationen bzw. Quellensuche (Sniffing) in neu- und Bestandsgebäuden eignen sich auch Differenzdruckverfahren (erweiterter Blower-Door-Test oder Rn_{50}-Check). Dabei wird nach erfolgter Lüftung schrittweise ein Unterdruck mit einem Ventilator (siehe auch DIN EN ISO 9972 -Blower-Door-Prinzip [20]) mit einer Druckdifferenz von bis zu 50 Pascal aufgebaut. Die Zielstellung besteht darin, die Radonquellstärke des Hauses für die normalerweise vorhandenen sehr geringen Unterdrücke (die mit geringen Luftwechselraten verknüpft sind) durch erhöhte Unterdrücke und damit verbundene deutlich geringere Messzeiten abzuschätzen (siehe auch Abb. 5.11). Die in praxi oft nicht wesentlichen Radoneinträge aus dem Erdreich durch Diffusion oder Radonexhalation aus Baustoffen (siehe Abschn. 6.3) werden damit nicht erfasst.

Weitere Ausführen sind z. B. in [21, 22, 23] enthalten. Ohne spezielle Modifikationen wird das Verfahren für eine Radondichtheitsprüfung im Rahmen der Bauabnahme als nicht geeignet eingeschätzt [21]. Bewertungsmessung für Radon im Innenraum (Jahres-

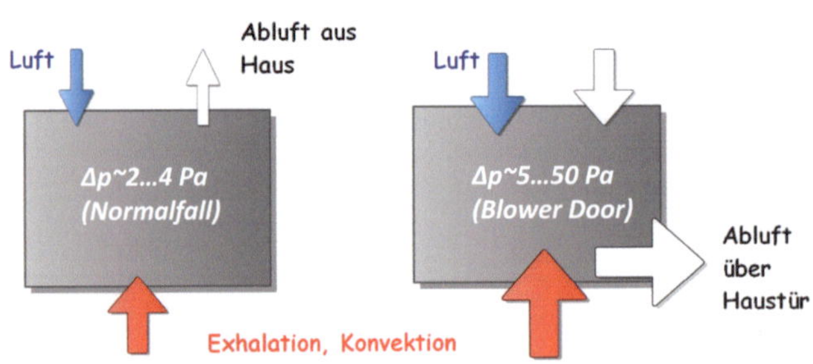

Abb. 5.11 Unterdruckverfahren zur Prognose von Radonkonzentrationen. (nach [21]). Δp… Unterdruck Haus gegenüber Außenbereich

mittelwert) bzw. die Messpflicht an Arbeitsplätzen nach Strahlenschutzverordnung (StrlSchV) werden durch das Differenzdruckverfahren NICHT ersetzt.

Insbesondere bei Bewertungsmessungen ist – sowohl bei passiven als auch aktiven Messgeräten – auf eine gültige Kalibrierung; gegebenenfalls auch Akkreditierung des Anbieters nach DIN EN ISO/IEC 17.025:2018 zu achten. Messungen im beruflichen Umfeld werden durch eine anerkannte Stelle für Messung der Radon-222-Aktivitätskonzentration an Arbeitsplätzen gemäß § 155 Abs. 4 Strahlenschutzverordnung (StrlSchV [24]) durchgeführt.

5.5 Bodenluftmessungen

Die radonhaltige Bodenluft wird als Hauptquelle für die Radonkonzentrationen in Gebäuden angesehen, weitere Quellen aus Baumaterialien oder Wasser sind in Einzelfällen möglich. Bodenluftmessungen können daher im Sinne einer Charakterisierung des Baugrundes zur Anwendung gelangen. Allerdings muss dabei beachtet werden, dass die Aktivitätskonzentrationen in der Bodenluft nicht nur saisonal sondern auch täglich/stündlich variieren; sowohl horizontal als auch vertikale Schwankungen aufgrund der Bodeneigenschaften sind zu erwarten (siehe Kap. 4 bzw. [25, 26].

Abhängig vom Bodentyp nähert sich die Radonkonzentration in Bodentiefen größer als 1 m bis 3 m einem Maximalwert [8]. Mit Ausnahme von hochpermeablen Sand- oder Kiesböden kann zunächst vereinfacht davon ausgegangen werden, dass ab 1 m Tiefe eine vernachlässigbare Beeinflussung durch meteorologischen Bedingungen vorliegt. Für Messungen im Bereich 0,8…1 m liegen Korrekturfaktoren in Abhängigkeit vom Boden vor [27].

Für die Ermittlung der Radonaktivitätskonzentrationen in der Bodenluft werden üblicherweise aktive Kurzzeitmessungen durchgeführt (Ionisationskammer, Halbleiterdetektoren oder Lucaszellen; Schema siehe Abb. 5.12); passive integrierende Verfahren werden eher nicht eingesetzt.

Vor Ort wird entweder eine Rammkernsondierung bis in etwa 1,10 m Tiefe (Durchmesser abhängig von der Sonde, meist zwischen 20…60 mm) für das Einbringen einer Packersonde (‚Schlauchsonde‘, siehe Abb. 5.13 und 5.14) oder eine Einschlagsonde (i.a. dünnes Stahlrohr mit verlorener Spitze, siehe Abb. 5.14) niedergebracht. Dabei ist zu beachte, dass alle Teile der Sonde abgedichtet sind bzw. ein Eindringen von Luft aus der Atmosphäre in die Messkammer vermieden wird. Grundsätzlich sind sowohl kontinuierliche Messungen als auch passive Probenahmen möglich. Im Rahmen kontinuierlicher Messungen ist ein etwa 10-minütiges Plateau anzustreben, welches einen etwa gleichbleibenden Messwert widerspiegelt. Sofern erforderlich, können Filter zur Zurückhaltung der Bodenfeuchte eingesetzt werden.

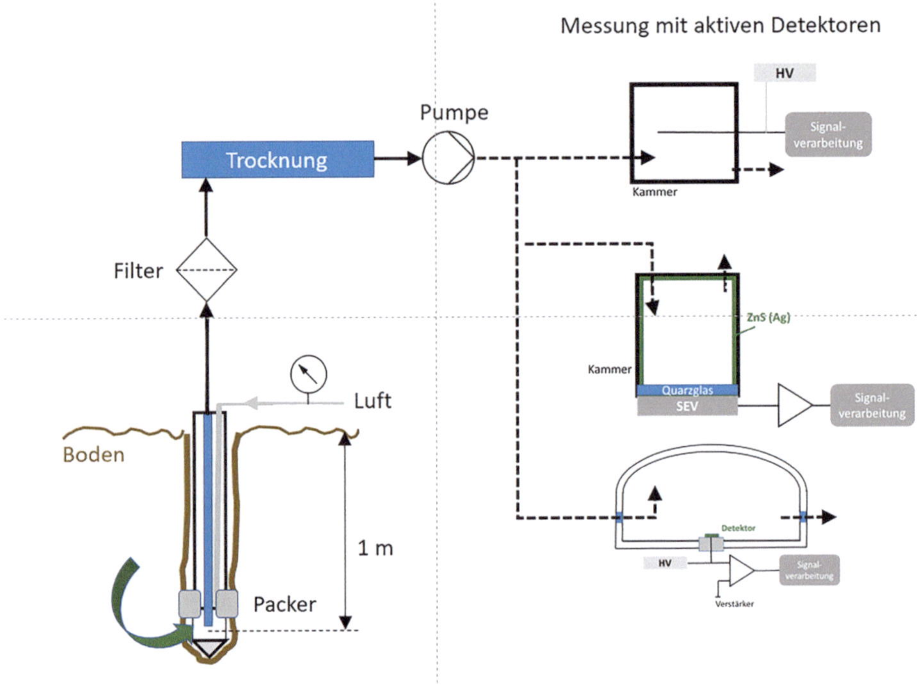

Abb. 5.12 Schema einer Bodenluftentnahme mittels Packersonde und Einsatz aktiver Messverfahren

Nachteile der einfach zu handhabenden Einschlagsonden sind fehlende Informationen über die Bodenbeschaffenheit sowie mögliche Vermischung mit atmosphärischer Luft bei sandigen Böden.

Aufgrund der auch bereits kleinräumig schwankenden bodenphysikalischen Eigenschaften werden mehrere verteilte Bohrproben empfohlen; der Maximalwert kann als repräsentativer Messwert herangezogen werden. Ausführliche Informationen sind in den Kap. 4 bzw. Abschn. 8.4 enthalten.

Hinweis: Im Geoportal des BfS [28] sind ortsbezogene Messwerte für Radon-222 in der Bodenluft aufgeführt – allerdings können diese Werte nur als eine erste grobe Orientierung dienen.

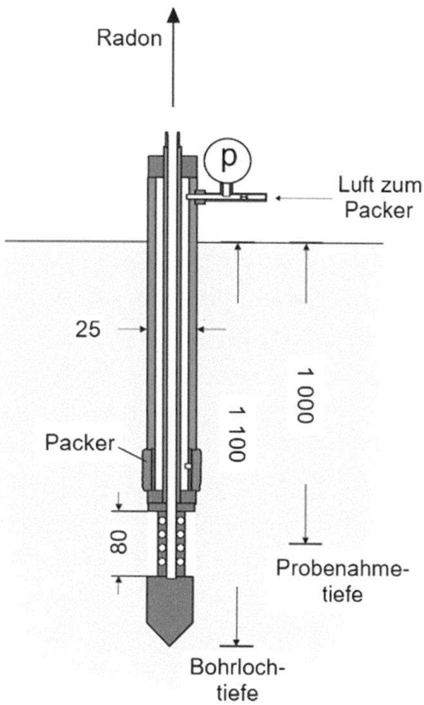

Abb. 5.13 Aufbau einer Packersonde (Abb. Kemski) (nicht maßstabsgerecht; Maße in mm)

5.6 Abschätzung von Bodenexhalationen

Zur Messung der Radonexhalationsraten auch von Baugrundstücken können Messverfahren mit einer Anreicherungsbox zum Einsatz kommen. Diese Box – zylinder- oder quaderförmig mit typischen Abmessungen im Bereich von etwa 50 bis 60 cm – wird auf die zu untersuchende Fläche aufgesetzt. Mit Boden (oder Lehm) erfolgt eine Abdichtung von außen; die natürliche Struktur des Untergrundes sollte nicht verändert werden. Verschiedene Möglichkeiten der Realisierung (Messgerät in / außerhalb der Box) sind in Abb. 5.15 dargestellt, weitere Informationen sind z. B. in [29, 30] enthalten.

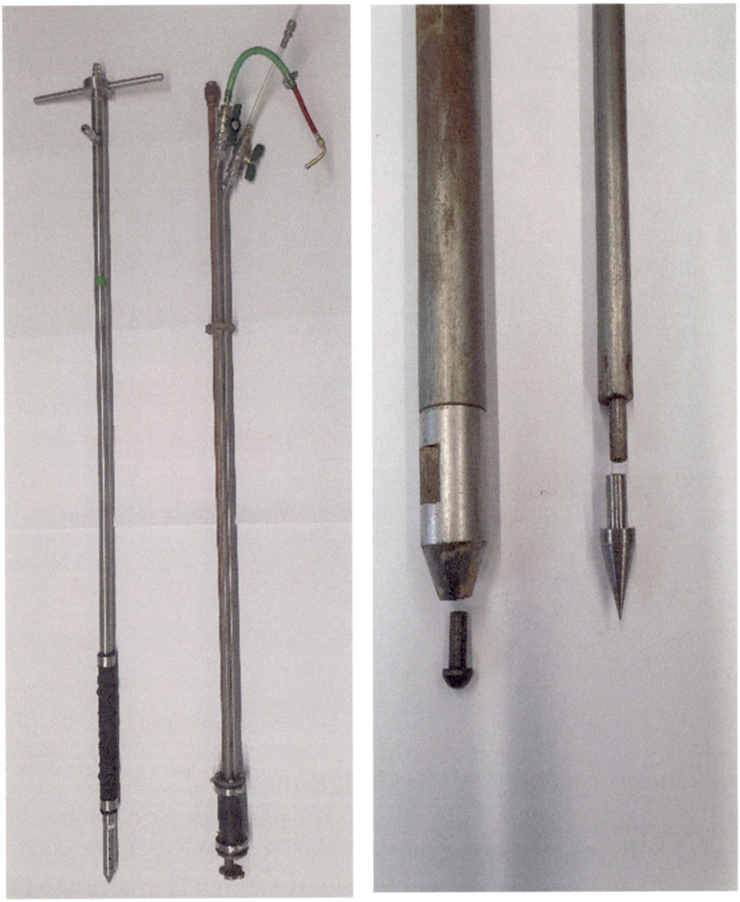

Abb. 5.14 Beispiele für Packersonden (links) bzw. Einschlagsonden mit verlorener Spitze (rechts)

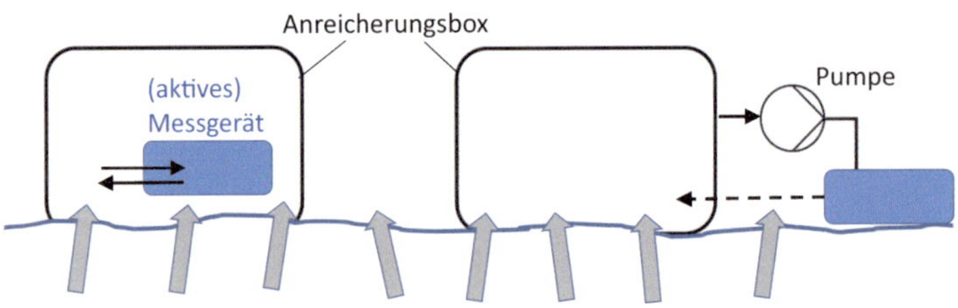

Abb. 5.15 Messung der Exhalationsrate aus Böden

Literatur

[1] „DIN EN ISO 11665-1:2020-02 VDE 0493-1-6651:2020-02„“ *Ermittlung der Radioaktivität in der Umwelt – Luft: Radon-222 – Teil 1: Radon und seine kurzlebigen Folgeprodukte: Quellen und Messverfahren (ISO 11665-1:2019),* Ausgabedatum 2020-02

[2] K. Gehrcke et.al., Natürliche Radioaktivität in Baumaterialien und die daraus resultierende Strahlenexposition, urn:nbn:de:0221-201210099810, BfS-SW-14/12, BfS 2002

[3] O. Jann et.al., Entwicklung einer praxisnahen Prüfmethode zur Bestimmung der Radon-Exhalation aus Bauprodukten, SBN 978-3-8167-8723-5, Fraunhofer IRB Verlag 2012

[4] Comparative Dosimetry of Radon in Mines and, NATIONAL ACADEMY PRESS, Washington, D.C. 1991, SBN: 0-309-57233-9

[5] G. Keller, B.. Hoffmann., The Radon Diffusion Length as a Criterion for the Radon Tightness., IRPA10, 2000

[6] Deutscher Bundestag, Unterrichtung durch die Bundesregierung: Umweltradioaktivität und Strahlenbelastung im Jahr 2017, Drucksache 19/18500, 20.04.2024

[7] DIN EN 61577-2 VDE 0493-1-10-2:2017-12, „Strahlenschutz-Messgeräte – Geräte für die Messung von Radon und Radon-Folgeprodukten“

[8] SSK, Leitfaden zur Messung vin Radon, Thoron und ihren Zerfallsprodukten, ISBN 3-437-21478-0, 2002, Veröffentlichungen der Strahlenschutzkommission, Band 47

[9] T. Beck, Verfahren zur Bestimmung der mittleren Radon-222-Aktivitätskonzentration mit Elektretdetektoren, Leitstelle für Fragen der Radioaktivitätsüberwachung bei erhöhter natürlicher Radioaktivität (ENORM): ISSN 1865-8725, K-Rn-222-LUFT-02, Version Mai 2008.

[10] B. Hoffmann, Experimentelle und theoretische Untersuchungen uber die Emanation und Migration von Radon in Baustoffen und Bauwerksabdichtungen, Dissertation Universität Saarbrücken 2004

[11] H. Lucas, Improved low level alphasintillation counter for radon, Rev. Sci. Instum. 28, 1957

[12] K. Brudecki et. al., Age-dependent inhalation doses to members of the public from indoor short-lived radon progeny, https://doi.org/10.1007/s00411-014-0543-8, Radiat Environ Biophys 2014 53(3):535–49

[13] O. Meisenberg et. al., Radon and thoron inhalation doses in dwellings with earthen architecture: Comparison of measurement methods, Sci. Total Environ. 579, 1855–1862 (2017)

[14] M. C. Melvier, H. Robe, Le radon de l'environment a l'homme, Collection Livre IPSN, EDP Sciences, 1999

[15] C. Rothe, Diplomarbeit, Hochschule Zittau-Görlitz,2020

[16] https://www.radonshop.com/mediafiles/Anleitungen/Radon/RadonTec_AlphaSniffer/RadonTec_AlphaSniffer_DatenblattDE.pdf, 24.04.2024

[17] https://www.sarad.de/product-detail.php?p_ID=20&cat_ID=1, 20.02.2024

[18] https://www.bertin-instruments.com/product/radon-professional-monitoring/radon-alphaguard/, 20.02.2024

[19] https://durridge.com/products/rad8-radon-monitor/, 24.04.2024

[20] DIN EN ISO 9972:2018-12, „Wärmetechnisches Verhalten von Gebäuden – Bestimmung der Luftdurchlässigkeit von Gebäuden – Differenzdruckverfahren,“ Ausgabedatum: 2018-12

[21] H. Schulz et. al., „Qualifizierung der Luftdichtheitsmessung an Gebäuden zur Prüfung der Radondichtheit neu errichteter Gebäude,“ BfS-RESFOR-145/19, 2019, urn:nbn:de:0221-201 9013117407, Ressortforschungsberichte zum Strahlenschutz, Vorhaben 3616S12241

[22] Th. Haumann, U. Münzenberg, „Radonmessungen im Unterdruckverfahren,“ B+B Bauen im Bestand 7.2017, Rudolf Müller Verlag

[23] BfS, „Radonhandbuch Deutschland, Stand 2019“

[24] Strahlenschutzverordnung vom 29. November 2018 (BGBl. I S. 2034, 2036; 2021 I S. 5261), die zuletzt durch Artikel 2 der Verordnung vom 17. April 2024 (BGBl. 2024 I Nr. 132) geändert worden ist

[25] J. Kemski et.al., Erarbeitung fachlicher Grundlagen zur Beurteilung der vergleichbarkeit unterschiedlicher Messmethoden zur Bestimmung der Radonbodenluftkonzentration, BfS Forschungsvorhaben 3609S10003, 2012, Band 2: Sachstandsbericht 'Radonmessungen in der Bodenluft- Einflussfaktoren, Messverfahren, Bewertung

[26] I. Barnet et.al., Radon in Geological Environment – Czech Experience, Czech Deological Survey, Prague, Vol.16, Czech Geological Survey Special Papers 16

[27] J. Kemski et.al., Transferfaktore für die Radonaktivitätskonzentration in der Bodenluft und der Wohnraumluft (Abschlussbericht zu den Forschungsvorhabene St.Sch. 4186 und 4187, Anhang 1, Schriftenreihe Reaktorsicherheit und Strahlenschutz, BMU-20002-598, 2002

[28] Geoportal des BfS, https://www.imis.bfs.de/geoportal, 20.04.2024

[29] H. Schulz et. al., Entwicklung einer Messmethodik zur Bestimmung der Radonquellstärke großer Flächen und Bewertung der Radondämmung von Abdeckschichten, BMU, 2003–622, Schriftenreihe Reaktorsicherheit und Strahlenschutz

[30] J. Regner, Messung der Rn-222-Exhalationsrate mittels Anreicherungsbox, https://www.fs-ev.org/fileadmin/user_upload/04_Arbeitsgruppen/07_Natuerliche_Radioaktivitaet/02_Dokumente/Stellungnahmen_Veroeffentlichungen/Radon/H_6_Messung_der_Radonexhalation_diskutierteEndfassung_140912.pdf (14/05/2022)

[31] L. e. Tommasino, The measurements of thoron radon and their decay products thanks to Pinocchio, Tengu and Trolls, Radiation Protection Dosimetry, 141(4), 340–345, 2010

[32] J. T. J. Irlinger, Bericht zum Forschungsvorhaben Untersuchung der Messmethoden und messtechnischen Eigenschaften von Messgeräten für Radon-220 (Thoron) und ihrer Eignung für den Einsatz in nationalen Erhebungsprogrammen, Laufzeit: 15.01.2015–15.06.2015, Helmholtz-Zentrum München, Deutsches Forschungszentrum für Gesundheit und Umwelt GmbH Institut für Strahlenschutz , Neuherberg

[33] Messgeräte zur Bestimmung der Radon-222-Aktivitätskonzentration oder der Radon-222-Exposition: Vergleichs- und Eignungsprüfung 2022, urn:nbn:de:0221-2023011135828, BfS-47/23

6 Quellen und Senken der Radonkonzentration in Räumen

6.1 Einführung und Gesamtbetrachtung

Die Radonkonzentration in der Raumluft wird von einer Reihe innerer und äußerer Einwirkungen beeinflusst, die sowohl verstärkend als auch absenkend wirken können. In der Bauphysik spricht man hier von Quellen und Senken. Da hinsichtlich der Radonkonzentration in der Raumluft vergleichbare physikalische Prozesse ablaufen, wird diese Begrifflichkeit für die Transportvorgänge von Radon übernommen.

Die Quellen und Senken können vereinfachend anhand eines Einraummodells beschrieben werden (Abb. 6.1). Das Modell zeigt, dass die Quellen außerhalb oder innerhalb des Gebäudes liegen können.

Radon in der Bodenluft ist die weitaus wichtigste Quelle für die Radonkonzentration in der Raumluft. Deshalb sind die Eindringmechanismen der Bodenluft ins Gebäude von überragender Bedeutung. Die Exhalation von Radon und weiteren radioaktiven Nukliden aus den Baustoffen spielt dagegen eine untergeordnete Rolle. Das gilt in noch größerem Maße für den Beitrag aus Wasser. Absenkende Prozesse sind der natürliche Zerfall von Radon sowie der Luftaustausch zwischen Innenräumen und Außenluft. Während der radioaktive Zerfall als physikalischer Prozess nicht beeinflusst werden kann, stellt der Luftaustausch, welcher über die Luftwechselrate beschrieben wird, eine wichtige Stellschraube für die Absenkung der Radonkonzentration in der Raumluft dar, da in der Regel die Radonkonzentration in der Außenluft deutlich geringer als im Gebäude ist.

Die folgende Übersicht fasst die Wertebereiche zusammen, die den Einfluss der verschiedenen Quellen auf die Radonkonzentration in Innenräumen von Gebäuden zeigen. Sie verdeutlichen den überragenden Einfluss der Radonquelle Bodenluft, zeigen aber auch, dass in seltenen Fällen Baumaterialien und Wasser sowie die Außenluft einen zu berücksichtigenden Beitrag für die Radonkonzentration in der Raumluft liefern können (Tab. 6.1).

W.-R. Uhlig et al., *Radongeschütztes Bauen,*
https://doi.org/10.1007/978-3-658-38115-8_6

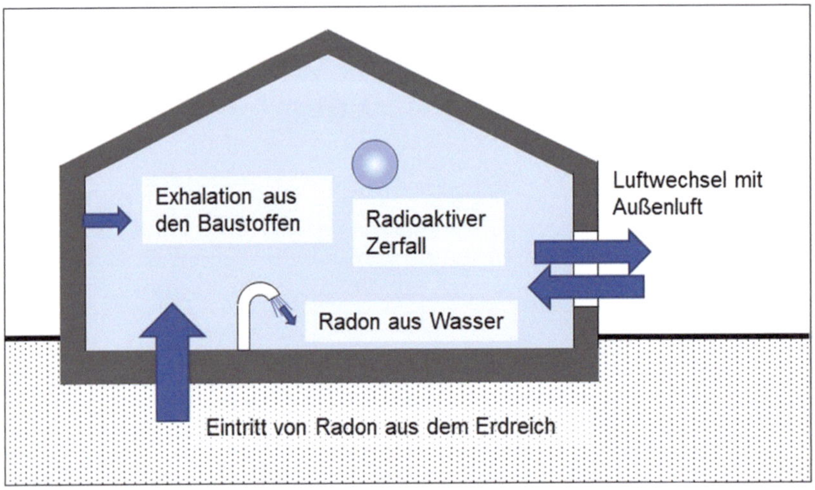

Abb. 6.1 Quellen und Senken der Radonkonzentration in Innenräumen; Darstellung anhand eines Einraummodells (Die Pfeilstärken verweisen auf die Bedeutung des jeweiligen Transportvorgangs)

Tab. 6.1 Wertebereiche für die Radonkonzentration in der Raumluft in Abhängigkeit von den verschiedenen Quellen. (nach [1])

Radonquelle	Radonkonzentration in Wohn- und Arbeitsräumen [Bq/m³]	
	üblicher Bereich	Maximum
Baugrund	**10 bis 2.000**	> 30.000
Baumaterial	**< 10 bis 70**	< 2.000
Umgebungsluft	**5 bis 30**	< 250
Wasser	**0 bis 10**	< 100

Erweitert man das Einraummodell hin zu einem Mehrzonenmodell – wobei in der Regel eine Zone mit einem Raum im Gebäude gleichzusetzen ist – entsteht ein gekoppeltes System für den Lufttransport und somit den Transport von Radon innerhalb des Gebäudes (Abb. 6.2).

Das Gesamtsystem basiert auf dem Erhaltungssatz der Luftströmungen in allen Räumen des Hauses (Formel 6.1), wobei q_i^{in} die in einen Raum einströmende Luft und q^{out} die entsprechend ausströmende Luft erfasst.

$$\sum_i q_i^{in} - \sum_j q_j^{out} = 0 \tag{6.1}$$

Gleichung (6.1) kann für das Gesamtsystem Haus mit den Formeln (6.2) und (6.3) weiterentwickelt werden, wobei hier $Q_{i'}^{in}$ und $Q_{j'}^{out}$ alle von außen (das heißt aus der Atmosphäre sowie aus dem Erdreich) ein- und austretenden Luftströme sowie T_k^{in} und T_l^{out} alle innerhalb des Hauses entstehenden Luftströme erfassen.

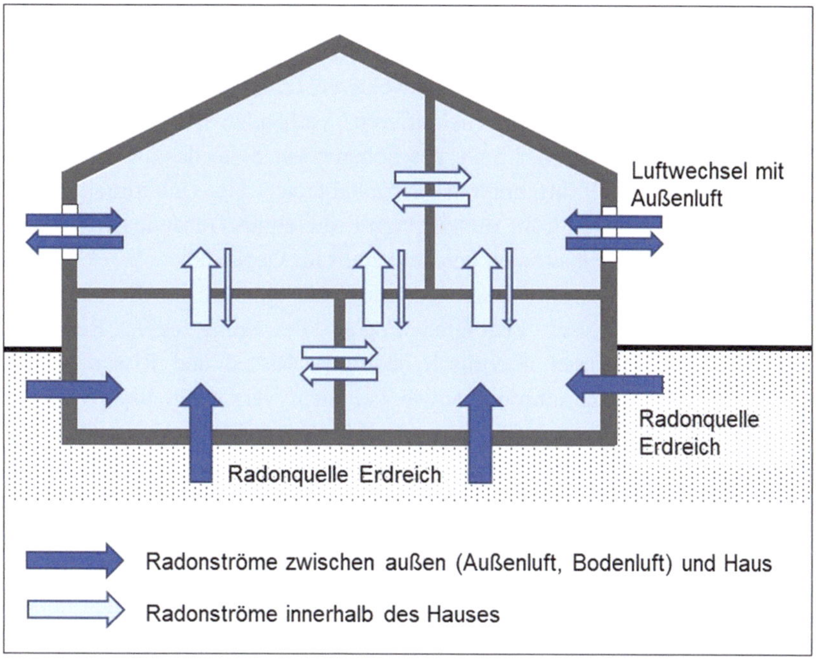

Abb. 6.2 Schematische Darstellung der Radonströme in einem Mehrzonenmodell eines Hauses

$$\sum_{i'} Q_{i'}^{in} - \sum_{j'} Q_{j'}^{out} = 0 \tag{6.2}$$

$$\sum_{k} T_{k}^{in} - \sum_{l} T_{l}^{out} = 0 \tag{6.3}$$

Über das Produkt von $Q_{i'}^{in} \cdot C_i$ bzw. $T_k^{in} \cdot C_k$ ergibt sich die Radonquellstärke, wobei mit $C_{i,}$ die Radonkonzentration im Erdreich bzw. der Außenluft sowie mit $C_{i,k}$ die Radonkonzentration in den Innenräumen bezeichnet wird.

6.2 Konvektion und Diffusion von radonhaltiger Bodenluft ins Gebäude

6.2.1 Einführung

Der Eintritt radonhaltiger Bodenluft ins Gebäude geschieht durch die erdberührte Gebäudehülle. Der Eintritt erfolgt dabei über konvektiven und diffusiven Transport, die erdberührte Gebäudehülle bildet die Radonbarriere gegen diese Transportwege.

Ein **konvektiver Transport** entsteht dann, wenn durch Undichtheiten in der erdberührten Gebäudehülle Luft (oder ein anderes gasförmiges Medium) strömen kann. Voraussetzung für die Entstehung eines konvektiven Luftstroms ist, dass zwischen beiden Seiten der Konstruktion eine Druckdifferenz vorhanden ist. Der konvektive Luftstrom führt dabei immer von der Seite des höheren zur Seite des niedrigeren Druckes (Abb. 6.3). Da tendenziell im unteren Gebäudebereich ein Unterdruck herrscht (s. Abb. 6.7) ist der konvektive Strom zumeist vom Erdreich ins Gebäude gerichtet und verursacht somit das direkte Einströmen von Bodenluft ins Gebäude.

Undichtheiten in der erdberührten Gebäudehülle können im Bereich von Bauteilanschlüssen, technologisch bedingten Fugen (Bewegungsfugen, Betonierfugen), Schwind- und Setzungsrissen, thermisch bedingten Rissen und Rissen infolge chemischen Quellens und Schrumpfens sowie bei nicht verklebten bzw. verschweißten Dichtungsbahnen und nicht luftdicht angeschlossenen Mediendurchführungen entstehen. Besonders in Bestandsgebäuden muss aufgrund fehlender oder nicht wirksamer Abdichtungen, infolge Materialverlust und -zerstörung sowie durch Risse immer mit Undichtheiten in der erdberührten Gebäudehülle gerechnet werden. Auf die hier summarisch genannten Ursachen von Undichtheiten in der Gebäudehülle wird im Zusammenhang mit der Vorstellung von Radonschutzmaßnahmen ausführlich in Abschn. 7 eingegangen.

Ein **diffusiver Strom** entsteht dann, wenn Konzentrationsunterschiede von Radon auf den beiden Seiten der erdberührten Gebäudehülle vorhanden sind. Da davon ausgegangen werden kann, dass die Radonkonzentration im Erdreich immer deutlich größer als im Gebäude ist, wird der diffusive Strom immer vom Erdreich ins Gebäude verlaufen (Abb. 6.4). Aufgabe des radonsicheren Bauens ist hier die Ausbildung der erdberührten Gebäudehülle als Diffusionsbarriere, durch die der Luftstrom so weit unterbunden wird, dass die Zielstellungen des baulichen Radonschutzes erfüllt werden.

In den folgenden Abschnitten werden die bei Konvektion und Diffusion wirkenden physikalischen Prozesse betrachtet, um daran anschließend die Bedeutung dieser beiden

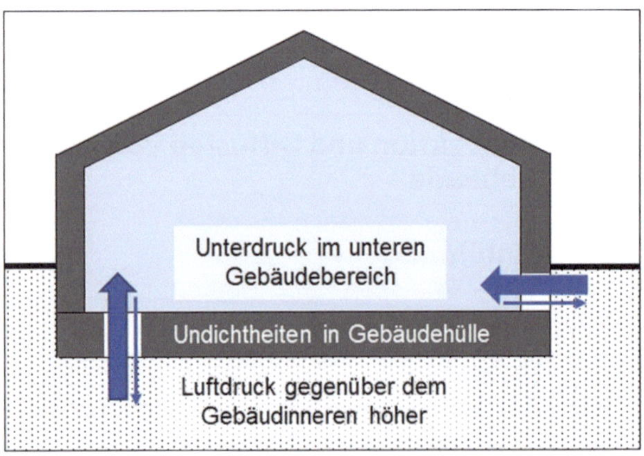

Abb. 6.3 Konvektiver Transport durch Leckagen in der erdberührten Gebäudehülle (die Pfeilstärke verdeutlicht Bedeutung der Transportrichtung)

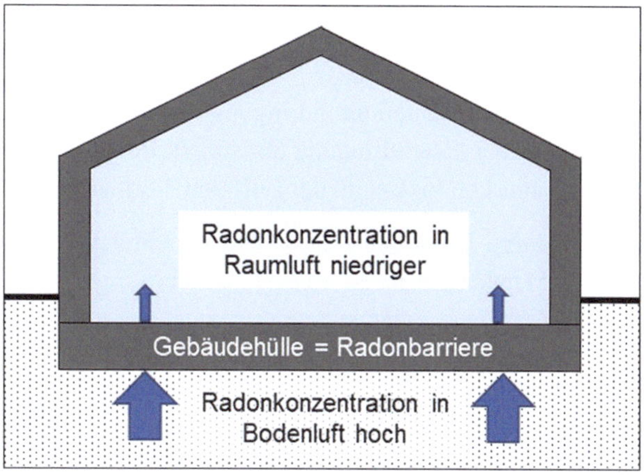

Abb. 6.4 Diffusion durch erdberührte Gebäudehülle

Wirkprinzipien für die Radonkonzentration in der Raumluft anhand von Berechnungsbeispielen zu verdeutlichen.

6.2.2 Konvektion

Die Quellstärke eines konvektiven Luftstroms ist von der Größe und Geometrie der Durchdringungen, der Druckdifferenz und der Radonkonzentration in der Bodenluft abhängig.

Der Volumenstrom kann für röhren- oder spaltförmige Durchdringungen unter Einführung vereinfachter Annahmen zur Geometrie für stationäre Druckverhältnisse zwischen Erdreich und Gebäudeinnerem nach Hagen-Poisseuille ermittelt werden. Der in den Formeln (6.4) bis (6.9) vorgestellte Berechnungsgang ermöglicht eine gute Abschätzung des durch Konvektion induzierten Radoneintritts ins Gebäude, allerdings werden sich in der Realität durch instationäre Druckverhältnisse sowie durch verschiedenste Geometrien sowie Wandungsoberflächen der Durchdringungen Abweichungen gegenüber der Berechnung nach Hagen-Poisseuille sowie zeitliche Schwankungen der Radonquellstärken ergeben. Die zeitlichen Schwankungen können unter Ansatz der partiellen Differenzialgleichung für die Entwicklung der Radonkonzentration in einem Raum, die in Abschn. 6.6 vorgestellt wird, berücksichtigt werden.

Für einen runden Querschnitt ergibt sich in der vereinfachten Betrachtung nach Hagen-Poisseuille der Volumenstrom $\dot{V}_{KR}$ in m^3/h nach Formel (6.4) mit:

$$\dot{V}_{KR} = \Delta p \cdot \frac{\pi}{128} \cdot \frac{d^4}{\eta \cdot d} \tag{6.4}$$

Hierbei ist:

Δp Druckdifferenz in Pa
d Radius der Bauteildurchdringung in m
d Länge der Durchdringung (entspricht Bauteildicke) in m
η dynamische Viskosität der Luft (bei Normalbedingungen 17,2 * 10^{-6} Pa s)

Sind mehrere Undichtheiten zu berücksichtigen, ergibt sich der Gesamtvolumenstrom nach (6.5) mit:

$$\dot{V}_{KRges} = \sum\nolimits_{n=1}^{i} \dot{V}_{KRi} \tag{6.5}$$

Für längliche Durchdringungen der erdberührten Gebäudehülle (Fugen, Risse) berechnet sich der Volumenstrom V_{KL} nach Formel (6.6) mit:

$$\dot{V}_{KL} = \Delta p \cdot \frac{b^3 \cdot l}{\eta \cdot d} \tag{6.6}$$

Hierbei ist:

l Länge des Risses / der Fuge in m
b Breite des Risses / der Fuge in m

Sind mehrere Fugen/Risse zu berücksichtigen werden diese nach Formel (6.7) summiert.

$$\dot{V}_{KLges} = \sum\nolimits_{i=1}^{n} \dot{V}_{KLi} \tag{6.7}$$

Für Kellerfenster und Kellertüren ist der konvektive Lufteintritt immer dann in die Berechnung einzubeziehen, wenn zu erwarten ist, dass in der vor dem Fenster vorhandenen Außenluft die Radonkonzentration über den Zielwerten für die Raumluft liegt. Diese Situation ergibt sich vor allem dann, wenn das Kellerfenster in einen Lichtschacht mündet, da dort aufgrund des eingeschränkten Luftaustauschs zumeist deutlich höhere Radonkonzentrationen vorliegen als in der freien Außenluft. Auch kann die Außenluft vor Fenstern, die unmittelbar über dem Erdreich enden, erhöhte Werte aufweisen. Auch wenn die Radonkonzentration vor Kellerfenstern häufig höhere Werte annimmt als in der freien Außenluft, werden diese Werte doch gleichzeitig deutlich niedriger liegen als die Radonkonzentration in der Bodenluft, weswegen eine getrennte Berücksichtigung in der Summenformel (6.9) eingeführt wird.

Nach [2] wird für Fenster/Türen der Volumenstrom $\dot{V}_{KF}$ wie folgt berechnet:

$$\dot{V}_{KF} = \left(\frac{\Delta_p}{100Pa}\right)^{\frac{2}{3}} \cdot l \cdot Q_{100} \tag{6.8}$$

Hierbei ist:

l Fugenlänge in m

Q_{100} Referenzluftdurchlässigkeit bei einem Prüfdruck von 100 Pa in m^3 /(h ·m), z. B. nach DIN EN 12207

Aus dem Volumenstrom sowie der Radonkonzentration in der Bodenluft bzw. der Außenluft vor Fenstern wird mit Formel (6.9) die Quellstärke infolge Konvektion Q_K in Bq/h errechnet.

$$Q_K = C_B \cdot \left(\dot{V}_{KRges} + \dot{V}_{KLges}\right) + C_A \cdot \dot{V}_{KFges} \tag{6.9}$$

Hierbei ist:

C_B Radonkonzentration in der Bodenluft in Bq/m ^{3}

C_A Radonkonzentration in der Außenluft vor Kellerfenstern in Bq/m ^{3}

Es wurde bereits darauf verwiesen, dass der konvektive Luftstrom immer vom höheren zum niedrigeren Druckniveau verläuft. Die Kenntnis zur Entstehung von Druckunterschieden in Gebäuden ist deshalb essenziell für die Beherrschung und Beeinflussung konvektiver Luftströme ins sowie innerhalb von Gebäuden. Dabei sind mit den angreifenden Windkräften sowie den Auftriebskräften zwei Wirkprinzipien zu beachten. Des Weiteren kann durch Anlagen der Gebäudetechnik (Ablufthauben, WC-Entlüftungsanlagen, Feuerungsstätten usw.) der Unterdruck im Gebäude verstärkt werden.

Der auf die Außenseiten eines Gebäudes einwirkende **Winddruck** führt zu Druckunterschieden, welche über Leckagen der Gebäudehülle (z. B. Tür- und Fensterfugen) einen Luftaustausch zwischen Außenluft und Raumluft bewirken. Dabei wird durch die auftreffenden Luftmassen ein Überdruck und damit eine Differenzdruck zwischen der äußeren und inneren Wandoberfläche erzeugt. Auf der vom Wind abgewandten Seite entsteht dagegen ein Unterdruck. Als Folge entstehen Ausgleichströmungen durch Undichtigkeiten, die wiederum zu Unter- oder Überdruck im Gebäude führen (s. Abb. 6.5).

Die Verteilung sowie Größe von Unter- oder Überdrucksituationen im Gebäude hängt von der Windgeschwindigkeit und Windrichtung, der Lage des Gebäudes (z. B. freistehend oder windgeschützt), der Gebäudeform sowie der Dichtheit der Außenhülle (hier insbesondere der Fenster und Türen) ab. Auf Grund der vielfältigen und instationären Einwirkungen ist eine Bestimmung der durch Windangriff verursachten Druckverhältnisse im Gebäude nur schwer möglich und kann allenfalls abgeschätzt werden. In DIN 18117-2 [4] ist hierzu ein Berechnungsansatz enthalten, bei dem auf der Basis mittlerer Winddruckbeiwerte für die Außenflächen des Gebäudes die Druckdifferenz bestimmt wird (Formel 6.10). Dabei überwiegen nach [4] Flächen mit Windsog, sodass sich tendenziell ein Unterdruck im Gebäude einstellt.

$$\Delta p = \frac{\rho}{2} \cdot v^2 \cdot c_p \tag{6.10}$$

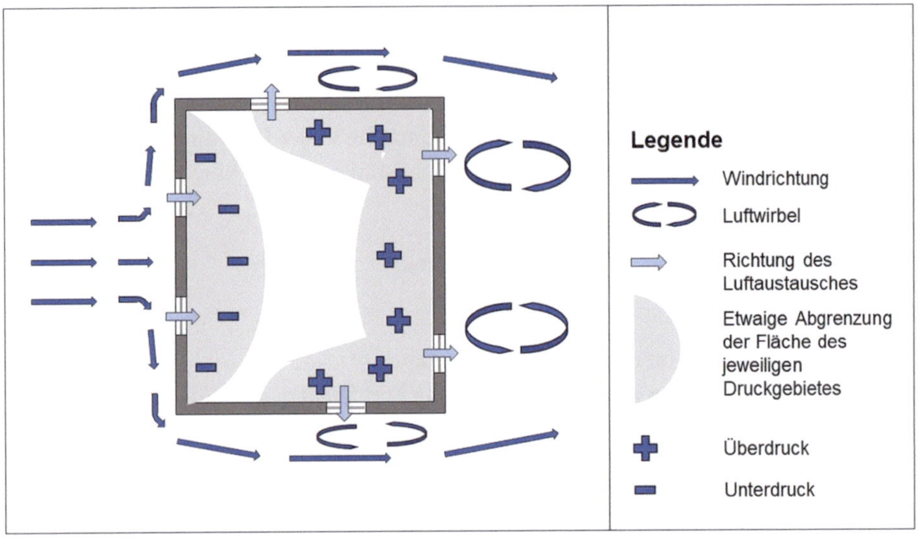

Abb. 6.5 Druckverhältnisse in einem Gebäude durch Windanströmung (nach [3])

mit:

Δp Druckdifferenz in Pa
P Dichte der Luft in kg/m^3 (ca. 1,2 kg/m^3)
v Windgeschwindigkeit in m/s
c_p mittlerer Winddruckbeiwert (ohne Einheit)

Die Ermittlung des durch Windangriff entstehenden Druckes im Gebäude ist für Räume interessant, die hinsichtlich des konvektiven Radoneintrittes aus dem Erdreich zu beachten sind. Meist sind das Keller- oder Erdgeschossräume. Zwar sind in erdnahen Gebäudebereichen die Windangriffskräfte zumeist gering bis nicht vorhanden (Kellerräume), die Räume können aber über einen Luftverbund an weitere Räume lufttechnisch angekoppelt sein.

Die **thermischen Luftbewegungen** im Gebäude werden durch Temperaturunterschiede zwischen Gebäudeinnerem und der Außenluft ausgelöst. Da warme Luft eine geringere Dichte als kalte Luft hat, wird immer dann, wenn im Gebäudeinnerem höhere Temperaturen gegenüber der Außenluft herrschen, ein Auftrieb vorhanden sein, der zu einem Unterdruck im unteren Gebäudebereich führt. Diese Situation liegt tendenziell in der kalten Jahreszeit vor, wogegen in der warmen Jahreszeit die Temperaturunterschiede deutlich geringen sind bzw. sich umkehren. Neben der Temperaturdifferenz ist die Druckdifferenz von der Höhe des verbundenen Luftraumes abhängig.

$$\Delta p = \Delta T \cdot h \cdot 0{,}04 \frac{Pa}{m \cdot K} \tag{6.11}$$

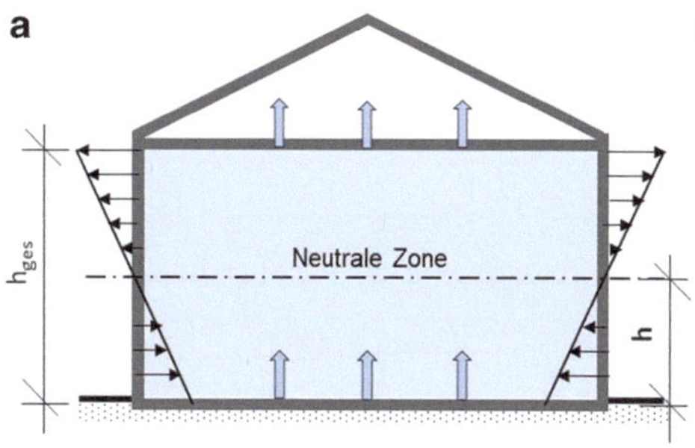

Abb. 6.6 Druckverteilung über die Gebäudehöhe; **a**: über die Gebäudehülle annähernd gleich verteilte Undichtheiten: $h \approx h_{Ges}/2$. **b**: starke Undichtheit im oberen Gebäudebereich (zum Beispiel offener Abluftkanal): $h > h_{Ges}/2$ bis $h = h_{Ges}$

mit:

ΔT	Temperaturdifferenz zwischen innen und außen in K
h	Höhe bis zur druckneutralen Zone in m

Die Höhe der druckneutralen Zone ergibt sich aus der Gesamthöhe h_{Ges} des Luftverbundes sowie aus den Undichtheiten in der Gebäudehülle. Sind diese über das Gebäude annähernd gleichmäßig verteilt, liegt die druckneutrale Zone in etwa der Hälfte der Gesamthöhe des Luftverbundes (Abb 6.6a). Sind dagegen im oberen Gebäudebereich größere Undichtheiten vorhanden – zum Beispiel in Form von Abluftschächten – wandert die Druckneutrale Zone mit dem Ergebnis weiter nach oben, dass sich der Unterdruck im unteren Gebäudebereich vergrößert (Abb. 6.6b). Liegen keine offensichtlichen Situationen gemäß Abb. 6.6b vor, wird für die Berechnung nach Formel (6.11) h mit $0{,}5 \cdot h_{Ges}$ angenommen.

In Abb. 6.7 ist das Ergebnis einer Luftdruckmessung im unteren Gebäudebereich wiedergegeben. Es stellt einen typischen Verlauf mit relativ großen Druckschwankungen, aber einer durchschnittlichen Unterdrucksituation dar. Das Beispiel gibt eine Messung aus dem Monat Februar wieder, der gemessene Unterdruck liegt hier durchschnittlich bei ca. 2,6 Pa. Im Sommerhalbjahr dürfte der Unterdruck geringer ausfallen, dafür ist bei sehr geringer Außentemperatur mit größeren Unterdruckwerten zu rechnen. Insofern stellt die hier durchgeführte Messung einen guten Mittelwert für das Messobjekt dar. Für eine überschlägliche Bestimmung der Radonquellstärke aus Konvektion wird zumeist keine Messung der Druckverhältnisse im Gebäude vorgenommen. Hier wird für ΔP üblicherweise 4 Pa angenommen. Dieser Ansatz ist für die winterliche Situation eine realistische Annahme.

Eine Abschätzung der Radon-Quellstärke aus Konvektion ist messtechnisch über die Anwendung des in der Baupraxis eingeführten R_{n50} Tests (Blower-Door-Test) nach Gleichung (6.12) für einen mittleren Unterdruck im Gebäude von 4 Pa möglich.

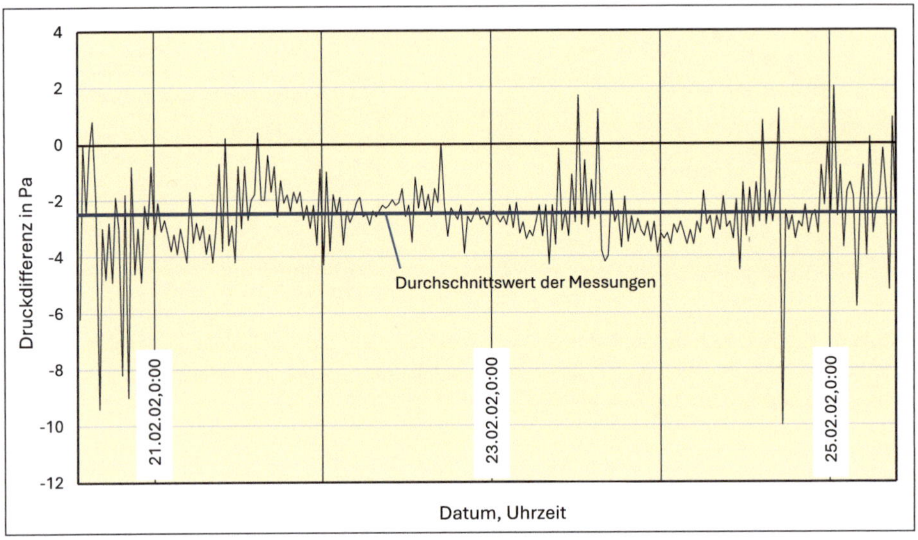

Abb. 6.7 Langzeitmessung des Differenzdrucks im Keller eines Gebäudes [nach 5]

$$Q_{Rn}(4Pa) \sim \frac{Q_{Rn}(50Pa)}{12{,}5} \tag{6.12}$$

6.2.3 Diffusion

Die Quellstärke Q_D infolge Diffusion lässt sich für stationäre Verhältnisse aus der Radonkonzentration in der Bodenluft und dem Diffusionswiderstand der erdberührten Gebäudehülle nach den Gleichungen (6.13) bis (6.16) berechnen. Soll der instationäre Zustand Berücksichtigung finden, wird auf die in Abschn. 6.6 vorgestellte Transportgleichung verwiesen.

$$Q_D = K_1 \cdot K_2 \cdot K_3 \cdot C_B \cdot \lambda_{Rn} \cdot \frac{V}{F} \cdot A_e \tag{6.13}$$

mit:

Q_D	Quellstärke aus Diffusion in Bq/h
K_1, K_2, K3	Reduktionsfaktoren der einzelnen Diffusionsbarrieren in %
C_B	Radonkonzentration in der Bodenluft in Bq/m ^{3}
λ_{Rn}	Zerfallskonstante in 1/h (0,00756· h^{-1})
V/F	Verhältnis von Raumvolumen zur Raumfläche in m^3/m^2
A_e	erdberührte Gebäudefläche in m^2

Für nur eine Schicht reduziert sich Gleichung (6.13) auf:

$$Q_D = K_1 \cdot C_B \cdot \lambda \cdot \frac{V}{F} \cdot A_e \tag{6.14}$$

Der Reduktionsfaktor der einzelnen Schichten berechnet sich nach den Gleichungen (6.15) und (6.16) mit:

$$K_i = 1/e^{\left(\frac{d}{R}\right)} \tag{6.15}$$

und

$$R = \sqrt{D/\lambda_{Rn}} \tag{6.16}$$

mit:

d Materialdicke in m
R Diffusionslänge in m
D Materialspezifischer Diffusionskoeffizient in m^2 /s
λ_{Rn} Zerfallskonstante von Radon in 1/h

In Deutschland hat sich für die Einschätzung des Diffusionswiderstandes von Konstruktionen und Schichten das Verfahren nach Keller und Hoffmann [6] durchgesetzt. Dieses geht davon aus, dass eine Konstruktion dann als diffusionshemmend bezeichnet werden kann, wenn die auf der Innenseite der Konstruktion ankommende Quellstärke maximal 5 % des Ausgangswertes vom Radonpotenzial im anstehenden Erdreich beträgt, d. h. eine mindestens 95 %-ige Reduktion durch die Diffusionshemmung vorhanden ist. Diese Bedingung ist nach Keller und Hoffmann dann eingehalten, wenn die Schichtdicke größer/gleich drei Mal der Diffusionslänge ist (Gleichung 6.17).

$$d \geq 3 \cdot R \tag{6.17}$$

Erfüllt eine Konstruktion oder Abdichtungsschicht das Kriterium nach Gleichung (6.17), kann nach [2] vereinfachend in Formel (6.14) K mit 5 % eingesetzt werden. Da aber in der Regel der nach Gleichung (6.15) ermittelte Reduktionsfaktor deutlich unter 5 % liegt, ergibt die so errechnete Quellstärke eine konservative Annahme, der tatsächliche Wert dürfte zumeist deutlich geringer ausfallen.

Beispielhaft sind in Tab. 6.2 für typische Wand- und Bodenbaustoffe sowie Abdichtungsmaterialien die nach Keller / Hoffmann berechneten Diffusionslängen sowie das dazugehörige Prüfkriterium zusammengestellt.

6.2.4 Vergleich des Radoneintrags ins Gebäude durch Konvektion und Diffusion

Die Konvektion von Bodenluft ins Gebäude ist die dominierende Ursache für eine erhöhte Radonkonzentration in der Raumluft. Immer dann, wenn über Undichtheiten in der Gebäudehülle Bodenluft einströmen kann, wird die Quellstärke aus Konvektion diejenige aus Diffusion deutlich übersteigen. Anhand von zwei Beispielrechnungen soll die große Bedeutung des konvektiven Einströmens von Bodenluft ins Gebäude verdeutlicht werden.

Tab. 6.2 Zusammenstellung von Ergebnissen für die Ermittlung des Kriteriums der Diffusionsbegrenzung nach Keller und Hoffmann

Materialgruppe	Konstruktion – Gruppe	Konstruktion – Spezifikation	Dicke	Diffusionskoeffizient	Diffusionslänge	Prüfkriterium	Kriterium erfüllt	Quelle
			d (mm)	D (m^2/s)	R (mm)	d/R > 3		
Beton	Betonplatte CEM I,	w/z 0,4	100	$3,6*10^{-9}$	42	2,38	nein	[6]
		w/z 0,6		$5,0*10^{-8}$	155	0,65	nein	
	Betonplatte CEM I,	w/z 0,4	200	$3,6*10^{-9}$	42	4,76	ja	
		w/z 0,6		$5,0*10^{-8}$	155	1,29	nein	
	Betonplatte CEM I,	w/z 0,4	300	$3,6*10^{-9}$	42	7,14	ja	
		w/z 0,6		$5,0*10^{-8}$	155	1,93	nein	
	Betonplatte CEM II,	w/z 0,4	200	$5,2*10^{-9}$	50	4,00	ja	
		w/z 0,6		$6,1*10^{-9}$	171	1,17	nein	
Wandbaustoffe	Kalksandstein		365	0,34	400	0,91	nein	[7]
	Mauerziegel		365	0,35	408	0,98	nein	
Abdichtungsmaterialien	Kunststoffdichtungsbahnen	PEHD-Folie	1,5	$8,2*10^{-14}$	0,20	7,58	ja	[6]
		PE-Folie	0,6	$3,32*10^{-12}$	1,26	0,47	nein	
		Radonfolie „RadonProtect Premium“	0,5	$4,40*10^{-14}$	0,14	3,61	ja	WIKA
	Bitumenbahn	Mit Gasvliesträger (G)	4	$1,8*10^{-7}$	0,23	21,20	ja	[7]
		VA-4	4	$2,0*10^{-14}$	0,3	13,30	ja	
	Bitumen-Dickbeschichtung		4	$2,52*10^{-7}$	0,35	11,50	ja	[7]
Beschichtungen	Kunststoffbeschichtung		1	$2,3*10^{-5}$	3,40	0,29	nein	[7]
	Spritzmörtel		24	$7,9*10^{-3}$	60	0,40	nein	
	Kunststoffdispersionsanstrich		1	$8,2*10^{-2}$	202	0,01	nein	

Im **ersten Beispiel** wird ein nach den aktuell anerkannten Regeln der Bautechnik errichtetes Gebäude betrachtet, bei dem aufgrund mangelhafter Bauausführung eine Leckage in der erdberührten Gebäudehülle einen konvektiven Luftstrom vom Erdreich ins Gebäudeinnere ermöglicht. Für das **zweite Beispiel** wird ein unsanierter Altbau betrachtet, dessen (ältere) Abdichtungen von Boden und Wand die Anforderungen an eine konvektions- und diffusionsdichte Gebäudehülle nicht erfüllen. Wie in Altbauten häufig anzutreffen, werden mehrere Undichtheiten in der Gebäudehülle für die Berechnung angenommen.

Annahmen für beide Beispiele:

Für beide Beispiele wird ein Kellerraum mit einer Grundfläche von 20 m^2 (5×4 m) und einer Raumhöhe von 2,80 m zugrunde gelegt, was ein Raumvolumen von 56 m^3 ergibt. Der Raum soll 1 m ins Erdreich eingebunden sein (Abb. 6.8).

Weitere Annahmen für die Beispielrechnungen:

- Radonkonzentration in der Bodenluft: 20.000 Bq/m^3
- Druckdifferenz (Unterdruck im Gebäude): 4 Pa

Diffusionskoeffizient und Diffusionslänge können für die gewählten Materialien aus Tab. 6.2 entnommen werden.

Alle Ergebnisse der Beispiele 1 und 2 werden auf 10-er-Werte gerundet angegeben.

Annahmen **für Beispiel 1**:
In Abb. 6.9 ist die für die Berechnung zugrunde gelegte konstruktive Lösung wiedergegeben. Alle für die Berechnung nicht relevanten Schichten (Dämm- und Schutzschichten, Fußbodenaufbau) sind in Abb. 6.9 nicht detailliert dargestellt. Sowohl Bodenplatte als auch tragende Wände sind aus Beton CEM 1, w/z-Faktor 0,4 ausgeführt, die Konstruktionsdicke beträgt für Bodenplatte und Wand 25 cm. Die Abdichtung von Wand und Bodenplatte besteht aus PEHD-Folie (Dicke 1,5 mm) mit $d/R = 7{,}58 > 3$.

Hinsichtlich der Leckagefläche in der erdberührten Gebäudehülle wird ein Spalt von 1 * 10 cm angenommen. Das kann zum Beispiel eine nicht ordnungsgemäß eingedichtete Rohrdurchführung sein.

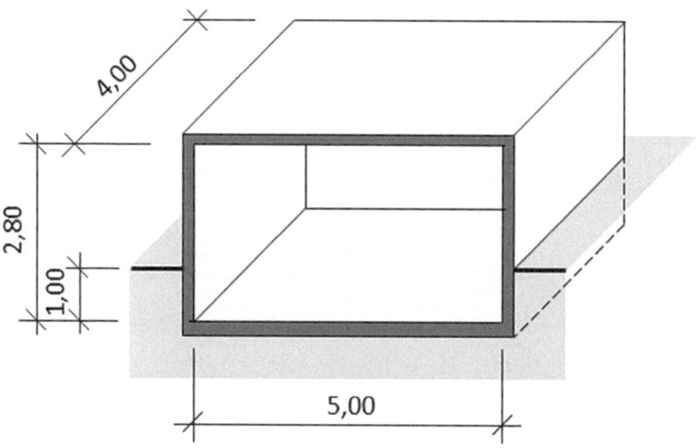

Abb. 6.8 Abmessungen des Modellraumes für die Beispielrechnungen

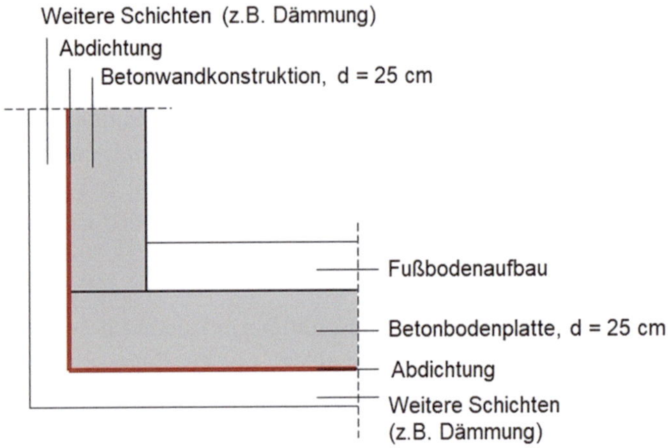

Abb. 6.9 Wand- und Bodenaufbau für Beispiel 1

Abb. 6.10 Wand- und Bodenaufbau für Beispiel 2

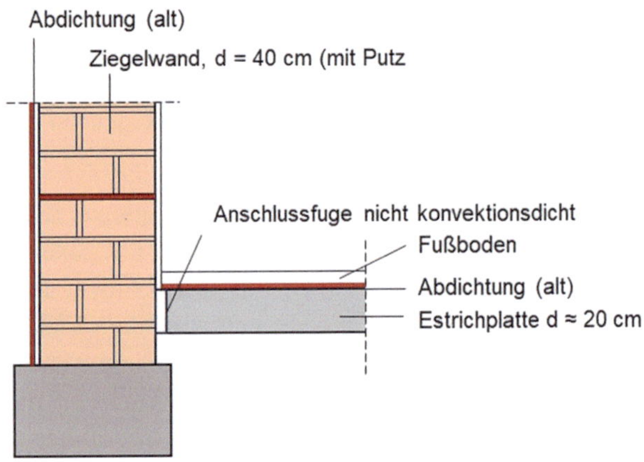

Die Berechnung in **Beispiel 1** ergibt für die Quellstärken aus Diffusion und Konvektion die folgenden Werte:

$\mathbf{Q_D = 250\ Bq/h}$

$\mathbf{Q_K = 1.860\ Bq/h}$ (Luftvolumenstrom $V_K = 0{,}09\ m^3/h$)

Verhältnis Betrag aus Diffusion zu Betrag aus Konvektion: 1: 7,4

Annahmen für **Beispiel 2:**
Der Aufbau von Bodenplatte und Wand kann Abb. 6.10 entnommen werden. Typisch für ältere Gebäude ist, dass häufig die Anschlussfuge zwischen Bodenplatte und Wand Undichtheiten aufweist. Für das Beispiel wird dieser Anschluss mit 50 % als offene Fuge und einer durchschnittlichen Fugenbreite von 4 mm angenommen (entspricht 36 cm^2 Leckagefläche) Zusätzlich werden für die erdberührten Wände insgesamt 10 cm^2 Leckage-

fläche erfasst. Des Weiteren wird ein Kellerlichtschacht mit einem einfachen Fenster in die Berechnung einbezogen. Für das Fenster wird die Durchlässigkeitsklasse 1 nach DIN 12207 und eine Fugenlänge von 0,5 m angenommen. Die Radonkonzentration in der Luft im Lichtschacht soll 1.000 Bq/m^3 betragen (entspricht 5 % der Radonkonzentration in der Bodenluft).

Die Berechnung in **Beispiel 2** ergibt für die Quellstärken aus Diffusion und Konvektion die folgenden Werte:

Q_D = 430 Bq/h

Q_K 10.680 Bh/h Der Wert setzt sich aus Q_k für Wand- und Bodenflächen mit 7.780 Bq/h sowie für das Kellerfenster mit 2.900 Bq/m^3 zusammen.
Der Luftvolumenstrom über die erdberührte Gebäudehülle beträgt für dieses Beispiel 0,39 m^3/h.

Verhältnis Betrag aus Diffusion zu Betrag aus Konvektion: 1: 24,8
Gegenüber Beispiel 1 ergibt sich für die Quellstärke aus Diffusion eine Erhöhung um 72 %, die Quellstärke aus Konvektion erhöht sich in Beispiel 2 gegenüber Beispiel 1 um den Faktor 5,7 (etwa 570 %).

Die beiden Beispiele verdeutlichen die überragende Bedeutung der Verhinderung konvektiver Luftströmung aus dem Erdreich ins Gebäude und zugleich den großen Unterschied in den Ergebnissen zwischen Gebäuden, die nach heutigem Baustandard abgedichtet sind und ungenügend abgedichteten Altbauten.

Ohne den in Beispiel 1 zur Konvektion führenden Baufehler fällt hier der Anteil Q_K in Höhe von 1.860 Bq/h weg. Vergleicht man die dann verbleibende Quellstärke in Beispiel 1 (250 Bq/h) mit der Quellstärke aus Beispiel 2 (11.110 Bq/h) ergibt sich zwischen beiden Werten ein Verhältnis von 1:44.

In Abschn. 6.6 werden die beiden Beispiele noch einmal aufgegriffen, um zu verdeutlichen, welchen Einfluss die hier errechneten Quellstärken auf die Radonkonzentration in der Raumluft haben können.

6.3 Strahlenexposition aus Baumaterialien

6.3.1 Einführung

Alle zur Herstellung von Baumaterialien verwendeten mineralischen Stoffe enthalten einen bestimmten Anteil an natürlicher Radioaktivität. Insbesondere sind hier Kalium 40 (Ka-40) sowie die Radionuklide der Uran-238 und Thorium-232-Zerfallsreihen zu berücksichtigen. Dabei werden für die Bewertung der Baustoffe neben Ka-40 Radium-226 (Ra-226) und Thorium-232 (Th-232) als Leitnuklide für die Strahlenexposition erfasst, wobei die Gamma-Ortsdosisleistung primär durch deren Töchter verursacht wird. Die hier genannten Radionuklide sind sowohl Ursache für eine (externe) Exposition durch Gammastrahlung als auch für die (interne) Exposition durch Radon-222 und seine Zerfallsprodukte (Radonexposition).

6.3.2 Radonexposition

Für die Abschätzung der baustoffbedingten Innenraumkonzentration von Radon-222 muss die aus den Baumaterialien abgegebene Radonmenge, die sogenannte Radonexhalationsrate Φ, bekannt sein. Diese beschreibt die auf Fläche und Zeit bezogene Abgabe von Radon aus den Baustoffen in die Raumluft und wird in $Bq/(m^2 \cdot h)$ angegeben. Aus der Exhalationsrate kann unter Berücksichtigung der konkreten Raumgeometrie, der Wand und Deckenflächen, welche für die Radonexhalation zu berücksichtigen sind, sowie der Luftwechselrate der tatsächliche Beitrag zur Radonkonzentration in der Raumluft bestimmt werden. Für eine allgemeine, d. h. nicht objektkonkrete, Abschätzung wird für diese Berechnung ein normierter Modellraum zugrunde gelegt.

Die Exhalationsrate Φ (in $Bq/(m^2 \cdot h)$ kann aus dem Emanationskoeffizienten, d. h. dem Anteil des im Material freigesetzten Radons, nach der folgenden Gleichung (6.18) ermittelt werden:

$$\phi = R \cdot \rho \cdot \lambda_{Rn} \cdot \varepsilon \cdot C_{Ra-226} \cdot \tanh\left(\frac{d}{2 \cdot R}\right) \tag{6.18}$$

Die einzelnen Glieder der Gleichung bedeuten:

R Diffusionslänge in m nach Gl. (6.16)
ρ Materialdichte in kg/m^3
λ_{Rn} Zerfallskonstante von Radon in 1/h
ε Emanationskoeffizient (dimensionslos)
C_{Ra-226} Radiumaktivitätskonzentration in Bq/kg

In der Regel spielt der Radonzerfall innerhalb des Materials keine Rolle, wodurch sich Gleichung (6.18) vereinfacht zu:

$$\phi = \rho \cdot \lambda_{Rn} \cdot \varepsilon \cdot C_{Ra-226} \cdot d/2 \tag{6.19}$$

Diese Vereinfachung gilt für den Großteil aller Baustoffe.

In Abb. 6.11 sind typische Wertebereiche für die Exhalationsraten von Baustoffen und Baukonstruktionen zusammengestellt. Für die Zusammenstellung wurde auf eine umfangreiche Literaturrecherche von Sell [8] sowie auf das Radonhandbuch Deutschland [1] zurückgegriffen. Die Werte zeigen für viele Gruppen große Streubereiche. Für Ziegel, Betonsteine sowie Gipskartonplatten hat Sell jeweils zwei Gruppen gebildet, die sich in der Literaturrecherche herauskristallisiert haben. Die innerhalb der Materialgruppen beobachteten graduellen Unterschiede beruhen auf den spezifischen R-226-Aktivitäten sowie der Oberflächenbeschaffenheit der Baustoffe. Vereinzelt können die Exhalationsraten deutlich über den hier zusammengestellten Wertebereichen liegen. So ist beispielsweise im Radon-Handbuch Deutschland ein Porenbeton mit Alaunschiefer aufgeführt, dessen Radon-Exhalationsrate mit 50 bis 200 $Bq/(m^2 * h)$ angegeben wird. Alaunschiefer

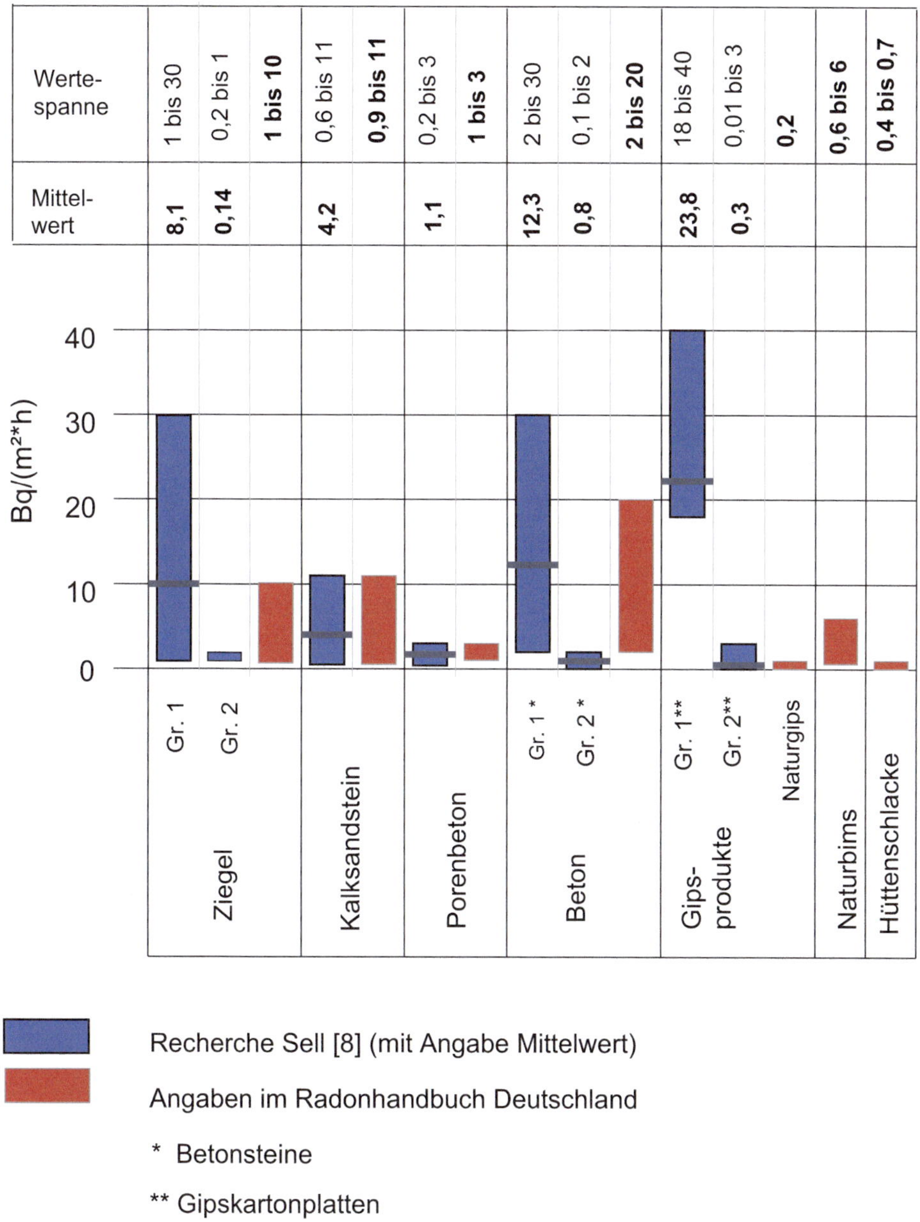

Abb. 6.11 Zusammenstellung typischer Wertebereiche der Exhalationsrate von Baustoffen

kommt vor allem im nordeuropäischen Raum zum Einsatz. In älteren Bestandsgebäuden (Gebäudekategorien C und D nach Abschn. 8.3.2) sind vereinzelt Materialien mit einer hohen Radon-Exposition verbaut worden, deren Exhalationsraten zum Teil deutlich über den in Abb. 6.11 zusammengestellten Werten liegen.

Aus der Exhalationsrate Φ kann die Quellstärke Q_M aus Baumaterialien in einem Raum nach Gleichung (6.20) bestimmt werden.

$$Q_M = A \cdot \Phi \tag{6.20}$$

A ist hierbei die gesamte betrachtete Innenfläche eines Raumes, für die die Exhalation bestimmt wird. Sind Flächen eines Raumes mit unterschiedlicher Exhalationsrate zu berücksichtigen ergibt sich die Quellstärke nach Gleichung (6.21) mit:

$$Q_M = \sum\nolimits_{i=1}^{n} A_i \cdot \Phi_i \tag{6.21}$$

Für eine allgemeine, d. h. von den geometrischen Raumverhältnissen unabhängige Einschätzung des zu erwartenden Eintrages von Radon aus Exhalation in die Raumluft ist ein Modellraum eingeführt worden. Für diesen existieren verschiedene Annahmen, wobei sich im Strahlenschutz der mit RP 96 [9] und RP 112 [10] durch die Europäische Kommission eingeführte Modellraum weitestgehend durchgesetzt hat. Dieser hat die Raumabmessungen von 5 × 4 m (Grundfläche) × 2,8 m (Raumhöhe), was einem Raumvolumen von 56 m^3 entspricht. Für die Luftwechselrate sind in [9] und [10] keine Vorgaben enthalten. Üblicherweise wird für die Berechnungen eine Luftwechselrate von 0,5 h^{-1} angenommen. Mit diesen Annahmen kann nach Gleichung (6.22) eine standardisierte Radonkonzentration in einem Raum als Vergleichswert zwischen verschiedenen Baustoffen ermittelt werden.

$$C_M = \frac{A \cdot \Phi}{V \cdot v} \tag{6.22}$$

mit:

A gesamte innere Wandflächen in m^2
V Raumvolumen in m^3 und
v Luftwechselrate in h^{-1}

Auf der Basis der Berechnung nach Gleichung (6.22) können für unterschiedliche Baustoffgruppen Wertebereiche des Beitrags zur Radonkonzentrationen in der Raumluft aus Exhalation ermittelt werden. Für typische Baustoffe sind diese in Tab. 6.3 zusammengefasst.

Diese Zusammenstellung zeigt, dass – mit Ausnahme weniger Materialien – der Beitrag aus Baustoffen zur Radonexposition in der Raumluft gering bis vernachlässigbar ist.

6.3.3 Externe Strahlenexposition

Für die Abschätzung der externen Strahlenexposition ist in der EU-Empfehlung Radiation Protection 112 (European Commission 2000) ein sogenannter Indexwert I eingeführt worden, welcher für eine standardisierte Abschätzung des Strahlungsrisikos

Tab. 6.3 Beitrags ausgewählter Baustoffe zur Radonkonzentration in Räumen auf der Grundlage des Modellraumes

Produkte / Baustoffe	Wertebereich	Quelle
	Bq/m³	
Fließen, Gipsprodukte, Kalksandstein, Putze/ Mörtel, Estriche, Porenbeton	**0 bis 4 Bq/m³**	[11]
Ziegel	**1 bis 14 Bq/m³**	[11]
Zement, Leichtbeton, Beton	**1 bis 14 Bq/m³**	[11]
Beton und Porenbeton	**3,2 bis 3,5 Bq/m³**	[1]
Sandstein	**3,2 Bq/m³**	[11]
Porphyr	**10,6 Bq/m³**	[11]
Hüttenschlacke	**1,9 Bq/m³**	[1]
Naturbims	**4,8 Bq/m³**	[1]
Naturgips	**0,6 Bq/m³**	[1]
Chemiegips, Phosphorit	**77,6 Bq/m³**	[1]

durch Gammastrahlung herangezogen wird. In dieser Berechnung bilden die Nuklidkonzentrationen von Ra-226, Th-232 sowie K-40 die Grundlage der Abschätzung, wobei hierbei für die verschiedenen Materialien jeweils ein Streubereich der Werte zu berücksichtigen ist. Weitere Randbedingungen, die dem Berechnungsmodell gem. Formel (6.23) zugrunde liegen, sowie Grenzen des Verfahrens sind u. a. in [11] beschrieben.

$$I = \frac{C_{Ra}}{300\ Bq/kg} + \frac{C_{Th}}{200\ Bq/kg} + \frac{C_K}{3000\ Bq/kg} \leq 1 \tag{6.23}$$

Mit C werden die spezifischen Aktivitäten der einzelnen Radionuklide Ra, Th und K in Bq/kg bezeichnet. Wird die Ungleichung mit $I \leq 1$ erfüllt, kann davon ausgegangen werden, dass der Einsatz dieser Baumaterialien zu einer Dosis kleiner 1 mSv/a führt. In RP 112 [10] sind zwei Dosisbereiche eingeführt worden mit:

- $I \leq 0{,}5$ (entspricht einer Dosis < 0,3 mSv/a): Ausschlusskriterium, keine weiteren Kontrollen erforderlich
- $I \leq 1{,}0$ (entspricht einer Dosis von 0,3 bis 1 mSv/a): Dosiskriterium, weitere Kontrollen erforderlich

Für nur partiell in Räumen verwendete Wandbildner (z. B. Fliesen, Fußbodenplatten usw.) wird nach RP 112 mit $I \leq 2$ ein höherer Indexwert zugelassen.

In Tab. 6.4 sind die Werte der Aktivitäten für die drei Nuklide, jeweils mit dem minimalen, mittleren und maximalen Wert für verschiedene Natursteine, Massenbaustoffe und einige „Exoten“ zusammengestellt. Daran anschließend wird für die in Tab. 6.4. aufgeführten

Tab. 6.4 Zusammenstellung der Radionuklide in ausgewählten Baustoffen und Baumaterialien (nach [12])

Material	C_{Ra}			C_{Th}			C_K		
	von	**mittel**	bis	von	**mittel**	bis	von	**mittel**	bis
Granit	30	**100**	500	17	**120**	311	600	**1.000**	4.000
Gneis	50	**75**	157	22	**43**	50	830	**900**	1500
Diabas	10	**16**	25	9	**12**	29	100	**170**	210
Basalt	6	**26**	36	9	**29**	37	190	**270**	380
Tuff, Bims	20	**100**	200	30	**100**	300	500	**1.000**	2.000
Kies, Sand	1	**15**	39	1	**16**	64	3	**380**	1200
Ton, Lehm	20	**40**	200	18	**60**	200	300	**1.000**	2.000
Ziegel, Klinker	10	**50**	200	12	**52**	200	100	**700**	2.000
Kalksandstein, Porenbeton	5	**15**	80	1	**10**	60	40	**200**	800
Beton	7	**30**	92	4	**23**	71	50	**450**	1.300
Kupferschlacke	860	**1.500**	2.100	18	**48**	78	300	**520**	730
Gips aus Rauchgasentschwefelung		**20**			**20**			**20**	
Braunkohlefilterasche	4	**82**	200	6	**51**	150	12	**147**	610

Materialien der Indexwert I, wiederum mit Minimal-, Mittel- und Maximalwert in Tab. 6.5 wiedergegeben. Dort sind Werte über 0,5 sowie 1,0 farblich hervorgehoben.

Ein weiterer Berechnungsansatz zur Ermittlung des Indexwertes ist in Anlage 17 der Strahlenschutzverordnung aufgenommen worden. Er berücksichtigt den Einfluss der Baustoffdichte auf den Indexwert und wird nach Formel (6.24) berechnet.

$$I = \begin{bmatrix} \left[281 + 16{,}3\rho \cdot d - 0{,}0161(\rho \cdot d)^2\right] \cdot C_{Ra226} \\ +\left[319 + 18{,}5\rho \cdot d - 0{,}0178(\rho \cdot d)^2\right] \cdot C_{Th232} \\ +\left[22{,}3 + 1{,}28\rho \cdot d - 0{,}00114(\rho \cdot d)^2\right] \cdot C_{K40} \end{bmatrix} \cdot 10^{-6} - 0{,}29 \tag{6.24}$$

Dabei ist ρ die Baustoffdichte (in kg/m^3) und d die Bauteildicke (in m). Überschreitet ρ · d den Wert von 500 kg/m^2 so ist dieses Produkt mit 500 kg/m^2 in die Formel einzusetzen. Für Dünnschichtmaterialien, also Baustoffe mit einer Dicke von bis zu 0,03 Meter, die nur in Kombination mit einer sie stützenden oder sie tragenden den Raum begrenzenden Oberfläche – Wand, Decke, Boden – verwendet werden (zum Beispiel Fliesen), ist zur Berücksichtigung der dahinterliegenden Oberfläche ein Beitrag von 0,48 zum Index zu addieren. Der Referenzwert in Höhe von 1 Millisievert pro Jahr gilt als eingehalten, wenn der Aktivitätsindex I den Wert 1 nicht überschreitet.

Tab. 6.5 Zusammenstellung des Aktivitätsindex für die in Tab. 6.4 erfassten Baustoffe und Baumaterialien (nach [12])

Gruppe	Material	Aktivitätsindex I		
		Minimum	**mittel**	Maximum
Naturbaustoffe	Granit	0,39	**1,27**	4,56
	Gneis	0,55	**0,77**	1,27
	Diabas	0,09	**0,15**	0,21
	Basalt	0,13	**0,32**	0,43
	Tuff, Bims	0,38	**1,17**	2,83
	Kies, Sand	0,01	**0,26**	0,85
	Ton, Lehm	0,26	**0,77**	2,33
Massenbaustoffe	Ziegel, Klinker	0,13	**0,66**	2,33
	Kalksandstein, Porenbeton	0,04	**0,17**	0,83
	Beton	0,06	**0,37**	1,10
Sonstige Baustoffe	Kupferschlacke	3,06	**5,41**	7,63
	Gips aus Rauchgasentschwefelung		**0,17**	
	Braunkohlefilterasche	0,05	**0,58**	1,62

6.3.4 Gesamtbetrachtung und Bewertung

Baumaterialien können zur Exposition der Bewohner durch Gamma-Strahlung beitragen. Insbesondere sind hier Betonbestandteile sowie gebrannte Ziegel zu nennen, die einen hohen Anteil an natürlich vorkommenden radioaktiven Materialien enthalten können, während durch andere Massenbaustoffe geringere Belastungen zu erwarten sind. Dagegen geht von den aktuell im Bauen eingesetzten Massenbaustoffen (Beton, Ziegel, Porenbeton, Kalksandstein, Putze und Mörtel) im Allgemeinen kein Risiko für die Überschreitung des Referenzwertes der Radonkonzentration in der Raumluft aus. Ihr Beitrag liegt nach [12] bei maximal 70 Bq/m^3, für aktuell im Bauen eingesetzte Bauprodukte deutlich unter 20 Bq/m^3. Vereinzelt werden höhere Konzentrationen gemessen, wenn Zuschläge aus Industrierückständen zum Einsatz kommen, sehr selten auch beim Einsatz von Natursteinen mit erhöhter spezifischer Aktivität von Radium-222. In Bergbaugebieten sind in Altbauten häufig Abraummaterialien oder Reststoffe der Erzverarbeitung mit erhöhter Radiumkonzentration als Zuschlagsstoffe im Mörtel und Beton, als Füllmaterial (z. B. in Holzbalkendecken oder in Fundamenten) eingesetzt worden, die zu einem erhöhten Radoneintrag in die Raumluft führen können.

Insgesamt kann eingeschätzt werden, dass die Reduzierung der externen Exposition von Gamma-Strahlung aus den Baumaterialien im Vordergrund der in Abschn. 7.6 vorgestellten Lösungen steht, da die interne Exposition durch Rn-227 zumeist keine Rolle spielt.

Tab. 6.6 Prozentualer Anteil der Radonemission aus Hauswasser in Abhängigkeit von der Verwendung des Wassers. (nach [15])

Wasseranwendung	Radonemission in die Raumluft in %
Duschen	60–70
Bad (allgemein)	30–50
WC	30
Wäschewaschen	90–95
Geschirrspülen	95
Trinkwasser	10–45

6.4 Radonexposition aus Wasser

Der Einfluss von Wasser auf die Strahlenexposition ist bis auf seltene Ausnahmesituationen vernachlässigbar. Nach [13] beträgt in Deutschland die mittlere Dosis für Erwachsene 0,009 mSv/a, was ein verschwindend geringer Anteil an der durchschnittlichen Gesamtdosis der natürlichen Strahlung, welche 2,1 mSv/a beträgt, ist. Ähnliche Ergebnisse hat eine Untersuchung aus Österreich [14] erbracht. Danach lag für den Untersuchungsbereich die effektive Dosis aus Leitungswasser in 99,9 % aller Fälle unterhalb einer Dosis von 0,025 mSv/a. Zu einer erhöhten Exposition kann es dann kommen, wenn Wasser direkt aus einem Brunnen entnommen wird und dort gleichzeitig eine hohe Radonbelastung im Erdreich vorhanden ist.

Die Quellstärke Q_W kann auf der Basis der vorhandenen Radonexposition des verwendeten Wassers mit Formel (6.25) bestimmt werden.

$$Q_W = \frac{C_W}{24} \cdot \sum_i e_i \cdot W_i \tag{6.25}$$

mit:

C_W Radonkonzentration im Wasser in Bq/m ^{3}
W_i Wasservolumen in m^3 /Tag
e_i Anteil des Radons, das nach [15] in die Innenluft übergeht (s. Tab. 6.6)

Aus der Quellstärke kann der spezifische Radoneintrag in die Raumluft nach Formel (6.26) berechnet werden.

$$C_W = \frac{Q_W}{(\lambda_{Rn} + n) \cdot V} \tag{6.26}$$

6.5 Absenkung der Radonkonzentration in der Raumluft durch Luftwechsel sowie den radioaktiven Zerfall

6.5.1 Allgemeines

Der Luftwechsel zwischen Außen- und Raumluft hat einen entscheidenden Einfluss auf die Radonkonzentration in der Raumluft. Er wird mit der Luftwechselrate beschrieben, welche die stündliche Rate des Luftaustauschs zwischen Innen- und Außenluft beschreibt und in 1/h angegeben wird. Eine Luftwechselrate von 1 bedeutet, dass die Luft eines Raumes 1-mal pro Stunde komplett ausgetauscht wird. Der Luftwechsel kann sowohl über freie als auch ventilatorgestützte Lüftung erreicht werden. Die hierbei eingesetzten Systemlösungen werden einschließlich ihrer Vor- und Nachteile sowie Besonderheiten und Einsatzgrenzen in Abschn. 7.8 beschrieben. In diesem Abschnitt wird auf den Einfluss des Luftwechsels auf die Radonkonzentration in der Raumluft eingegangen, unabhängig von der angewendeten Lüftungslösung. Bei freier Lüftung spielen die Druckverhältnisse zwischen Gebäude und Außenluft eine große Rolle. Hierauf wurde bereits in Abschn. 6.2.2 im Zusammenhang mit den Erläuterungen zur Konvektion eingegangen.

Der radioaktive Zerfall wird als konstante Größe über die Radonzerfallskonstante in die Berechnungen einbezogen.

6.5.2 Luftwechselrate

Die Luftwechselrate spielt eine große Rolle in der Baupraxis. Einerseits soll diese aus energetischer Sicht möglichst gering sein, andererseits ist eine ausreichend hohe Luftwechselrate für den Feuchte- sowie Gesundheitsschutz unerlässlich. In der Bauphysik wird häufig von einer Luftwechselrate 0,5/h als ein Wert ausgegangen, bei dem Feuchteschäden mit hoher Sicherheit vermieden werden können. Allerdings reicht diese Luftwechselrate nicht immer aus, um die Schadstoffbelastung in der Luft auf das zulässige Maß zu begrenzen. Dem steht entgegen, dass in neuen Gebäuden mit einem hohen energetischen Standard die Luftwechselrate in der Regel deutlich unterhalb des Wertes von 0,5/h liegt. Die hier nur kurz angerissene Problematik wird im Abschn. 7.8 im Zusammenhang mit der Vorstellung der technischen Lösungen für die Gebäudelüftung detailliert dargestellt.

Auch für die sichere Reduzierung des Radongehaltes in der Raumluft wird meist der Wert von 0,5/h herangezogen. Die folgenden Ausführungen zeigen, dass man damit in den weitaus meisten Anwendungsfälle die Ziele des Radonschutzes gut erreichen kann.

In Bestandsgebäuden hat die experimentelle Ermittlung der Luftwechselrate als Grundlage für die Planung und Auslegung von Radonschutzmaßnahmen eine große Bedeutung. Für eine Abschätzung der Luftwechselrate kann das in der Baupraxis eingeführte **Differenzdruckverfahren** (Blower-Door-Test) in angepasster Form eingesetzt werden, bei dem der in einen Raum ein- oder austretende Luftvolumenstrom bei einem definierten Differenzdruck von 50 Pa gemessen wird. Die Luftwechselrate n_{50} ergibt sich dann nach Gleichung (6.27) mit:

$$n_{50} = \frac{Q}{V} \tag{6.27}$$

Q ist hier der gemessene Luftvolumenstrom in m^3/h, V das Raumvolumen in m^3. Diese ermittelte Luftwechselrate muss auf eine Luftwechselrate bei natürlichen Bedingungen umgerechnet werden. Hierfür gibt Sherman [16] den folgenden überschläglichen Zusammenhang an:

$$n_{inf} = e \cdot n_{50} \approx 0{,}05 \cdot n_{50} \tag{6.28}$$

mit

n_{inf} Infiltrationsluftwechsel in 1/h
e Abschirmungskoeffizient

Nach DIN EN ISO 13789 [17] beträgt der Abschirmungskoeffizient in Abhängigkeit vom Auslegungsdifferenzdruck zwischen 0,04 und 0,1, ist also tendenziell höher als bei Shermann angegeben.

Für eine exakte Bestimmung der Luftwechselrate ist der Einsatz von Tracergasen ein bewährtes in situ-Verfahren. Hierzu werden in DIN ISO 16000-8 [18] insgesamt vier Verfahren beschrieben. In der Praxis hat sich nach [19] das Abklingverfahren als besonders einfach in der Handhabung erwiesen. Dabei wird eine genau definierte Menge von Tracergas in einen Raum injiziert und dort gleichmäßig verteilt. Anschließend wird zeitabhängig die Konzentration des Gases in der Raumluft gemessen. Als Tracergase eignen sich CO_2, N_2O und SF_6.

6.5.3 Ermittlung der Radonkonzentration in der Raumluft aus Quellstärke sowie Luftwechsel und radioaktivem Zerfall

Die Radonkonzentration in der Raumluft C_i kann unter Berücksichtigung der in den Raum wirkenden Radonquellstärken sowie den absenkenden Einflüssen aus Luftwechsel und Radonzerfall nach Gleichung (6.29) berechnet werden.

$$C_i = \frac{Q_K + Q_D + Q_M + Q_W + Q_S}{V \cdot (n + \lambda_{Rn})} + C_A \tag{6.29}$$

mit:

Q_K Quellstärke aus Konvektion nach Gleichung (6.9) in Bq/h
Q_D Quellstärke aus Diffusion nach Gleichung (6.13) bzw. (6.14) in Bq/h
Q_M Quellstärke aus Baumaterialien nach Gleichung (6.20) bzw. (6.21) in Bq/h
Q_W Quellstärke aus Wasser in Bq/h nach Gleichung (6.25)
Q_S sonstige Quellstärken in Bq/h
V Raumvolumen in m^3
n Raumluftwechsel in 1/h
λ_{Rn} Radonzerfallskonstante in 1/h
C_A Radonkonzentration in der Außenluft

Sonstige Quellen für den Eintrag in die Raumluft können zum Beispiel aus der Nutzung von Erdgas entstehen. Diese haben – ebenso wie die Quellstärke aus Wasser – im Regelfalle nur sehr geringen bis keinen Einfluss auf die Radonkonzentration in der Raumluft, weswegen diese beiden Thermen bei der rechnerischen Abschätzung in der Regel unberücksichtigt bleiben können. Danach ergibt sich C_i nach Gleichung (6.30) mit:

$$C_i = \frac{Q_K + Q_D + Q_M}{V \cdot (n + \lambda_{Rn})} + C_A \tag{6.30}$$

Für eine überschlägliche Betrachtung kann des Weiteren auf die Berücksichtigung des Einflusses aus dem Radonzerfall verzichtet werden, da dieser selbst bei sehr geringen Luftwechselraten von 0,1/h im Vergleich zum Luftwechsel lediglich etwa 7,5 % zur Radonkonzentration in der Raumluft beiträgt, bei einer Luftwechselrate von 0,5 reduziert sich der Beitrag aus dem Radonzerfall auf 1,5 %. Diese weitere Vereinfachung führt zu Gleichung (6.31).

$$C_i = \frac{Q_K + Q_D + Q_M}{V \cdot n} + C_A \tag{6.31}$$

In Abb. 6.12 ist für drei Luftwechselraten (0,1, 0,2 sowie 0,5/h) die Entwicklung der Radonkonzentration in der Raumluft graphisch aufbereitet. Dabei wird der fiktive Zustand angenommen, dass der Ausgangswert in der Raumluft nahe 0 Bq/m³ liegt.

Zu erkennen ist, dass sich alle drei Kurven an einen maximalen Wert, den sogenannten Plateauwert annähern, bei dem ein Ausgleich zwischen nachströmendem Radon und Absenkung durch Luftaustausch mit der Außenluft sowie Radonzerfall er-

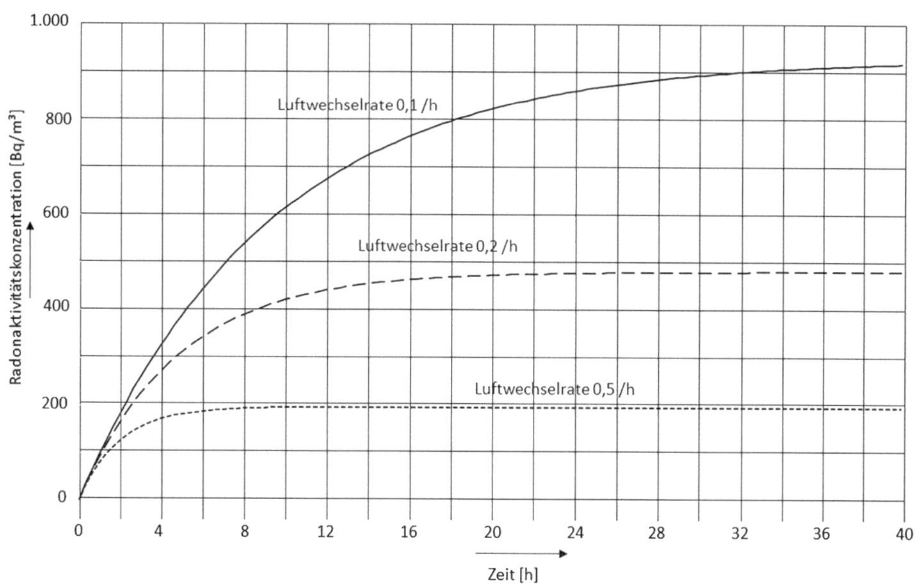

Abb. 6.12 Zeitliche Entwicklung der Radonkonzentration in einem Raum in Abhängigkeit von der Luftwechselrate bei konstanter Quellstärke

reicht ist. Dieser Wert ist im Beispiel in Abb. 6.12 für die Luftwechselrate von 0,5/h bereits nach etwa 9 h erreicht, bei einer Luftwechselrate von 0,2/h werden etwa 24 h bis zum 99 %-igen Erreichen des Plateauwertes, für die Luftwechselrate von 0,1/h etwa 40 h benötigt.

Der Einfluss der Luftwechselrate auf die Radonkonzentration in der Raumluft zeigt sich beim Vergleich der Plateauwerte:

- Luftwechselrate 0,1/h: Plateauwert ca. 930 Bq/m ^{3}
- Luftwechselrate 0,2/h: Plateauwert ca. 480 Bq/m ^{3}
- Luftwechselrate 0,5/h: Plateauwert ca. 200 Bq/m ^{3}

Während in diesem Beispiel mit einer Luftwechselrate 0,5/h der Referenzwert sicher unterschritten wird, verfehlen die geringeren Luftwechselraten dieses Ziel mehr oder weniger deutlich.

Abschließend soll für die Beispiele aus Abschn. 6.2.4 die Radonkonzentration in der Raumluft bei verschiedenen Luftwechselraten ermittelt werden. Zu den in Abschnitt ermittelten Quellstärken aus Konvektion und Diffusion von Bodenluft ins Gebäude wird noch eine Quellstärke von 50 Bq/h aus den Baustoffen pauschal addiert. Für die Außenluftkonzentration wird ein Wert von 10 Bq/m^3 berücksichtigt. Die Berechnung erfolgt nach Gleichung (6.30).

Beispiel 1:
Neues Gebäude

- Abdichtung nach anerkannten Regeln der Bautechnik
- Mangelhafte Eindichtung einer Mediendurchführung durch die erdberührte Gebäudehülle

Radonquellstärke

• Aus Konvektion:	1.860 Bq/h
• Aus Diffusion:	250 Bq/h
• Aus Exhalation (Annahme):	50 Bq/h
	2.160 Bq/h

Für dieses Beispiel wird zusätzlich als Beispiel 1 A die Situation betrachtet, wenn die Mediendurchführung mangelfrei ausgeführt worden wäre. Das heißt, der konvektive Anteil zur Radon-Quellstärke fällt weg.

Die Ergebnisse der Berechnung können Abb. 6.13 entnommen werden.

Der Referenzwertes von 300 Bq/m^3 wird in Beispiel 1 bereits bei einem Luftwechsel von ca. 0,15 /h erreicht, um 100 Bq/m^3 zu erreichen, muss die Luftwechselrate auf

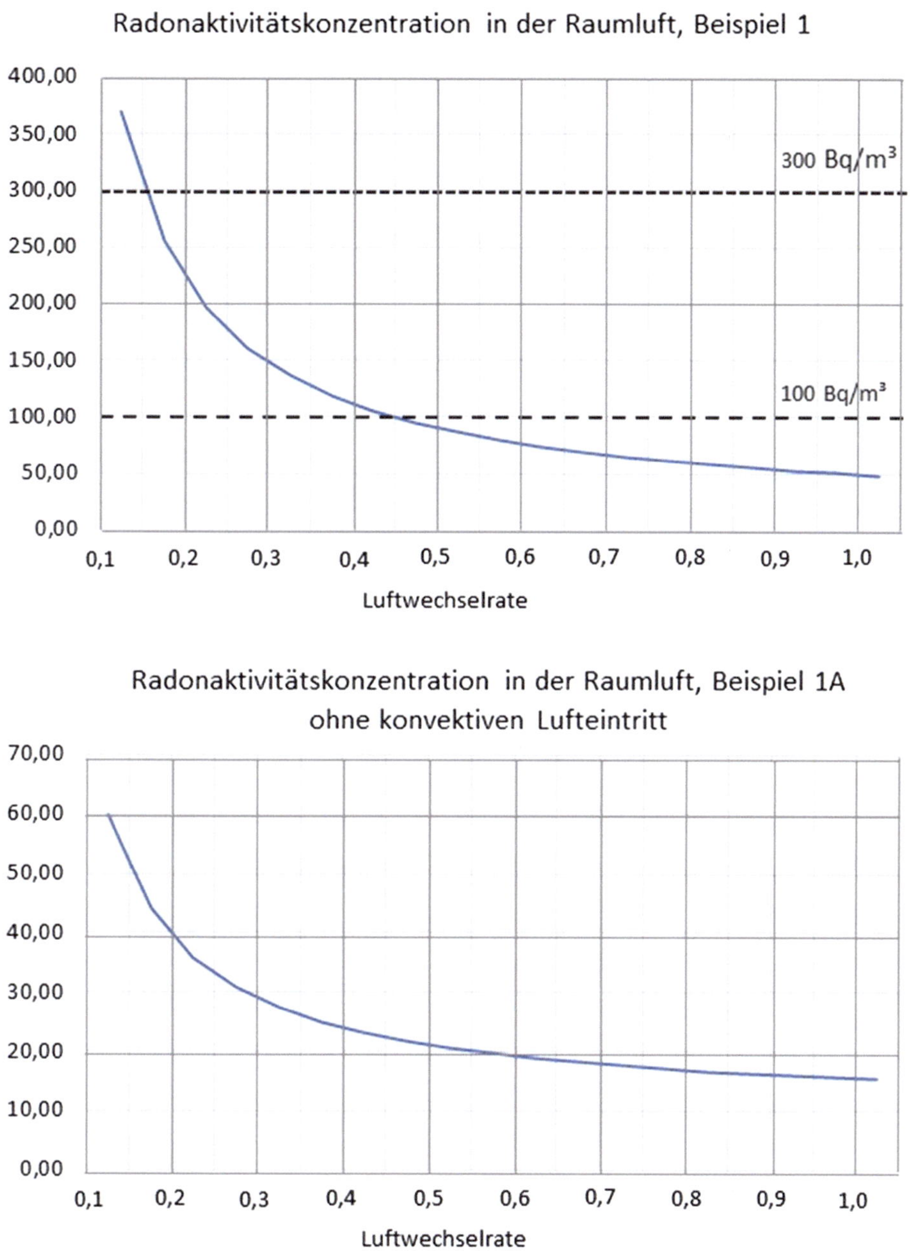

Abb. 6.13 Berechnungsbeispiel 1: Radonkonzentration in der Raumluft in Abhängigkeit von der Luftwechselrate

ca. 0,47 /h erhöht werden. Kann die Undichtheit in der Gebäudehülle vermieden werden (Beispiel 1 A) entsteht eine vollkommen unkritische Situation, da schon bei einer sehr niedrigen Luftwechselrate von 0,1/h die Radonkonzentration in der Raumluft unter 100 Bq/m^3 liegt.

Beispiel 2:
Unsanierter Altbau

- Abdichtung vorhanden, die aber heutige Standards nicht erfüllt
- Viele Undichtheiten der erdberührten Gebäudehülle

Radonquellstärke

• Aus Konvektion:	10.680 Bq/h
• Aus Diffusion:	430 Bq/h
• Aus Exhalation (Annahme):	50 Bq/h
	11.160 Bq/h

Die Ergebnisse der Berechnung können Abb. 6.14 entnommen werden.

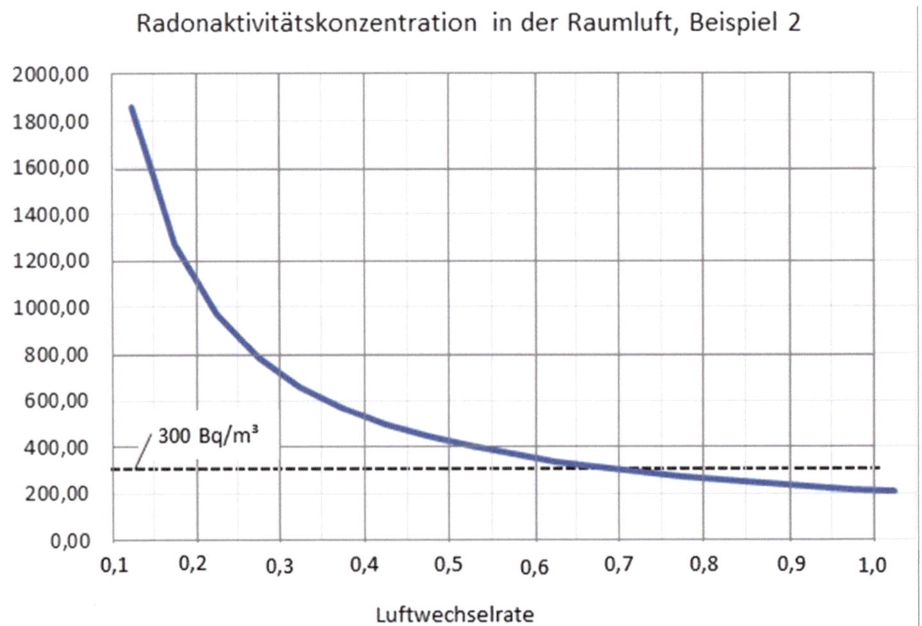

Abb. 6.14 Berechnungsbeispiel 2: Radonkonzentration in der Raumluft in Abhängigkeit von der Luftwechselrate

Die hohe Radonquellstärke führt dazu, dass erst bei einem Luftwechsel von etwa 0,7 der Referenzwert unterschritten wird, das Erreichen von 100 Bq/m^3 ist bei diesen Randbedingungen nicht möglich. In Konsequenz kann bei diesem Beispiel allein durch einen hohen Luftwechsel keine ausreichend niedrige Radonkonzentration in der Raumluft erreicht werden.

Beispiel 3:
Hohe Radon-Quellstärke aus den Baustoffen.

In diesem Beispiel wird ein Raum mit hoher Quellstärke aus den Baumaterialien, aber geringer sonstiger Radon-Last betrachtet. Zum Beispiel kann das ein Raum in einem Obergeschoss eines älteren Gebäudes sein, in den nur wenig Luft aus dem Untergeschoss konvektiv nachströmt. Die Radonquellstärke aus Diffusion spielt in diesem Beispiel keine Rolle. Für die Exhalationsrate aus den Baustoffen wird ein durchschnittlicher Wert von 20 Bq/(m^2·h) angenommen, was für unser Beispiel folgende Radonquellstärken ergibt:

- Aus Konvektion: 300 Bq/h
- Aus Diffusion: –
- Aus Exhalation: 1.800 Bq/h

2.200 Bq/h

In die Berechnung der Variante 3 ist eine fiktive Luftwechselrate von 0,0 einbezogen worden, d. h., die Reduzierung der Radonkonzentration in der Raumluft wird ausschließlich über den radioaktiven Zerfall ausgelöst. Aus dieser Erweiterung der betrachteten Luftwechselraten ergibt sich der hohe Anfangswert in der Auswertungskurve (Abb. 6.15). Schon bei einer vergleichsweise geringen Luftwechselraten von 0,13/h wird aber der Referenzwert erreicht, 100 Bq/m^3 werden bei einer Luftwechselrate von ca. 0,43/h unterschritten.

Im Gebäudebestand ist im Rahmen von Sanierungsmaßnahmen sehr häufig die Reduzierung der Luftwechselrate geplant. Viele Modernisierungsmaßnahmen laufen darauf hinaus, durch den Einsatz moderner Fenster und Türen die Luft- und damit Energieverluste zu verringern. Die bisherigen Erläuterungen zum Einfluss der Luftwechselrate auf die Radonkonzentration in der Raumlauft haben bereits gezeigt, dass zwischen Luftwechsel und Anreichung von Radon in der Raumluft ein direkter Zusammenhang besteht. Im Folgenden soll ein einfaches graphisches Verfahren vorgestellt werden, mit dem eine schnelle Abschätzung der Veränderungen der Radonkonzentration in der Raumluft in Abhängigkeit von der Luftwechselrate möglich wird (Abb. 6.16). Das Verfahren ist DIN/TS 18 177-1 entlehnt.

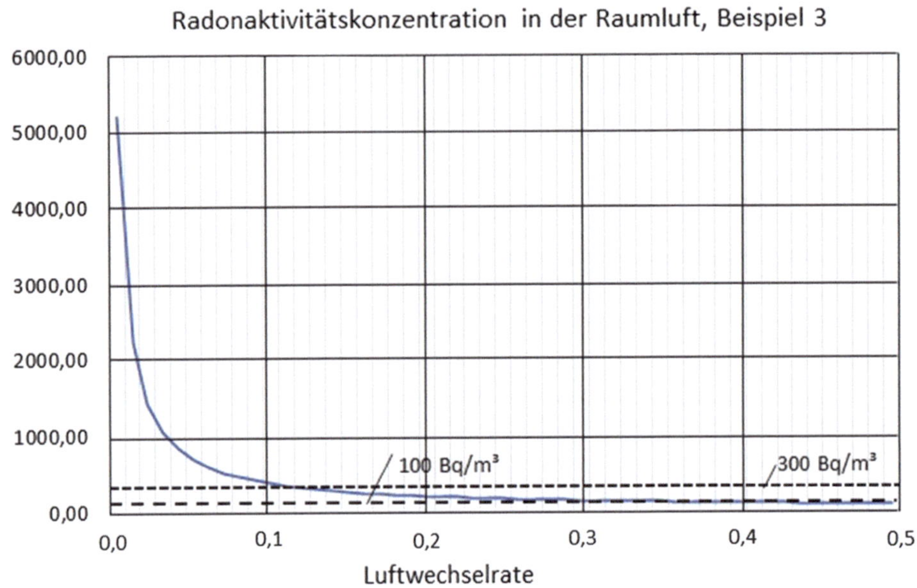

Abb. 6.15 Berechnungsbeispiel 3: Radonkonzentration in der Raumluft in Abhängigkeit von der Luftwechselrate

6.6 Die Transportgleichung von Radon

Die bisherigen Betrachtungen zur Bestimmung der Radonkonzentration in der Raumluft sind von einem quasistationären Zustand ausgegangen. Da aber in der Praxis in der Regel sowohl für die Höhe der Quellen und Senken als auch für die Transportmechanismen eine instationäre, zeitlich variable Ausgangslage anzutreffen ist, müssen für bestimmte Fragestellungen die zeitlichen Veränderungen einbezogen werden. Das erfolgt über die im Folgenden wiedergegebene Bilanzgleichung (6.32).

$$\frac{dC_{Rn}(t)}{dt} = -\lambda \cdot C_{Rn} + \frac{1}{V_0}\left[J_0(t)F_0 + C_B(t)Q_B^{in} + C_Z(t)Q_{Abluft}^{out} + C_A(t)Q_{Luft}^{in}\right] \quad (6.32)$$

Dabei ist $\frac{dC_{Rn}(t)}{dt}$ die Radonkonzentration in der Raumluft. Mit $\lambda \cdot C_{Rn}$ wird hier der radioaktive Zerfall, mit J_0F_0 die Exhalation aus den Baustoffen mit $C_BQ_B^{in}$ der Volumenstrom aus dem Erdreich sowie mit $C_Z(t)Q_{Abluft}^{out}$ der Abluftstrom und mit $C_AQ_{Luft}^{in}$ der Zuluftstrom erfasst.

Hinweise zur Lösung der Transportgleichung sind u. a. in [20] und [21] enthalten (Abb. 6.17).

Beispiel zur Anwendung der Kurven

(1) **Ausgangssituation:**

- Radonkonzentration in der Raumluft 450 Bq/m³.
- Bei einer Quellstärke von 150 Bq/h beträgt hier die Luftwechselrate ca. 0,32/h

(2) **Abschätzung Veränderung der Luftwechselrate:**

- Zum Erreichen einer Radonkonzentration in der Raumluft von 300 Bq/m³ muss bei gleichbleibender Quellstärke die Luftwechselrate auf ca. 0,50 /h erhöht werden.

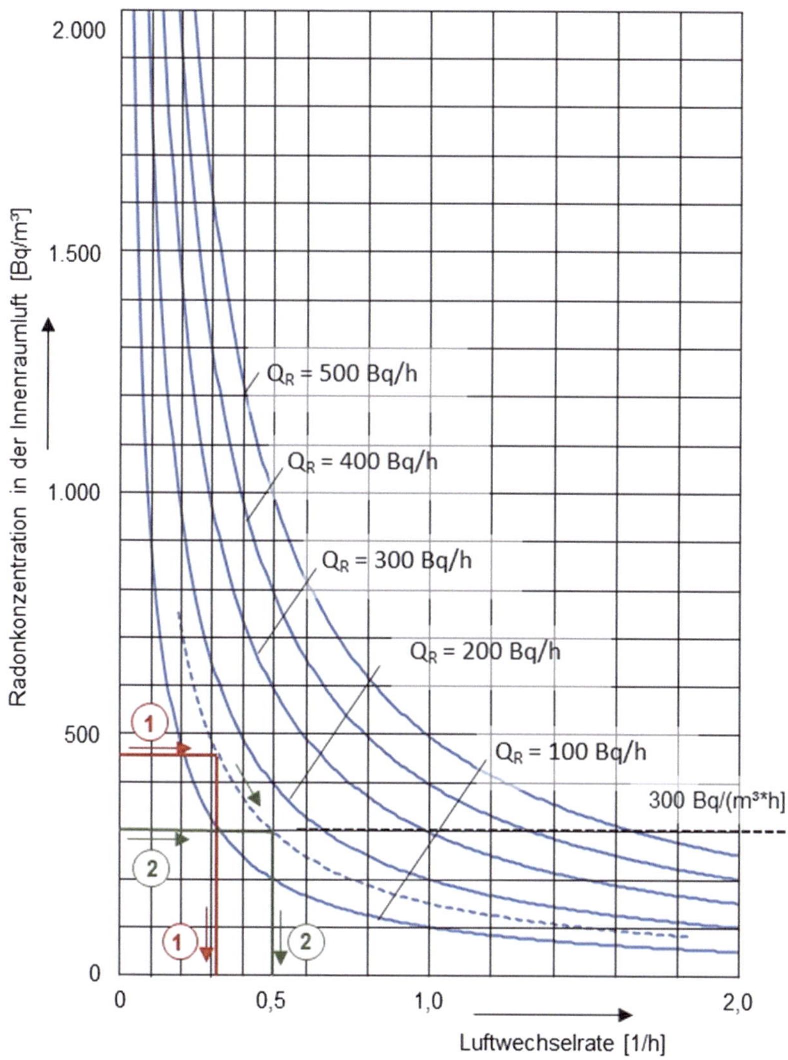

Abb. 6.16 Graphische Abschätzung des Zusammenhanges von Radonkonzentration in der Raumluft und Luftwechselrate

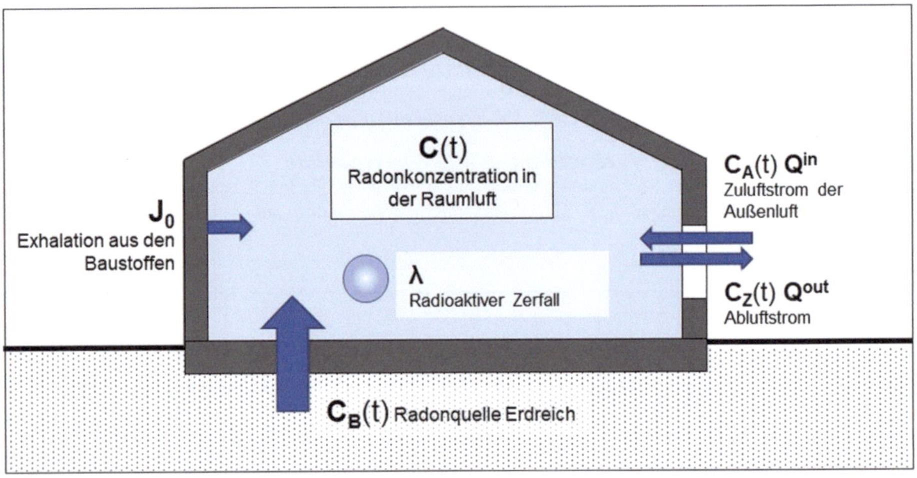

Abb. 6.17 Einraummodell des Radontransportes mit Angabe der Therme aus Gleichung 6.32

Literatur

[1] Bundesamt für Strahlenschutz: Radonhandbuch Deutschland, 2019

[2] DIN/TS 18117-1:2021-09: Bauliche und lüftungstechnische Maßnahmen zum Radonschutz – Teil 1: Begriffe, Grundlagen und Beschreibung von Maßnahmen

[3] Münzberg, U., T. Weithaas, J. Thumalla: Luftwechsel im Gebäudebestand; Stuttgart 2003

[4] DIN/TS 18117–2: Bauliche und lüftungstechnische Maßnahmen zum Radonschutz – Teil 2: Klassifizierung, Auswahl und Handlungsempfehlungen (noch nicht veröffentlicht)

[5] Löbner, W.: Luftaustausch in Gebäuden – Bestimmung der Luftwechselrate in Räumen; 2. Tagung Radonsicheres Bauen, Dresden 2006

[6] Hoffmann, B.: Experimentelle und theoretische Untersuchung über die Emanation und Migration von Radon in Baustoffen und Bauwerksabdichtungen, Dissertation Saarbrücken 2004

[7] Hauswald, Y.: Radonbelastung in Neubauten, Diplomarbeit HTW Dresden, Dresden 2004

[8] Sell, S: Radonexhalation aus Baustoffen, Diplomarbeit HTW Dresden, Dresden 2008

[9] European Commission, Radation Protection 96 (RP 96) „Enhanced radioactivity of building materials", European Communities, 1999

[10] European Commission, Radation Protection112 (RP 112) „Radiological protection principles concerning the natural radioactivity of building materials", European Communities, 2000

[11] Gehrcke, Hoffmann, Schkade, Schmidt, Wichterey: „Natürliche Radioaktivität in Baumaterialien und die daraus resultierende Strahlenexposition" Bundesamt für Strahlenschutz, Fachbereich Strahlenschutz und Umwelt, November 2012 urn:nbn:de:0221-201210099810

[12] Bundesamt für Strahlenschutz: Natürliche Radionuklide in Baustoffen, https://www.bfs.de/DE/themen/ion/umwelt/baustoffe/radionuklide/radionuklide_node.html

[13] Beyermann, Bünger, Gehrcke, Obrikat: Strahlenexposition durch natürliche Radionuklide im Trinkwasser in der Bundesrepublik Deutschland, Bundesamt für Strahlenschutz, Dezember 2009; urn:nbn:de:0221-20100319945

[14] Kaineder, Gruber, Maringer: Strahlenexposition durch Trinkwasser in Oberösterreich, Zusammenfassender Endbericht, 2007
[15] Nazaroff, W.W. et al.: Potable wate as a source of airborne ^{222}Rn in US dwellings: a review and assessment; Health Physics 52 (1987) 281–295
[16] Sherman, M.: The Use of Blower-Door-Data; University of California, Lawerence Verkeley Lab. LBL-35173, 1988
[17] DIN EN ISO 13789: Wärmetechnisches Verhalten von Gebäuden – Transmissions- und Lüftungswärmetransferkoeffizient – Berechnungsverfahren: 2018-04
[18] DIN ISO 16000-8: Innenraumverunreinigungen – Teil 8: Bestimmung des lokalen Alters der Luft in Gebäuden zur Charakterisierung der Lüftungsbedingungen, 2008-12
[19] Schulz, H und Löbner, W.: Ermittlung des Quellterms durch Kombination von Messungen der Rn-Konzentration und Tracergasmessungen; Berlin 2006
[20] Schulz, H.: Modellierung der zeitlichen Entwicklung der Radonkonzentration; IAF-Radioökologie (interner Bericht)
[21] Neugebauer, T.: Bestimmung der Radonquellstärke von Gebäuden und deren Einflussgrößen – Bedeutung für den Strahlenschutz; TH Mittelhessen, Gießen; Masterarbeit 2015

Radonschutzmaßnahmen 7

7.1 Inhalt und Abgrenzung

In diesem Abschnitt werden die bekannten baulichen und lüftungstechnischen Radonschutzmaßnahmen vorgestellt. Die Beschreibung erfolgt dabei weitestgehend ohne Bezug auf die konkrete, objektbezogene Umsetzung, aber mit Verweis auf Randbedingungen zur Anwendung sowie Grenzen des Einsatzes. Wo es sinnvoll erscheint, werden zudem Vor- und Nachteile der Lösungen beschrieben sowie vergleichende Betrachtungen verschiedener Lösungen eingefügt.

Bauliche und lüftungstechnische Radonschutzmaßnahmen sind nie isoliert zu betrachten. Vielmehr sind in die Lösungsfindung immer die Ausgangsbelastung und die Zielwerte, die bauliche Lösung und das Nutzungskonzept sowie weitere objektkonkrete Besonderheiten einzubeziehen. Grundsätzlich zu unterscheiden ist zudem die Herangehensweise für den Radonschutz im Neubaugeschehen sowie in der Gebäudesanierung Auf alle diese konkreten Anforderungen und sich hieraus ableitende Handlungsempfehlungen wird in Kap. 8 näher eingegangen, der sich mit der Umsetzung der Radonschutzmaßnahmen befasst.

7.2 Strategien und Lösungen des Radonschutzes

7.2.1 Überblick über die Strategien und Lösungen

Für die Umsetzung des Radonschutzes in Gebäuden stehen eine Reihe konzeptionell-/organisatorischer sowie bau- und lüftungstechnischer Lösungen bereit (s. Abb. 7.1).

Da – wie in Abschn. 5 erläutert – die Radonkonzentration in der Bodenluft die wichtigste, alle weiteren Quellen überragende Ursache für eine erhöhte Radonkonzentration

W.-R. Uhlig et al., *Radongeschütztes Bauen*,
https://doi.org/10.1007/978-3-658-38115-8_7

1 Konzeptionelle Maßnahmen
- ➢ *Abschnitt 7.3*

2 Verhinderung/Reduzierung des Radoneintrittes aus der Bodenluft ins Gebäude
- ➢ *Abschnitt 7.4*

3 Abschottungen innerhalb des Gebäudes
- ➢ *Abschnitt 7.5*

4 Verhinderung/Reduzierung der Exhalation aus Baustoffen
- ➢ *Abschnitt 7.6*

5 Radonschutzmaßnahmen bei erhöhter Exhalation aus Wasser
- ➢ *Abschnitt 7.7*

6 Lüftungstechnische Maßnahmen
- ➢ *Abschnitt 7.8*

Abb. 7.1 Übersicht über die Strategien und Maßnahmen zum baulichen sowie lüftungstechnischen Radonschutz

in der Raumluft ist, muss in erster Linie das Eindringen von Bodenluft in das Gebäude verhindert oder zumindest soweit reduziert werden, dass in den Innenräumen keine Radonkonzentration entsteht, die die geplanten Auslegungswerte[1] überschreitet. Die luft- bzw. gasdichte[2] Ausbildung der erdberührten Gebäudehülle reicht dabei in vielen Fällen bereits aus, um zu verhindern, dass es zu kritischen Radonkonzentrationen im Gebäudeinneren kommt. Entsprechende Lösungen werden in Abschn. 7.4.2 vorgestellt. Ist (z. B. in Bestandsgebäuden) eine luftdichte Gebäudehülle nicht vorhanden oder kann – aus unterschiedlichen Gründen – eine solche nicht realisiert werden, gilt es, den konvektiven Luftstrom vom Erdreich ins Gebäude zu verhindern bzw. zu minimieren. Die hierfür bekannten Lösungen werden in Abschn. 7.4.3 vorgestellt. Maßnahmen zur Abschottung innerhalb der Gebäude werden in Abschn. 7.5 erläutert.

Gegenüber der Radonquelle Erdreich ist die *Exhalation* von Radon aus Baustoffen zumeist von geringerer Bedeutung, kann aber in speziellen Konstellationen einen relevanten Beitrag zur Radonbelastung in Innenräumen erbringen und deshalb nicht unberücksichtigt bleiben. Entsprechende Strategien und Lösungen sind in Abschn. 7.6 zusammengefasst.

Die Exhalation von Radon aus Wasser spielt in der Regel keine Rolle. Auf die seltenen Ausnahmen von dieser Aussage wird in Abschn. 7.7 eingegangen.

[1] Auf die Festlegung der Auslegungswerte in wird in Abschn. 8.2 eingegangen.

[2] Die Begriffe Luft- bzw. Gasdichtheit werden in der Literatur zum Radonschutz synonym verwendet. Im Folgenden wird regelmäßig von Luftdichtheit oder luftdicht gesprochen.

Sehr wirksam ist es, die Radonkonzentration in Innenräumen durch den Austausch mit der Außenluft (Erhöhung der Luftwechselrate) zu reduzieren. Das kann mit oder ohne lüftungstechnische Unterstützung erfolgen. Werden technische Lösungen (Luft- und Klimatechnik) eingesetzt, ist es gleichzeitig möglich, durch Steuerung der Druckverhältnisse, den konvektiven Luftstrom vom Erdreich ins Gebäude sicher zu unterbinden. Einen Überblick über die lüftungstechnischen Lösungen, aber auch über deren Einsatzgrenzen, bringen die Ausführungen in Abschn. 7.8.

7.2.2 Raumnutzung und Radonschutz

Die Umsetzung von Radonschutzmaßnahmen in Gebäuden ist dort erforderlich, wo sich Menschen längere Zeit aufhalten, sei es für Wohnzwecke, Freizeitaktivitäten oder aber in Arbeitsräumen. In Räumen, die nicht oder nur sehr selten genutzt werden, ist es im Grunde genommen unerheblich, ob dort eine hohe Radonkonzentration in der Raumluft vorhanden ist. Sehr häufig werden Räume mit gleicher oder ähnlicher Nutzung – also z. B. eine Wohnung oder ein Arbeitsbereich – in der Betrachtung zusammengefasst. Man spricht in diesem Fall von einem Konformitätsbereich.

Im Zusammenhang mit der hier soeben eingeführten Unterscheidung zwischen Räumen, die aufgrund ihrer Nutzung gegen erhöhte Radonbelastung zu schützen sind und solchen, für die eine entsprechende Betrachtung unerheblich ist, ist die Abgrenzung zwischen diesen beiden Kategorien von großer Bedeutung. Allerdings kann weder aus der Bau- noch der Strahlenschutzgesetzgebung eine eindeutige Abgrenzung abgeleitet werden, zudem sind die Definitionen des Bau- und Strahlenschutzes nicht deckungsgleich, was eine exakte Zuordnung zusätzlich erschwert. Für das Baurecht wird in der Musterbauordnung [1] in § 2(5) definiert: „Aufenthaltsräume sind Räume, die zum nicht nur vorübergehenden Aufenthalt von Menschen bestimmt oder geeignet sind“. Sie umfassen danach beispielsweise Wohnräume, Schlafräume, Küchen sowie Büro- oder Verkaufsräume, des Weiteren Werk- und Sporträume, so sie mehr als nur selten und kurzzeitig genutzt werden. Keine Aufenthaltsräume sind lt. MBO dagegen Lager- Sanitär- und andere Räume mit Nebenfunktionen sowie Flure und Treppenhäuser. Das Strahlenschutzgesetz [2] unterscheidet zwischen Aufenthaltsräumen und Arbeitsräumen, ohne hierfür eine klare Abgrenzung zwischen diesen und allen weiteren Raumkategorien zu geben. Zu fragen ist, wie die aus dem Baurecht stammende Beschreibung „mehr als nur selten und kurzzeitig genutzt“ exakt und objektkonkret zu definieren ist. Auch ist hinsichtlich des baulichen Radonschutzes eine Unterscheidung von Räumen innerhalb einer Nutzungseinheit (z. B. einer Wohnung) zumeist nicht sinnvoll, da hier in der Regel ein Luftaustausch zwischen den Räumen möglich ist. In DIN/TS 18113-1 [3] ist die aus DIN 1946-6 [4] übernommene Abgrenzung zwischen „praktisch ungenutzte Räume“ sowie „wenig genutzte Räume“ aufgenommen worden. Danach werden „als praktisch ungenutzte Räume“ solche bezeichnet, in denen sich im Jahresmittel Personen weniger als 10 min pro Tag aufhalten, für „wenig genutzte Räume“ liegt die Begrenzung bei maximal 2 Stunden/Tag. Ein Großteil aller Neben- und Lagerräume sowohl im Wohn- als auch Arbeitsbereich dürfte nach dieser Definition als „praktisch ungenutzt“ eingruppiert werden. Die Behandlung der Kategorie „wenig genutzte Räume“ erfordert eine individuelle, objektkonkrete Betrachtung, wobei diese Räume im Regelfalle der Kategorie der Aufenthaltsräume zugeordnet werden sollten.

Im Folgenden werden alle Räume, die im Sinne des Schutzes vor erhöhter Radonkonzentration zu beachten sind, als ***Aufenthaltsräume*** zusammengefasst, es sei denn, dass die im Strahlenschutzgesetz verankerte Unterscheidung zwischen Aufenthaltsräumen und Arbeitsplätzen in einem bestimmten Zusammenhang bedeutsam ist.

Im Zusammenhang mit der Eingruppierung von Räumen und Raumbereichen hinsichtlich des Radonschutzes ist immer auch eine mögliche Nutzungsänderung zu berücksichtigen.

7.3 Radonschutz und Nutzungskonzept

Das Nutzungskonzept eines Gebäudes ist nach Abb. 7.2 hinsichtlich des Schutzes vor erhöhter Radonbelastung unter Berücksichtigung der

- Ausbildung der erdberührten Gebäudehülle, dem
- Radonpotenzial im gebäudeangrenzenden Erdreich, der
- Lage der betrachteten Räume bzw. Bereiche innerhalb des Gebäudes sowie der
- Art und Intensität der Raumnutzung

mit dem Ziel zu entwickeln, ein Optimum zwischen konstruktiv-technischem Aufwand und dem Erreichen der angestrebten Ziele zu finden.

Insbesondere ist darauf zu achten, dass sensible Räume und Raumbereiche (Schlafzimmer, Kinderzimmer, Räume mit hoher Nutzungsdauer) möglichst nicht in gefährdeten

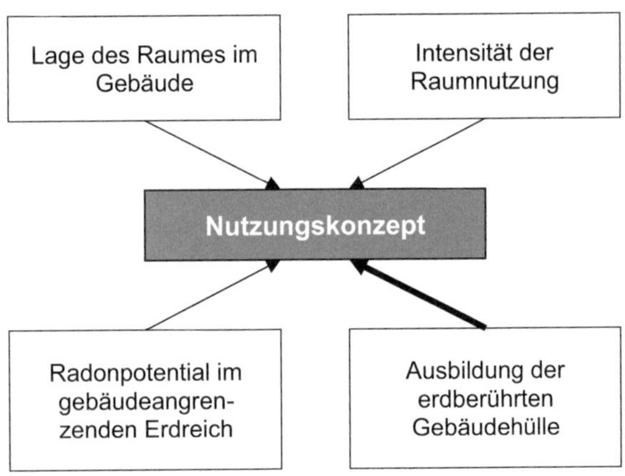

Abb. 7.2 Zusammenhang zwischen Nutzungskonzept, Radonpotenzial im Erdreich und Ausbildung der erdberührten Gebäudehülle

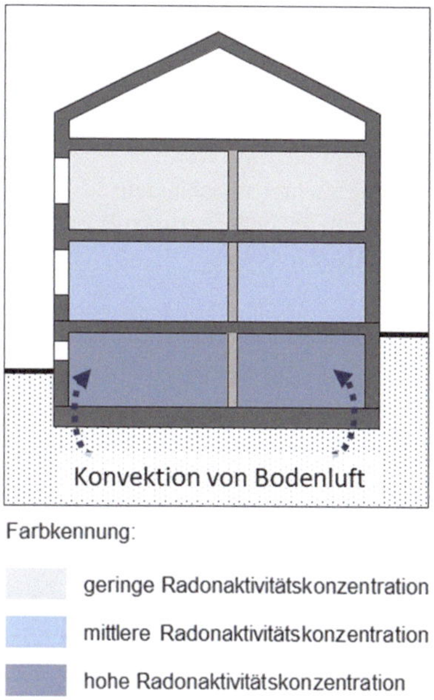

Abb. 7.3 Prinzipdarstellung für die Tendenz zur Abnahme der Radonkonzentration in der Raumluft in Abhängigkeit vom Abstand zur erdberührten Gebäudehülle

Gebäudebereichen angeordnet werden. Hier sind in erster Linie Räume, die direkt an die erdberührte Gebäudehülle grenzen (Kellerräume/Räume in unterster Geschossebene bei nichtunterkellerten Gebäuden usw.) kritisch zu bewerten. Für diese muss immer dann, wenn keine konvektionsdichte Gebäudehülle vorhanden ist – was insbesondere für Bestandsgebäude zutrifft – mit einem erhöhten Radonrisiko gerechnet werden. Die Nutzung der erdangrenzenden Räume bedarf hier einer gründlichen Überprüfung, in welche baulich und lüftungstechnisch erforderliche Veränderungen ebenso einzubeziehen sind, wie die Überlegung, belastete Räume ggf. vollständig aus einer hochwertigen Nutzung herauszunehmen. Tendenziell sinkt die Radonbelastung mit dem Abstand der Räume zur erdberührten Gebäudehülle (s. Abb. 7.3). Die Größe dieser Reduzierung hängt maßgeblich von der Barrierewirkung der horizontalen sowie vertikalen Abgrenzungen innerhalb der Gebäude ab. Zu beachten ist zudem, dass durch fehlende Abschottung innerhalb des Gebäudes auch in höheren bzw. abgelegenen Gebäudebereichen eine hohe Radonbelastung entstehen kann. Auf die baulichen und konzeptionellen Lösungsmöglichkeiten für die Ausbildung gebäudeinterner Abschottungen an Decken, Wänden, Türen sowie Schächten und Mediendurchführungen wird in Abschn. 7.5 eingegangen.

Bei einer gemäß Abschn. 7.4.2 luftdicht ausgeführten erdangrenzenden Gebäudehülle sind – qualitätsgerechte Ausführung der Abdichtung vorausgesetzt – im unteren Gebäudebereich in deutlich geringerem Maße, erhöhte Radonkonzentrationen zu erwarten (siehe Rechenbeispiel in Kap. 6). In der Regel werden hier die Zielwerte (z. B. Referenzwert) auch im unteren Gebäudebereich sicher erreicht und unterschritten (Abb. 7.4), weswegen hier die Nutzung der erdberührten Räume als Wohn- oder Arbeitsbereich

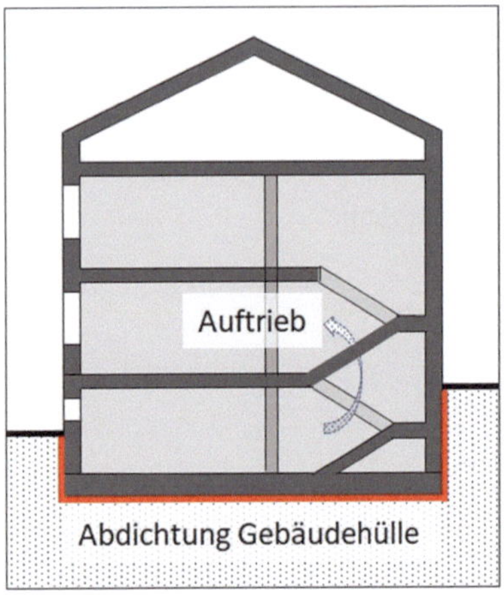

Abb. 7.4 Prinzipdarstellung: Fehlende bzw. geringe Unterschiede der Radonkonzentration sowie insgesamt niedrige Werte in gut abgedichteten Gebäuden (Neubauten/Gebäudegruppe B nach Abschn. 8.3.2)

problemlos möglich ist und auch die Unterbindung des Kamineffektes aus Sicht des Radonschutzes nicht erforderlich wird (was u. a. die Anlage offener Treppenhäuser ermöglicht).

Weitere Aspekte, die im Zusammenhang mit dem Gebäudeentwurf zu berücksichtigen sind, sind die vorhandene bzw. prognostizierte Luftwechselrate sowie die Größe der Räume. Beide Faktoren haben unmittelbaren Einfluss auf die Höhe der Radonkonzentration in den Räumen bei ansonsten gleichbleibenden sonstigen Faktoren. Diese Zusammenhänge werden detailliert in Abschn. 7.6 betrachtet.

7.4 Verhinderung/Reduzierung des Radoneintrittes aus der Bodenluft ins Gebäude

7.4.1 Bedeutung und Überblick

In diesem Abschnitt werden alle Maßnahmen zur Verhinderung bzw. Reduzierung des Radoneintrittes vom Erdreich über die erdberührte Gebäudehülle ins Gebäude vorgestellt. Wie in Abschn. 6.2 beschrieben, stellt die Bodenluft die mit Abstand wichtigste Quelle für die Radonanreicherung in der Raumluft dar. Die hierbei wirkenden Eindringmechanismen sind Diffusion sowie Konvektion. Es ist also die Aufgabe des baulichen Radonschutzes, diese Transportwege zu unterbinden bzw. soweit zu reduzieren, dass die Zielwerte der Radonkonzentration in der Raumluft nicht überschritten werden. In Kap. 6 wurde gezeigt, dass der Konvektion von Bodenluft ins Gebäude gegenüber allen anderen Quellen überragende Bedeutung zukommt. Vorrangiges Ziel aller Radonschutzmaßnahmen muss es demnach sein, konvektive Luftströmungen vom Erdreich ins Gebäude zu verhindern. Alle weiteren Radonschutzmaßnahmen haben gegenüber diesem Ziel untergeordnete Bedeutung.

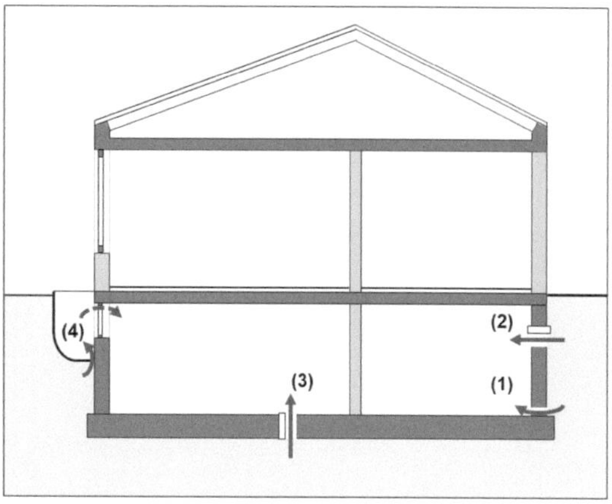

Legende:
(1) Bauteilanschlüsse (Bodenplatte-Wand)
(2) Mediendurchführungen durch Außenwände
(3) Medienführung durch Bodenplatte
(4) Kellerlichtschacht - Kellerfenster

Abb. 7.5 Mögliche konvektive Eintrittswege von Bodenluft ins Gebäude in Neubauten

Neben Lösungen, die eine konvektions- und diffusionshemmende Gebäudehülle zum Ziel haben, werden Maßnahmen erfasst, bei denen durch die Veränderung der Druckverhältnisse zwischen Erdreich und Gebäudeinnerem die vorrangige Richtung des Konvektionsstromes vom Boden ins Gebäude umgekehrt wird und somit keine oder nur eine deutlich reduzierte Menge Bodenluft ins Gebäude einströmen kann. Dabei sind klare Präferenzen zu erkennen: Während im Neubaugeschehen die Konvektion typischerweise durch eine dichte Gebäudehülle unterbunden wird, kommt für den Gebäudebestand vorzugsweise die Umkehr der Druckverhältnisse zu Anwendung, da im Neubau die Realisierung einer dichten Gebäudehülle vergleichsweise unproblematisch ist, dementgegen im Gebäudebestand eine Vielzahl möglicher Eindringwege für Bodenluft vorliegen kann, deren Beseitigung zumeist nur mit erheblichem Aufwand sowie ungewissem Erfolg möglich ist (siehe Abb. 7.5 und 7.6).

Eine weitere Möglichkeit der Reduzierung des Radoneintrittes in Gebäude ist die Verdünnung der Bodenluft im gebäudeangrenzenden Bodenbereich.

Eine vollständige Unterbindung von Konvektion und Diffusion ist praktisch nicht möglich und auch nicht erforderlich. Der – häufig verwendete – Begriff der „Radonsperre" für Elemente der erdberührten Gebäudehülle ist deshalb nicht exakt, da genau damit die vollständige Abdichtung gegenüber Konvektion und Diffusion suggeriert wird. Richtiger ist es, von **Radonbarrieren** für das Gesamtpaket aus Rohbaukonstruktion und Abdichtung zu sprechen. Barriere bedeutet hier, dass ein entsprechend der vorhandenen Randbedingungen und angestrebten Ergebnisse ausreichender Radonschutz im Fokus der Maßnahmen steht.

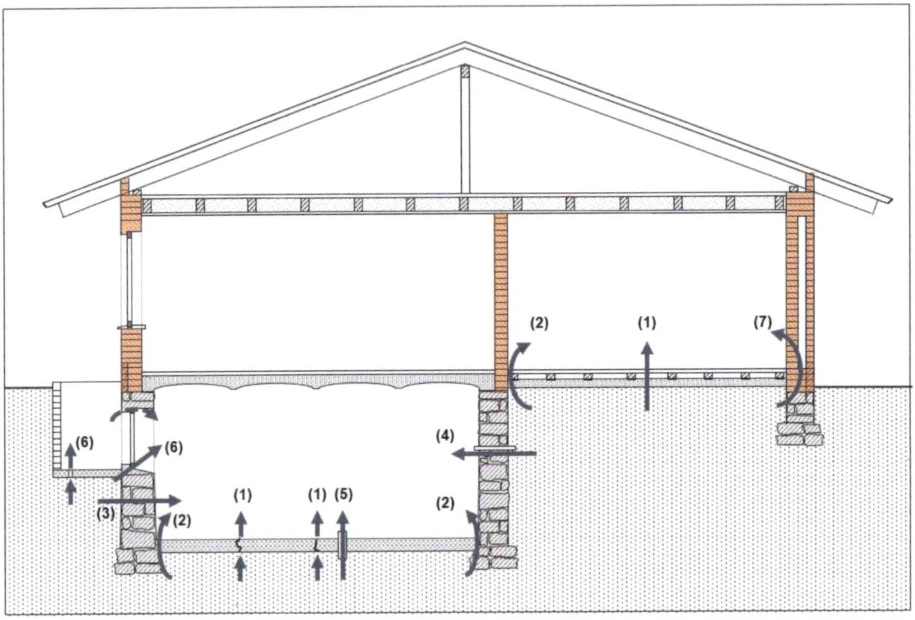

Legende:
- ***(1)*** *Undichtheiten in Fußbodenaufbau (fehlende Abdichtung; Schadstellen; konstruktiver Aufbau)*
- ***(2)*** *Anschluss Boden-Wand*
- ***(3)*** *Fehlende Abdichtung der Außenwand und Wegungen innerhalb der Wände*
- ***(4)*** *Undichtheiten im Anschluss Mediendurchführung zu Wand und Boden*
- ***(5)*** *Einströmen von Bodenluft über Medienrohre / Abwasseranschlüsse usw.*
- ***(6)*** *Undichtheiten Kellerfensterabschluss in Verbindung mit undichtem Lichtschacht*
- ***(7)*** *Bodenlufttransport über undichte Wandkonstruktionen bzw. Hohlmauerwerk*

Abb. 7.6 Mögliche konvektive Eintrittswege von Bodenluft ins Gebäude in Bestandsgebäude

7.4.2 Abdichtung der erdberührten Gebäudehülle

7.4.2.1 Überblick über die Lösungen

In diesem Abschnitt werden alle üblichen Abdichtungslösungen für die erdberührte Gebäudehülle beschrieben und hinsichtlich der Eignung für den baulichen Radonschutz bewertet. Im Einzelnen werden die folgenden Lösungsgruppen erfasst:

- Abdichtungen mit bahnenförmigen und flüssig zu verarbeitenden Abdichtungsstoffen
- Weiße Wannen und Frischbetonverbundsysteme
- Innenabdichtungen
- Partielle Abdichtungen und sonstige Abdichtungslösungen für Bestandsgebäude

Abdichtungslösungen sind grundsätzlich für den Schutz vor eindringendem Wasser bzw. Feuchtigkeit entwickelt und geregelt worden. Die Luft- bzw. Gasdichtheit der Gebäudehülle spielte hierbei allenfalls eine Nebenrolle. Insofern ist für alle Lösungen zu hinterfragen, inwieweit diese auch die Anforderungen an den Radonschutz erfüllen können bzw. ob möglicherweise zusätzliche Maßnahmen erforderlich sind.

Bei der Erörterung der Radondichtheit der hier aufgeführten Bauformen steht die Konvektionsdichtheit im Vordergrund. In einem gesonderten Exkurs wird ergänzend auf die Frage eingegangen, inwieweit besondere Anforderungen an die Begrenzung der Diffusion zu berücksichtigen sind.

7.4.2.2 Kurzer geschichtlicher Abriss zur Entwicklung der Abdichtungstechnik

Die Realisierung von wirksamen Abdichtungen der erdberührten Gebäudehülle gegen das Eindringen von Wasser bzw. Feuchte ins Gebäude konnte sich erst im Laufe des 20. Jahrhunderts entscheidend durchsetzen. Zum einen wurden früher Kellerräume zumeist so genutzt, das eine gewisse Feuchte in der Raumluft durchaus gewünscht war, zum anderen wurden sichere und wirtschaftliche Abdichtungslösungen erst mit der Entwicklung der chemischen Industrie zum Ende des 19. und dann vor allen Dingen im 20. Jahrhundert möglich. Wurden vor der Entwicklung moderner Abdichtungslösungen trockene Räume im Bereich der erdberührten Gebäudehülle erforderlich (z. B. bei nichtunterkellerten Gebäuden), kamen bauliche Lösungen zur Anwendung, die diese Anforderung erfüllten, ohne auf Abdichtungslösungen im heutigen Sinne zurückgreifen zu können.

Die Einführung standardisierter Abdichtungstechniken zur vertikalen und horizontalen Flächenabdichtung ist für Deutschland mit der Einführung der DIN 4031 „Wasserdruckhaltende bituminöse Abdichtungen für Bauwerke“ im Jahr 1932 begründet worden. Nachfolgend wurde diese Norm 1950 durch die DIN 4117 „Abdichtung von Bauwerken gegen Bodenfeuchte“ und 1968 durch die DIN 4122 „Abdichtung von Bauwerken gegen Oberflächenwasser und Sickerwasser mit bituminösen Stoffen und Kunststoff Folien“ ergänzt. Im Jahr 1983 erfolgte mit Einführung der DIN 18195 die Zusammenführung dieser Normen in einem neuen Normenwerk, welches die seinerzeit bekannten Abdichtungstechniken und Abdichtungsmaterialien regelte. Nach einer umfangreichen Überarbeitung der DIN 18195 im Jahr 2000 wurde diese dann im Jahr 2017 von der Normreihe DIN 18531 bis 18.535 abgelöst, mit der ein vollkommen veränderter Normenaufbau eingeführt wurde und gleichzeitig die in den letzten Jahrzehnten entwickelten vielfältigen Abdichtungslösungen und -stoffe Eingang in das Normenwerk fanden [5, 6, 7].

In den 70-er Jahren des 20. Jahrhunderts sind als neue Form einer dichten Gebäudehülle Konstruktionen aus wasserundurchlässigem Beton, sogenannte „Weiße Wannen“ entwickelt worden. Für diese Konstruktionsart wurden mit der WU-Richtlinie 2003 verbindliche Regelungen eingeführt. Die aktuelle Fassung dieser durch den Deutschen Ausschuss für Stahlbeton (DAfStb) herausgegebenen Richtlinie [8] stammt aus dem Jahre 2017.

Neben den hier genannten Normen und Richtlinien sind des Weiteren in den letzten Jahren eine Reihe weiterer Richtlinien und Regelungen eingeführt worden, die spezielle Anwendungsfälle oder Materialanwendungen erfassen ([9], [10], [11], [12]).

Die hier kurz zusammengefasste Entwicklung der Abdichtungstechnik hat, obwohl alle hier aufgeführten Entwicklungsschritte ausschließlich dem Schutz vor eindringendem Wasser galten, großen Einfluss auf die Barrierewirkung der erdberührten Gebäudehülle gegen das Eindringen radonhaltiger Bodenluft und stellt deshalb ein wichtiges Kriterium für die Einschätzung von Bestandsgebäuden hinsichtlich der Radondichtheit dar. Die im Abschn. 8.3 eingeführte Klassifizierung von Gebäuden nimmt diesen Aspekt durch die Einführung von Altersklassen von Gebäuden auf.

7.4.2.3 Abdichtungslösungen mit bahnenförmigen und flüssig zu verarbeitenden Abdichtungsstoffen

7.4.2.3.1 Abdichtungslösungen nach DIN 18533

Die Abdichtung der erdberührten Gebäudehülle mit bahnenförmigen und flüssig zu verarbeitenden Abdichtungsstoffen ist für Deutschland in DIN 18533 „**Abdichtung von erdberührten Bauteilen**" geregelt. Aufgrund der großen Bedeutung dieser Norm auch für das radonsichere Bauen werden im Folgenden in einem kurzer Exkurs Aufbau und Inhalt dieser Normengruppe vorgestellt.

Die DIN 18533 ist in drei Teile untergliedert. Während im Teil 1: „**Anforderungen, Planungs- und Ausführungsgrundsätze**" [5] grundlegende Festlegungen zur Planung und Ausführung von Abdichtungen zusammengefasst sind, werden in den Teilen 2 und 3 (Teil 2: „**Abdichtung mit bahnenförmigen Abdichtungsstoffen**" [6]; Teil 3: **Abdichtung mit flüssig zu verarbeitenden Abdichtungsstoffen** [7]) die zugelassenen Baustoffe einschließlich ihrer Einsatzvoraussetzungen vorgestellt. Als bahnenförmige Abdichtungsstoffe sind Bitumen- und Polymerbitumenbahnen sowie Kunststoff- und Elastomerbahnen, in der Gruppe der flüssig zu verarbeitenden Abdichtungsstoffe Kunststoffmodifizierte Bitumendickbeschichtungen (PMBC), Rissüberbrückende mineralische Dichtungsschlämmen (MDS), Flüssigkunststoffe (FLK), Gussasphalt, Asphaltmastix sowie einige Kombinationsanwendungen erfasst. Liegt als Wassereinwirkung Bodenfeuchte bzw. nichtdrückendes Wasser vor (Wassereinwirkungsklasse W1-E), können für die Bodenplatte alternativ zu den bahnenförmigen oder flüssig zu verarbeitenden Abdichtungen auch vollflächig in Heißbitumen verklebte Schaumplatten, deren Plattenfugen vollständig vergossen sein müssen, als Abdichtung eingesetzt werden.

Die Wahl der Abdichtungslösung nach DIN 18 533 ist maßgeblich durch die Einwirkungen sowie die Nutzungsklassen bestimmt. Im Zusammenhang mit dem baulichen Radonschutz sind hier in erster Linie die Wassereinwirkungsklassen und deren Schlussfolgerungen für die Ausführung der Abdichtung von Bedeutung. Weitere Kriterien sind die Einstufung in Rissklassen sowie in Raumnutzungsklassen.

Für die Wassereinwirkung sind insgesamt 4 Klassen eingeführt worden:

- **W1-E**: Bodenfeuchte und nicht drückendes Wasser
- **W2-E**: drückendes Wasser
- **W3-E**: nichtdrückendes Wasser auf erdüberschütteten Decken
- **W4-E**: Spritzwasser am Wandsockel sowie Kapillarwasser in und unter erdberührten Wänden.

Hinsichtlich der Barrierewirkung gegen den Radoneintritt aus dem Erdreich ins Gebäude sind vor allem die Unterschiede zwischen den Lösungen für Bodenfeuchte/nicht drückendes Wasser (W1-E) und drückendes Wasser (W2-E) von Bedeutung. In DIN 18 533 werden die Klassen W1-E und W2-E zusätzlich in jeweils zwei Untergruppen unterteilt, wobei für W1-E der Einbauort (Bodenplatte bzw. Außenwand) sowie die Wasserdurchlässigkeit des Bodens in Verbindung mit der Anordnung von Dränungen und für W2-E die Größe des hydrostatischen Druckes auf die Konstruktion (Wassersäule bis sowie über 3 m) erfasst werden. Da diese Untergliederungen im Zusammenhang mit dem baulichen Radonschutz von untergeordneter Bedeutung sind, wird auf diese Untergruppen im Weiteren nicht eingegangen. Weitere, in DIN 18 533 eingeführte Einwirkungen betreffen die Lasteinwirkung, sonstige äußere Einwirkungen (z. B. zeitlich begrenzte Einwirkungen durch UV-Strahlung und Temperaturschwankungen während der Bauphase) sowie die Einwirkungen aus dem Untergrund, die über sogenannte Rissklassen (R1-E bis R4-E) erfasst werden. Diese Einwirkung werden über die Wahl der Abdichtungslösung berücksichtigt. Sie haben somit lediglich mittelbar Einfluss auf die Barrierewirkung hinsichtlich des Radonschutzes.

Die letzte zu erfassende Klassifizierung sind die Raumnutzungsklassen. Hierfür sind folgende Kategorien in DIN 18533 eingeführt worden:

- **RN1-E**: geringe Anforderungen
- **RN2-E**: durchschnittliche Anforderungen
- **RN3-E**: hohe Anforderungen

In der Gruppe RN1-E werden Raumnutzungen mit geringen Anforderungen an die Trockenheit der Raumnutzung (z. B. offene Werk- oder Lagerhallen, Tiefgaragen), in Gruppe RN2-E Raumnutzungen mit üblichen Anforderungen an die Trockenheit der Raumluft und Zuverlässigkeit der Abdichtung (z. B. Aufenthaltsräume, Lagerräume von feuchtigkeitsempfindlichen Gütern in Wohn- und Bürogebäuden) und in Gruppe RN3-E Raumnutzungen mit hohen Anforderungen an die Trockenheit der Raumluft und die Zuverlässigkeit der Abdichtung (z. B. Magazine zur Lagerung unersetzlicher Kulturgüter) erfasst. Hinsichtlich der für den baulichen Radonschutz eingeführten Eingruppierung der zu schützenden Räume (s. Abschn. 7.2.2 – dort als „Aufenthaltsräume" zusammengefasst) kann eine große Übereinstimmung, aber keine Deckungsgleichheit zur Raumnutzungsklasse RN2-E angenommen werden. Keine Deckungsgleichheit deshalb, da, wenn auch selten, durchaus Räume aus der Raumnutzungsklasse RN1-E hinsichtlich des Radonschutzes schutzbedürftig sein können.

Außerhalb der DIN bestehen weitere Lösungen oder werden solche für erweiterte Anwendungen zugelassen, wie z. B. die in [9] erfassten gegenüber DIN 18533 erweiterten Anwendungsregelungen für mineralische Dichtungsschlämmen sowie die in [10] beschriebenen flexiblen polymermodifizierten Dickbeschichtungen (FPD), die in die aktuelle Fassung der DIN 18533 noch keinen Eingang gefunden haben. Ergänzt werden die Regelungen für spezielle Anforderungen an Abdichtungen in Bestandsgebäuden mit dem WTA-Merkblatt „Nachträgliches Abdichten erdberührter Bauteile" [11]. Auch für alle hier genannten Lösungen außerhalb der DIN sind die in DIN 18 533 eingeführten äußeren Einwirkungs- sowie Nutzungsklassen zugrunde zu legen.

7.4.2.3.2 Anforderungen an Abdichtungsmaßnahmen zur Schaffung einer konvektionsdichten Gebäudehülle

In den in Abschn. 7.4.2.3.1 aufgeführten Normen, Richtlinien und Arbeitsblättern werden – wie bereits erwähnt – ausschließlich Maßnahmen zum Schutz vor dem Eindringen von Wasser ins Gebäude behandelt, für den Schutz vor dem Eindringen von Gasen bzw. Luft über die erdberührte Gebäudehülle existieren bisher keine Regelungen. Trotzdem kann konstatiert werden, dass die hier aufgeführten Abdichtungsmaterialien und -lösungen grundsätzlich auch für die wirksame Schaffung von Radonbarrieren geeignet sind, wenn die im folgenden Abschnitt vorgestellten Lösungen für die Gestaltung der Abdichtungen Beachtung finden. Die im Strahlenschutzgesetz [2], dort § 123 aufgenommene Formulierung, dass mit der Anwendung der gültigen Abdichtungsnormen gleichzeitig der Radonschutz von Gebäuden als erfüllt angesehen werden kann, hält aber, wie die folgenden Ausführungen zeigen, in dieser Absolutheit einer differenzierten Betrachtung nicht stand.[3]

Vorrangiges Ziel des baulichen Radonschutzes muss es sein, eine wannenförmige und unterbrechungsfreie Abdichtung der erdberührten Gebäudehülle zu realisieren (Abb. 7.7). Nur so können konvektive Luftströmungen vom Erdreich ins Gebäude sicher verhindert werden. Dieses Ziel wird bei Anwendung der DIN 18 533 weitestgehend erreicht. Wie in Abb. 7.8 verdeutlicht, sind aber für bestimmte Anwendungsfälle Lösungen zugelassen, die dieses Ziel nicht vollständig erfüllen.

Die in Abb. 7.8 als reduzierte Anforderungen an die Abdichtung gekennzeichneten Bereiche betreffen die folgenden Situationen:

- Abdichtung der Bodenplatte (Nr. 3 in Abb. 7.8): Bei Lastfall „Bodenfeuchte" (Einwirkungsklasse W-1E) und geringen Anforderungen an die Raumnutzung (Kategorie RN1-E) ist der Einbau einer kapillarbrechenden Kiesschicht unterhalb der Bodenplatte ausreichend, eine Abdichtung ist in diesem Fall nicht erforderlich.

[3] Näheres zum Strahlenschutzgesetz s. Abschn. 9

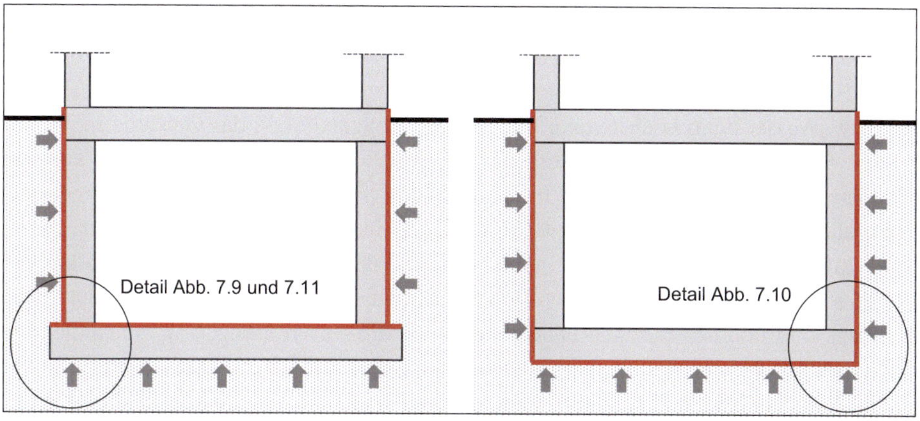

Abb. 7.7 Prinzipdarstellung zur wannenförmigen Abdichtung der erdberührten Gebäudehülle mit außenliegender Wandabdichtung sowie unterschiedlicher Anordnung der Bodenplattenabdichtung

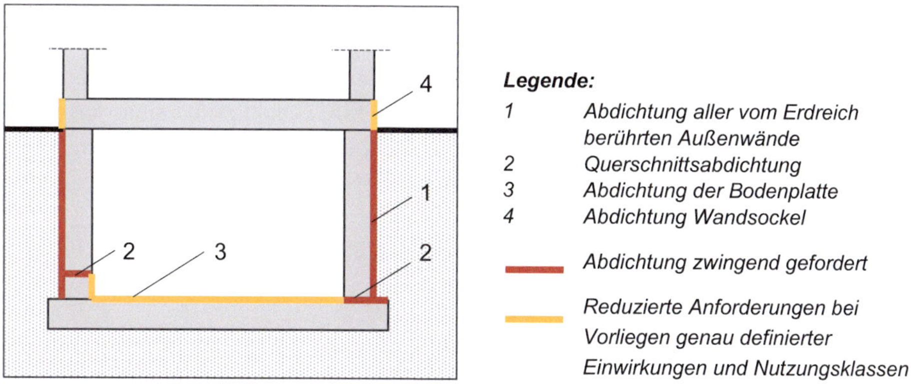

Abb. 7.8 Reduzierte Anforderungen an die Abdichtung bei Lastfall W1-E nach DIN 18 533

- Ebenfalls bei Einwirkungsklasse W-1E ist für Kunststoff- und Elastomerbahnen eine luftdichte Ausführung der Abdichtung auf der Bodenplatte nicht zwingend gefordert. Hier ist es zulässig, dass die Bahnen lose, ohne Nahtfügung, eingebaut werden, wenn eine Überlappung der Bahnen von mindestens 20 cm eingehalten wird.
- Eine weitere Situation, bei der nicht zwingend eine konvektionsdichte Ausführung im Bereich der Bodenplatte gefordert wird, betrifft ebenfalls die Einwirkungsklasse W1-E: So ist es unter der Voraussetzung, dass die Abdichtung lediglich durch Kapillarwasser beansprucht wird, ausreichend, wenn die Abdichtungsschicht so an durchdringende Bauteile herangeführt wird, dass keine Feuchtebrücken entstehen.
- Im Bereich des Wandsockels (Nr. 4 in Abb. 7.8) kann bei wasserabweisenden Bauteilen eine Abdichtung entfallen.

Insgesamt kann festgestellt werden, dass das Anforderungsniveau an die Abdichtungen gegen das Eindringen von Wasser/Feuchtigkeit und an Abdichtungsmaßnahmen des baulichen Radonschutzes nicht deckungsgleich ist: So muss die Abdichtung gegen Feuchtigkeit bzw. Wasser dann höchsten Anforderungen genügen, wenn das Gebäude im Grundwasser gegründet ist oder dichtgelagerte Böden (wie z. B. Lehme und Tone) anstehen (Wassereinwirkungsklasse W2-E). In diesen Situationen ist aber aufgrund der geringen Permeabilität des Bodens (s. hierzu Abschn. 4.3) in der Regel keine bzw. sehr wenig Bodenluft im anstehenden Erdreich vorhanden und damit mit einer geringen Radonbelastung zu rechnen. Dagegen zeichnen sich trockene und durchlässige Böden dadurch aus, dass hier aufgrund der geringen Feuchtebelastung die Anforderungen an die Abdichtung nach DIN 18533 mit Wassereinwirkungsklasse W1-E gering, dagegen aber infolge der hohen Permeabilität des Erdreiches häufiger hohe Radonbelastungen im Erdreich zu erwarten sind. Es stehen also tendenziell hohen Anforderungen an die Feuchteabdichtung geringe Anforderungen an den Radonschutz und umgekehrt bei vergleichsweise geringen Anforderungen an den Feuchteschutz hohe Anforderungen an den Radonschutz gegenüber. Verstärkt wird dieser gegenläufige Trend dadurch, dass bei geringer Wassereinwirkung (z. B. Erdfeuchte) häufig die Ausführungsqualität gering ist und vor allem Durchdringungen der erdberührten Gebäudehülle nicht luftdicht ausgeführt werden. Da in diesen Fällen zumeist keine Feuchteschäden entstehen, werden solche Lösungen ggf. akzeptiert, auch wenn die Anforderungen nach DIN 18533 nicht erfüllt sind. Aus diesen Überlegungen heraus muss geschlussfolgert werden, dass bei Wassereinwirkungsklasse W1-E die Erfüllung der Grundanforderungen aus DIN 18533 für den baulichen Radonschutz möglicherweise nicht ausreichend ist.

Zusammenfassend ergibt sich hinsichtlich der Kompatibilität zwischen Feuchteabdichtung und Barrierewirkung gegen Radon:

1. Die Abdichtungslösungen nach DIN 18 533 erfüllen – bis auf wenige Ausnahmen – die Anforderungen des baulichen Radonschutzes. Die Ausnahmen betreffen ausschließlich die Wassereinwirkungsklasse W1-E. Bei qualitätsgerechter Ausführung der Abdichtung für die Wassereinwirkungsklasse W2-E kann davon ausgegangen werden, dass diese gleichzeitig alle Anforderungen an der Radonschutz erfüllt.
2. Von grundlegender Bedeutung für den baulichen Radonschutz ist die sichere luft- bzw. gasdichte Ausführung aller Anschlüsse sowie Mediendurchführungen. Dabei ist auf eine hohe Ausführungsqualität sowie die Wahl langlebiger Lösungen zu achten, da gerade hinsichtlich des Radonschutzes bereits geringe Undichtheiten zu hohen Einströmraten von Bodenluft führen können.
3. Fehler bei der Ausführung der Abdichtung – die nicht unbedingt zu sichtbaren Feuchteschäden führen müssen – sind hinsichtlich des baulichen Radonschutzes inakzeptabel.

Die Erfahrung zeigt, dass in der Baupraxis keine vollständige Garantie für eine luft- bzw. gasdichte Lösungen gegeben werden kann. Es sind deshalb ggf. zusätzliche Maßnahmen angeraten, um den baulichen Radonschutz zu erfüllen. Hierauf wird im Abschn. 7.4.2.3.3 eingegangen.

Die konvektionsdichte Lösung der baulichen Details ist für die Radonschutzwirkung im Abdichtungssystem von ausschlaggebender Bedeutung. Es werden deshalb im Folgenden für den Anschluss Bodenplatte – Wand sowie für Mediendurchführungen Lösungen vorgestellt, die bei qualitätsgerechter Ausführung die Anforderungen an den baulichen Radonschutz sicher erfüllen.

Anschluss von Dichtungsbahnen und -schichten untereinander:
Die luftdichte Verbindung von Abdichtungsbahnen erfolgt durch Verkleben oder Verschweißen. Die Wahl der Ausführungsart ist abhängig vom Abdichtungsmaterial und der Verlegetechnologie. Grundlage für die korrekte Ausführung sind die Regelungen der DIN 18 533 sowie Verarbeitungsrichtlinien der Hersteller. Verlegungen mit offenen Stoßfugen erfüllen nicht die Funktion einer Radonbarriere gegen konvektiv einströmende Bodenluft.

Anschluss Bodenplatte-Wand:
Für den Anschluss zwischen Bodenplatte und Wand kommen unterschiedliche Abdichtungslösungen zum Einsatz, die in Abhängigkeit von den eingesetzten Materialien, der Lage der Abdichtungsschichten sowie den äußeren Einwirkungen anzuwenden sind. Beispielhaft werden im Folgenden drei typische Lösungen vorgestellt, die sowohl die Anforderungen an den Feuchteschutz als auch den baulichen Radonschutz erfüllen. In Abb. 7.9 ist die Lösung für eine wärmegedämmte Ausführung mit außenliegender Wandabdichtung

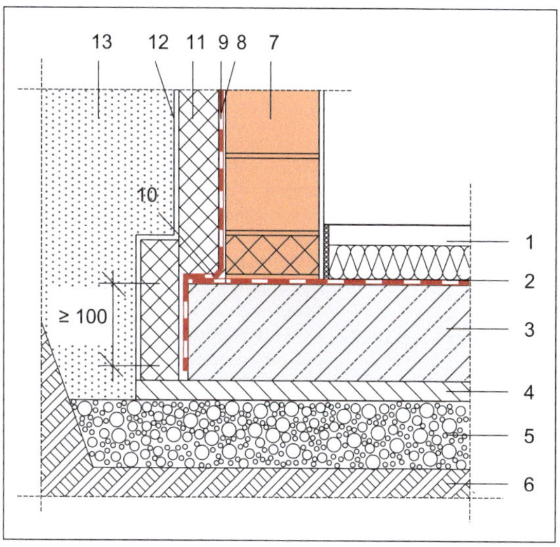

Legende:

1	*Fußbodenaufbau (hier mit Wärmedämmschicht)*
2	*Abdichtung nach DIN 18 533*
3	*Bodenplatte*
4	*Sauberkeitsschicht*
5	*Kapillarbrechende Kiesschicht (kann ggf. entfallen)*
6	*Gewachsenes Erdreich*
7	*Außenwand (hier Mauerwerk)*
8	*Ggf. Ausgleichsschicht als Grundlage für die Abdichtung*
9	*Abdichtung nach DIN 18 533*
10	*Kehlausbildung sowie ggf. Eckverstärkung der Abdichtungsschicht*
11	*Perimeterdämmung*
12	*Schutz- oder Dränageschicht*
13	*Baugrubenverfüllung*

Abb. 7.9 Beispiel für die sichere Ausführung der Abdichtung im Übergangsbereich Wand-Bodenplatte mit horizontaler Abdichtung auf der Bodenplatte

und oberhalb der Bodenplatte angeordneter Horizontalabdichtung dargestellt. Abb. 7.10 zeigt ebenfalls eine wärmegedämmte Lösung, bei der Horizontalabdichtung sowie Wärmedämmung unterhalb der Bodenplatte liegen. In Abb. 7.11 wird die im Neubau häufig angewendete Kombination von WU-Betonplatte, für die keine weitere Abdichtungsschicht er-

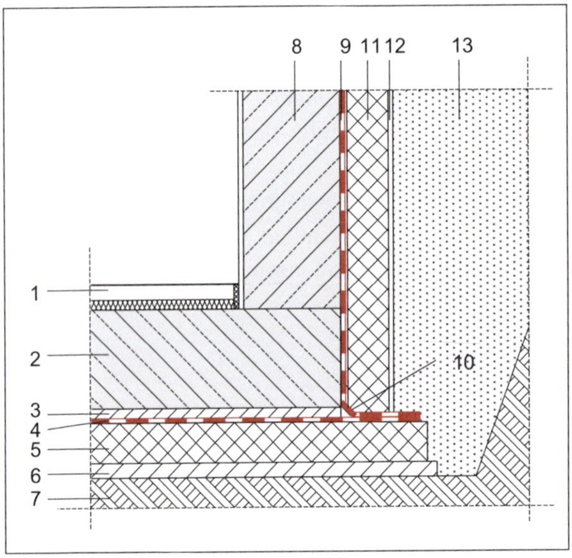

Legende:

- ***1*** *Fußbodenaufbau*
- ***2*** *Bodenplatte*
- ***3*** *Schutzestrich*
- ***4*** *Abdichtung nach DIN 18 533*
- ***5*** *Wärmedämmung (druckfeste Perimeterdämmung*
- ***6*** *Sauberkeitsschicht*
- ***7*** *Gewachsenes Erdreich*
- ***8*** *Stahlbeton-Außenwand*
- ***9*** *Abdichtung nach DIN 18 533*
- ***10*** *Kehlausbildung sowie ggf. Eckverstärkung der Abdichtungsschicht*
- ***11*** *Perimeterdämmung*
- ***12*** *Schutz- oder Dränageschicht*
- ***13*** *Baugrubenverfüllung*

Abb. 7.10 Beispiel für die sichere Ausführung der Abdichtung im Übergangsbereich Wand-Bodenplatte mit horizontaler Abdichtung unterhalb der Bodenplatte und durchgehend außen liegender Wärmedämmung

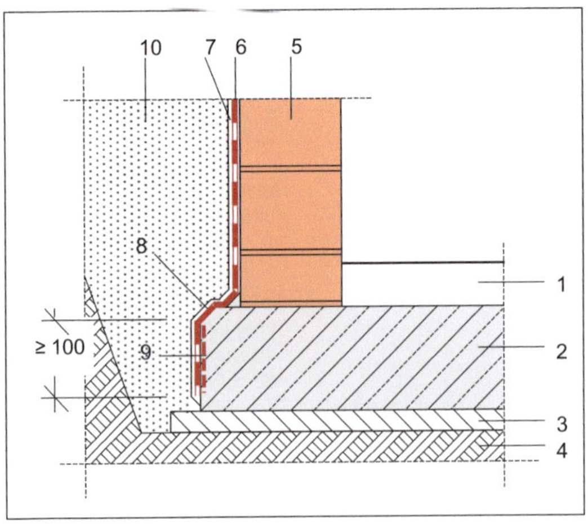

Legende:

- *1* *Fußbodenaufbau*
- *2* *WU-Betonbodenplatte (nach WU-Betonrichtlinie)*
- *3* *Sauberkeitsschicht*
- *4* *Gewachsenes Erdreich*
- *5* *Außenwand (hier Mauerwerk)*
- *6* *Abdichtung nach DIN 18 533*
- *7* *Schutzschicht*
- *8* *Kehlausbildung im Übergangsbereich, ggf. mit zusätzlicher Verstärkungslage*
- *9* *Übergang zwischen Abdichtung und WU-Bodenplatte auf abtragend vorbehandeltem Untergrund oder mit Einbauteil (z.B. Anschweißflansch) in der Bodenplatte*
- *10* *Baugrubenverfüllung*

Abb. 7.11 Beispiel für die Ausbildung des Übergangs von außen liegender Wandabdichtung nach DIN 18 533 auf WU-Betonbodenplatte

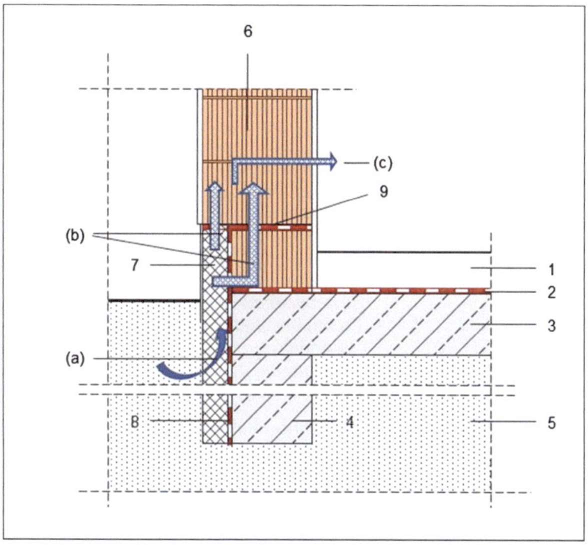

Legende:
1 Fußbodenaufbau
2 Horizontalabdichtung nach DIN 18533
3 Bodenplatte
4 Fundament/Frostschürze
5 Erdreich/Auffüllung (nicht spezifiziert)
6 Hochdämmendes POROTON-Mauerwerk
7 Perimeterdämmung
8 Vertikale Wandabdichtung nach DIN 18533
9 Zusätzliche Querschnitts-abdichtung

(a) möglicher Einströmweg von Bodenluft in/hinter die Perimeterdämmung

(b) möglicher Einströmweg der Bodenluft in die Hohlräume der POROTON-Steine bei fehlender Abdichtung

(c) möglicher Eintrittsweg der Bodenluft ins Ge

Abb. 7.12 Beispiel für die Ausbildung des Übergangs von Bodenplatte zum Mauerwerk aus Hochlochziegeln mit Darstellung möglicher Nebenwege für das Einströmen von Bodenluft ins Mauerwerk

forderlich ist, und Wandabdichtung nach DIN 18 533 vorgestellt. In der Darstellung dieses Details wurde auf die weiteren Schichten im Wand- und Bodenbereich verzichtet.

Übergang auf Hohlmauerwerk:
Am Beispiel eines nichtunterkellerten Gebäudes soll auf einen weiteren kritischen Punkt verwiesen werden: Wenn die Außenwände aus den unter „Porotonmauerwerk“ bekannten hochwärmedämmenden Hochlochziegeln errichtet werden, sind innerhalb dieses Mauerwerkes sehr viele miteinander verbundene Hohlräume vorhanden. Im Übergangsbereich zum Kellermauerwerk oder – bei nichtunterkellerten Gebäuden – zu Bodenplatte und Fundament muss hier sicher verhindert werden, dass über Fremdwege – in Abb. 7.12 zum Beispiel über die außen liegende Perimeterdämmung – radonhaltige Bodenluft ins Porotonmauerwerk einströmen kann, da diese des Weiteren möglicherweise ins Gebäudeinnere transportiert werden kann. Ggf. wird hier deshalb eine zusätzliche Querschnittsabdichtung im Mauerwerk erforderlich.

Medienführungen durch die erdberührte Gebäudehülle (Durchdringungen):
Durchdringungen durch die erdberührte Gebäudehülle (Außenwand, Bodenplatte) sind besonders kritische Punkte hinsichtlich des baulichen Radonschutzes und deshalb gründlich zu planen und auszuführen, wobei Lösungen, die bei Wassereinwirkungsklasse W2-E zum Einsatz kommen als radonsicher gelten.

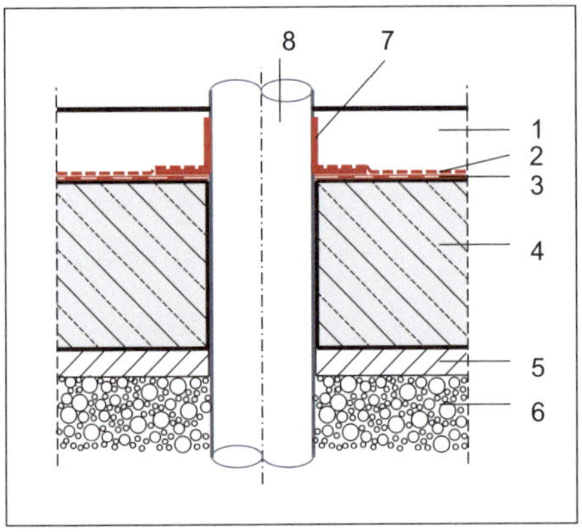

Legende:

1 Fußbodenaufbau
2 Schutzschicht
3 Abdichtung
4 Bodenplatte
5 Sauberkeitsschicht
6 Kapillarbrechende Kiesschicht bzw. gewachsenes Erdreich
7 Dichtmanschette, am Medienrohr luftdicht angeschlossen
8 Medienrohr

Abb. 7.13 Mediendurchführung durch die Bodenplatte mit Dichtmanschette zum luftdichten Anschluss der Abdichtungsschicht

Für Planung und Ausführung von Durchdringungen der erdberührten Gebäudehülle sind die folgenden Grundsätze zu beachten:

- Die Anzahl der Durchdringungen sollte auf das notwendige Mindestmaß begrenzt werden. Beispielsweise kann durch Bündelung mehrerer Medien in Mehrspartendurchführungen – eine solche Lösung ist beispielhaft in Abb. 7.18 dargestellt – die Anzahl der Durchdringungen reduziert werden. Eine weitere Möglichkeit zur Reduzierung von Durchdringungen der erdberührten Gebäudehülle besteht, soweit anwendbar, in der oberirdischen Medieneinführung.
- Für die Abdichtung von Bauteildurchführungen existieren eine Vielzahl technischer Lösungen, mit denen der Großteil aller Anwendungsfälle und Materialkombinationen erfasst wird. Für die Ausführung der Mediendurchführung sind die Regelungen des Fachverbandes Hauseinführungen für Rohre und Kabel e. V. (FHRK) [12] zu beachten. Typische Lösungen für den sicheren Anschluss der Abdichtung sind die Anordnung von Dichtmanschetten (Abb. 7.13) oder Fest-Los-Flansch-Konstruktionen (Abb. 7.14). Für den luftdichten Einbau der Mediendurchführungen in die Hüllrohre haben sich Quetschdichtungen (sogenannte Ringraumdichtungen) bewährt (Abb. 7.14 und 7.18).

7.4.2.3.3 Zusätzliche Maßnahmen und besondere Problempunkte

Die konvektionsdichte Ausführung der Gebäudehülle ist wichtigste Voraussetzung für einen ausreichenden baulichen Radonschutzes. Ob dieses Ziel tatsächlich erreicht wird, kann aber in der Regel erst nach Abschluss von Baumaßnahmen über Radonmessungen sicher festgestellt werden.[4] Ergeben diese Messungen, dass die Radonkonzentration in der Raumluft

[4] Auf die Problematik der zeitlichen Prüfungsmöglichkeit von Radonschutzmaßnahmen erst nach Abschluss aller Arbeiten sowie der möglichen Absicherung durch weitere Maßnahmen wird in Abschn. 8.4.5 näher eingegangen.

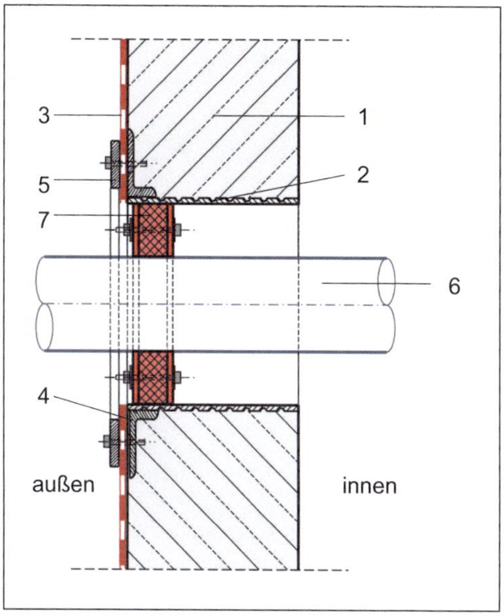

Legende:

1 Außenwand
2 Hüllrohr
3 Abdichtung (z.B. nach DIN 18 533)
4 Festflansch
5 Losflansch
6 Medienrohr
7 Ringraumdichtung

Abb. 7.14 Mediendurchführung durch eine erdberührte Wand mit Fest-Los-Flanschkonstruktion und Ringraumabdichtung

über den geplanten Zielwerten liegt, d. h. dass der angestrebte Radonschutz nicht erreicht wurde, sind Nachbesserung an der Abdichtung zumeist nicht mehr oder nur mit erheblichem Mehraufwand realisierbar. Diesem hier beschriebenen Dilemma kann bis zu einem gewissen Grad mit erhöhten Anforderungen an die Abdichtungslösung begegnet werden – insbesondere betrifft das eine erhöhte Ausführungsqualität, aber auch ggf. zusätzliche Maßnahmen bei Lastfall W1-E. Ein weiterer Ansatz besteht im Einbau bzw. in der Vorbereitung eines zusätzlichen absichernden Systems, bei dem die Abdichtung mit einer Unterdrucklösung nach Abschn. 7.4.3.5.3 kombiniert wird. Dabei wird unterhalb der Bodenplatte eine kapillarbrechende Kiesschicht eingebaut, in der ein Radondränagesystem verlegt wird. Bei kleineren Gebäuden kann ggf. auf den Einbau der Dränagerohre verzichtet werden, die durchlässige Schicht unterhalb der Bodenplatte wird dann direkt als Dränageschicht genutzt. Die Dränage bzw. die kapillarbrechende Schicht wird hier vorerst ohne Luftabsaugung, das heißt, ohne Unterdruckerzeugung, eingebaut. Baulich ist diese Anlage im Rahmen der Bauphase so abzuschließen, dass eine Unterdruckerzeugung durch Ergänzung einer aktiven oder passiven Absaugung problemlos aktiviert werden kann (Abb. 7.15). Ergibt die Messung nach Abschluss der Baumaßnahmen, dass die Zielwerte des Radonschutzes erreicht wurden, wird auf die Radonabsaugung verzichtet, ansonsten wird sie zur Erreichung der Zielwerte ergänzt. Der provisorische Abschluss ist so anzuordnen, dass dieser für den eventuell erforderlichen späteren Einbau einer Radonabsaugung gut erreichbar ist und keine Störung für die Gebäudenutzung hervorruft. Der Abschluss kann sowohl außerhalb des Gebäudes als auch im Gebäudeinnerem liegen.

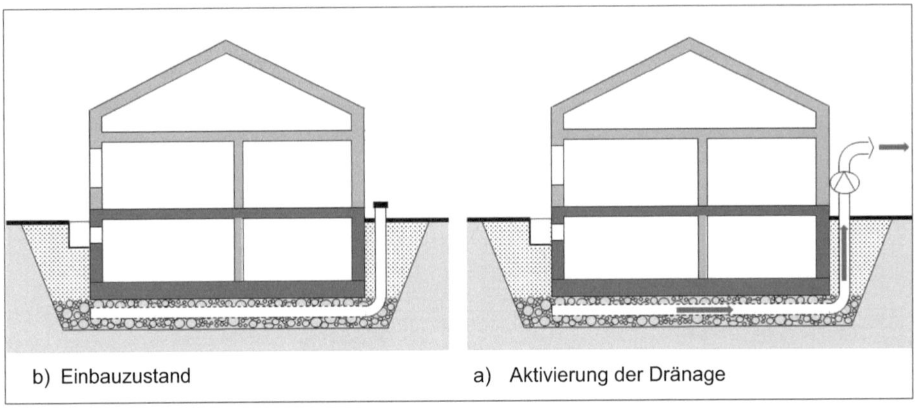

Abb. 7.15 Schematische Darstellung für den Einbau einer Radondränage unterhalb der Bodenplatte als Absicherungsmaßnahme. Linkes Bild (a): Einbau der Dränage gleichzeitig mit der Errichtung des Gebäudes; die Dränage wird bis zur Geländeoberfläche bzw. bis ins Kellergeschoss geführt und dort verschlossen. Rechtes Bild (b): Nachrüstung der Dränage mit Luftabsaugung und damit Unterdruckerzeugung im Erdreich. Anmerkung: Die Abluftführung kann sowohl im Gebäude als auch außerhalb (dargestellt) erfolgen. Des Weiteren kann die Unterdruckerzeugung mittels Lüftereinsatz (dargestellt) oder über natürlichen Auftrieb erfolgen

Die Realisierung dieser zusätzlichen Maßnahme wird kontrovers diskutiert. So stehen der erhöhten Sicherheit hinsichtlich des Radonschutzes bauliche Mehraufwendungen gegenüber, die in der überwiegenden Mehrzahl der Anwendungen letztendlich nicht benötigt werden. Während der Einbau einer solchen (prophylaktischen) Radondränage in einigen Ländern vor allen Dingen dann, wenn im Erdreich ein erhöhtes Radonpotenzial vorhanden ist, mehr oder weniger als Standardlösung vorgesehen wird (z. B. Großbritannien [13], skandinavische Länder, Tschechien), konnte sich diese Maßnahme im deutschsprachigen Raum bisher nicht entscheidend durchsetzen. Letztendlich ist die Entscheidung immer für eine konkrete Baumaßnahme zu treffen, eine Verallgemeinerung ist nicht sinnvoll. In die Entscheidung sind dabei vielfältige Einflüsse und Randbedingungen einzubeziehen. Die wichtigsten sind im Folgenden zusammengefasst:

- *Höhe des Radonpotenzials sowie die Radonkonzentration im Boden*
  Je höher diese Werte sind, umso mehr ist der Einbau einer zusätzlichen Radondränage in Betracht zu ziehen. In einigen Ländernormen (Tschechien [14], Österreich [15]), aber auch in nichtnormierten Regelungen weiterer Länder wird diese Zusatzmaßnahme bei hohem Bodenradonpotential empfohlen oder vorgeschrieben. Besonders detaillierte Empfehlungen sind in den tschechischen Handlungsempfehlungen [16] enthalten. Danach wird der Einsatz einer Dränage zusätzlich zur Abdichtung unter anderem bei Vorliegen der folgenden Randbedingungen empfohlen:

1. Ab einem Radonpotenzial von 60 kBq/m^3 im Boden und hochpermeablen Böden;
2. Ab einem Radonpotenzial von 140 kBq/m^3 im Boden und mittelpermeablen Böden;
3. Ab einem Radonpotenzial von 200 kBq/m^3 im Boden und geringpermeablen Böden;
4. Beim Einsatz von Fußbodenheizungen;
5. Wenn spätere Eingriffe in die Konstruktion oder/und Bodenbewegungen zu erwarten sind.

Für Deutschland wird eine ähnliche Vorgehensweisen in DIN/TS 18117-2 vorgeschlagen. Dabei werden Empfehlungen für den Einbau einer zusätzlichen Bodenluftabsaugungen in Abhängigkeit bestimmter Randbedingungen unterbreitet. Hierzu ist eine Matrix entwickelt worden, in der erhöhte Anforderungen an die Ausbildung der Gebäudeabdichtung in Abhängigkeit von der Radon-Aktivitätskonzentration und dem Radonpotenzial im Boden empfohlen oder gefordert werden. Diese in Abschnitt 7.4.2.7 vorgestellte Matrix entspricht weitestgehend dem Ansatz nach [16], allerdings mit anderen Gruppengrenzen.

- *Geologische Bedingungen*

  In die Entscheidung, ob eine zusätzliche Radondränage vorgesehen werden soll, ist einzubeziehen, dass Unterdrucklösungen nicht bei allen geologischen Gegebenheiten eingesetzt werden können. Hierauf wird detailliert in Abschn. 7.4.3.3 eingegangen.
- *Zielwerte der Radonkonzentration in der Raumluft und Luftwechselrate der Raumluft*

  Zur Einhaltung niedrigerer Zielwerte der Radonkonzentration in der Raumluft (zum Beispiel 100 Bq/m^3) sind erhöhte Anforderungen an die Dichtheit der erdberührten Gebäudehülle zu erfüllen. Mit der Reduzierung der Zielwerte steigt gleichzeitig der Anteil von Gebäuden an, bei denen die angestrebten Zielwerte nicht erreicht werden. Damit erhöht sich aber die Zweckmäßigkeit des Einbaues eines zusätzlichen Absaugsystems.

  Niedrige Luftwechselraten in der Raumluft erhöhen die Anforderungen an die Ausführung der erdberührten Gebäudehülle und damit die Zweckmäßigkeit eines zusätzlichen Sicherheitssystems.
- *Ausbildung der erdberührten Gebäudehülle (hier insbesondere der Abdichtung)*

  Ist zu befürchten, dass die erdberührte Gebäudehülle nicht ausreichend konvektionsdicht ausgeführt werden kann, sollte der Einbau einer Radondränage zwingend in Betracht gezogen werden. Eine solche Situation liegt häufig bei dem Bau von Industriehallen vor (s. hierzu Abschnitt 8.4.4.1)
- *Möglichkeit für Nachbesserungsarbeiten an der erdberührten Gebäudehülle und den Abdichtungsschichten*

  Da Nachbesserungen an der erdberührten Gebäudehülle nur in den seltensten Fällen mit wirtschaftlich vertretbarem Aufwand durchgeführt werden können, sind diese selten als Kriterium für den Einbau einer zusätzlichen Absaugung in den Entscheidungsprozess einzubeziehen.

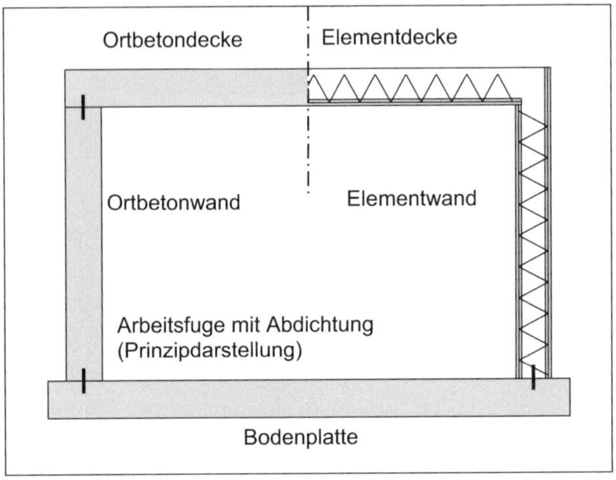

Abb. 7.16 Prinzipdarstellung für wasserundurchlässige Bauwerke (Weiße Wanne) als Ortbeton- oder Elementkonstruktion

7.4.2.4 Weiße Wanne

7.4.2.4.1 Konstruktionsprinzip Weiße Wanne

Wasserundurchlässige Bauwerke aus Beton (kurz: WU-Beton-Konstruktionen) werden dann, wenn sie als unterer Gebäudeabschluss eingesetzt sind (Keller, Bodenplatte), zumeist als „Weiße Wanne" bezeichnet (Abb. 7.16). Weiße Wannen zeichnen sich dadurch aus, dass sie gleichzeitig die Funktion der tragenden Konstruktion sowie der Abdichtung gegen Wasser/Feuchtigkeit übernehmen, zusätzliche Abdichtungsschichten demnach entfallen können.

Die Ausführung von WU-Konstruktionen ist für Deutschland in der WU-Betonrichtlinie [8] geregelt. Die Normengruppe „Abdichtung von Bauwerken" beinhaltet ausdrücklich keine wasserundurchlässigen Bauwerke aus Beton und ist daher für diese Bauart nicht anzuwenden.

Für die Ausführung von WU-Betonkonstruktionen kommen sowohl monolithische Konstruktionen, Elementwände sowie Fertigteilelemente zum Einsatz, wobei für die hier betrachteten erdberührten Bauteile die Fertigteilbauweise eher selten eingesetzt wird.

Die Eignung von Weißen Wannen als Radonbarriere ist – wie auch bei allen anderen Konstruktionsarten – davon abhängig, inwieweit der Eintritt von Bodenluft durch die Konstruktion verhindert werden kann. Dabei sind die aus der Raumnutzung abgeleiteten Anforderungen an die Konstruktion ebenso zu beachten, wie die Dicke der Bauteile, die Zulässigkeit von Rissen und weitere Eigenschaften. Bevor auf diese Kriterien näher eingegangen wird, soll darauf verwiesen werden, dass mit den Regelbauweisen nach [8] die Innenräume vor Feuchtigkeit und Wasser geschützt werden sollen, Fragen des Gas- bzw. Luftdurchtrittes nicht Bestandteil der Regelungen sind. Die Erfahrung zeigt aber, dass unbeschadet dieser Einschränkung die Ausführung der erdberührten Gebäudehülle als Weiße Wanne im Vergleich mit anderen Ausführungsarten hinsichtlich der Radonbelastung in

Innenräumen zu vergleichbaren Ergebnissen kommt. Allerdings sind bei der Ausführung von WU-Betonkonstruktionen eine Reihe technologischer und stofflicher Anforderungen einzuhalten, deren korrekte Ausführung für die Konvektionsdichtheit der erdberührten Gebäudehülle von großer Bedeutung ist. In der baupraktischen Umsetzung werden die Anforderungen aus verschiedenen Gründen nicht immer erreicht, sodass auch für diese Bauweise ggf. zusätzliche bauliche Maßnahmen vorzusehen sind. Die Anordnung einer Radondränage als zusätzliche Absicherung – wie in Abschn. 7.4.2.3.3 für bahnenförmige und flüssig zu verarbeitende Abdichtungen beschrieben – eignet sich für die Anwendung bei Weißen Wannen zumeist nicht, da Weiße Wannen in der Regel bei zeitweise oder ständig anstehenden drückendem Wasser vorgesehen werden, Dränagen in diesen Fällen aber nicht funktionieren. Es müssen für Weiße Wannen demnach andere Lösungen für die Gewährleistung einer sicheren Radon-Barrierewirkung in die Überlegungen einbezogen werden. Dabei zeigt die baupraktische Erfahrung, dass vor allem im Bereich technologischer und sonstiger planmäßiger Fugen die Gefahr der Undichtheit besonders hoch ist. Die Erhöhung der Sicherheit kann hier durch eine außen liegende zusätzliche partielle Abdichtung der Fugen erreicht werden. Eine weitere Form ist die Kombination der Weißen Wanne mit einer Frischbeton-Verbundkonstruktion, auf die in Abschn. 7.4.2.4.3 eingegangen wird.

7.4.2.4.2 Anforderungen an Weiße Wannen nach der WU-Betonrichtlinie

In der WU-Betonrichtlinie sind zwei Nutzungsklassen eingeführt worden: **Nutzungsklasse A** umfasst alle höherwertigen Nutzungen (Standard für Wohnungsbau sowie Lagerräume mit hochwertiger Nutzung). Diese Nutzungsklasse wird wiederum in vier Untergruppen untergliedert in:

- A *** anspruchsvolle Raumnutzung (z. B. Archive, Bibliotheken)
- A ** normale Raumnutzung (z. B. Wohnräume, Büroräume)
- A * einfache Raumnutzung (Räume für zeitweisen Aufenthalt, z. B. Hobbyräume)
- A ^{o} untergeordnete Raumnutzung (nach WU-Betonrichtlinie ggf. Nutzungsklasse B)

Bei Nutzungsklasse A dürfen nach WU-Betonrichtlinie keine Feuchtestellen auf der inneren Bauteiloberfläche entstehen. Dagegen sind bei **Nutzungsklasse B**, in der alle sonstigen Anwendungsfälle (z. B. Garagen, Lagerräume mit geringen Anforderungen usw.) zusammengefasst sind, Feuchtstellen auf der Innenseite der Konstruktion zulässig. Grundsätzlich kann festgestellt werden, dass ausschließlich für Konstruktionen der Nutzungsklasse A eine ausreichende Barrierewirkung gegen eindringende Bodenluft vorausgesetzt werden kann. Bei den Anforderungen an die Konstruktion für Nutzungsklasse B muss immer damit gerechnet werden, dass durch Undichtheiten in der Gebäudehülle ein konvektiver Eintritt von Bodenluft ins Gebäude möglich wird.

Die in [8] empfohlenen Mindestdicken von Bodenplatten und Wänden betragen für die erdberührten Bauteile in Ortbeton oder Elementbauweise mindestens 200 mm, für einzelne Anwendungsfälle werden größere Mindestdicken gefordert. Aufgrund der Begrenzung des w/z-Faktors und weiterer Anforderungen an die Ausführungsqualität der Betone sind diese ausreichend dicht, die Diffusion spielt bei Einhaltung der vorgeschlagenen Mindestdicken praktisch keine Rolle. Entscheidend ist demnach die Frage, ob über Risse und Fugen ein konvektiver Luftstrom entsteht. Für die Zulässigkeit bzw. Verhinderung von Rissen sowie die Ausbildung von Fugen enthält die WU-Betonrichtlinie drei Entwurfsgrundsätze. **Entwurfsgrundsatz a** zielt auf die Vermeidung von Trennrissen in den Betonbauteilen. Bei Anwendung dieses Entwurfsgrundsatzes dürfen keine bzw. nur wenige Trennrisse auftreten. Dies wird durch die Planung einer zwangsarmen Konstruktion erreicht. Bei Anwendung des **Entwurfsgrundsatzes b** sind Risse bis zu einer gewissen Rissbreite zulässig, wobei dieser Wert in Abhängigkeit vom außen anstehenden Wasserdruck bestimmt wird. Bei dieser Bauweise wird vorausgesetzt, dass sich Risse noch während der Rohbauphase durch Selbstheilungsprozesse schließen. Ausgelöst wird die „Selbstheil" durch von außen in die Risse einströmendes Wasser. Hinsichtlich der Eignung als Radonbarriere sind Konstruktionen nach Entwurfsgrundsatz b ungeeignet. **Entwurfsgrundsatz c** beinhaltet die Festlegung von Trennrissbreiten mit planmäßigen Dichtmaßnahmen. Bei diesem Entwurfsgrundsatz wird angestrebt, möglichst wenige Risse mit größeren Rissbreiten zuzulassen und diese gezielt so abzudichten, dass bei Nutzungsklasse A kein Wassereintritt nach innen möglich wird. Risse nach Entwurfsgrundsatz c sind in erster Linie die technologisch erforderlichen Arbeitsfugen im Bereich von Bauteilübergängen, bei sehr großen Bauwerken werden aber auch innerhalb von Wänden oder Bodenplatten planmäßige Fugen (Bewegungsfugen, Dehnfugen usw.) erforderlich. Weiterhin sind Sollrissfugen, bei denen durch planmäßige Schwächung innerhalb des Querschnittes gezielt Rissstellen eingeplant werden, erfasst. Hinsichtlich der Eignung als Radonbarriere dürfte die dauerhaft sichere Abdichtung der bei Entwurfsgrundsatz c unvermeidbaren Fugen von entscheidender Bedeutung sein. Die Ausbildung dieser Fugen ist im Merkblatt H 11 des VDZ [17] beschrieben. Fugenabdichtungen können hierbei innerhalb des abzudichtenden Querschnittes sowie außen (in der Regel auf der dem Erd- und Wasserdruck zugewandten Seite) angeordnet werden. Es kommen nach [17] hierbei verschiedene Systemlösungen zum Einsatz (Abb. 7.17):

- Abdichtung durch Umlaufwegverlängerung,
- (b) Einbettung mittiger Fugenbleche,
- (c) Erzeugung eines Quelldruckes in der Fuge (in Abb. 7.17 nicht dargestellt),
- (d) Verfüllung mittels Injektion,
- (e) Einbau einer fugenüberbrückender Klemmkonstruktion sowie
- (f) Aufbringen einer außen liegenden Klebedichtung.

Abdichtung durch Quelldruck sind für den Nachweis der Luftdichtheit grundsätzlich ungeeignet, da die Quellwirkung erst in Verbindung mit Wassereintritt entsteht, bei trockenen Fugen somit keine Abdichtung vorhanden ist.

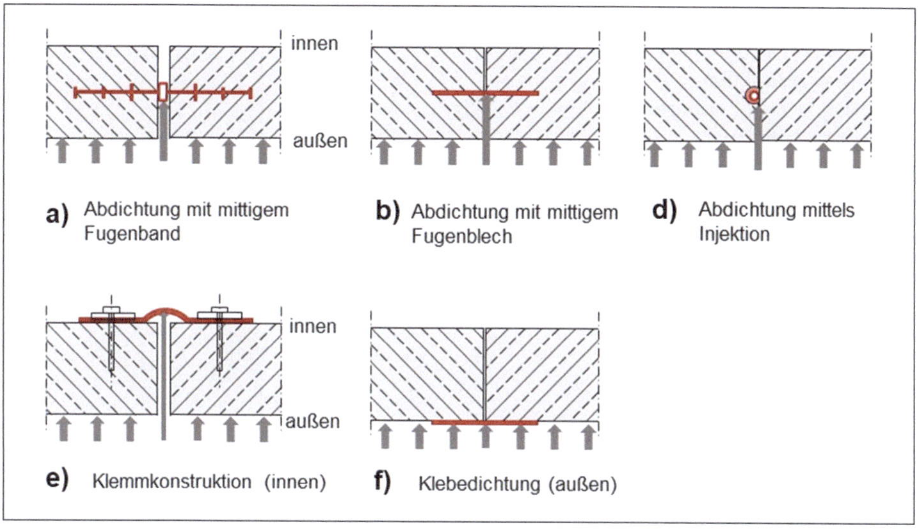

Abb. 7.17 Beispiele für Fugenausbildungen in WU-Betonkonstruktionen (Schemadarstellungen)

Die sichere Ausbildung von Fugenabdichtungen, aber auch die Vermeidung schädlicher Risse in WU-Betonkonstruktionen erfordern eine exakte Planung und Ausführung sowie ggf. umfangreiche Nachbehandlungen. Es werden deshalb beim Vorliegen kritischer Situationen – wenn zum Beispiel eine Nachbehandlung nicht möglich ist oder aber sehr hohe Anforderungen an die Raumnutzung zu erfüllen sind – zusätzliche Abdichtungen vorgesehen. Diese können örtlich begrenzt besonders gefährdete Bereiche schützen oder aber es wird eine Frischbetonverbundfolie als zusätzliche flächige Abdichtung eingebaut (s. Abschn. 7.4.2.4.3) In Abb. 7.17 (f) ist eine außen liegende Fugenabdichtung aufgenommen, bei deren Anwendung – sachgemäße Ausführung vorausgesetzt – eine hohe Radonsicherheit erreicht wird. Diese Lösung wird ggf. auch als zusätzliche Absicherung bei Fugenabdichtungen nach (a) bis (d) vorgesehen.

Um eine hohe Radondichtheit zu erreichen, sind neben der sorgfältig auszuführenden Fugenabdichtung vor allen Dingen die Medienführungen durch die erdberührte Gebäudehülle sicher luftdicht auszuführen. Dabei ist auch in Weißen Wannen deren Ausführung nach den Regelungen des Fachverbandes Hauseinführungen für Rohre und Kabel e. V. (FHRK) [12] zu planen und auszuführen. Es werden in der Regel Ringraumdichtung (Abb. 7.18) oder Mauerkragenabdichtungen (Abb. 7.19) eingesetzt. In Abb 7.18 ist beispielhaft eine Lösung mit Mantelrohr in einer homogenen WU-Betonwand als Mehrspartenlösungen dargestellt. Mehrsparteneinführungen reduzieren die Anzahl von Durchführungen. Sie sind deshalb besonders effektiv und erhöhen die Sicherheit hinsichtlich Dichtheit der Gebäudehülle. Voraussetzung für den Einsatz von Mehrspartenlösungen ist eine frühe und fachübergreifende Abstimmung zwischen Bau- und Medienplanung.

Abb. 7.18 Mehrsparten-Bauteileinführung durch ein WU-Betonkonstruktion
1: WU-Betonwand 2: Hüllrohr
3: Ringraumdichtung
4: Medienrohre

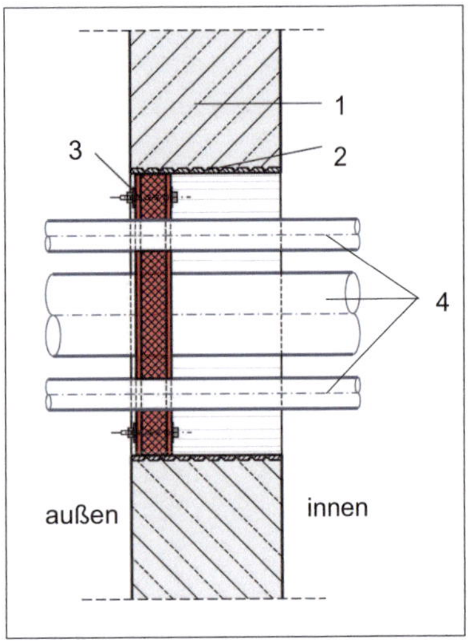

1: WU-Betonwand
2: Hüllrohr
3: Ringraumdichtung
4: Medienrohre

Abb. 7.19 Abdichtung einer Abwasserleitung in einer WU-Betonbodenplatte
1: WU-Betonplatte
2: Mauerkragen
3: Abwasserleitung

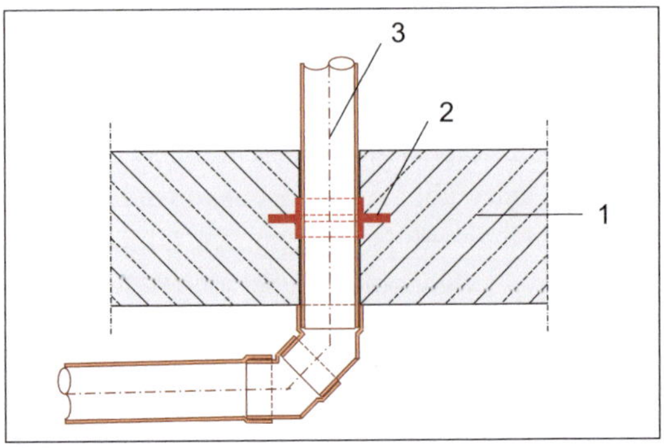

WU-Betonbodenplatte
1: WU-Betonplatte
2: Mauerkragen
3: Abwasserleitung

7.4.2.4.3 Frischbetonverbundsysteme (FBVS)

Die nach dem DBV-Merkblatt „Frischbeton-Verbundsysteme“ [18] geregelte Bauweise wird als zusätzliche wasserseitige Abdichtungen auf WU-Betonkonstruktionen seit etwa 2012 vermehrt eingesetzt, da allein mit WU-Betonkonstruktionen nicht immer eine mangelfreie, norm- und baurechtskonforme Lösung erreicht wird. FBVS erhöhen somit die Zuverlässigkeit hinsichtlich der Wasserundurchlässigkeit. Angewendet werden diese

Systeme vor allen Dingen bei hohen Anforderungen an die Raumnutzung (Nutzungsklasse A* bis A***), schwierigen Bauwerksrandbedingungen (wie zum Beispiel fehlende Zugänglichkeit der WU-Betonkonstruktion nach hochwertigem Ausbau), chemisch angreifbaren Böden sowie zur Verbesserung der Radondichtheit. Bei FBVS wird eine hautförmige Abdichtung – die Frischbetonverbundfolie – vor dem Betoneinbau verlegt und geht mit dem anschließend eingebauten Ortbeton einen zugfesten Verbund ein. Angewendet wird diese Bauweise bei WU-Betonkonstruktionen auf Grundlage des Entwurfsgrundsatzes (a) oder (c). Aufgrund des Wirkprinzips bei Entwurfsgrundsatz (b) ist hier die Anwendung von FBVS nicht möglich. FBVS zeichnen sich durch ihre Hinterlaufsicherheit sowie dadurch aus, dass konstruktionsbedingte, aber auch nicht vorhersehbare Risse und Trennrisse überbrückt werden. In Abb. 7.20 ist die Konstruktionsweise des FBVS der klassischen Abdichtung nach DIN 18533 gegenübergestellt.

Bislang gibt es für Frischbetonverbundsysteme noch kein geschlossenes Regelwerk Das 2023 vom Deutschen Beton- und Bautechnikverein e. V. (DBV) herausgegebene

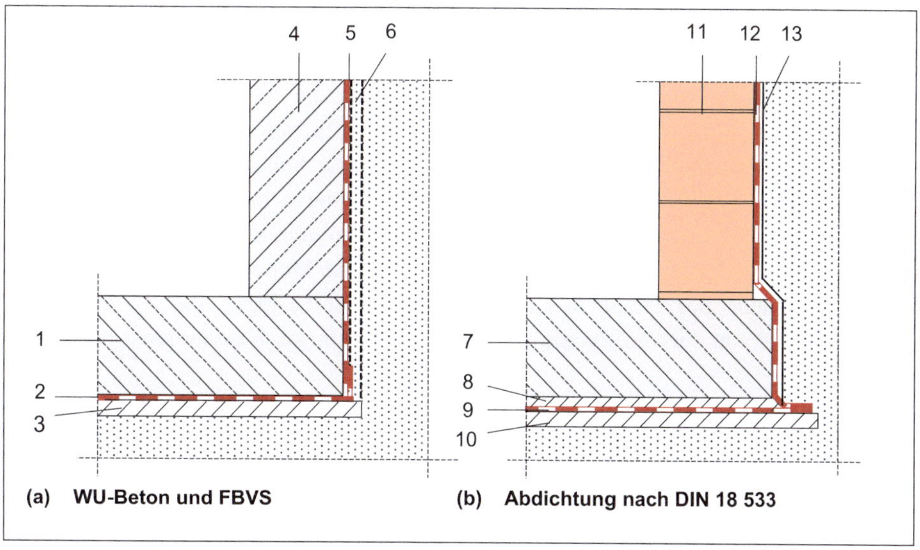

Legende:

(a) FBVS

1. *WU-Betonbodenplatte*
2. *Frischbetonverbundfolie*
3. *Sauberkeitsschicht*
4. *WU-Betonwand*
5. *Frischbetonverbundfolie*
6. *Rücklage für Folieneinbau (kann nach Betonierung rückgebaut werden oder verbleibt als „verlorene Schalung" zurück*

(b) Abdichtung nach DIN 18533

7. *Betonbodenplatte*
8. *Schutzschicht*
9. *Abdichtung nach DIN 18533*
10. *Sauberkeitsschicht*
11. *Außenwand (Mauerwerk oder Beton)*
12. *Abdichtung nach DIN 18533*
13. *Schutzschicht*

Abb. 7.20 Frischbetonverbundlösung im Vergleich mit Abdichtung nach DIN 18533

DBV-Merkblatt „Frischbetonverbundsysteme“ [18] hilft gemeinsam mit dem ebenfalls 2023 erschienen DBV-Heft 54 „Frischbetonverbundsysteme – Grundlegende Erläuterungen zum DBV.-Merkblatt Frischbetonverbundsysteme“ [19] diese Lücke zu schließen.

Die Sinnhaftigkeit der Anwendung von FBVS wird aktuell noch kontrovers diskutiert, da deren Anwendung mit sehr hohen Anforderungen an die Ausführungsqualität verbunden sind, die nicht immer gewährleistet werden können.

Neben der Lösung eines vollflächigen Schutzes der WU-Betonkonstruktion durch Frischverbundfolien (Abb. 7.20) können auch Teillösungen oder Lösungskombinationen angewendet werden (Abb. 7.21).

Hinsichtlich der Bewertung von FBVS für den Einsatz als zusätzliche Radonbarriere kann konstatiert werden, dass die eigentliche Zielstellung dieser Bauweise, das Erreichen einer hohen Sicherheit gegen das Eindringen von Wasser ins Gebäude, dem baulichen Radonschutz vollinhaltlich entgegenkommt. Bedingung ist, dass die Ausführungsqualität vor allem in Bezug auf die Nahtfügung der Bahnen sowie auf den hinterlaufsicheren Folien-Betonverbund erreicht wird.

7.4.2.5 Innenabdichtungen

Innenabdichtungen von erdberührten Wänden kommen dann zur Anwendung, wenn eine Außenabdichtung auf Grund technischer und wirtschaftlicher Bedingungen nicht umsetzbar ist, so zum Beispiel, wenn durch Überbauung die Außenseiten der erdberührten Wände nicht freigelegt werden können. Innenabdichtungen haben gegenüber Außenabdichtungen in bauphysikalischer und technischer Sicht eine Reihe von Nachteilen. So kann zwar die Raumfeuchte reduziert und eine trockene Wandoberfläche erreicht werden, es muss aber gleichzeitig in Kauf genommen werden, dass eine erhöhte Durchfeuchtung der Wand entsteht, da die von außen einströmende Feuchte nicht nach innen

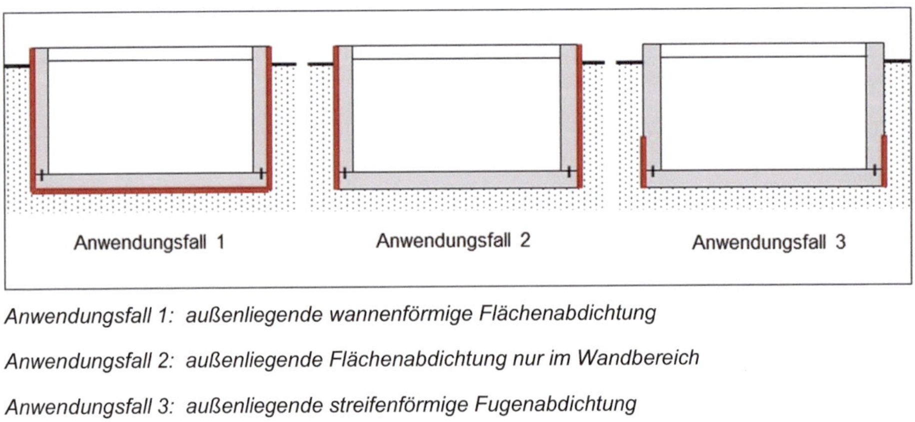

Abb. 7.21 Anwendungsfälle für Frischbetonverbundkonstruktionen. (nach [19])

ausdiffundieren kann. Die bauphysikalisch und bautechnisch möglichen Schadensbilder sowie die sich hieraus ergebenden Lösungsansätze sollen hier nicht weiter vertieft werden. Sie sind in der Literatur ausführlich beschrieben, so u. a. in [20 und 21]. Aufgrund der hier angesprochenen Nachteile und Gefährdungen kommen Innenabdichtungen ausschließlich in der Gebäudesanierung zur Anwendung. Die sichere Ausführung einer Innenabdichtung erfordert eine gründliche Analyse der Bestandskonstruktion. Hinweise zu Umfang und Durchführung von diagnostischen Untersuchungen an Mauerwerk und Betonkonstruktionen sind u. a. in [22, 23, 24] enthalten. Hinsichtlich der Anforderungen aus dem baulichen Radonschutz sind die Baustoffeigenschaften sowie der allgemeine Erhaltungszustand aller erdberührter Wände und Böden zu erfassen. insbesondere eine gründliche Rissdiagnostik erforderlich (einschließlich der Untersuchung, ob im Rissbereich noch Verformungen zu erwarten oder diese zur Ruhe gekommen sind) sowie sind die erdberührten Bauteile auf innere Hohlräume zu untersuchen.

Horizontale Innenabdichtungen auf Bodenplatten können sowohl im Neubau als auch bei Sanierungen angewendet werden. Innenabdichtungen der Bodenplatte im Neubau sind als Systembaustein der Gesamtabdichtung in Abschn. 7.4.2.3 erfasst. Hier werden ergänzend die spezifischen Lösungen in der Gebäudesanierung betrachtet.

Die folgende Zusammenstellung der technologischen und stofflichen Anforderungen sowie Lösungsmöglichkeiten von Innenabdichtungen basiert auf dem WTA-Merkblatt 4-6 „Nachträgliche Abdichtung erdberührter Bauteile“ [11].

Grundsätzlich sind Innenabdichtungen wannenartig auszuführen (Abb. 7.22).

Als **Wandflächenabdichtung** werden typischerweise Mineralische Dichtschlämmen (MDS) eingesetzt. Eine gründliche Vorbehandlung der Wandoberfläche sowie der mindestens zweilagige Aufbau der Abdichtungsschicht sind Voraussetzung für ein sicheres Abdichtungssystem. Als Mindesttrockendichte der Mineralischen Dichtschlämme wird nach dem WTA-Merkblatt 4-6 für aufstauendes und drückendes Wasser 3 mm gefordert. Diese Schichtdicke sollte auch hinsichtlich des baulichen Radonschutzes eingehalten werden. Die Abdichtung ist zum Raum hin mit einer Schutzschicht abzuschließen. Für diese wird üblicherweise ein Sanierputz aufgetragen, der neben der Schutzwirkung gleichzeitig positive Auswirkungen auf das Raumklima hat. Ergibt sich aus der geplanten Raumnutzung, dass eine Wärmedämmung der Außenwände erforderlich wird, kann zusätzlich ein Innendämmsystem vorgesehen werden, welches ebenfalls als Schutzschicht für die Abdichtung geeignet ist. Neben den Mineralischen Dichtschlämmen werden im WTA-Merkblatt 4-6 [11] für die Innenabdichtung im Wandbereich als weitere Möglichkeit wasserundurchlässige Trockenmörtel aufgeführt. Diese sind hinsichtlich des baulichen Radonschutzes als kritisch einzuschätzen, da ein Nachweis der Luftdichtheit fehlt. Für die **horizontale Abdichtung** auf der Bodenplatte können neben den Mineralischen Dichtschlämmen auch Kunststoffmodifizierte Bitumendickbeschichtungen (PMBC) oder Dichtungsbahnen eingesetzt werden. Hier übernimmt der weitere Bodenaufbau, u. a. mit einer Estrichschicht, die Funktion der Schutzschicht. In vielen Anwendungsfällen muss das System aus Wandinnenabdichtung und Bodenabdichtung noch durch eine **Querschnittsabdichtung der Außenwände** ergänzt werden, da häufig

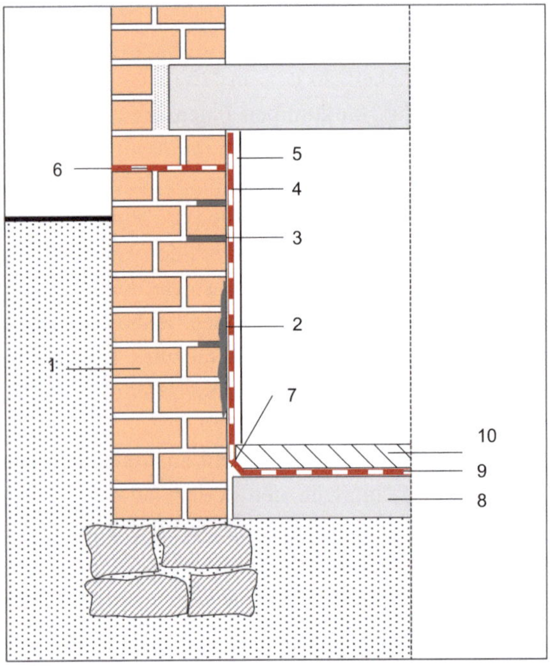

Legende

(1) *Außenwand (Bestand)*
(2) *Ggf. Ausgleichsputz*
(3) *Ggf. Fugenverschluss*
(4) *Abdichtung (MDS)*
(5) *Sanierputz*
(6) *Nachträgliche Horizontalsperre (hier als mechanisch eingebaute Horizontalsperre dargestellt)*
(7) *Kehlenausrundung*
(8) *Bodenplatte / Bestandsboden*
(9) *Abdichtung (MDS; alternativ PMBC oder Bahnenabdichtung)*
(10) *Schutzschicht (Estrich, weitere Fußbodenschichten)*

Abb. 7.22 Nachträgliche Innenabdichtung (nach WTA-Merkblatt 4-6)

die bestehende Querschnittsabdichtung nicht mehr ausreichend funktionsfähig ist oder bisher überhaupt keine vorhanden war. Diese Abdichtung soll in erster Linie den kapillaren Wassertransport im Wandquerschnitt unterbrechen, sie sollte aber gleichzeitig den Transport von radonhaltiger Bodenluft über Fehlstellen des Mauerwerkes unterbinden oder zumindest eingrenzen. In der Sanierungspraxis kommen für die nachträglichen Querschnittsabdichtungen zumeist Injektionsverfahren zur Anwendung (s. WTA-Merkblatt 4-10 [24]). Alternativ können auch nachträgliche mechanische Horizontalsperren vorgesehen werden. Bei den Injektionsverfahren werden für die Unterbrechung bzw. Abschwächung des kapillaren Wassertransportes verschiedene Wirkmechanismen angewendet: (a) Kapillarporenverstopfung, (b) Kapillarporenverengung, (c) Verhinderung des Wassertransportes durch Poren-Hydrophobierung sowie (d) eine Kombination aus den Verfahren nach (a) bis (c). Diese Wirkmechanismen können einen möglichen Lufttransport über Fehlstellen im Mauerwerk nicht unterbinden, er wird allenfalls reduziert. Eine sicherere Reduzierung des Lufttransportes wird mit mechanischen Abdichtungsverfahren erreicht. Allerdings ist auch hier eine gründliche Überprüfung der Wirksamkeit erforderlich, zudem sind diese Verfahren gegenüber den Injektionsverfahren deutlich aufwendiger und mit größeren Eingriffen in die Bausubstanz verbunden. Hinsichtlich des baulichen Radonschutzes ist die Entscheidung, welches der Verfahren zur nachträglichen Querschnittsabdichtung anzuwenden ist, aufgrund einer gründlichen Untersuchung der

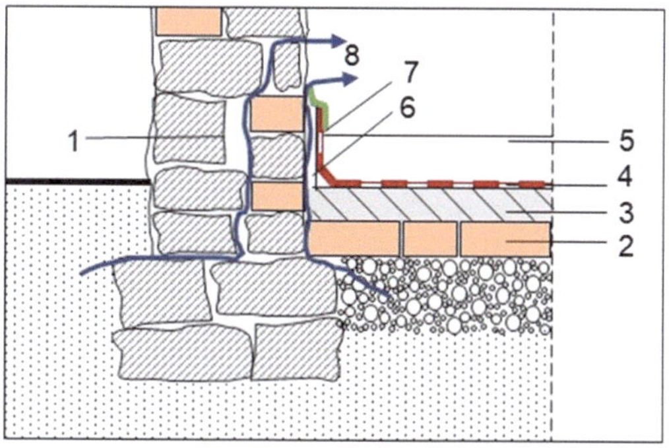

Legende

1 *Außenwand (Mischmauerwerk)*
2 *bestehender Bodenaufbau*
3 *Estrich als Ausgleichsschicht*
4 *Abdichtung (neu)*
5 *Fußbodenaufbau*
6 *Sockelputz als Ausgleichsschicht für die Abdichtungsaufkantung*
7 *Abdichtungsaufkantung*
8 *(blaue Pfeile) Beispiele für mögliche konvektive Eindringwege für Bodenluft*

Abb. 7.23 Mögliche Eindringwege von Bodenluft ins Gebäude durch Hohlräume und Fehlstellen im Mauerwerk

Bestandskonstruktion zu treffen. Ergibt diese, dass über Hohlräume oder sonstige Fehlstellen im Mauerwerk (Abb. 7.23) ein Transport von Bodenluft in das Gebäudeinnere möglich ist, müssen Abdichtungsmaßnahmen zur Unterbindung dieses Eindringweges vorgesehen werden.

Für die Gestaltung von Detailpunkten, wie der Anschluss von einbindenden Trennwänden oder die Abdichtung von Durchdringungen sind die Anforderungen im WTA-Merkblatt 4-6 [11] zusammengestellt. Allerdings orientieren sich die dort vorgeschlagenen Lösungen wiederum an der Verhinderung des kapillaren Wassertransportes. Vor allen Dingen für Lösungen, in denen die Abdichtung durch Injektionsverfahren erfolgt, ist, wie bereits erwähnt, keine luftdichte Lösung sicher erreichbar.

Es wurde bereits darauf hingewiesen, dass Hohlräume in den Bestandskonstruktionen zu erfassen sind, da über diese ggf. unerkannte Nebenwege für den Transport von Bodenluft ins Gebäude vorhanden sein können (Abb. 7.24).

Das folgende Foto zeigt ein typisches Mischmauerwerk eines ländlichen Gebäudes aus der Mitte des 19. Jahrhunderts (Kategorie D nach Abschn. 8.3.2). Der fehlende Putz ermöglicht einen Einblick in die Struktur des Mauerwerkes. Es dürfte klar sein, dass sich hier Nebenwege für die Weiterleitung von Bodenluft ergeben, die bei Verputz der Wand lediglich „versteckt" sind.

Einen Sonderfall stellen nichtunterkellerte Gebäude dar, in denen keine Bodenplatte vorhanden ist und wo eine solche aus unterschiedlichen Gründen nicht ergänzt werden soll bzw. kann. Das betrifft vor allen Dingen ältere, häufig gleichzeitig denkmalgeschützte Gebäude, die der Gebäudekategorie D, in Einzelfällen auch Gebäudekategorie C nach der Altersgruppenbildung in Abschn. 8.3.2 zuzuordnen sind. In Abb. 7.25 ist der Wand-Bodenanschluss für ein solches Gebäude beispielhaft dargestellt. Gewählt wurde hier eine in – zumeist ländlichen – Gebäuden anzutreffende Lösung mit aufgeständertem unterlüfteten Fußbodenaufbau und Grundmauerwerk aus Naturstein. In Abb. 7.26 sind für dieses Beispiel zwei typische Sanierungslösungen dargestellt, wobei

Abb. 7.24 Mischmauerwerk eines ländlichen Gebäudes aus dem 19. Jahrhundert nach Beseitigung des Außenputzes

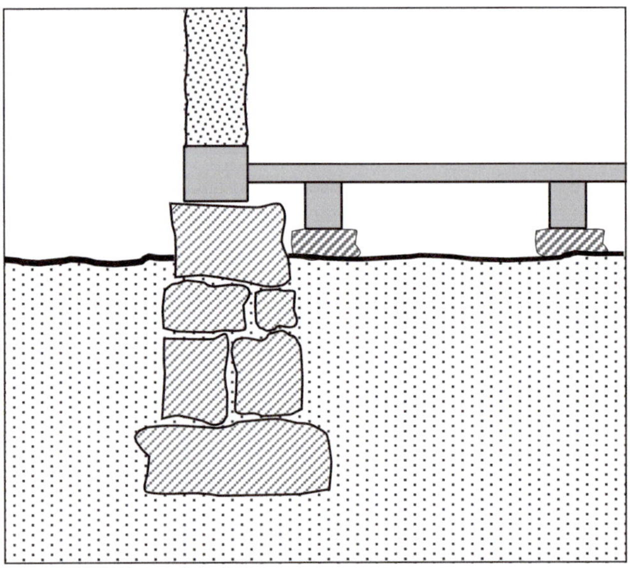

Abb. 7.25 Typische Lösung eines historischen Fachwerkhauses mit aufgeständertem Holzfußboden

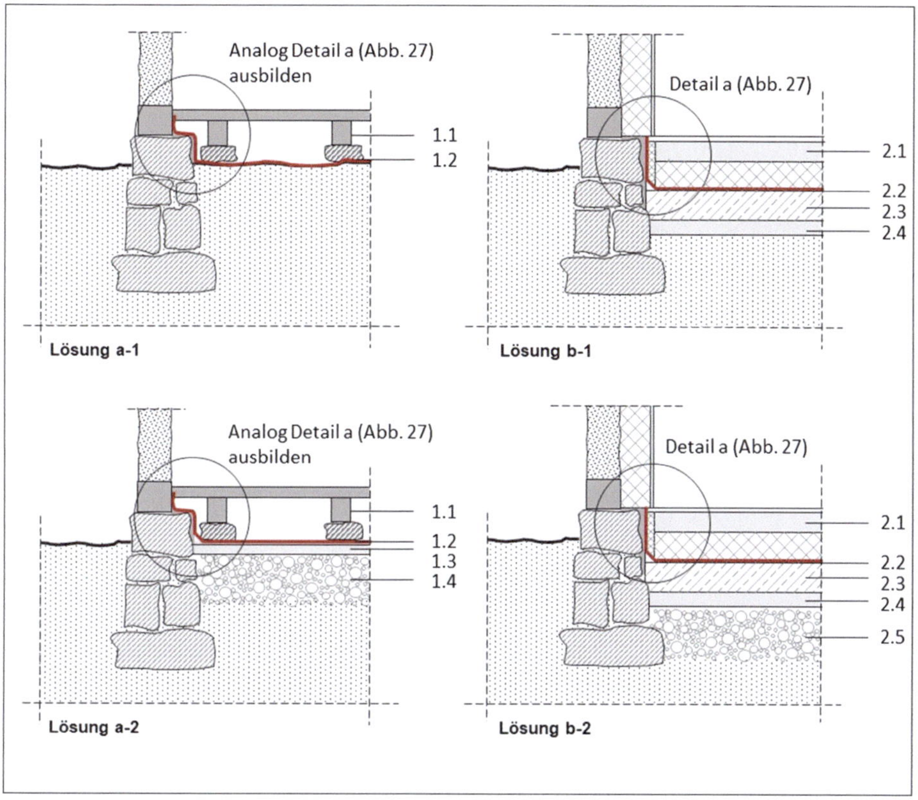

Legende

Lösung (a)		***Lösung (b)***	
1.1	*historischen Holzfußbodenaufbau*	*2.1*	*neuer Fußbodenaufbau (wärmegedämmt)*
1.2	*zertifizierte Radonabdichtung*	*2.2*	*Abdichtung*
1.3	*Sauberkeitsschicht*	*2.3*	*neue Bodenplatte (Beton)*
1.4	*Dränageschicht*	*2.4*	*Sauberkeitsschicht*
		2.5	*Dränageschicht*

Abb. 7.26 Lösungsvorschläge für das Beispiel aus Abb 7.25 zum Einbau einer Radon-Abdichtung. **Lösung a**: kein Einbau einer Bodenplatte; Erhalt des historischen Fußbodens, **Lösung b**: energetische Sanierung des historischen Gebäudes mit Einbau eines neuen Bodenaufbaues und einer Innendämmung, **Lösung a-1** bzw. **b-1**: ohne Dränageschicht, **Lösung a-2** bzw. **b-2**: mit Dränageschicht (ggf. einzubauendes Dränagerohr nicht dargestellt – s. hierzu Abschn. 7.4.3.5.3)

bei **Lösung a** im Grunde genommen die historische Situation beibehalten wird. Hier ist lediglich der Einbau eines Radonschutzes im Bodenbereich vorgesehen, wobei hierfür der bestehende Boden temporär ausgebaut werden muss. **Lösung b** zeigt dagegen eine typische Lösung für eine umfassende (energetische) Sanierung. Die baulichen Eingriffe sind hier deutlich größer. Für beide hier vorgestellten Lösungsvarianten stellt

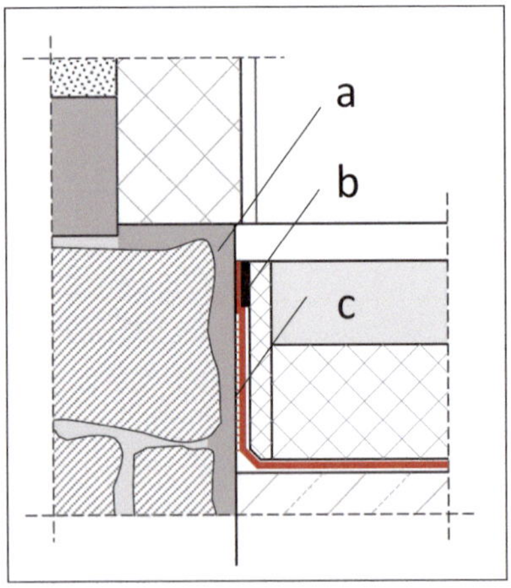

Abb. 7.27 Detailpunkt a aus Lösung b nach Abb. 7.26 (für Lösung a analoge Gestaltung)

der sichere, konvektionsdichte Anschluss der Abdichtung an die aufgehenden Wände eine besondere Herausforderung dar, da in diesen Gebäuden häufig nicht von einer glatten Wandoberfläche ausgegangen werden und deshalb der luftdichte Abschluss der Abdichtung nur mit erheblichem Mehraufwand realisiert werden kann. (s. Abb. 7.27). Wird – wie in Lösung a angenommen – zudem keine neue Bodenplatte vorgesehen, rückt zusätzlich die Diffusionsdichtheit der Konstruktion in den Fokus, da die Bestandskonstruktion – im Gegensatz zu Gebäuden mit Beton-Bodenplatte und massiver Wandausbildung – nur einen sehr geringen bis keinen Beitrag zur Diffusionsdichtheit leisten kann. Vor allen Dingen dann, wenn gemäß Lösung a-1 die Radonabdichtung direkt auf dem bestehenden Untergrund verlegt werden soll, kann im Grund genommen keine seriöse Vorhersage für die Radondichtheit der Konstruktion gegeben werden, da hier zu allen bereits angesprochenen Problemen die Unebenheit des Untergrundes sowie die punktuelle Lasteintragung des Fußbodenaufbaus zu hohen mechanischen Belastungen der Abdichtungsschicht führen. Eine Lösung nach a-1 ist deshalb hinsichtlich des baulichen Radonschutzes höchst problematisch, es sollte hier als Mindestanforderung eine ebene Sauberkeitsschicht eingebaut werden. In Gebäuden mit Lösungen nach Variante a, aber auch in etwas abgeschwächter Form nach Variante b bleibt immer ein vergleichsweise großes Restrisiko bestehen, dass trotz des hier betriebenen hohen baulichen Aufwandes die Konvektionsdichtheit nicht vollständig erreicht wird. Deshalb sollte hier immer der Einbau einer zusätzlichen Dränage (Lösungen a-2 und b-2) in Betracht gezogen werden.

Innenabdichtungen sind hinsichtlich des Schutzes vor aus dem Erdreich eindringender Bodenluft grundsätzlich als problematisch einzuschätzen. Besonders kritisch ist deren Anwendung dann, wenn bahnenförmige Abdichtungen auf inhomogene Bestandskonstruktionen appliziert werden sollen, da hier eine hohe Konvektionsdichtheit sehr schwierig zu realisieren ist (Abb 7.27). So haben Untersuchung der Staatlichen Strahlenschutzanstalt Tschechiens (Jiránek und Honziková 2012) ergeben, dass der durchschnittliche Wirkungsgrad von Innenabdichtungen, das heißt der Grad der Reduzierung der Radonkonzentration durch den Einbau der Abdichtung, lediglich bei 37 % liegt. Das Ergebnis kann verbessert werden, indem zusätzlich eine Radondränage unterhalb des Bodens eingebaut wird (Abb. 7.26, Lösungen a-2 und b-2). Diese kann ggf. – wie in Abschn. 7.4.2.3.3 erläutert – gleichzeitig mit dem Einbau der Abdichtung als prophylaktische Maßnahme und vorläufig ohne Luftabsaugung vorgesehen werden. Erst wenn Messungen nach Abschluss des Einbaues der Abdichtung ergeben, dass die Radonkonzentration in der Raumlauft über den Zielwerten liegt, wird die Radondränage aktiviert.

7.4.2.6 Partielle Abdichtungen

In Bestandsgebäuden sind Risse nahezu unvermeidbar. Häufig sind zudem materialbedingte Schäden zu beobachten, die zu Materialverlust, Reduzierung des Verbundes bis hin zur vollständigen Zerstörung führen können. Riss- und Schadensursachen sind so vielfältig, wie deren konkrete Ausprägung. Treten Risse oder sonstige Schädigungen in den erdberührten Bauteilen (Außenwände, Bodenplatten) auf, kann durch diese Bodenluft ins Gebäude einströmen. Der fachgerechte Verschluss von Rissen oder weiteren Schadstellen in der erdberührten Gebäudehülle ist deshalb eine wichtige, zumeist aber allein nicht ausreichende Maßnahme des baulichen Radonschutzes (s. hierzu auch Fallauswertungen in Abschn. 8.4.6.3). In vielen Fällen ist der Rissverschluss bzw. die Beseitigung materialbedingter Schädigungen Voraussetzung für weitere Radonschutzmaßnahmen.

Die Sanierung von Rissen kann nur dann erfolgreich durchgeführt werden, wenn vorher eine gründliche Rissanalyse durchgeführt worden ist, wobei die folgenden Aspekte zu erfassen sind:

- Sind die Risse nur oberflächlich im Putz oder auch in der darunter liegenden Konstruktion vorhanden
- Erfassung von Rissbreite und Ausbildung der Rissränder
- Sind die Risse noch in Bewegung oder zur Ruhe gekommen
- Sind mit den Rissen Feuchteschäden verbunden.

Bei allen Untersuchungen steht die Frage der Rissursachen im Fokus, da sich hieraus möglicherweise flankierende Maßnahmen ergeben können.

So vielfältig wie die Ursachen sind ebenfalls die Maßnahmen zur Risssanierung:

- Rissüberbrückender Neuverputz bei Putzrissen;
- Kraftschlüssiger Verschluss mittels Tränkung (Füllen von Rissen ohne Druck bzw. Injektion (Füllen von Rissen unter Druck) bei Rissen in der tragenden Konstruktion;
- Vernadeln sowie der Einbau von Ankern für kraftübertragenden Verschluss. Diese Maßnahme ist immer in Verbindung mit einer Rissverpressung durchzuführen.

Die Beseitigung von Hohlräumen erfolgt durch Verfüllen mit geeigneten Materialien. Für Hohl- und Rissverschluss kommen verschiedene Füllstoffe und -technologien zur Anwendung, die in Abhängigkeit vom Material der Baukonstruktion, der Größe und Art der Risse sowie der Frage, ob die Rissbildung abgeschlossen oder noch aktiv ist, gewählt werden. Die vielfältigen zu berücksichtigenden Kriterien erfordern eine gründliche Voruntersuchung sowie die Planung und Ausführung durch Fachfirmen. Um eine hohe Sicherheit hinsichtlich des baulichen Radonschutzes zu erreichen, kommen vorrangig Injektionsverfahren mit Polyurethan-Füllstoffen in Betracht, da diese bis zu einem gewissen Grad Rissänderungen überbrücken können.

Besondere Aufmerksamkeit ist undichten Mediendurchführungen zu widmen. Diese können entsprechend der in Abschn. 7.4.2.3 vorgestellten Lösungen nachträglich abgedichtet werden. Des Weiteren sind Fugen zwischen aufgehendem Mauerwerk und Bodenplatte kritische Bereiche der erdberührten Gebäudehülle. Können Undichtheiten in der erdberührten Gebäudehülle eindeutig ermittelt und eingegrenzt werden, ist mit deren radonsicherem Verschluss eine deutliche Reduzierung des konvektiven Luftstromes vom Erdreich ins Gebäude möglich. In den meisten Fällen ist es aber nicht möglich, mit akzeptablem Aufwand alle Undichtheiten der erdberührten Gebäudehülle zu orten. In diesen Fällen ist zu befürchten, dass trotz Abdichtung aller sichtbaren Risse und Bauschäden, der konvektive Luftstrom vom Erdreich ins Gebäude nicht vollständig unterbunden werden kann. In diesen Fällen ist die Kombination der partiellen Abdichtung mit weiteren Radonschutzmaßnahmen eine sinnvolle Maßnahme.

7.4.2.7 Begrenzung der Diffusion durch die erdberührte Gebäudehülle

Wie in Abschn. 6.2 beschrieben und dort durch Beispielrechnungen belegt, spielt für die Radonkonzentration in der Raumluft die Diffusion von Radon durch die erdberührte Gebäudehülle gegenüber der Konvektion eine deutlich untergeordnete Rolle. Das spiegelt sich auch in Regelungen und Handlungsempfehlungen vieler Länder wider. So wird der Radonschutz zumeist fast ausschließlich über die Verhinderung der Konvektion definiert, hat die Bestimmung des Radon-Diffusionswiderstandes von Baustoffen bzw. Bauteilen als Grundlage für bauliche Handlungsempfehlungen keine oder eine nachgeordnete Bedeutung. Zumeist werden lediglich Empfehlungen für den Einsatz „radongeschützter" Konstruktionen gegeben, wobei auch diese Bezeichnung nicht einheitlich verwendet wird. In der Norm DIN/TS 18177, Teil 2 ([26]) wird hinsichtlich der Ausbildung der erdberührten Gebäudehülle zwischen „konvektionsdicht" und „radondicht" unterschieden, wobei hier unter „radondicht" eine konvektionsdichte und zusätzlich diffusionshemmende Lösung zu verstehen ist. In Deutschland wird in der Baupraxis allerdings der Begriff „radondicht" häufig für Produkte bzw. Konstruktionen verwendet, die das Kriterium nach Keller und Hoffmann erfüllen, wonach die Relaxationslänge größer 3 sein muss (beschrieben u. a. in [27]). Auch im Radonhandbuch Deutschland [28] findet man die Anwendung des Begriffes „radondicht" wieder.

Die dem Kriterium nach Keller/Hoffmann zugrunde liegenden Annahmen und Berechnungen sind in Abschn. 6.2.3 vorgestellt worden. Dort sind in Tab. 6.2 einige Ergebnisse dieser Berechnung für verschiedene Material- und Konstruktionslösungen zusammengestellt, die aus der Vielzahl vorliegender Werte typische Baustoffe und -konstruktionen beispielhaft erfassen. Insgesamt können die folgenden Schlussfolgerungen gezogen werden:

- Für Betonkonstruktionen (Bodenplatten, Kellerwände usw.) ist zu beachten, dass neben der Konstruktionsdicke die eingesetzte Zementart sowie Herstellungstechnologie (hier insbesondere der w/z-Faktor) Einfluss auf die Erfüllung des Kriteriums haben.
- Wandbaustoffe (gebrannte Mauersteine, Kalksandstein usw.) können ohne zusätzliche Abdichtung unabhängig von der Konstruktionsdicke das Kriterium in keiner Konstellation erfüllen.
- Die Gruppe der Abdichtungen ist sehr vielfältig, ebenso unterschiedlich sind die Ergebnisse hinsichtlich der Erfüllung des Diffusionskriteriums. Die Bestimmung erfolgt in der Regel durch eine spezielle Baustoffprüfung in einer zertifizierten Prüfstelle.
- Beschichtungen (Farbanstriche, Spritzmörtel usw.) verfehlen das Prüfkriterium in der Regel deutlich.

Wie bereits angesprochen, wird vor allen Dingen für Abdichtungsbahnen und Beschichtungssysteme die (Werbe-)bezeichnung „radondicht“ angewendet, wenn sie das Kriterium nach Keller/Hoffmann erfüllen. Diese Verfahrensweise ist als sehr problematisch einzuschätzen, da dadurch in der Baupraxis häufig fatale Fehlinterpretationen entstehen, indem der bauliche Radonschutz ausschließlich über die Verwendung entsprechend zertifizierter Produkte realisiert und die viel wichtigere konvektionsdichte Ausführung vernachlässigt wird. Vor allen Dingen aus der Bauwerkserhaltung sind so eine Vielzahl von Beispielen bekannt, bei denen die Zielwerte des Radonschutz zum Teil deutlich verfehlt wurden. Sicher wäre es hier deutlich günstiger, statt des Begriffes „radondicht“ die Bezeichnung „diffusionshemmend“ zu verwenden.

Die praktische Bedeutung der Radondiffusion ist – wie bereits ausgeführt – vergleichsweise gering. So konnte durch vielfältige Untersuchungen sowie in situ Messungen nachgewiesen werden, dass bei Anwendung der heute typischen Lösungen für die Ausführung der erdberührten Gebäudehülle in den allermeisten Fällen die durch Diffusion induzierte Quellstärke vernachlässigbar, der Einbau radonzertifizierter Abdichtungslösungen nicht zwingend erforderlich ist. Nur dann, wenn die folgenden Kriterien einzeln oder gemeinsam vorliegen, wird eine gesonderte Beachtung der Diffusion erforderlich:

- Es liegt eine hohe Radonkonzentration im Boden (als Anhaltswert kann hier ein Wert von mindestens 100.000 Bq/m^3 herangezogen werden) bei gleichzeitig hohem Radonpotenzial vor (s. Tab. 7.1).
- Bei sehr geringen Luftwechselraten in der Raumluft können bereits geringe Quellstärken einen maßgeblichen Beitrag zur Radonkonzentration in der Raumluft er-

Tab. 7.1 Bewertungsmatrix für die Anwendung von Maßnahmen zum Radonschutz bei Neubauten. (nach [26])

Radon-Aktivitätskonzentration Bq/m³	Transportart des Radons aus der Bodenluft ins Gebäude	Radonpotenzial (RP)		
		unter 20	20 bis 44	Über 44
unter 20.000	Konvektion und Diffusion	Keine Maßnahmen 1)		
20.000 bis 40.000	Konvektion	Keine Maßnahmen 1)	Eventuell Maßnahmen 2)	Zusätzliche Maßnahmen 3)
	Diffusion	Keine Maßnahmen 4)		
40.000 bis 100.000	Konvektion	Eventuell Maßnahmen 2)		Zusätzliche Maßnahmen 3)
	Diffusion	Eventuell Maßnahmen 5)		
Über 100.000	Konvektion	Eventuell Maßnahmen 2)	Zusätzliche Maßnahmen 3)	
	Diffusion	Maßnahmen 6)		

Erläuterung der Begriffe im Sinne der Eingruppierung nach [26]:
a) Schutz vor konvektivem Lufteintritt aus dem Erdreich:
1) Keine Maßnahmen: Es sind keine zusätzlichen Maßnahmen, die über den fach- und normgerecht ausgeführten Feuchteschutz hinausgehen, erforderlich.
2) Eventuell Maßnahmen: Es sind evtl. zusätzliche Maßnahmen (wie z. B. Einbau der einer zusätzlichen Dränage unter der Bodenplatte) zu planen und auszuführen. Typische Anwendungsfälle liegen vor, wenn niedrigere Schutzziele (z. B. < 300 Bq/m³) erreicht werden sollen oder sehr geringe Luftwechselraten angestrebt werden. Empfohlen wird die Anwendung auch, wenn der Anwendungsfall im oberen Wertebereich der Gruppe liegt.
3) Zusätzliche Maßnahmen: Es sind in jedem Falle zusätzliche Maßnahmen (wie z. B. Einbau einer zusätzlichen Dränage unter der Bodenplatte) zu planen und auszuführen.
b) Schutz von diffusivem Lufteintritt:
4) Keine Maßnahmen: Es sind keine zusätzlichen Maßnahmen erforderlich, die über den fach- und normgerecht ausgeführten Feuchteschutz hinausgehen. Das heißt, der Einsatz von radonzertifizierten Abdichtungslösungen ist nicht erforderlich.
5) Eventuell Maßnahmen: Es sind evtl. zusätzliche Maßnahmen (wie z. B. der Einsatz radonzertifizierter Abdichtungslösungen) zu planen und auszuführen. Typische Anwendungsfälle liegen vor, wenn niedrigere Schutzziele (z. B. $\leq$ 100 Bq/m³) erreicht werden sollen oder sehr geringe Luftwechselraten angestrebt werden. Empfohlen wird die Anwendung auch, wenn der Anwendungsfall im oberen Wertebereich der Gruppe liegt.
6) Maßnahmen: Es sind radonzertifizierte Abdichtungslösungen anzuwenden.

bringen (s. Abschn. 6.5). Das kann dazu führen, dass zusätzlich zu einer sehr dichten Ausbildung der Gebäudehülle (Vermeidung konvektiver Strömungen) erhöhte Anforderungen an den Diffusionswiderstand einzuhalten sind.

- In seltenen Fällen kommen in der Sanierungspraxis Lösungen zur Anwendung, bei denen der Schutz des Gebäudes vor dem Eindringen von Radon aus der Bodenluft unter Verzicht auf den Einbau einer Bodenplatte ausschließlich durch eine dicht verlegte Folie erfolgt (s. Beispiel in Abb. 7.26). In diesen Fällen muss die Abdichtungsschicht den Diffusionswiderstand allein erbringen, weswegen hier die Abdichtung immer mit einem radonzertifizierten System erfolgen sollte.

Die Bewertungsmatrix (Tab. 7.1) führt die unterschiedlichen Anforderungen für die Anwendung im Neubaugeschehen zusammen.

Fasst man die hier aufgeführten Kriterien zusammen, zeigt sich, dass Situationen, in denen der Diffusionswiderstand für den baulichen Radonschutz Relevanz gewinnt, lediglich für eine kleine, klar umrissene Gruppe der Anwendungsfällte vorliegen. Dem steht die in der Baupraxis häufig zu beobachtende Situation gegenüber, dass der bauliche Radonschutz allein mit dem Einsatz von auf „Radondichtheit" geprüften Abdichtungssystemen geplant und ausgeführt wird und dabei die Verhinderung konvektiver Ströme unberücksichtigt bleibt. Diese Vorgehensweise führt aber, wie bereits gezeigt, mit hoher Wahrscheinlichkeit dazu, dass die Zielsetzungen des baulichen Radonschutzes nicht erreicht werden. Häufig werden Abdichtungslösungen eingesetzt, bei denen ein hoher Diffusionswiderstand auf Kosten schwieriger Verarbeitbarkeit der Abdichtungsmaterialien realisiert wird. Dadurch erhöht sich zusätzlich die Gefahr, dass eine ungenügend dichte Ausführung von Nahtfügungen, Aufkantungen sowie Mediendurchführungen zu einer hohen Quellstärke durch Konvektion führt.

7.4.3 Bodenluftabsaugung

7.4.3.1 Lösungsansatz und Überblick über die Lösungen

In vielen Fällen ist es nicht möglich, den konvektiven Luftstrom vom Erdreich ins Gebäude zu verhindern bzw. so weit einzuschränken, dass die Auslegungswerte für die Radonkonzentration in der Raumluft problemlos erreicht bzw. unterboten werden. Diese Situation liegt in allererster Linie in Bestandsgebäuden vor, da hier häufig vielfältige Undichtheiten in der erdberührten Gebäudehülle vorhanden sind, die nicht oder nur partiell verschlossen werden können (s. Abb. 7.6). Sie kann aber auch im Neubaugeschehen zu berücksichtigen sein, wenn aus unterschiedlichen Gründen keine dichte Gebäudehülle angestrebt wird oder möglich ist. Wie in Abschn. 6.2.2 erläutert, liegt tendenziell im unteren Gebäudebereich – also im Bereich der erdberührten Gebäudehülle – ein Unterdruck gegenüber den außerhalb des Gebäudes herrschenden Druckverhältnissen vor, der bei Undichtheiten in der Gebäudehülle einen vom Erdreich ins Gebäude führenden konvektiven Luftstrom auslöst (Abb. 6.3 sowie 7.5 und 7.6). Ziel der in diesem Abschnitt vorgestellten Lösungen ist es, diesen konvektiven Luftstrom so zu verändern, dass er nicht mehr vom Erdreich ins Gebäude, sondern umgekehrt vom Gebäudeinnenbereich ins Erdreich gerichtet ist, wodurch erreicht wird, dass keine Bodenluft ins Gebäude einströmen kann oder aber der Luftstrom so weit reduziert wird, dass die angestrebten Zielwerte eingehalten werden können.

Die am häufigsten in dieser Lösungsgruppe angewendete Strategie ist, **im gebäudeangrenzenden Erdreich durch Absaugung der Bodenluft einen Unterdruck zu erzeugen**. Hierfür sind vielfältige Lösungen bekannt, die im Abschn. 7.4.3.5 vorgestellt werden. Alternativ zur Absaugung aus der Bodenluft kann die erforderliche Druckdifferenz zwischen Gebäudeinnerem und außen durch Absaugung aus luftführenden Schichten innerhalb der erdberührten Gebäudehülle induziert werden. Lösungen, die auf diesem Prinzip basieren, werden unter dem Begriff „Zwischenbodenabsaugung" zusammengefasst. Weitere Lösungen zielen auf die Absaugung von Luft aus bestehenden Schächten oder aus erdberührten Räumen oder Gebäudebereichen, die nicht als Nutzraum ausgewiesen sind. Lösungen dieser Gruppe ergeben sich zumeist aus besonderen örtlichen Gegebenheiten. Die im den Abschn. 7.4.3.5 beschriebenen Lösungen können unter dem Sammelbegriff „Unterdrucklösungen" zusammengefasst werden, da bei allen diesen Lösungen die Erzeugung eines Unterdruckes Grundlage der Wirkung ist. Allerdings soll darauf verwiesen werden, dass sich für diese Lösungsgruppe bisher keine allgemeingültige Bezeichnung durchsetzen konnte. So werden in DIN/TS 18117-1 [26], dort Abschn. 7.5, diese Lösungen unter dem Begriff „Reduzierung der erdseitigen Radoneinwirkungen" beschrieben, in weiteren Veröffentlichungen wird die Bezeichnung „Saugtechnik" verwendet, welche auf den hier angewendeten Prozess abzielt.

In besonderen Situationen kann es sinnvoll sein, im Erdreich einen Überdruck zu erzeugen, also im Grunde das zuvor vorgestellte Lösungsprinzip umzukehren. Ein weiterer Ansatz geht von einer „Umspülung" des Gebäudes mit Außenluft aus. Welche Situationen die Anwendung dieser Lösungen sinnvoll machen, aber auch, wo deren Anwendungsgrenzen liegen, wird in Abschn. 7.4.5.1 thematisiert.

Bei allen im Abschn. 7.4.3 vorgestellten Lösungen ist es ggf. erforderlich, gleichzeitig die erdberührte Gebäudehülle gegenüber dem Erdreich partiell oder flächig abzudichten. Hierauf wird im Zusammenhang mit der Vorstellung der verschiedenen Lösungen eingegangen.

Neben den sogenannten Unterdrucklösungen kann die Verhinderung bzw. Reduzierung des konvektiven Luftstromes durch die erdberührte Gebäudehülle auch durch die Umkehrung des Prinzips erreicht werden, indem **in der Raumluft ein Überdruck** induziert wird. Die dabei angewendeten Lösungen basieren auf dem Einsatz von Lüftungstechnik, die im Regelfall gleichzeitig für einen optimalen Raumluftwechsel sorgt. Hier fallen also zwei Strategien des Radonschutzes zusammen, die im Abschn. 7.8 zusammengefasst vorgestellt werden.

7.4.3.2 Unterdruck im gebäudeangrenzenden Erdreich und in der erdberührten Gebäudehülle – Wirkprinzip und Lösungsansätze

Das Wirkprinzip beruht auf der Absaugung von Bodenluft direkt unter und/oder neben der Gebäudehülle Dadurch entsteht im Boden ein Unterdruck, der größer sein muss als der typischerweise im unteren Gebäudebereich herrschende. Dieser Unterdruck soll nach [16] bei Anwendung in kleineren Gebäuden (zum Beispiel Einfamilienhäusern) mindestens

4 Pa betragen, für größere Gebäude ist ggf. eine größere Druckdifferenz erforderlich (s. auch Berechnungsansatz in Abschn. 6.2). Für Lösungen nach Abschn. 7.4.3.5.4, bei denen statt im Erdreich der Unterdruck in luftführenden Schichten innerhalb der erdberührten Gebäudehülle erzeugt wird, kommt das gleiche Prinzip wie bei der Absaugung aus dem Erdreich zur Anwendung, es wird lediglich die Lage der Absaugebene verändert.

Alle Lösungen dieser Gruppe sind Kombinationen aus bau- und lüftungstechnischen Maßnahmen. Sie können deswegen sowohl dem Themenkomplex Bau als Lüftung zugeordnet werden. Im Rahmen dieser Veröffentlichung wird dabei die Zuordnung zu den baulichen Maßnahmen vorgezogen, da sich diese Sichtweise in der Praxis seit vielen Jahren etabliert hat.

Die Absaugung der Luft kann entweder passiv oder aktiv erfolgen. Als Lösungen mit passiver Absaugung fasst man dabei solche zusammen, bei denen durch natürlichen Auftrieb, das heißt ohne aktive lüftungstechnische Unterstützung der Unterdruck induziert wird. Im Gegensatz dazu sprechen wir dann, wenn der Unterdruck mechanisch erzeugt wird, von aktiven Systemen (Abb. 7.28). Die Absaugung der Bodenluft erfolgt punktuell und kann unter, seitlich oder neben den Gebäuden, häufig in Kombination der Absaugpunktlagen erfolgen (Abb. 7.29). Anordnung und Anzahl der Absaugpunkte ist dabei von mehreren Faktoren abhängig, auf die in den folgenden Abschnitten näher eingegangen wird. Wichtig ist in erster Linie, dass die Absaugung aus einer genügend permeablen Bodenschicht erfolgt, um die flächige Ausbreitung des Unterdruckes zu ermöglichen.

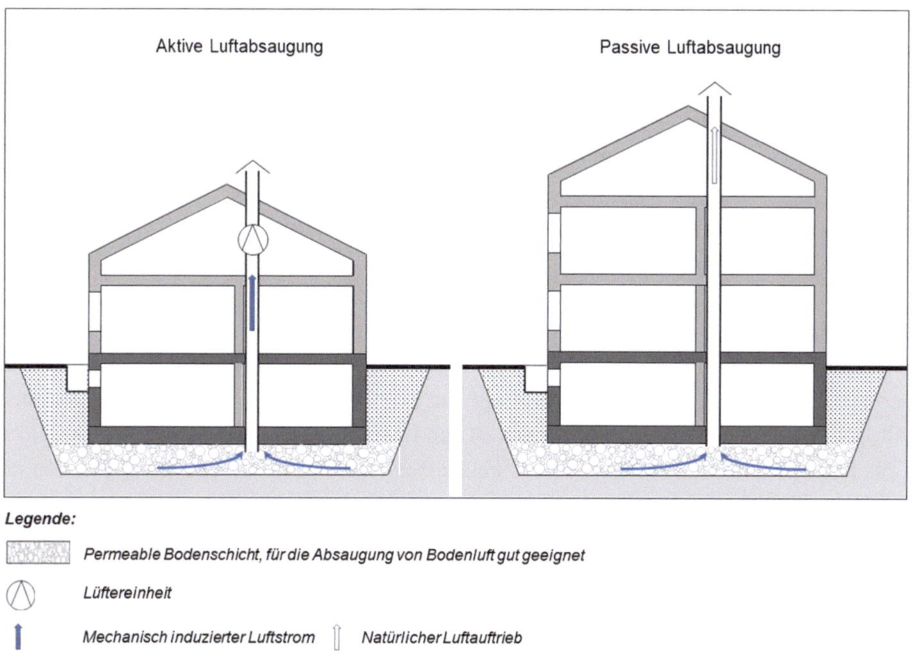

Abb. 7.28 Prinzipdarstellung für aktive und passive Unterdruckerzeugung

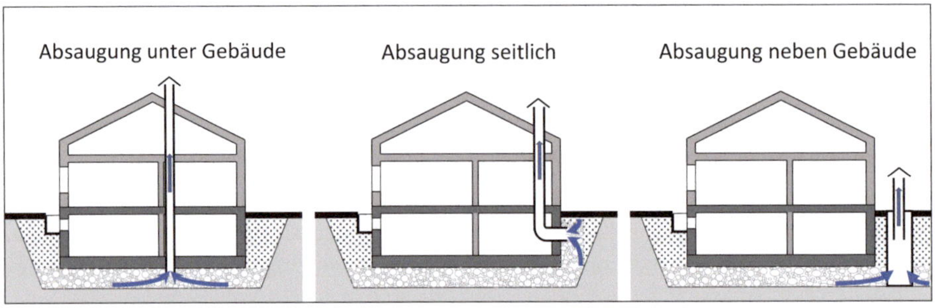

Abb. 7.29 Prinzipdarstellung für die Anordnungsvarianten der Absaugpunkte

Dabei sind die Schichten, aus denen abgesaugt wird, entweder gut luftdurchlässige Bodenschichten (z. B. nichtbindige oder schwach bindige Böden), zusätzlich eingebaute Kies- und Schotterschichten (mit oder ohne integrierter Radondränage) bzw. spezielle luftführende Schichten unterhalb oder in der erdberührten Gebäudekonstruktion.

Wie bereits erwähnt, werden Lösungen, die der hier betrachteten Gruppe zuzuordnen sind, zumeist im Rahmen von Sanierungen in Bestandsgebäuden angewendeten, da sich deren Einsatz hier als besonders erfolgversprechend erwiesen hat und die Lösungen in der Regel mit einem geringen Eingriff in die Bausubstanz realisiert werden können.

7.4.3.3 Einflüsse auf die Wirksamkeit und Nebenwirkungen der Absaugung von Bodenluft

Für eine optimale Konfiguration der Anlagen sowie für die Vermeidung bzw. Eingrenzung unerwünschter Nebenwirkungen ist die Kenntnis und Berücksichtigung einer Reihe äußerer und innerer Einflüsse und Gegebenheiten wichtig, auf die vor der Vorstellung der Lösungen im Folgenden eingegangen wird.

Durchlässigkeit (Permeabilität) und Schichtung des Bodens:

Die Permeabilität des Bodens hat großen Einfluss auf die Wirksamkeit der Bodenluftabsaugung. Die Eingruppierungen der Böden hinsichtlich typischer Wertebereiche der Permeabilität kann Abschn. 4.3 (Tab. 4.1) entnommen werden.

Dicht gelagerte Böden, wie zum Beispiel Tone und Lehme (Permeabilität kleiner 10^{-13} m^2) sind nicht oder nur bedingt für die Bodenluftabsaugung geeignet. Dabei gilt, je kleiner der Wert, umso geringer ist die Durchlässigkeit für Bodenluft. So ist bei Ton- und Lehmböden, ebenso wie bei Felsgestein, eine direkte Absaugung aus den anstehenden Bodenschichten nicht möglich bzw. erfordert eine hohe Lüfterleistung bei gleichzeitiger Reduzierung des Wirkungsradius. Allerdings ist bei sehr dicht gelagerten Böden die Radonkonzentration in der Bodenluft und damit der konvektive Luftstrom vom Erdreich ins Gebäude in der Regel so gering, dass eine Bodenluftabsaugung nicht erforderlich wird. Problematisch können inhomogene Bodenschichtungen sowie leicht bindige Böden sein. In diesen Fällen ist zu prüfen, ob der Einbau einer zusätzlichen durchlässigen Bodenschicht (s. Abschn. 7.4.3.5.3) oder einer luftführenden Schicht in der erdberührten Gebäudehülle (s. Abschn. 7.4.3.5.4) sinnvoll ist bzw. erforderlich wird. Gute Ergebnisse der Bodenluftabsaugung werden in Bodenschichten mit einer hohen Permeabilität, wie zum Beispiel Kies- und Sandböden (Permeabilität von ca. $5*10^{-12}$ bis $>10^{-10}$ m^2) erreicht. Für Böden, die zwischen den genannten Werten liegen, nimmt die Eignung für eine Bodenluftabsaugung mit sinkendem Wert permanent ab.

Neben der Permeabilität hat die Schichtung des Bodens Einfluss auf die Wirksamkeit einer Bodenluftabsaugung. So liegen dann gute Voraussetzungen für den Aufbau eines Unterdruckes im gebäudeangrenzenden Erdreich vor, wenn ein geschichteter geologischer Aufbau vorhanden ist, bei dem eine permeable Bodenschicht direkt unter oder nahe unterhalb des Gebäudes ansteht, die nach unten und auch seitlich durch Schichten mit deutlich geringerer Durchlässigkeit begrenzt ist (Abb. 7.30a). Nach [16] sollte das Verhältnis der Permeabilität zwischen Absaugschicht und begrenzenden Schichten größer/gleich 10 sein. Besonders günstige Ergebnisse werden erreicht, wenn die Dicke der permeablen Schicht, möglichst gering ist. Als ideale Konfiguration kann in diesem Zusammenhang der Einbau einer Kies- oder Schotterschicht unterhalb der Bodenplatte (Sauberkeitsschicht bzw. kapillarbrechende Kiesschicht) gelten (Lösungen nach Abschn. 7.4.3.5.3), da diese von vornherein eine hohe Luftdurchlässigkeit aufweist und in aller Regel die darunter bzw. daneben anstehenden Bodenschichten eine deutlich geringere Permeabilität haben.

Bei Bestandsgebäuden ist es häufig nicht möglich, den unter dem Gebäude anstehenden Baugrund im erforderlichen Umfang zu untersuchen und somit die für die

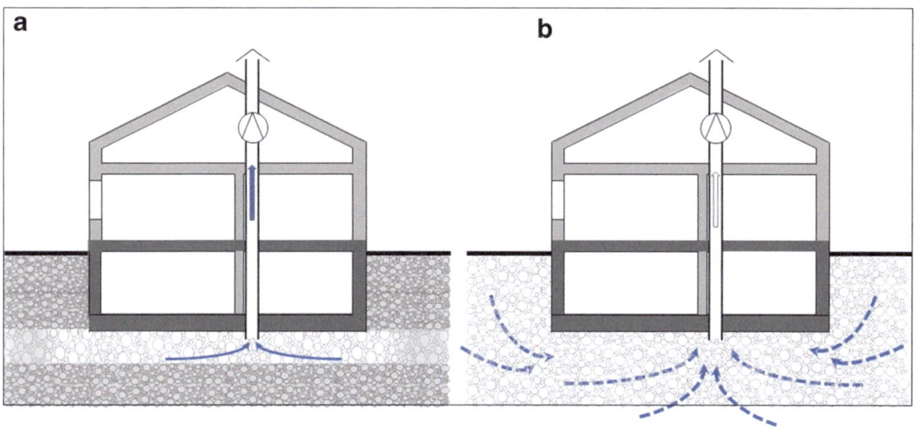

***a)**: Permeable Bodenschicht mit geringer Dicke und nach oben sowie unten durch weniger durchlässige Schichten begrenzt: Unterdruckaufbau im gebäudeangrenzenden Boden gut möglich*

***b)**: homogener, permeabler Bodenaufbau mit großer Schichtdicke; Unterdruckaufbau im gebäudeangrenzenden Boden nicht möglich*

Abb. 7.30 Einfluss der Bodenschichtung auf die Wirksamkeit punktueller Absaugungen

Konzeption der Absauglösung erforderlichen Grundlagen zu ermitteln. Hier kann ein aus Kanada bekanntes in-situ-Testverfahren, welches mit nur geringen baulichen Eingriffen verbunden ist, ausreichend sichere Aussagen erbringen, inwieweit der anstehende Baugrund für eine Direktabsaugung der Bodenluft geeignet ist. Dieses Verfahren wird in Abschn. 8.4.3.3 vorgestellt (s. dort Abb. 8.37).

Bei einem homogenen Schichtenaufbau mit zum Teil mehrere Meter mächtigen permeablen Bodenschichten kann aufgrund des ungehinderten Nachströmens von Bodenluft aus tieferen Bereichen sowie ggf. auch durch ein ungewolltes Ansaugen von Außenluft kein ausreichender Unterdruck aufgebaut werden (siehe Abb. 7.30b). Einen solch homogenen Bodenaufbau trifft man in Aufschüttungen (wie zum Beispiel in von Halden) oder auch in bestimmten geologischen Formationen an.

Nicht unerwähnt soll bleiben, dass die Bodenluftbewegungen deutlichen zeitlichen Schwankungen unterliegen. Besonders ausgeprägt sind diese Schwankungen zwischen Sommer- und Winterhalbjahr. So kann zum Beispiel im Winter das Durchfrieren der obersten Bodenschicht oder eine Schneeauflage die Abgabe von Bodenluft in die Atmosphäre verhindern oder reduzieren, was zwangsläufig zu einer Erhöhung der Radonkonzentration in der Bodenluft sowie des Bodendruckes führt. Starke Durchfeuchtungen des Bodens haben dagegen reduzierenden Einfluss auf die Radonkonzentration im Boden, bei dessen vollständiger Wassersättigung (beispielsweise infolge eines Hochwassers oder bei steigendem Grundwasserspiegel) sich die Radonkonzentration im Boden in erheblichem Maße reduziert, da durch die mit Wasser gefüllten Poren keine Bodenluft strömen kann. Weitere Einflüsse sind Durchfeuchtungsschwankungen oder die Schwankung der Temperaturunterschiede zwischen Boden und Atmosphäre sowie die Änderung der Temperaturgradienten im Erdreich. Besondere Bedingungen liegen vor, wenn anthropogene Einflüsse (zum Beispiel durch bergbauliche Hinterlassenschaften) zu berücksichtigen sind. Hier sind ggf. besondere Lösungen nach Abschn. 7.4.5 umzusetzen.

Konstruktive Randbedingungen

Streifenfundamente, die sowohl unter den Außenwänden als auch unter tragenden Innenwänden vorhanden sein können, unterbrechen die Ausbreitung des Unterdruckes im Boden (s. Abb. 7.31), weswegen hier ggf. mehrere Absaugpunkte bzw. -bereiche erforderlich werden. Die Abgrenzung durch Streifenfundamente kann aber auch das ungewollte Nachströmen von Außenluft verhindern, wodurch sich die Effektivität der Absauglösung innerhalb des Wirkbereiches vergrößert. Weitere konstruktive Randbedingungen, die Einfluss haben, sind zum Beispiel Teilunterkellerungen oder sonstige unterirdische Bauwerke.

Dichtheit der erdberührten Gebäudehülle

Undichtheiten in der Gebäudehülle können dazu führen, dass sich in Folge der Absaugung von Luft aus den gebäudeangrenzenden Bodenschichten eine Druckdifferenz zwischen den erdangrenzenden Innenräumen und dem Erdreich ausbildet, die dazu

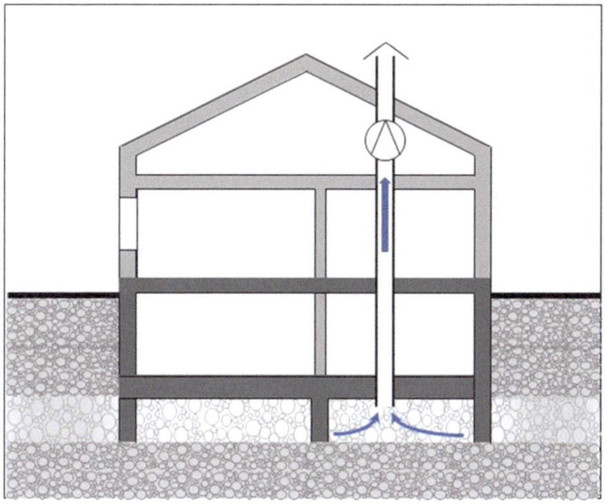

Abb. 7.31 Einfluss unterirdischer Bauwerke (z. B. Streifenfundamente) auf den Wirkungsradius der Bodenluftabsaugung

führen kann, dass Raumluft in das Erdreich nachströmt. Dieser unerwünschte Nebeneffekt führt dazu, dass eine höhere Absaugleistung für die Erzeugung des Unterdruckes erforderlich wird und ggf. bauphysikalische Probleme zu befürchten sind. Da die Absaugung von Bodenluft aber gerade dort angewendet wird, wo keine konvektionsdichte Gebäudehülle vorhanden ist oder angestrebt wird, ist immer mit einem geringen Luftstrom vom Gebäude ins Erdreich zu rechnen, der allerdings nicht so groß sein darf, dass eine direkte und hohe Luftabsaugung aus dem Gebäude vorliegt. Langjährige Anwendungen von Unterdrucklösungen zeigen, dass der hier beschriebene unerwünschte Nebeneffekt nur selten einen maßgeblichen Einfluss hat. Vor allen Dingen in Gebäuden der Alterskategorie D gem. Eingruppierungsvorschlag in Abschn. 8.3.2 sind aber die vorhandenen Undichtheiten häufig so gravierend, dass der Einbau einer flächigen Abdichtung sinnvoll wird, die allerdings – wird sie ausschließlich für die hier beschriebene Eingrenzung des Luftstromes konzipiert – nicht unbedingt die Anforderungen einer Abdichtung nach DIN 18 533 erfüllen muss. Zumeist ist die partielle Abdichtung von offensichtlichen Undichtheiten ausreichend (s. Abschn. 7.4.2.6).

Neben den hier aufgeführten Randbedingungen, welche die Wirksamkeit beeinflussen, muss auch auf mögliche unerwünschte Nebenwirkungen von Absauglösungen hingewiesen werden.

Austrocknung des angrenzenden Erdreiches

Mit der Absaugung von Bodenluft wird gleichzeitig Wasser aus dem Boden abgeführt. Nach [16] können bei aktiven Systemen bis zu 10 kg Wasser pro Tag durch eine Anlage abgesaugt werden. Dadurch wird bei stark bindigen Böden sowie Böden mit organischen Anteilen eine zwar geringe, aber messbare Austrocknung des Bodens ausgelöst, die zu einer Volumenreduzierung und in deren Folge zu Setzungserscheinungen an den

Gebäuden führen kann. Bei passiven Systemlösungen ist von einer deutlich geringeren Feuchteabfuhr aus dem Boden auszugehen, weswegen hier die Austrocknung vernachlässigt werden kann. Auch sind Berichte zu Schäden an Gebäuden infolge einer Bodenluftabsaugung bisher nicht bekannt. Trotzdem sollten bei bindigen Bodenarten sowie Böden mit organischen Anteilen die folgenden Hinweise zur Konzeption und Auslegung des Gesamtsystems beachtet werden: So steigt die Menge des abgeführten Wassers aus dem Erdreich proportional zur Lüfterleistung, umgekehrt reduziert sich diese bei geringer Lüfterleistung. Die Optimierung dieses Wertes hilft demnach nicht nur, den Energieverbrauch, sondern auch die hier beschriebenen möglichen Nebenwirkungen zu minimieren. In Abschn. 8.4.3.4.4 werden im Zusammenhang mit den Erläuterungen zur Anwendung von Absauglösungen Hinweise gegeben, wie die optimale Größe des Abluftstromes ermittelt werden kann. Da mögliche Setzungen vor allen Dingen im Bereich der Fundamente auftreten können, sollten die Absaugpunkte bei setzungsempfindlichen Böden möglichst nicht in unmittelbarer Nähe von Fundamenten angeordnet werden.

Bei nichtbindigen Böden hat die mögliche Absaugung von Feuchte aus der Bodenluft keine Auswirkungen auf die Bodeneigenschaften.

Kühlung von Böden und Konstruktionen.
Bei durchlässigen Böden ist die ungewollte Ansaugung von Außenluft vor allem dann nicht vollständig auszuschließen, wenn die Absaugpunkte im Randbereich des Gebäudes oder (bei Anlage eines außen liegenden Radonbrunnens) neben dem Gebäude liegen. Dadurch kann bei niedrigen Außentemperaturen in direkter Nachbarschaft von Absaugschächten und -gruben auch die Bodentemperatur absinken, was die Gefahr von Frostbildung im Boden sowie an außen liegenden Baulichkeiten und Anlagen (zum Beispiel Rohrleitungen) erhöht. Nach [16] kann diese Temperaturabsenkung bis maximal 10 K betragen. Bei passiver Erzeugung des Unterdruckes ist eine gravierende Kühlung der Bodenluft nicht zu erwarten.

Wärmeverluste im Gebäude und Kondensatbildung in Konstruktionsschichten sowie den Elementen des Abluftsystems.
Die Gefahr, dass es durch eine undichte Gebäudehülle zu relevanten Energieverlusten sowie zu Kondensatfeuchte in den erdberührten Außenkonstruktionen kommt, ist als eher gering einzuschätzen, da hierzu der durch Absaugung ausgelöste Luftstrom nicht genügend groß ist.

Auf die Gefahr der Kondensatbildung in den Rohrleitungen sowie deren Vermeidung wird im Zusammenhang mit der Beschreibung der einzelnen Systemkomponenten in den folgenden Abschnitten eingegangen.

7.4.3.4 Diagnostische Untersuchungen

Alle Lösungen, die auf einer Unterdruckerzeugung im Erdreich sowie in der erdberührten Gebäudehülle basieren, erfordern gründliche diagnostische Voruntersuchungen. Das zeigen nicht zuletzt die in Abschn. 7.4.3.3 zusammengefassten Einflüsse auf die Wirksamkeit sowie die möglichen Nebenwirkungen dieser Maßnahmen. In Abschn. 8.4.3.3 werden die hier erforderlichen diagnostischen Untersuchungen vorgestellt und erläutert.

7.4.3.5 Vorstellung der Lösungen zur Bodenluftabsaugung

Lösungen dieser Gruppe sind eine Kombination aus den außerhalb des Erdreiches (im Gebäude bzw. im Außenbereich) liegenden technischen Anlagen zur Aktivierung der Unterdruckerzeugung sowie den Varianten zur Bodenluftabsaugung im Erdreich, wobei viele verschiedene Kombinationen möglich sind. Es ist deshalb sinnvoll die beiden Komponenten – Anlagenkonfiguration im Gebäude bzw. im Freiraum sowie Art der Bodenluftabsaugung – getrennt zu beschreiben, um abschließend sinnvolle Kombinationen aufzuzeigen.

7.4.3.5.1 Aktive und passive Bodenluftabsaugung

Alle Lösungen für die Bodenluftabsaugung bestehen im Wesentlichen aus einem Rohrsystem, über das die abgesaugte Bodenluft ins Freie abgeführt wird. Ergänzt wird dieses Rohrsystem durch die verschiedenen technischen Apparaturen für die Erzeugung eines Unterdruckes im Rohrsystem (einschließlich der erforderlichen Stromversorgung und ggf. Mess- und Überwachungstechnik), Schutzeinrichtungen zur Verhinderung mechanischer oder bauphysikalischer Schäden sowie verschiedener Ergänzungsbauteile (Abb. 7.32). Bei passiven Systemen fallen von den hier genannten Elementen die technischen Apparaturen zur Unterdruckerzeugung weg.

Vor allen Dingen für Lösungen mit **aktiver Absaugung** sind vielfältige Varianten der Abluftführung sowie der Anordnung des Lüfters möglich. In Abb. 7.33 sind hierfür beispielhaft typische Varianten in Prinzipskizzen für die Absaugung aus der Bodenschicht unterhalb des Gebäudes dargestellt. Wesentliche Unterscheidungsmerkmale bestehen in der Abluftführung innerhalb oder neben dem Gebäude (ggf. auch in Kombination dieser beiden Varianten) sowie in der Anordnung der Ausblasöffnung oberhalb des Daches oder seitlich vom Gebäude, dann häufig im unteren Gebäudebereich bzw. direkt über der Geländeoberfläche. Bei Gebäuden in hängigem Gelände sowie bei Teilunterkellerungen kann die Bodenluft direkt horizontal aus der Bodenschicht unterhalb des Gebäudes abgesaugt werden (Abb. 7.34 und 7.35).

Für Abluftsysteme, die zur Unterdruckerzeugung den natürlichen Auftrieb nutzen (**passive Systeme**), sind die möglichen Anlagenkonfigurationen eingeschränkt und auf die Führung innerhalb des Gebäudes bis über das Dach fokussiert (s. Abb. 7.36). Erfahrungsgemäß wird für passive Systeme eine Steighöhe von mindestens 10 m benötigt, um eine genügend große Auftriebskraft zu induzieren.

Die Anordnung von Steigrohren an der Außenseite des Gebäudes ist zwar prinzipiell möglich, allerdings führt diese Anordnung aufgrund der stark schwankenden klimatischen Verhältnisse vor allem bei passiver Absaugung zu ebenso schwankender Wirksamkeit. Zudem ist bei der Anordnung der Abluftrohre im Außenbereich mit einem erhöhten Risiko der Kondensatbildung und ggf. gefrierender Nässe im Rohrsystem zu rechnen, weswegen hier eine Wärmedämmung der Abluftrohre zwingend erforderlich

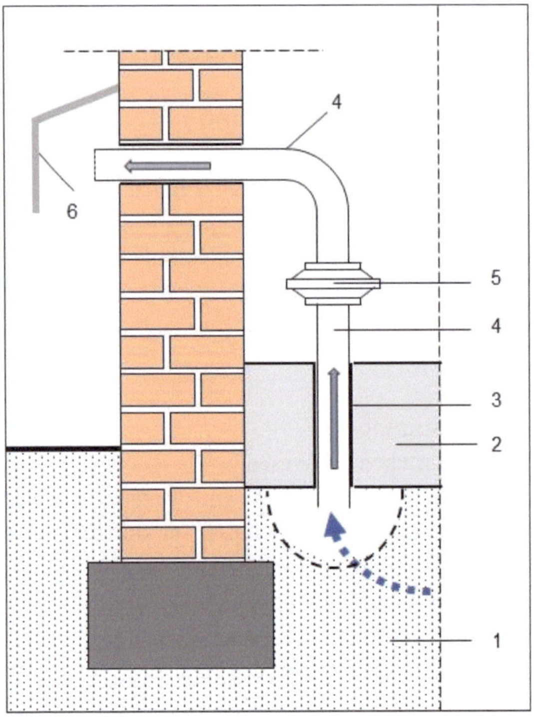

Legende:

1 Erdreich
2 Erdberührte Gebäudekonstruktion (hier: Bodenplatte)
3 Durchbruch in der erdberührten Gebäudehülle
4 Rohrsystem
5 Lüfter
6 Schutzeinrichtung

Abb. 7.32 Aufbau Bodenluftabsaugung

wird. Im Zusammenhang mit der Verlegung von vertikalen Abluftrohren innerhalb von Bestandsgebäuden können erhebliche bauliche Eingriffe in die Bausubstanz erforderlichen werden. Eine günstige Alternative ist hier die Anordnung innerhalb bestehender Schornsteine, wenn diese nicht mehr für die Rauchgasabführung benötigt werden (s. Abb. 7.36b).

Als Lüfter werden in der Regel Radial-Rohrventilatoren eingesetzt (Abb. 7.37), seltener kommen Axial- Rohrventilatoren zur Anwendung. Bei Einsatz von Rohrlüftern wird zumeist jeder Absaugpunkt mit einem Lüfter ausgestattet. Es ergeben sich hier im Grunde genommen mehrere separate Anlagen, die jeweils einzelne Gebäudebereiche erfassen (Abb. 7.38). Die Zusammenführung mehrerer Absaugpunkte zu einem Lüfter wird hier eher selten vorgesehen, ist aber möglich (Abb. 7.39).

Für den Einsatz in kleineren Wohngebäuden (zum Beispiel Einfamilienhäusern) und ähnlich großen Nichtwohngebäuden kommen Radial-Rohrventilatoren mit einem Volumenstrom zwischen 100 bis 300 m^3/h und einer Leistungsaufnahme von 50 bis 100 W zum Einsatz, mit denen eine Druckdifferenzen von bis zu 250 Pa erzeugt werden kann. Für Anlagen, bei denen mit einer Absaugstelle ein größerer Flächenbereich abzudecken ist oder mehrere Absaugstellen zusammengefasst werden, sind ggf. höhere

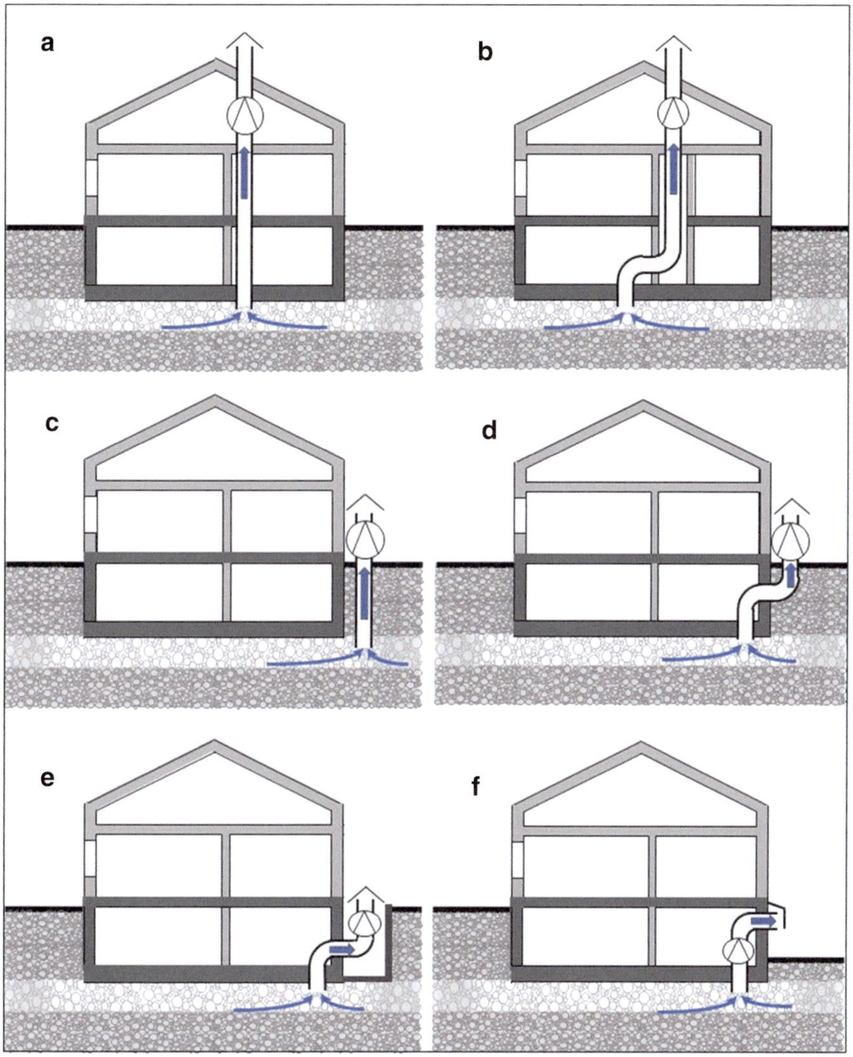

Legende:

a) Abluftführung im Gebäudeinnerem über Dach; Lüfter am Strangende

b) Abluftführung im Gebäudeinnerem unter Nutzung bestehender Schächte (z.B. Schornsteine); Lüfter am Strangende

c) Absaugung und Abluftführung neben Gebäude, Lüfter im Außenbereich

d) Abluftführung aus Keller über Erdreich ins Freie, Lüfter im Außenbereich

e) Abluftführung über Kellerlichtschacht, Lüfter im Kellerlichtschacht (dargestellt) oder im Außenbereich

f) Abluftführung über Keller direkt nach außen, Lüfter im Keller (dargestellt) oder im Außenbereich

Abb. 7.33 Beispiellösungen für die Anlagenkonzeption bei aktiver Luftabsaugung aus einer permeablen Bodenschicht unterhalb des Gebäudes

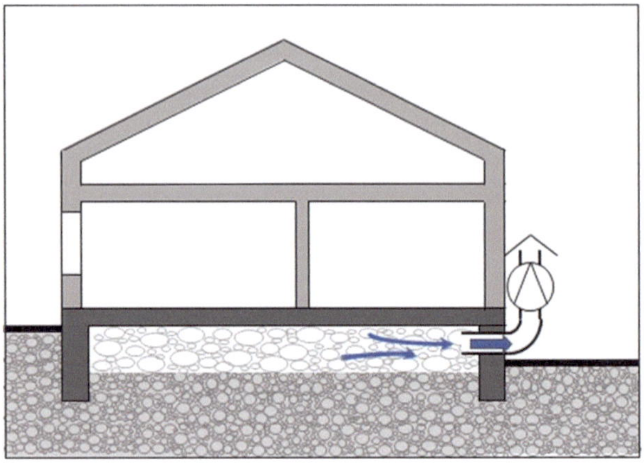

Abb. 7.34 Horizontale Absaugung aus einer permeablen Schicht unter der Bodenplatte bei tiefer liegender Geländeoberkante

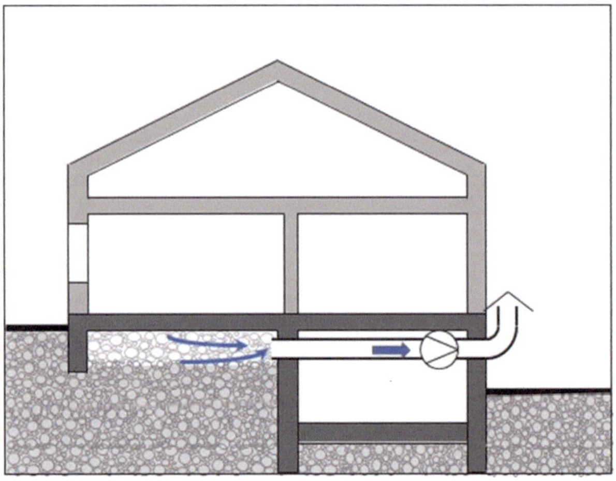

Abb. 7.35 Horizontale Absaugung aus einer permeablen Schicht unter der Bodenplatte bei Teilunterkellerungen

Leistungsaufnahmen erforderlich. Hier kommen häufig sogenannte Radonsauger oder Radonturbinen zum Einsatz (Abb. 7.40), die so konzeptioniert sind, dass mehrere Absaugstellen über Rohrleitungen in dem Gerät zusammengeführt werden (Abb. 7.41). Die Lage des Radonsaugers bzw. der Radonturbine ist frei wählbar und wird in Abhängigkeit von örtlichen Bedingungen und Anforderungen festgelegt. In der Regel wird der Standort dieser Aggregate im Keller oder im unteren Gebäudebereich angeordnet, da sich dadurch die Rohrlängen zwischen Absaugstelle und Aggregat optimieren lässt. Während Radonsauger mit dem gleichen Prinzip wie die Rohrventilatoren arbeiten, wird in Radonturbinen die abgesaugte Luft zusätzlich komprimiert, wodurch die Absaugleistung erhöht wird. Die Anlagenkonfiguration mit Radonsaugern sowie Radonturbinen ermöglicht die Realisierung von exakt auf die vorhandenen Randbedingungen angepassten Lösungen.

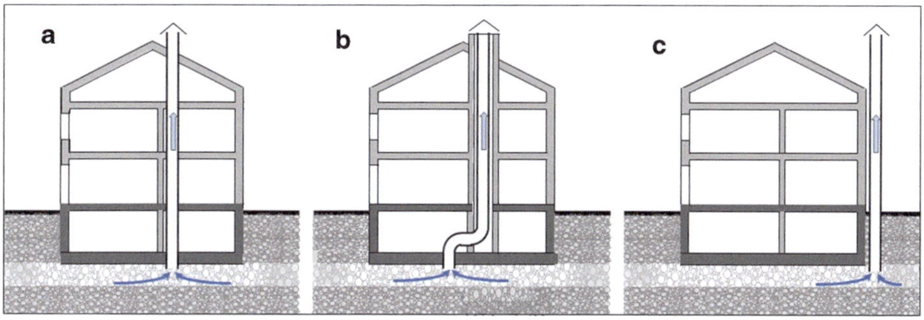

Legende:

a) Abluftführung im Gebäudeinnerem über Dach

b) Abluftführung im Gebäudeinnerem unter Nutzung bestehender Schächte (z.B. Schornsteine)

c) Absaugung und Abluftführung neben Gebäude (Lösung hinsichtlich Wirksamkeit sowie bauphysikalischer Einwirkungen problematisch; nicht zu empfehlen und nur mit vollständig wärmegedämmter Rohrführung anzuwenden!)

Abb. 7.36 Beispiellösungen für die Anlagenkonzeption bei passiver Luftabsaugung aus einer permeablen Bodenschicht unterhalb des Gebäudes

Abb. 7.37 Radial-Rohrlüfter (Quelle: Helios Ventilatoren)

Als Materialien für die Rohre kommen sowohl PVC-Rohre (KG-Rohre) als auch HT-Rohre zum Einsatz. Es können aber auch andere Materialien, wie zum Beispiel Edelstahl oder – in besonders gefährdeten Bereichen – schlagfeste Rohre eingesetzt werden. Typische Rohrdurchmesser liegen zwischen 50 und ca. 150 mm für aktive Systeme sowie 150 bis 200 mm für passive Systeme. Wichtig ist die luftdichte Ausführung des gesamten Rohrsystems, da Undichtheiten zur Reduzierung der Leistung führen sowie die Gefahr besteht, dass radonangereicherte Bodenluft ins Gebäudeinnere austritt. Vor allen Dingen dann, wenn die Abluftleitungen im Gebäudeinneren liegen und durch Nutzräume

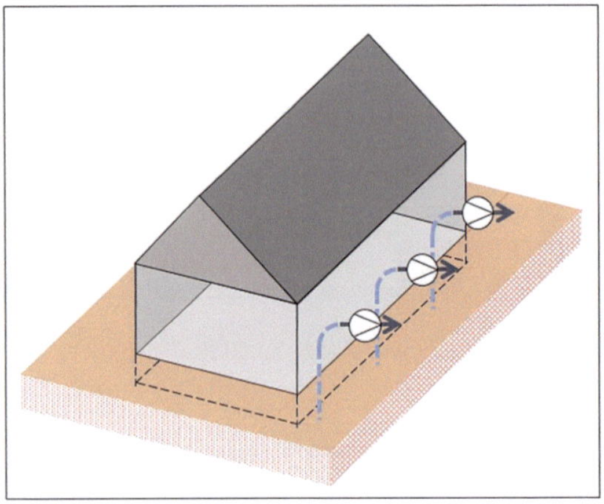

Abb. 7.38 Prinzipdarstellung: Anordnung von Einzellüftern an jedem Absaugpunkt

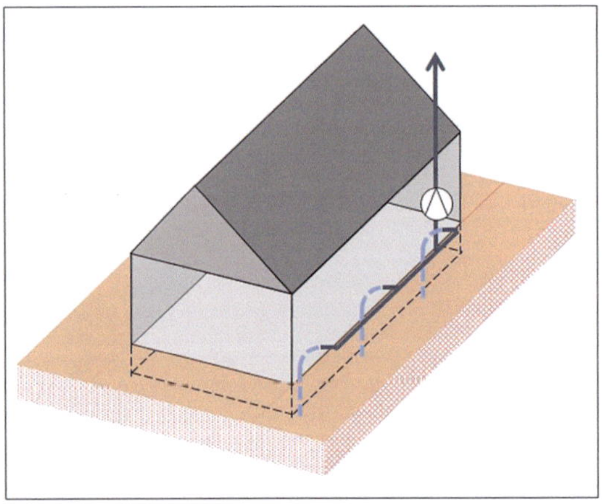

Abb. 7.39 Prinzipdarstellung: Zusammenfassung mehrerer Absaugpunkte an einem Lüfter

geführt werden, sollte die Lüftereinheit immer am Strangende, also möglichst nahe an der Ausblasstelle angeordnet werden, um im Rohrsystem einen Unterdruck zu erzeugen. Sind die Rohrleitungen im Außenbereich angeordnet bzw. führen diese ausschließlich durch Nebenräume, ist es unerheblich, ob im Rohrsystem ein Über- oder Unterdruck herrscht, weswegen hier die Lage des Lüfters frei wählbar ist. Ventilatoren, Radonsauger und Radonturbinen sollten grundsätzlich in ihrer Leistung regelbar sein, um ein optimales Verhältnis zwischen erforderlicher Lüfterleistung und Absenkung der Radonkonzentration zu finden. Mit einer möglichst niedrigen Absaugleistung wird der Energieverbrauch optimiert, reduziert sich die Gefahr von unerwünschten Nebenwirkungen (s.

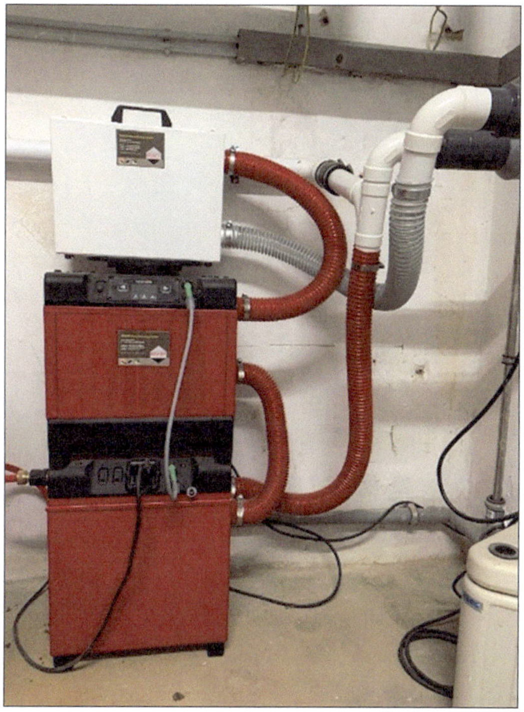

Abb. 7.40 Radonsauger mit Pumpen- und Steuereinheit (schallgedämmte Ausführung für Innenanwendung) (Quelle: BINKER Materialschutz GmbH)

Abschn. 7.4.3.3), erhöht sich die Lebensdauer der Lüfter und kann die Schallabstrahlung reduziert werden. Ein in diesem Zusammenhang übliches Optimierungsverfahren wird in Abschn. 8.4.3.4.4 vorgestellt. Als optimale Lösung dürfte eine Steuerung der Lüfter über Radonsensoren angesehen werden, mit der zudem auch ein Intervallbetrieb des Lüfters möglich wird. Allerdings wird hierfür eine leistungsfähige und sichere Radonsensorik im System benötigt. Einfache Rohrventilatoren enthalten in der Regel keine Überwachungsfunktion der Leistung, weswegen der Ausfall oder die Absenkung der Wirkung nicht immer sofort erkannt wird. Um dieses Manko auszugleichen, wird die Integration von Drucksensoren ins Leitungssystem vorgeschlagen, die bei deutlichem Druckabfall in der Leitung durch ein akustisches oder optisches Warnsignal den Ausfall bzw. Leistungsabfall anzeigen. In Radonsaugern oder Radonturbinen sind solche Überwachungsmechanismen in der Regel bereits integriert.

Im gesamten Rohrsystem – also bei flächiger Absaugung auch in den Dränagerohren – ist auf die Vermeidung von Schäden durch Kondensat zu achten. Die außen liegenden Austrittsstellen sind durch geeignete Maßnahmen vor Regen- und Schneeeintritt sowie Tierschäden zu schützen.

Werden die Ausblasöffnungen über dem Dach des Gebäudes angeordnet, ist ein lufttechnischer Kurzschluss in der Regel nicht zu befürchten. Als Kurzschluss wird hier verstanden, wenn Abluft durch nahe bei den Ausblasöffnungen liegende Öffnungen ins

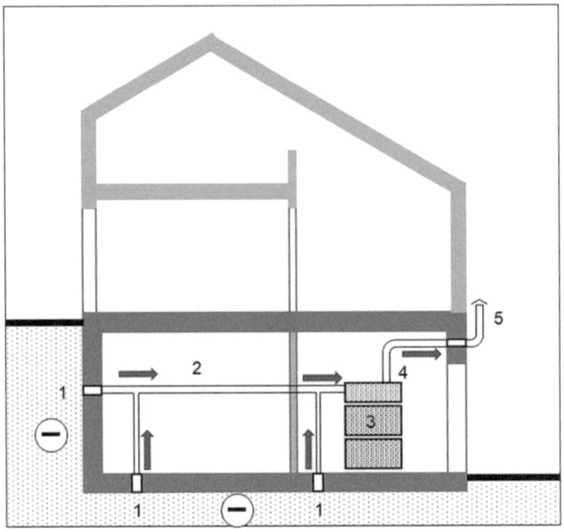

1 Wand-und Bodendurchörterungen für die Bodenluftansaugung

2 Rohrsystem zum Radonsauger

3 Radonsauger / Radonturbine mit Steuerungseinheit und ggf. weiteren Systemkomponenten (Schalldämmung usw.)

4 Rohrleitungen vom Radonsauger nach außen

5 Ausblasöffnung

Abb. 7.41 Systemkonfiguration für Lösungen mit Radonsaugern und Radonturbinen

Gebäude zurückströmen kann oder in anderen hochfrequentierten Bereichen zu erhöhter Radonkonzentration in der Luft führt. Für alle im Wandbereich liegenden oder ins Freie führenden Ausblasöffnungen ist deshalb ein Mindestabstand zu Fenstern und Türen, aber auch zu intensiv genutzten Wegen, Spielplätzen usw. von 2 m einzuhalten. Systematische Messungen aus Kanada (Health Canada 2016) haben diesen seit vielen Jahren angewendeten Wert als ausreichendes Abstandsmaß bestätigt.

Aktive Systeme haben im Vergleich zu passiven Systemen eine Reihe von Vorteilen, weswegen diese als Regellösung anzusehen sind. Nachteile passiver Systeme sind ihre vergleichsweise geringe Unterdruckerzeugung, die Abhängigkeit von Temperaturschwankungen und der Windgeschwindigkeit sowie die eingeschränkte Anlagenkonfiguration. Passive Systeme können deshalb nur dann eingesetzt werden, wenn die Überschreitung der Radonkonzentration in der Raumluft nur gering über den Zielwerten liegt – als Anhaltswert kann von einer durchschnittlichen Reduzierung der Radonkonzentration in der Raumluft um lediglich ca. 50 % ausgegangen werden – und die Bodenschichten, aus denen die Luft abgesaugt wird, eine hohe Permeabilität aufweisen. Zudem muss das Gebäude so hoch sein, dass eine Steghöhe des Abluftrohres von mindestens 10 m gut integriert werden kann. Da Systemlösungen mit direkter Absaugung aus den anstehenden Bodenschichten häufig höhere Saugleistungen benötigen, um einen genügend großen Unterdruck unter dem Gebäude aufzubauen, führen hier passive Absauglösungen selten zu einem befriedigenden Ergebnis. Aufgrund der in der Regel geringen Leistungsfähigkeit passiver Systeme sowie der schwierigen Erfolgsvorhersage sollte bei deren Konzeption immer die Möglichkeit einer Nachrüstung zu einem aktiven System eingeplant werden. Nachteile aktiver Systeme liegen in dem ständigen Energieverbrauch sowie in der Gefahr eines unerkannten Ausfalles des Lüfters.

7.4.3.5.2 Direktabsaugung aus der Bodenluft

In dieser Gruppe werden Lösungen erfasst, bei denen die Bodenluftabsaugung direkt aus dem anstehenden Erdreich, d. h. ohne zusätzlichen Einbau weiterer permeabler Bodenschichten erfolgt. Sie kommt überall dort zur Anwendung, wo eine direkte Absaugung möglich ist, demnach der Einbau einer zusätzlichen permeablen Bodenschicht bzw. luftführenden Konstruktionsschicht als nicht erforderlich erachtet wird bzw. eine solche nicht möglich oder wirtschaftlich zu realisieren ist. Für die Anwendung von Lösungen dieser Gruppe ist demnach Grundvoraussetzung, dass eine „Absaugschicht" direkt unter der Bodenplatte oder nicht weit entfernt unterhalb dieser vorhanden ist. Dabei ist unter „Absaugschicht" eine Bodenschicht zu verstehen, die eine genügend große Permeabilität aufweist, um eine erfolgreiche Absaugung zu ermöglichen,

Häufig werden Lösungen dieser Gruppe in der Literatur unter dem Begriff „Radonbrunnen" zusammengefasst. Allerdings beschreibt diese Bezeichnung lediglich eine mögliche Bauform aus dieser Gruppe. Die hier eingeführte Bezeichnung der „Direktabsaugung" verweist auf die besondere Charakterisierung dieser Lösungsgruppe mit der direkten Absaugung aus dem anstehenden Erdreich.

Die Absaugung der Bodenluft kann entweder aktiv oder passiv erfolgen, wobei hier vorzugsweise die aktive Luftabsaugung mit variabel steuerbarer Lüfterleistung zur Anwendung kommt (s. Abschn. 7.4.3.5.1). Lösungen dieser Gruppe haben in Kombination mit aktiver Luftabsaugung einen sehr hohen Wirkungsgrad und können mit vergleichsweise geringem baulichem Aufwand realisiert werden. Sie sind deshalb die weltweit am häufigsten angewendete Radon-Sanierungslösung für Bestandsgebäude. Im Neubaugeschehen spielt diese Lösungsgruppe dagegen keine Rolle.

In der Gruppe der Direktabsaugungen gibt es verschiedene Lösungsansätze, deren Auswahl von einer Reihe von Randbedingungen beeinflusst ist: Neben dem Wirkungsradius der Absaugpunkte spielen für deren Anordnung und Anzahl die Verteilung der Radonbelastung im Gebäude, die Raumnutzung, die Gebäudeform und der Geländeverlauf sowie die baulichen Möglichkeiten und ggf. bauliche Einschränkungen eine Rolle. Um die Vielzahl der Lösungen zu systematisieren, werden hier zwei Kriterien zur **Lage der Absaugpunkte** sowie zur **baulichen Lösung** eingeführt. Aus den beiden hier eingeführten Gruppen lassen sich einige Grundkombinationen ableiten (Abb. 7.42, 7.43, 7.44, und 7.45).

Hinsichtlich der **Lage der Absaugpunkte** werden die folgenden Lösungsgruppen definiert:

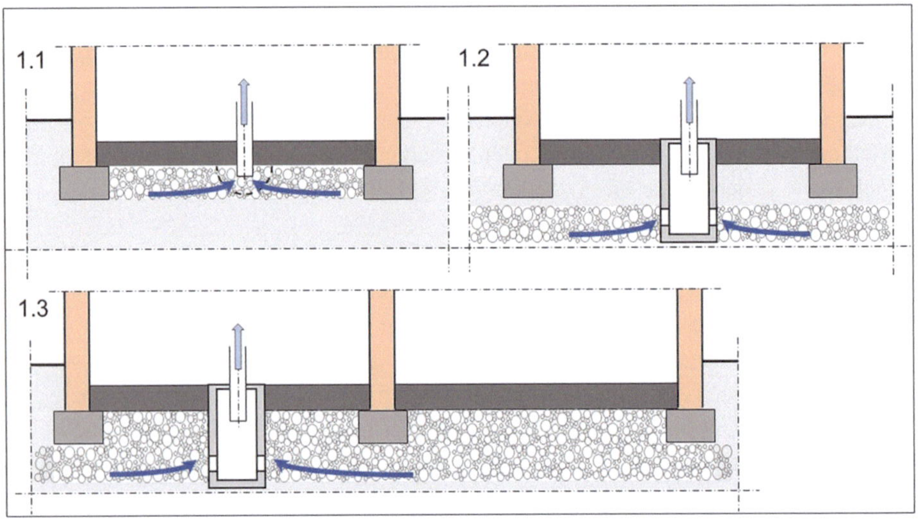

Lösung 1.1: permeable Bodenschicht (Absaugschicht) direkt unter Bodenplatte; Direktabsaugung (mit oder ohne Absaugmulde) möglich; Anlage eines Schachtes nicht erforderlich

Lösung 1.2: permeable Bodenschicht (Absaugschicht) liegt tiefer, nicht direkt an Bodenplatte angrenzend: Anlage eines Schachtes (Radonbrunnen) erforderlich

Lösung 1.3: Die Absaugschicht wird durch unterirdische Baukonstruktion (z.B. Streifenfundament) unterbrochen; Anlage eines Schachtes (Radonbrunnen) erforderlich, wenn die Absaugung auch neben dem Streifenfundament ermöglicht werden soll.

Abb. 7.42 Lösungen nach Gruppe A: Absaugung unterhalb der Bodenplatte bei ebenem unteren Gebäudeabschluss

(A) Unter der Bodenplatte bei ebenem unteren Gebäudeabschluss und ebenem oder geneigten Geländeverlauf (Abb. 7.42);
(B) Unter der Bodenplatte bei abgestuftem unteren Gebäudeabschluss (Teilunterkellerung) und ebenem oder geneigten Geländeverlauf (Abb. 7.43);
(C) Horizontale Absaugung aus den erdberührten Wänden/Grundmauern bei geneigtem Gelände oder erhöhter Lage des Fußbodens (Abb. 7.44)
(D) Absaugung neben dem Gebäude (Abb. 7.45)

Tendenziell hat die Anordnung der Absaugpunkte direkt unter dem Gebäude (Gruppe A und B) die größte Wirksamkeit, die horizontale Absaugung im Bereich der erdberührten Wände kommt zumeist als Ergänzung zur Absaugung unterhalb der Bodenplatte zum Einsatz. Für die Anwendung von Lösungen nach Gruppe C müssen entsprechende bauliche Voraussetzungen (Teilunterkellerung, geneigter Geländeverlauf, höher liegende untere Geschossdecke) vorliegen. Ist das gegeben, erreicht man hier zumeist eine sehr gute Wirksamkeit bei geringem Kostenaufwand. Die hinsichtlich des Wirkungsgrades ungünstigste Lösung ist die Anordnung der Absaugstellen außerhalb des Gebäudes

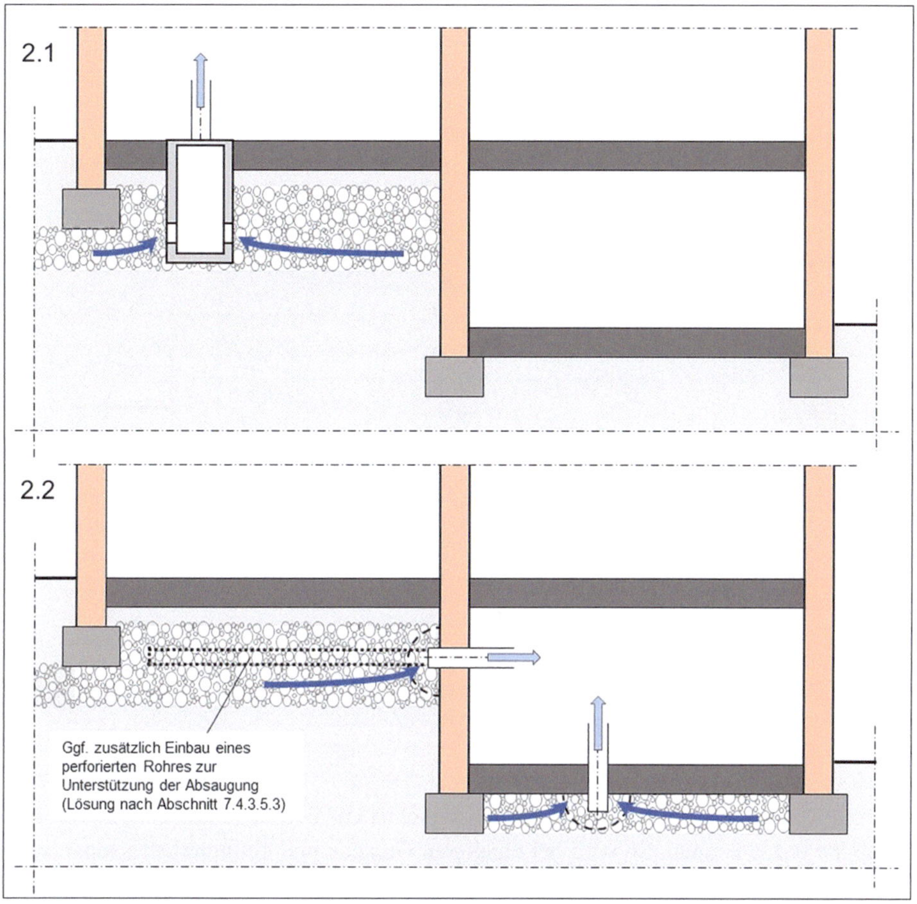

Lösung 2.1: Kellergeschoss ohne Radonschutzanforderung (dort keine Wohn - oder Arbeitsräume); Absaugung der Bodenluft lediglich im Erdgeschoss erforderlich; hier mit Absaugschacht (Radonbrunnen) dargestellt;

Lösung 2.2: Kellergeschoss mit Radonschutzanforderung (Wohn- oder Arbeitsräume); Absaugung der Bodenluft sowohl unter Erdgeschoss als auch Keller erforderlich; hier mit Direktabsaugung dargestellt.

Abb. 7.43 Grundkombinationen Direktabsaugung Gruppe B: abgetreppter unterer Gebäudeabschluss (Teilunterkellerung); Absaugung unterhalb der Bodenplatte oder über erdberührte Wände

gemäß Gruppe D. Diese Lösung kommt deshalb dann zur Anwendung, wenn eine Anordnung innerhalb des Gebäudes aus den unterschiedlichsten Gründen (z. B. konstruktiv problematische Situationen, denkmalpflegerische Einschränkungen, Raumnutzungen, die einen Eingriff nicht zulassen oder die Vermeidung hoher Kosten für den Einbau der Absaugung) nicht möglich ist oder nicht angestrebt wird. Häufig wird es erforderlich,

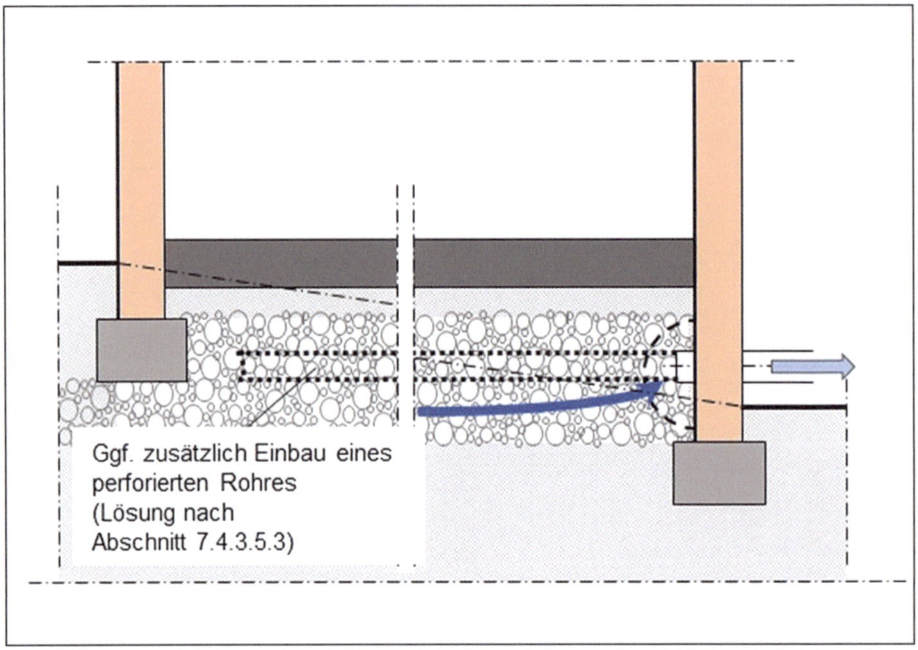

Abb. 7.44 Grundkombinationen Direktabsaugung Gruppe C: Horizontale Absaugung nach außen unterhalb der Bodenplatte

mehrere Absaugpunkte anzulegen, die aus verschiedenen Kombinationen der Lösungen gebildet werden können. So wird bei hängigem Gelände und Teilunterkellerungen sowie bei größeren Gebäuden eine Absaugstelle in der Regel nicht ausreichen, um einen vollständig das Gebäude erfassenden Unterdruck im Erdreich zu erzeugen.

Für die **bauliche Ausbildung** kommen zwei Lösungsgruppen zur Anwendung:

1) Direktabsaugung der Bodenluft aus einer Durchörterung der Bodenplatte oder der erdberührten Wand, mit oder ohne Aushub einer Absaugmulde im Bereich der Durchörterung;
2) Absaugung aus einem Schacht unterhalb der Bodenplatte oder neben dem Gebäude. Diese Lösung ist als Radonbrunnen bekannt.

Die Direktabsaugung der Bodenluft aus einer Durchörterung (Gruppe 1 der baulichen Lösungen) – s. Abb. 7.46, 7.47, und 7.48 – ist von den hier erfassten Lösungsvarianten die mit dem geringsten baulichen Aufwand. Es muss aber gewährleistet sein, dass über die Bohrung eine permeable Bodenschicht direkt erreicht wird. Der erforderliche Durchbruch durch die Bodenplatte bzw. erdberührten Wand wird zumeist mit einer Kernbohrung realisiert, es können aber auch andere Techniken für die Durchörterung

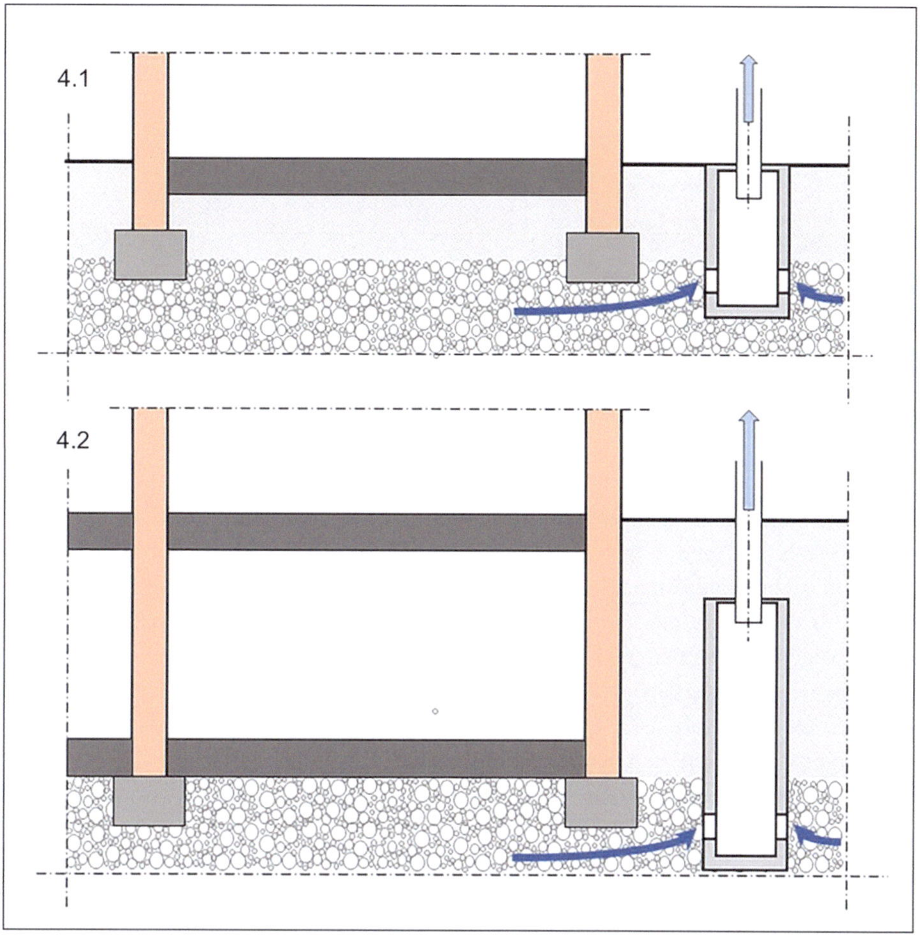

Lösung 4.1: nichtunterkellertes Gebäude; Radonbrunnen neben dem Gebäude

Lösung 4.2: unterkellertes Gebäude; Radonbrunnen neben dem Gebäude

Abb. 7.45 Grundkombinationen Direktabsaugung Gruppe D: Bodenluftabsaugung außerhalb des Gebäudes

angewendet werden. Der Durchbruch wird einige cm größer als der Durchmesser des Absaugrohres angelegt, um einen sauberen und vor allen Dingen luftdichten Abschluss ausführen zu können, Nach Einbau des Absaugrohres sind alle Schichten wieder vollständig einzubauen und an das Absaugrohr luftdicht anzuschließen.

Wichtig ist, dass die Ansaugung von Feinststoffen aus dem Boden unterbunden wird, da diese die Ansaugrohre sowie Rohrlüfter zusetzen und so die Funktionsfähigkeit behindern können. Die Anlage einer direkt an der Absaugstelle angeordneten Aushubmulde kann den unerwünschten Effekt der Ansaugung von Feinstteilchen deutlich reduzieren

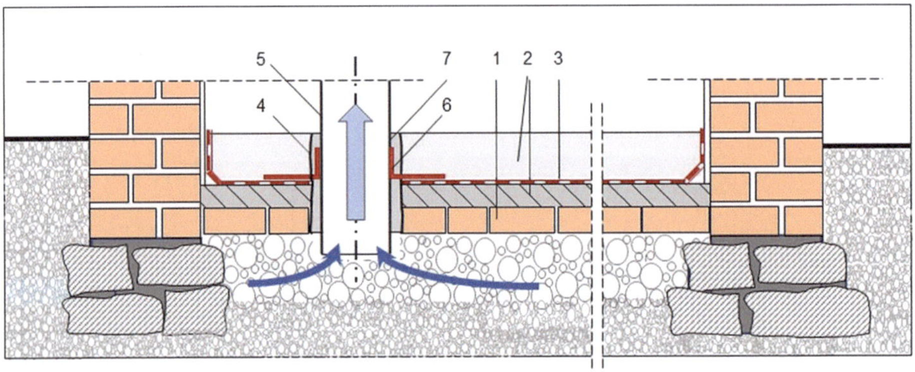

Abb. 7.46 Bodenluftabsaugung als Direktabsaugung unterhalb der Bodenplatte

und zudem den Wirkungsgrad verbessern und sollte deshalb immer in Betracht gezogen werden (Abb. 7.47 und 7.48). Die Größe dieser Mulde beträgt etwa 10 dm^3. Wird diese Mulde in nicht standfestem Erdreich (Kies- oder Sand) angelegt, ist sie baulich abzusichern. Insbesondere aus Großbritannien [13, 30] sowie Tschechien [16] sind detaillierte Lösungsbeschreibungen bekannt.

Radonbrunnen werden entweder unterhalb der Bodenplatte oder neben dem Gebäude errichtet (s. Abb. 7.42, 7.43 und 7.45). Für die Ausbildung des Schachtes können vielfältige Materialien und Konstruktionsformen eingesetzt werden. Es kommen gemauerte Schächte, Schächte aus Brunnenringen oder Kunststoffrohren usw. zum Einsatz (Abb. 7.49).

Bei standfestem Boden können auch Schächte ohne Ausbau zum Einsatz kommen (Abb. 7.50). Hierbei sollte der Schacht mit geeignetem Material gefüllt und so ein Einbruch von Erdreich verhindert werden. Zudem ist die vollständige Auskleidung mit Geotextil oder ähnlichem sinnvoll. Dadurch wird ein Einschwämmen von Feinstteilchen aus dem Boden in den Schacht verhindert. Die in Abb. 7.50 dargestellte Ausbauform mit Anschluss von Bodenplatte und Fußbodenaufbau bis direkt an die Rohrdurchführung ist sehr sicher gegen einströmende Raum- oder Außenluft geschützt. Problematisch ist hier aber, dass keinerlei Kontrolle des Schachtes nach Verschluss möglich ist.

Wird ein für Kontroll- und Wartungszwecke begeh- oder zumindest optisch prüfbarer Schacht erforderlich, muss dieser öffenbar sein. Die Abdeckung ist dabei so zu gestalten, dass im geschlossenen Zustand Luftdichtheit gegenüber dem Gebäudeinnerem bzw. der Außenluft erreicht wird, damit ein Nachströmen von Außenluft in den Schacht sicher verhindert werden kann (Abb. 7.51). Hierzu kommen sogenannte gasdichte Schachtdeckelausführungen zum Einsatz. Eine direkte Durchführung des Absaugrohres nach oben ist in dieser Konstellation nur schwer realisierbar. In der in Abb. 7.51 dargestellten Lösung wird deshalb das Absaugrohres horizontal in den Schacht eingebunden. Inwieweit das Absaugrohr dann – wie in Abb. 7.51 dargestellt – nach oben ins Gebäude,

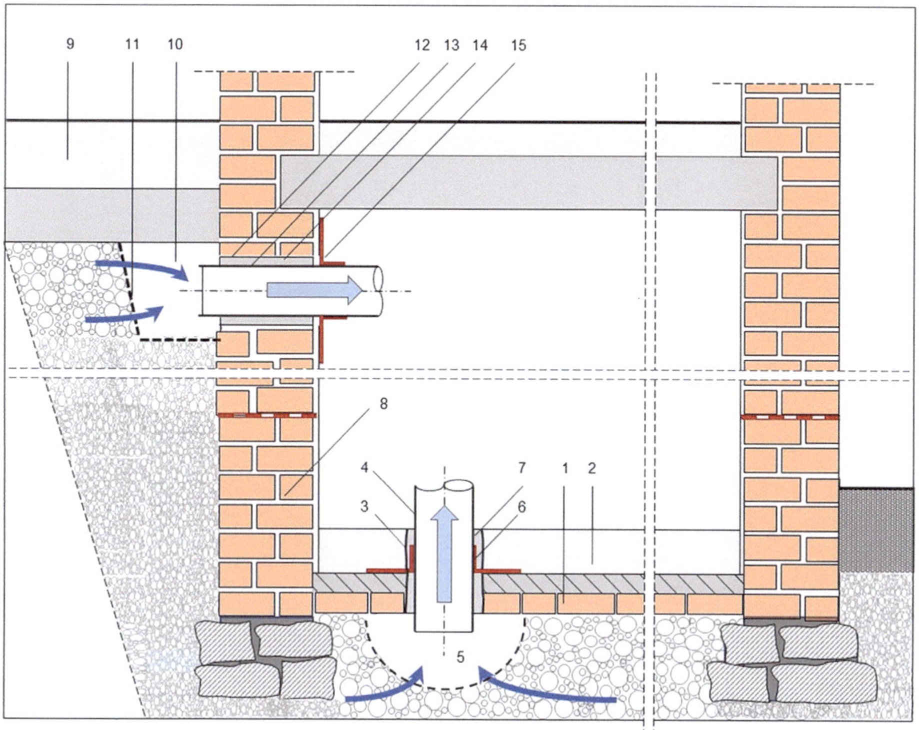

Legende:

A) Vertikale Absaugung unter der Bodenplatte

1 Bestandskonstruktion Bodenplatte
2 neue Bodenkonstruktion (nicht spezifiziert)
3 Durchbruch Bodenkonstruktion (z.B. als Kernbohrung)
4 Absaugrohr
5 Saugmulde
6 Eindichtung Absaugrohr (s. Abschnitt 7.4.2.3)
7 Vollständiger Verschluss der Bohrung; Einbau aller Bodenschichten

B) horizontale Absaugung durch Außenwand

8 Außenwand (Bestand)
9 Bodenplatte und Fußboden nichtunterkellerter Bereich (nicht spezifiziert)
10 Saugmulde
11 Stabilisierungskonstruktion Saugmulde (luftdurchlässig)
12 Wanddurchbruch (z.B. Kernbohrung)
13 Absaugrohr
14 vollständiger Verschluss Absaugrohr
15 Eindichtung Absaugrohr (s. Abschnitt 7.4.2.3)

Abb. 7.47 Bodenluftabsaugung aus Absaugmulde unterhalb der Bodenplatte sowie horizontal neben der erdberührten Außenwand (hier bei Teilunterkellerung

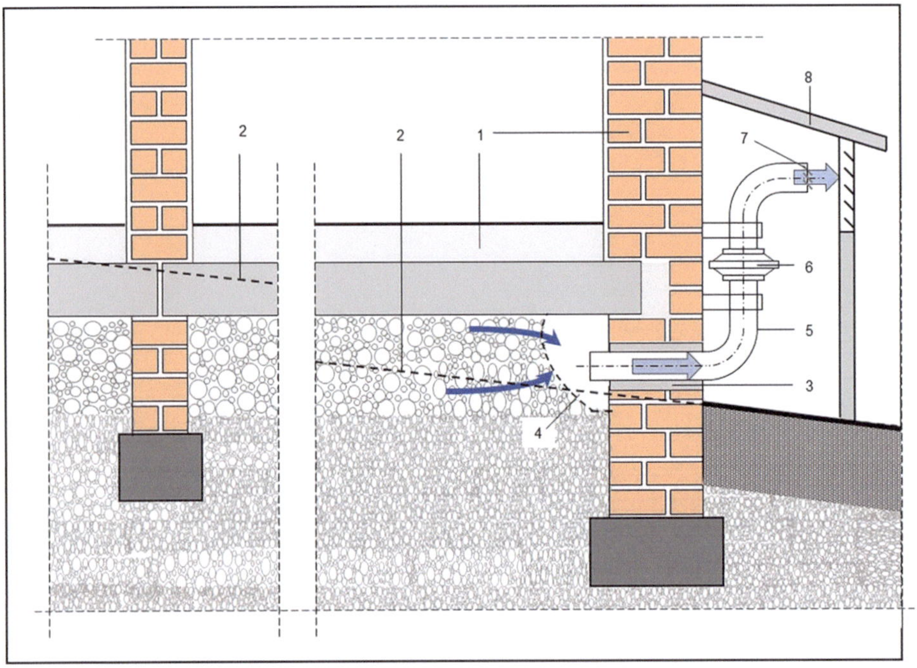

Legende:

1 Bestandskonstruktion

2 Geländeverlauf

3 Wanddurchbruch (z.B. Kernbohrung), nach Einbau des Absaugrohres wird der Wanddurchbruch materialgerecht geschlossen

4 Saugmulde

5 Saugrohr

6 Lüfter

7 Ausblasöffnung mit Einflugschutz

8 Wetterschutzeinhausung

Abb. 7.48 horizontale Bodenluftabsaugung in Sockelhöhe unterhalb der Bodenplatte bei geneigtem Gelände mit Anlage einer Absaugmulde

oder aber horizontal bis neben das Gebäude geführt wird, ist in Abhängigkeit von der örtlichen Situation zu entscheiden.

Die erforderliche Tiefe des Schachtes ist in erster Linie von der Lage der Bodenschicht abhängig, aus der die Absaugung der Bodenluft erfolgen soll (s. Abb. 7.45). Des Weiteren können bauliche Hindernisse (z. B. Streifenfundamente) eine Tieferlegung des Schachtes erforderlich machen (s. Abb. 7.42). In Höhe der Absaugebene wird der Schacht perforiert ausgebildet, damit sich ein Unterdruck vom Schacht ins Erdreich aufbauen kann. Die Perforation des Schachtes kann aber dazu führen, dass Erdreich in den Schacht eindringt bzw. Feinteilchen eingeschwemmt werden, was durch geeignete Maß-

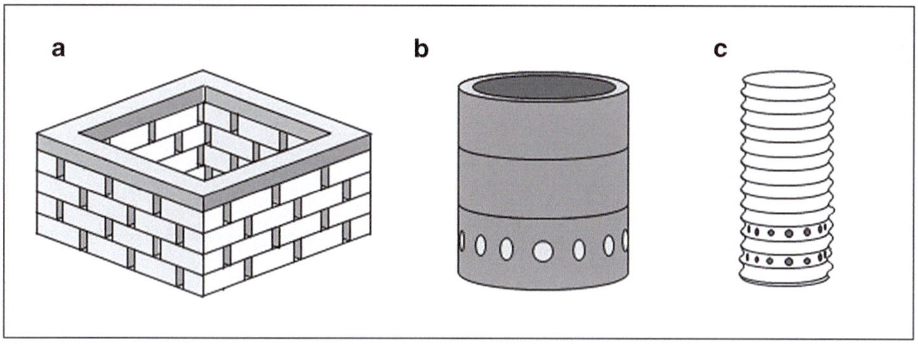

Abb. 7.49 Beispiele für die Konstruktion von Radonbrunnen

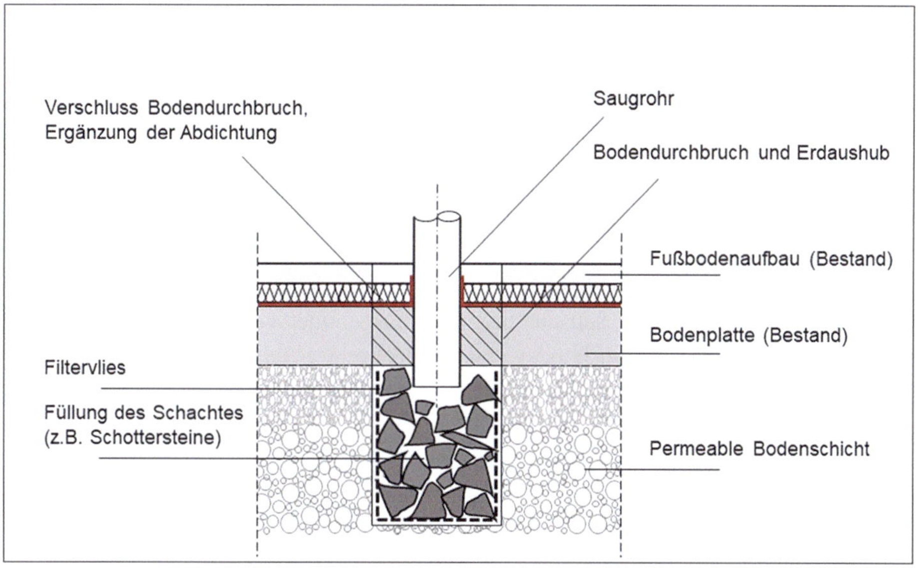

Abb. 7.50 Beispiel für einen Absaugschacht (Radonbrunnen) unter der Bodenplatte ohne massiven Schachtausbau

nahmen (z. B. außen um den Schacht eingebautes Geotextil) verhindert werden muss. Die Schächte müssen so konstruiert sein, dass der anstehende Erddruck und – so in Extremsituationen (z. B. Hochwasserereignisse) nicht ausgeschlossen werden kann, dass zeitweise Wasser im Schacht steht – auch der Wasserdruck sicher aufgenommen werden kann. Ständig anstehendes Wasser bis über die Absaugebene hinaus ist ein Ausschlusskriterium für die Anlage eines Radonbrunnens, da in diesem Falle eine Luftabsaugung und damit der Aufbau eines Unterdruckes in der Bodenluft nicht möglich ist.

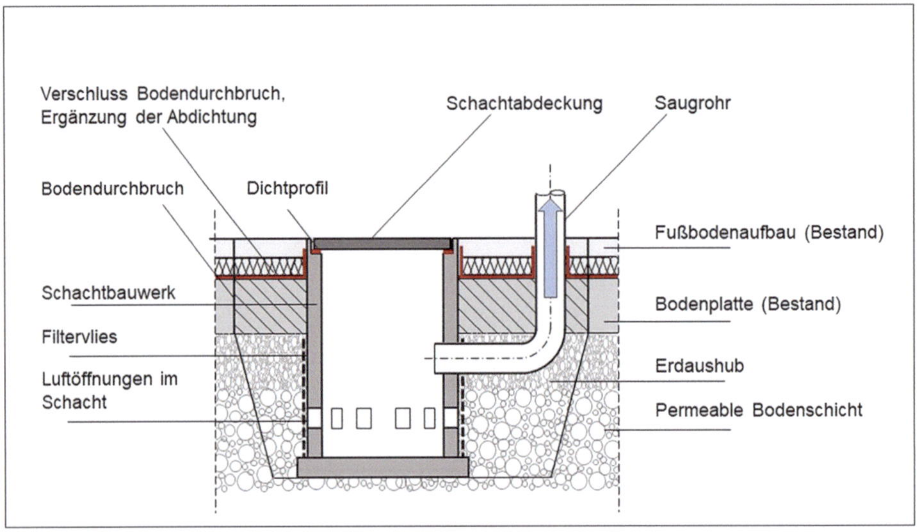

Abb. 7.51 Schachtbauwerk (Radonbrunnen) unter der Bodenplatte mit luftdichter Abdeckplatte (öffenbar)

Die Querschnittsabmessungen des Radonbrunnens sind in Abhängigkeit von der Tiefe des Schachtes sowie dessen (weiterer) Nutzung zu wählen. Für Schächte geringer Tiefe und ohne integrierte technische Anlagen reicht ein Durchmesser von ca. 30 cm vollkommen aus. Muss der Schacht begehbar ausgebildet werden (was bei größeren Schachttiefen erforderlich wird) oder soll ein Lüfter im Schacht angeordnet werden, sind Innendurchmesser von mindestens 1,00 m erforderlich.[5] Die Integration des Lüfters in den Schacht ist dann in Betracht zu ziehen, wenn der Radonbrunnen außerhalb des Gebäudes angeordnet ist, da in diesem Fall die Anordnung des Lüfters außerhalb des Schachtes ggf. aufwendige konstruktive Lösungen erfordert. Allerdings ist die Integration des Lüfters in den Schacht nicht unproblematisch. So steht die hier erforderliche ständige Zugänglichkeit zu Kontroll- und Wartungszwecken der Forderung nach dichter Ausführung des oberen Abschlusses entgegen (s. Abb. 7.51). Auch muss in diesem Fall gewährleistet sein, dass bei Hochwasserereignissen und ähnlichen Extremsituationen keinerlei Wasser in den Schacht eindringt.

Häufig sind in Bestandsgebäuden bereits Schächte vorhanden, die bei Eignung anstelle eines neuen Schachtes für die Absaugung aktiviert werden können.

Die Konfiguration der Gesamtanlage ist bei Direktabsaugungen von mehreren Faktoren abhängig und immer objektkonkret zu planen. Die maßgebenden Faktoren sind hierbei:

[5] Die hier für einen runden Schacht angegebenen Orientierungsmaße sind bei rechteckigen oder weiteren Formen analog zu wählen.

- die Baugrundeigenschaften;
- die Gebäudestruktur und -größe;
- der Bauzustand;
- die Messwerte der Radonkonzentration in der Raumluft;
- die vorhandene bzw. geplante Raumnutzung sowie
- die Absauglösung (aktiv oder passiv).

Aufgrund dieser vielfältigen und in der Kombination häufig zu unterschiedlichen Lösungen führenden Aspekten ist es schwierig, allgemeingültige Regeln für die Anlagenkonfiguration zu definieren. Basis aller Entscheidungen sind gründliche diagnostische Voruntersuchungen. Diese werden in Abschn. 8.4.3.3 detailliert beschrieben.

Der Wirkungsradius eines Absaugpunktes ist maßgeblich von den Baugrundeigenschaften abhängig. Der häufig angegebene durchschnittliche Wirkungsradius von 9 m und einer Fläche von ca. 250 m^2 je Absaugpunkt kann lediglich als eine sehr grobe Orientierung herangezogen werden. Es ist durchaus möglich, dass der Einflussbereich eine weitaus größere Fläche umfasst, bei ungünstigen Bodenverhältnissen aber auch deutlich geringer ausfällt. Für kleinere Gebäude – zum Beispiel Einfamilienhäuser – reicht aber im Allgemeinen eine Absaugstelle, wenn diese direkt unterhalb der Bodenplatte angeordnet werden kann. Liegen Teilunterkellerungen vor oder andere nichtebene untere Gebäudeabschlüsse sind – ebenso wie bei einer großen Gebäudegrundfläche – in der Regel mehrere Absaugpunkte erforderlich. Wird der Boden unterhalb des Gebäudes durch Streifenfundamente unterbrochen, sind ebenfalls mehrere Absaugpunkte anzuordnen, die jeweils einen durch die Fundamente abgegrenzten Bereich erfassen. Alternativ kann durch einen tiefer angeordneten Absaughorizont (z. B. durch Anlage von Radonbrunnen) diese Barriere des Wirkbereichs „übersprungen" werden. Eine Alternative zur Tieferlegung der Absaugpunkte ist die Schaffung von Durchbrüchen in den Fundamenten, die eine Querlüftungsströmung ermöglichen sollen. Sowohl hinsichtlich der erforderlichen baulichen Aufwendung als auch der Wirksamkeit ist diese Lösung allerdings kritisch zu sehen.

Im Zusammenhang mit der Gebäudestruktur kann die zweckmäßige Anordnung der Absaugpunkte auch durch die Minimierung baulicher Eingriffe in die Bestandskonstruktion beeinflusst sein, zum Beispiel, wenn die Möglichkeit der Nutzung von Vertikalschächten oder ehemaligen Rauchgasschornsteinen für die Abführung der abgesaugten Bodenluft besteht. Der Bauzustand der erdberührten Gebäudehülle ist immer in die Konzeption der Anlagen einzubeziehen. So stehen der Anlage von Durchbrüchen durch Wände und Böden ggf. statisch-konstruktive Einschränkungen entgegen. Sind in den Bestandskonstruktionen Risse und weitere Bauschäden vorhanden, können diese Ursache für erhöhte Radonkonzentration im Gebäudeinneren sein und damit indirekt auf die Anlage der Absaugpunkte Einfluss nehmen.

Die Radonkonzentration in der Raumluft und die Raumnutzung sind im Entscheidungsprozess über die Anlagenkonfiguration zusammen zu betrachten. So ist die Anordnung der Absaugpunkte vor allen Dingen dort am effektivsten, wo die vor der Sanierung vorhandenen Konzentrationswerte besonders hoch sind, da dort die größte Eintrittsrate aus dem Erdreich vermutet werden kann und somit auch die Umkehr bzw. Reduzierung des konvektiven Luftstromes aus dem Erdreich besonders wirkungsvoll ist. Werden hohe Radonkonzentrationen in Nebenräumen gemessen, ist hier im Grunde keine Absenkung dieser Werte erforderlich, es sei denn, sie können in angrenzende Nutzräume ausstrahlen (s. hierzu Abschn. 7.5). Dabei sind immer auch mögliche Änderungen der Raumnutzung in die Betrachtung einzubeziehen. Häufig ist die Raumnutzung ein Ausschlusskriterium für die Anordnung von Absaugpunkten, wenn ein Eingriff in die Bausubstanz für die Anlage von Absaugpunkten sowie die Anlage von Rohrsystemen im Raum nicht möglich oder unerwünscht ist.

Ein großer Einfluss auf die Anlagenkonfiguration ergibt sich letztlich aus der Art der Absaugung: So können bei aktiver Absaugung unterschiedlichste Lösungen zur Anwendung kommen (s Abschn. 7.4.3.5.1), mit denen flexibel auf die Ausgangssituationen reagiert werden kann. Bei passiven Lösungen ist die Anordnung der Absaugpunkte deutlich stärker von der Gebäudestruktur beeinflusst. Auch dürfte hier im Vergleich zu aktiven Anlagen aufgrund der geringeren Absaugleistung häufig eine größere Anzahl von Absaugpunkten erforderlich werden.

7.4.3.5.3 flächige Absaugung der Bodenluft

Flächige Bodenluftabsaugungen werden üblicherweise als „Radondränage" bezeichnet und fassen alle Maßnahmen zusammen, bei denen aus einer speziell hierfür eingebauten durchgehenden und hochpermeablen Schicht aktiv oder passiv Bodenluft abgesaugt wird. Im Regelfall liegt diese Schicht unterhalb der Bodenplatte eines Gebäudes, es sind aber auch Lösungen möglich, in denen an den erdberührten Außenwänden liegende vertikale Dränschichten in die Bodenluftabsaugung einbezogen werden. Allerdings sind letztere Lösungen seltener anzutreffen, der Regelfall ist die Bodenluftabsaugung unterhalb der Bodenplatte. Auf diese beziehen sich im Wesentlichen auch die Ausführungen dieses Abschnittes.

Der Einbau einer Radondränage unterhalb des Gebäudes ist immer dann eine sinnvolle und wirtschaftliche Lösung, wenn dieser mit dem Einbau einer Bodenplatte kombiniert werden kann. Die Anwendung ist deshalb auf das Neubaugeschehen fokussiert. Für Sanierungen stellen flächige Bodenluftabsaugungen dann eine sinnvolle Option dar, wenn im Rahmen von Sanierungsmaßnahmen der Einbau einer neuen Bodenplatte ohnehin geplant ist. Ein weiterer, allerdings vergleichsweise aufwendiger Einsatzgrund für flächige Bodenluftabsaugungen liegt dann vor, wenn eine punktuelle Direktabsaugung nicht möglich ist. In diesem Fall ist letztendlich der Abbruch aller bestehenden Fußbodenschichten und ggf. zusätzlicher Bodenaushub für den Einbau der neuen Dränageschicht erforderlich. Eine weitere, vergleichsweise häufige, Anwendung von Radondränagen ist die in Abschn. 7.4.2.3.3 vorgestellte Absicherung von Abdichtungsmaßnahmen im Neubau und bei Sanierungen.

Unter „Radondränage" wird allgemein ein perforiertes Rohrsystem bezeichnet, welches in einer Bodenschicht mit hoher Permeabilität verlegt wird. Diese Schicht wird zumeist direkt unterhalb der Bodenplatte eingebaut (s. Abb. 7.52, Lösung a-1), in bestimmten bautechnisch bedingten Konstellationen können noch zusätzliche

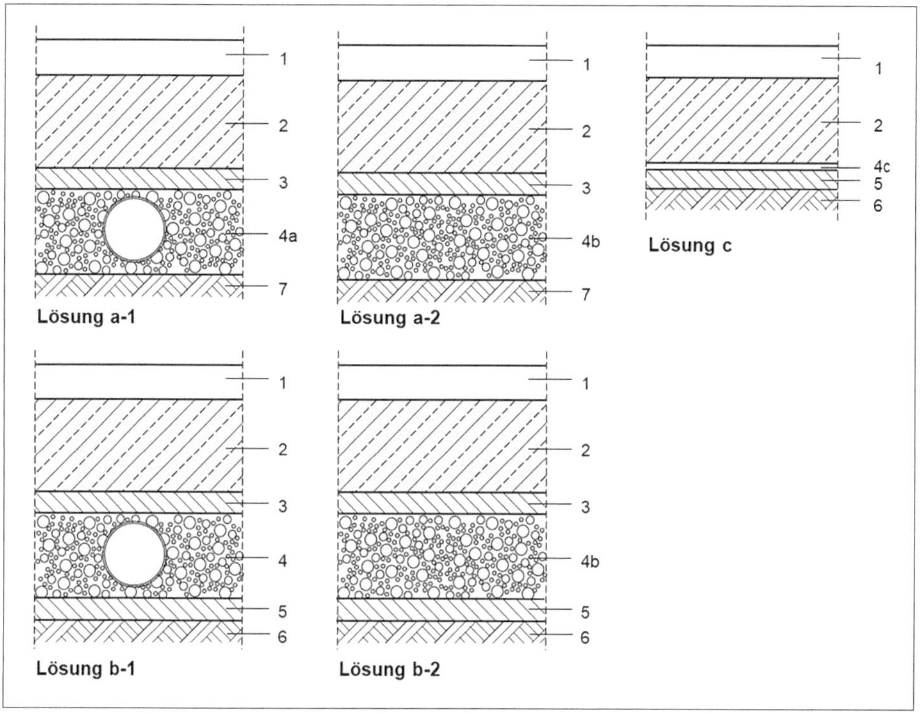

Legende
1 Fußbodenaufbau
2 Stahlbeton-Bodenplatte
3 Sauberkeitsschicht
4a Dränageschicht (Kies- oder Schotterschicht) mit Dränagerohr
4b Dränageschicht (Kies- oder Schotterschicht) ohne Dränagerohr
4c Dränageschicht als luftführende Systemschicht (z.B. Noppenbahn)
5 gering durchlässige Schicht (z.B. Magerbeton)
6 gewachsener Boden
Anmerkung: Abdichtungsschichten nicht dargestellt! Diese können sowohl oberhalb als auch unterhalb der Bodenplatte liegen.

Abb. 7.52 Einbauvarianten von Radondränagen unterhalb der Bodenplatte. • **Lösung a**:Einbau in eine Dränageschicht direkt unterhalb der Bodenplatte bzw. Sauberkeitsschicht • **Lösung b**:wie Lösung a, aber mit zusätzlicher gering durchlässiger Schicht unterhalb der Dränageschicht (z. B. Magerbetonschicht) bei homogenem, hoch durchlässigem Boden • **Lösung c**:Einbau einer Dränage-Systemschicht (z. B. Noppenbahn) unterhalb der Bodenplatte

Konstruktionsschichten zwischen Bodenplatte und Dränageschicht erforderlich werden. Zu beachten ist, dass die Permeabilität des Bodens unterhalb der Dränageschicht deutlich geringer sein muss als die der Dränageschicht. Steht unterhalb des Gebäudes eine homogene Bodenschicht mit großer Dicke und hoher Luftdurchlässigkeit an, kann ggf. kein Unterdruck aufgebaut werden bzw. wäre hierfür eine hohe Lüfterleistung erforderlich

(s. Erläuterungen zu dieser Konstellation in Abschn. 7.4.3.3; Abb. 7.30b). In diesen Fällen empfiehlt es sich, unterhalb der Dränageschicht eine gering durchlässige zusätzliche Schicht (z. B. eine unbewehrte Betonschicht) einzubauen (s. Abb. 7.52, Lösung b-1). Für kleinere Gebäude kann auf den Einbau des Dränagerohrsystems verzichtet werden, es wird dann direkt aus der durchlässigen Schicht unterhalb der Bodenplatte abgesaugt (Abb. 7.52, Lösungen a-2 und b-2). Eine solche Schicht ist in der Funktion als kapillarbrechende Kiesschicht oder Sauberkeitsschicht in vielen Fällen ohnehin vorhanden bzw. geplant. Diese Lösung entspricht weitestgehend der in Abschn. 7.4.3.5.2 vorgestellten Horizontalabsaugung aus dem Erdreich. Einziger substanzieller Unterschied zu diesen Lösungen ist, dass die Absaugschicht nicht bereits vorhanden ist, sondern zusätzlich eingebaut werden muss. Eine weitere Lösungsmöglichkeit dieser Gruppe ist die flächige Absaugung aus einer Systemschicht unterhalb der Bodenplatte, wenn diese eine durchgehende Luftführung ermöglicht, aus der die Luft abgesaugt werden kann (Abb. 7.52, Lösung c). Beispielsweise können hierfür Noppenbahnen unterhalb der Bodenplatte eingebaut werden. Mit dieser Lösung wird der Übergang zu der unter „Zwischenbodenabsaugung" bekannten Lösungsgruppe, welche im folgenden Abschn. 7.4.3.5.4 vorgestellt wird, erreicht (s. dort Abb. 7.58 und 7.59).

Für das Verlegeschema der Dränagerohre können unterschiedliche Lösungen angewendet werden. In Abb. 7.53 sind zwei typische Verlegearten beispielhaft für kleine Gebäude dargestellt, bei denen in der Regel eine Absaugstelle ausreichend ist.

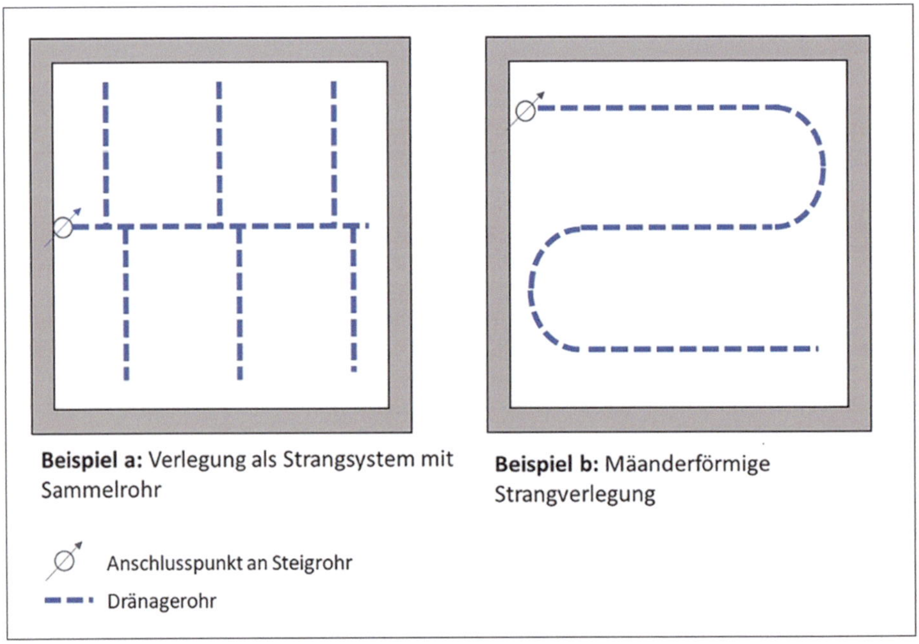

Abb. 7.53 Beispiele für Verlegeschemata der Dränagerohre

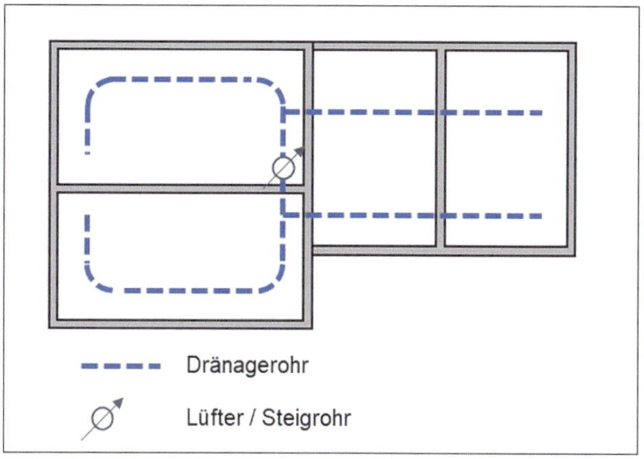

Abb. 7.54 Beispiel für eine Anlagenkonfiguration mit einem zentralen im Gebäude angeordneten Abluftstrang und mit einem Lüfter für die Gesamtanlage

Aus der Vielzahl von Verlegevarianten der Dränagerohre und Gesamtkonzeptionen der Anlagen werden im Folgenden einige typische Lösungen vorgestellt. In Abb. 7.54 ist eine Variante wiedergegeben, bei der mit dem Dränagestrang mehrere, durch Streifenfundamente unterbrochene Gebäudebereiche zusammengefasst werden. Diese Variante ist für kleine Gebäude (zum Beispiel Einfamilienhäuser) geeignet. Bei dieser Lösung ist es erforderlich, Durchbrüche durch die Fundamente für die Durchführung der Dränagerohre herzustellen. Im Bereich der Fundamentdurchführungen werden geschlossene Rohre eingesetzt. Der senkrechte Abluftstrang mit Lüfter ist in diesem Beispiel innerhalb des Gebäudes relativ zentral angeordnet, was für die Lüfterkonfiguration eine gute Lösung ergibt.

Eine ähnliche Lösung, allerdings mit Abluftführung nach außen, ist in Abb. 7.55 dargestellt. Diese Lösung ist ebenfalls für kleiner Gebäude geeignet.

Eine weitere Variante der Anlagenkonzeption wird in Abb. 7.56 vorgestellt. Hier werden die Einzelstränge der Dränageleitungen direkt über die Grundmauern bzw. Außenwände nach außen geführt. Eine solche Anlagenkonfiguration ist für größere Gebäude geeignet, in denen die Stranglängen eine Zusammenführung zu einem Lüfter nicht mehr ermöglichen bzw. nicht sinnvoll sind, sie kommt aber auch bei kleineren Gebäuden zum Einsatz, wenn Durchbrüche durch die innen liegenden Streifenfundamente nicht möglich oder gewünscht sind. In dem Beispiel wird eine spezielle Lösung vorgestellt, bei der die Lüfter direkt in die Grundmauern eingesetzt werden und so eine direkte Abführung der abgesaugten Luft ohne weitere Steigleitungen usw. möglich ist (Abb. 7.56a). Insgesamt ist diese Variante der Absaugung sehr kostengünstig zu realisieren, es muss aber eine entsprechende bauliche Konstellation (tiefer liegendes Geländeniveau) vorhanden sein. Auch sind die Risiken des Abblasens der abgesaugten Luft unmittelbar über dem Bodenniveau (Gefährdung der Anlage durch Vandalismus, Gefährdung von Menschen durch die radonbelastete Abluft usw.) zu beachten. Alternativ zur hier beschriebenen Einbauvariante des Lüfters kann dieser auch – wie im Abb. 7.56b dargestellt – innerhalb des Gebäudes nach oben geführt werden oder aber es kommt eine Absaugvariante ähnlich der in Abb. 7.55 dargestellten zur Anwendung.

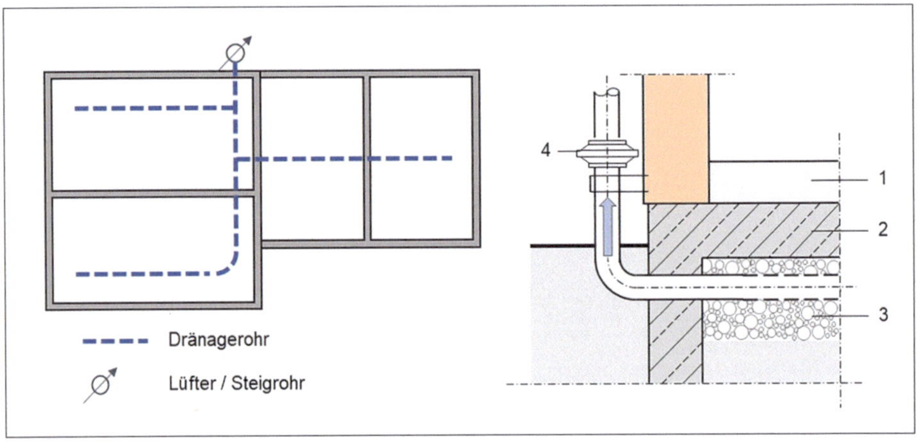

Legende
1 Fußbodenaufbau
2 Stahlbeton-Bodenplatte
3 Dränageschicht mit Dränagerohr
4 Lüfter

Abb. 7.55 Beispiel für eine Anlagenkonfiguration mit zentraler Abluftführung nach außen

Es wurde bereits darauf verwiesen, dass der Einbau einer Radondränage im Neubau sowie im Sanierungsfall bei komplettem Neuaufbau der Bodenplatte in der Regel problemlos möglich und mit nur geringen Mehrkosten verbunden ist. Soll dagegen der vorhandene Bodenaufbau erhalten bleiben, können nach (Jiránek und Honziková 2017) die Mehraufwendungen reduziert werden, indem die vorhandene Bodenplatte nur teilweise für die Ausbildung eines Kanals abgebrochen wird. In diesem Kanal wird dann das in Kies eingebettete Dränagerohrsystem verlegt. In Abb. 7.57 ist eine entsprechende Lösung in Grundriss und Schnitt dargestellt. Die in diesem Beispiel angenommene Lage des Dränagerohrs entlang der Gebäude-Umfassungswände ist dabei bewusst gewählt, da im Altbau der Anschluss zwischen aufgehendem Mauerwerk und Bodenplatte zumeist nicht luftdicht ausgebildet ist und dort somit die Gefahr eines konvektiven Luftstroms vom Erdreich ins Gebäude besonders groß ist (s. Abb. 7.6). Auf die Gefahr des ungewollten Nachströmens von Raumluft in das Absaugsystem (s. Abschn. 7.4.3.3) soll hier nochmals hingewiesen werden, da dieses Problem in der hier dargestellten Lösung relevant werden kann. Ggf. ist hier deshalb die Anschlussfuge zwischen Bodenschichten und aufgehenden Wänden partiell abzudichten. Inwieweit die Anwendung einer Lösung nach dem hier vorgestellten Prinzip sinnvoll ist, kann nur anhand der örtlichen Voraussetzungen entschieden werden. Grundvoraussetzung für die Anwendung ist, dass ein genügend durchlässiges Erdreich den Aufbau eines Unterdruckes im verbliebenen Boden möglich macht.

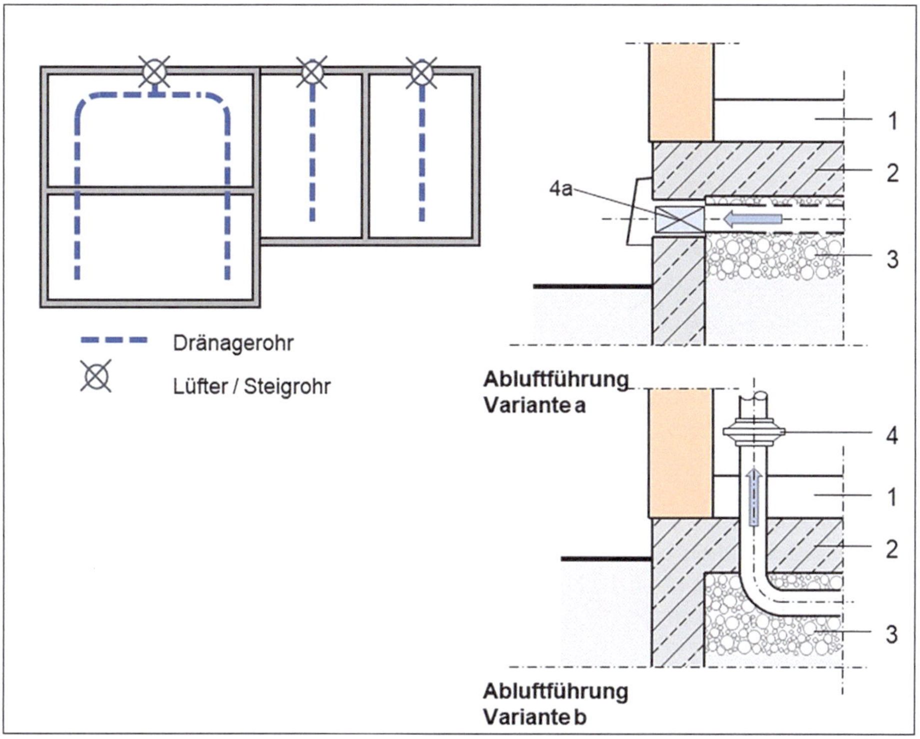

Legende

1 Fußbodenaufbau
2 Stahlbeton-Bodenplatte
3 Dränageschicht mit Dränagerohr
4 Lüfter
4a Rohrlüfter

Abb. 7.56 Beispiel für eine Anlagenkonfiguration mit dezentraler Abluftführung nach außen

Für die Rohrdurchmesser, Rohrabstände und die Ausbildung der Dränageschicht haben sich bisher keine standardisierten Maße und Aufbausysteme durchsetzen können. Das ist in erster Linie dadurch begründet, dass systematische Untersuchungen zur optimalen Gestaltung der Komponenten bisher nicht vorliegen. So ist zu beobachten, dass sich ländertypische Ausführungslösungen etabliert haben, die untereinander stark differieren. Unabhängig davon erreicht man bei Anwendung der im Folgenden zusammengefassten Werte eine hohe Funktionssicherheit.

Das Material der Drainschicht soll eine Durchlässigkeit von $k_f > 10^{-4}$ m/s aufweisen und gegenüber dem anstehenden Baugrund filterstabil sein. Ggf. kann die Filterstabilität durch den Einbau eines Geotextils erreicht werden. Sie wird aus einer Kies- bzw. Splitschicht (Kornfraktion z. B. 16/32) mit einer Mindestdicke von 15 cm gebildet, bei Rohrdurchmessern bis 100 mm beträgt die Mindestdicke 20 cm. Wird die Variante der

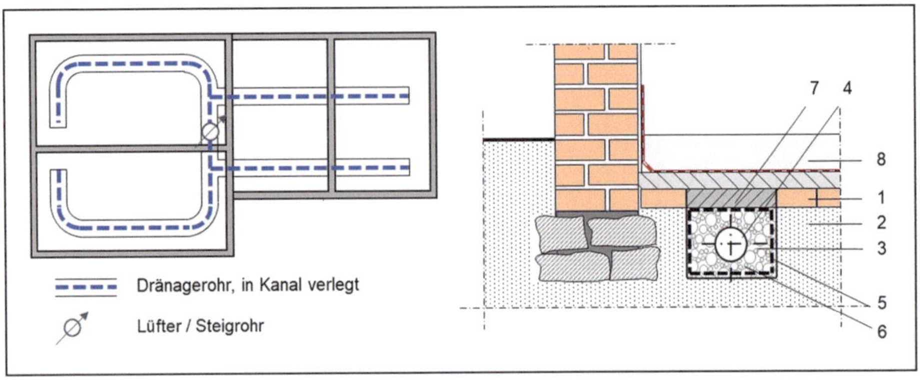

Legende

1 bestehender Fußboden (hier Ziegelschicht dargestellt)
2 Erdreich
3 Bodenabbruch im Bereich des geplanten Kanaleinbaus und Bodenaushub Kanal
4 Dränagerohr
5 Geotextil oder ähnliches zum Schutz der Dränage
6 Kies- bzw. Schotterfüllung des Kanals
7 Verschluss des Kanals; Anschluss an vorhandenen Boden
8 neuer Fußbodenaufbau

Abb. 7.57 Beispiel für Teilabbruch der bestehenden Bodenplatte und Verlegung der Dränage in einem Bodenkanal

direkten Absaugung aus der Dränageschicht angewendet (Abb. 7.52, Lösungen a-2, b-2), kann die Absaugschicht mit deutlich geringerer Dicke eingebaut werden. Idealerweise sind die anstehenden Böden unterhalb der Dränageschicht gering permeabel (z. B. lehmhaltige Böden, $k_f < 10^{-8}$ m/s). Der Durchmesser der Dränagerohre beträgt bei passiven Systemen 80 bis 100 mm und bei aktiven Systemen 60 bis 80 mm. Für Sammelleitungen oder bei großen Absaugbereichen sind ggf. größere Rohrdurchmesser (bis max. 150 mm) erforderlich. Die Festlegung der größten Rohrabstände untereinander variieren in der Literatur zwischen 4 und 8 m. Aufgrund der Verlegung in einer hochdurchlässigen Bodenschicht dürfte der höhere Wert von 8 m als maximaler Rohrabstand vollkommen ausreichend sein. Wichtig ist hierbei vielmehr, dass die Dränagerohre möglichst so verlegt werden, dass dort, wo kritische Bereiche zu erwarten sind (Wandanschlüsse an die Bodenplatte, planmäßig angelegte Mediendurchführungen, Durchstoßpunkte von Stützen im Industriehallenbau usw.), die höchste Absaugleistung vorliegt.

Wie auch bei Direktabsaugungen sind für die Konzeption flächiger Absaugungen im Falle der Anwendung im Rahmen von Radonsanierungen umfangreiche diagnostische Voruntersuchungen erforderlich, über die ein Überblick in Abschn. 8.4.3.3 gegeben wird.

7.4.3.5.4 Zwischenbodenabsaugung

Bei dieser Lösungsgruppe kommt das gleiche Wirkprinzip wie bei der im vorhergehenden Abschnitt beschriebenen flächigen Absaugung der Bodenluft zur Anwendung. Unterscheidungskriterium ist die Lage der Absaugebene, die bei Lösungen dieser Gruppe innerhalb des Schichtenaufbaues der erdberührten Gebäudehülle angeordnet wird. Fast immer liegen diese Absaugschichten im Bereich des horizontalen unteren Gebäudeabschlusses, also in Bodenplatte und Fußbodenaufbau. Es sind aber auch Lösungen möglich, bei denen die Absaugung aus Hohlräumen der aufgehenden Wände erfolgt.

In den folgenden Punkten sind die Kriterien für die Konzeption von Zwischenbodenabsaugungen zusammengestellt:

1. Die Schicht, aus der die Absaugung erfolgt, muss eine durchgehende Luftführung zulassen. Da diese Schicht häufig nur eine geringe Dicke aufweist, ist der Anschluss an die Absaugrohre und die weiteren Elemente des Absaugsystems nicht immer einfach zu realisieren und bedarf einer genauen Planung.
2. Die Schichthöhe der Absaugschicht ist nicht begrenzt, es sind sehr kleine Schichtdicken möglich. Für sehr geringe Dicken (kleiner 2 cm) ist die aktive Luftabsaugung zwingend, bei größeren Schichthöhen kann die Erzeugung des Unterdrucks sowohl aktiv als auch passiv erfolgen, wobei auch hier gilt, dass passive Lösungen weniger effektiv und im Wirkungsgrad stark schwankend sind.
3. Es muss ein Nachströmen von Bodenluft in die Absaugschicht möglich sein, das heißt, die unterhalb der Absaugschicht liegenden Konstruktionsschichten müssen genügend durchlässig für Bodenluft sein.
4. Dagegen muss die Abdichtung zur Raumseite hohe Anforderungen erfüllen, es darf keine Luft aus dem Gebäude in die Absaugschicht angesaugt werden.
5. Es ist durch eine ausreichende Wärmedämmung zu verhindert, dass sich in bzw. auf der Konstruktion Kondensat bildet sowie Wärme aus dem Gebäudeinnenraum abgezogen wird.

Die folgenden zwei Beispiele (Abb. 7.58 und 7.59) zeigen typische Lösungen für Zwischenbodenabsaugungen im Rahmen von Gebäudesanierungen. In beiden Beispielen wird von einer zwar vorhanden, aber nicht konvektionsdichten Bodenplatte ausgegangen. Eine solche Lösung ist in vielen Bestandsgebäuden der Altersklassen C und D (Punkt 8.3.2) anzutreffen, ebenso besitzen Gebäude der Altersklasse B häufig keinen konvektionsdichten unteren Gebäudeabschluss.

In der Lösung nach Abb. 7.58 wird die luftführende Schicht durch den Einbau eine Noppenbahn oder ähnlicher hohlraumbildenden flächigen Schicht gebildet. Dabei muss diese Bahn die statischen Lasten des darüber liegenden Fußbodenaufbaues aufnehmen können. Für den Anschluss der Absaugrohre muss eine kleine Absaugmulde gebildet werden, indem zum Beispiel im Bereich der Absaugung die Estrichschicht ausgespart wird.

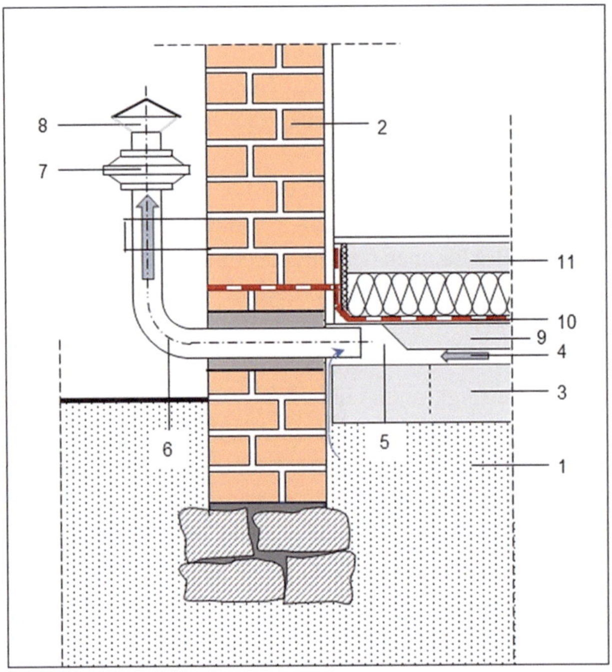

Legende

1 Erdreich
2 Mauerwerk (Bestand)
3 Bodenplatte (Bestand); nicht konvektionsdicht
4 Luftabsaugschicht (z.B. Noppenbahn)
5 Absaugmulde
6 Absaugrohr
7 Lüfter
8 Ausblasrohr mit Witterungsschutz
9 Estrich (neu)
10 Abdichtung (neu)
11 Fußbodenaufbau (neu)

Abb. 7.58 Absaugung aus einer Zwischenbodenschicht mit geringer Höhe – Beispiel 1

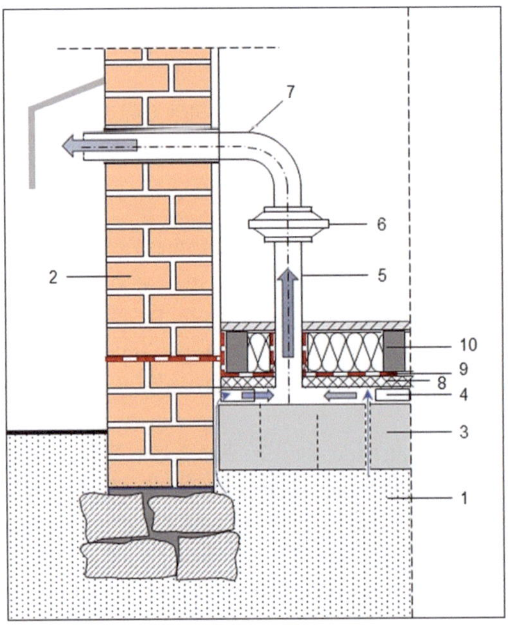

Legende

1 Erdreich
2 Mauerwerk (Bestand)
3 Bodenplatte (Bestand); nicht konvektionsdicht
4 Luftabsaugschicht mit Abstandshaltern
5 Absaugrohr
6 Lüfter
7 Ausblasrohr mit Witterungsschutz
8 Tragschicht, z.B. Trockenestrich (neu)
9 Abdichtung (neu)
10 Fußbodenaufbau (neu)

Abb. 7.59 Absaugung aus einer Zwischenbodenschicht mit geringer Höhe – Beispiel 2

Abb. 7.59 zeigt einen Fußbodenaufbau ohne schwere Estrichschicht. Die Absaugschicht wird hier durch Aufständerung der Trockenestrichschicht gebildet. In diesem Beispiel ist für die Absaugung eine Innenraumlösung gewählt worden, d. h. dass das Absaugrohr in den Innenraum des Gebäudes führt und hierzu der Fußbodenaufbau durchstoßen wird. Diese Durchführung ist – wie in Abb. 7.59 schematisch dargestellt – in das Abdichtungssystem einzubinden.

Die Anwendung der Lösung nach Abb. 7.60 (nach [31]) kommt im Neubaugeschehen oder bei umfänglichen Sanierungen mit Neubau einer Stahlbeton-Bodenplatte in Frage. Hier werden in die Stahlbetonbodenplatte miteinander verbundene Kunststoff-Hohlraumelemente, sogenannte IGLUS, eingegossen. Die Absaugung erfolgt nach oben oder horizontal, dann in der Regel direkt nach außen. Letztere Lösung ist für Abb. 7.60 gewählt worden. Diese Lösung wird häufig als Absicherung von Abdichtungslösungen (s. Abschn. 7.4.2.3.3, Abb. 7.15) eingesetzt.

7.4.3.5.5 Kriechkeller und offene untere Geschosse

Kriechkeller sind eine Form des unteren Gebäudeabschlusses, wo zwischen Erdreich und unterer Geschossebene ein Hohlraum vorhanden ist, der – wie es der Name vermuten lässt – von geringer Höhe ist (Abb. 7.61a). Funktionell werden Kriechkeller für Medienführungen genutzt, ein häufiger Grund für die Anlage von Kriechkellern ist zudem die Verhinderung einer direkten Berührung des unteren Gebäudeabschlusses mit dem Erdreich und damit die Unterbrechung eines möglichen Feuchtetransportes aus dem Erdreich in die Gebäudekonstruktion. Allerdings sind bei Kriechkellern immer über die aufgehenden tragenden Wände Verbindungen zwischen Erdreich und Nutzbereichen des Gebäudes vorhanden.

Im Rahmen dieses Abschnittes werden auch Lösungen erfasst, bei denen das Gebäude aufgeständert ist, die Erdgeschossebene zum Beispiel als Parkgeschoss genutzt wird (Abb. 7.61b). Auch in dieser Lösungsgruppe können Verbindungen zwischen Erdreich und Nutzgeschossen nicht vollständig verhindert werden, sei es für Medieneinbindungen ins Gebäude oder vertikale Verkehrswege (Treppen, Aufzüge usw.).

Ist ein **Kriechkeller** vorhanden bzw. geplant, kann dieser sehr gut gleichzeitig für den Radonschutz der darüber liegenden Gebäudebereiche aktiviert werden, indem in diesem Bereich die eingeströmte Bodenluft abgesaugt wird. Dabei kommen sowohl aktive als auch passive Systemlösungen zum Einsatz. Passive Lösungen sind allerdings nicht unproblematisch, da die Wirksamkeit ausschließlich durch Windkräfte verursacht wird, in Perioden mit Windstille oder sehr geringem Wind demnach keine Durchlüftung des Kriechkellers erfolgt und somit aus dem Erdreich einströmende radonhaltige Bodenluft nicht abgeführt wird.

Nach [32] sollten passive Lösungen in Bestandsgebäuden nur dann angewendet werden, wenn die bestehende Radonkonzentration im Gebäude 500 Bq/m^3 nicht überschreitet, bei höheren Werten ist die Luft aus dem Kriechkeller aktiv abzusaugen. In gleicher Quelle werden für die Größe der Lüftungsöffnungen bei Passivlösungen $\geq 15\ cm^2$ pro laufenden Meter angegeben. Die Lüftungsöffnungen müssen so angeordnet sein,

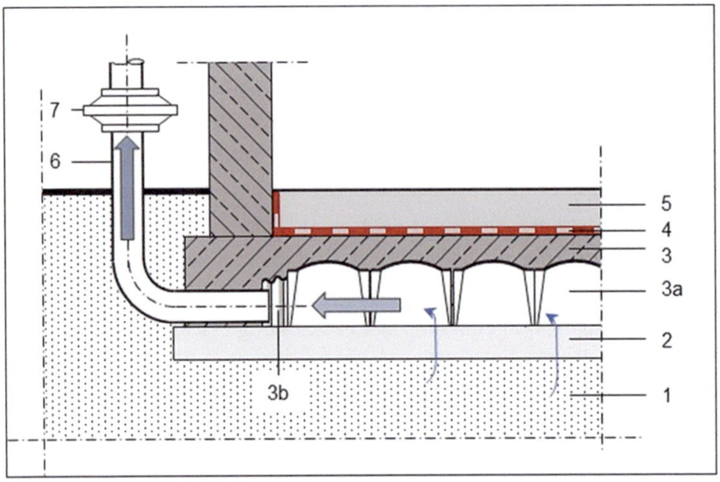

Legende

1 Erdreich
2 Bodenplatte (Bestand); nicht konvektionsdicht
3 neue Stahlbeton-Bodenplatte
3a Hohlraumelemente (IGLUS)
3b Abschlusselement (geschlossen; für Anschluss des Absaugrohres wird Seitenwand ausgebrochen)
4 Abdichtung (neu
5 Fußbodenaufbau (neu)
6 Absaugrohr
7 Lüfter

Abb. 7.60 Absaugung aus einer in die Stahlbeton-Bodenplatte integrierten Zwischenbodenschicht

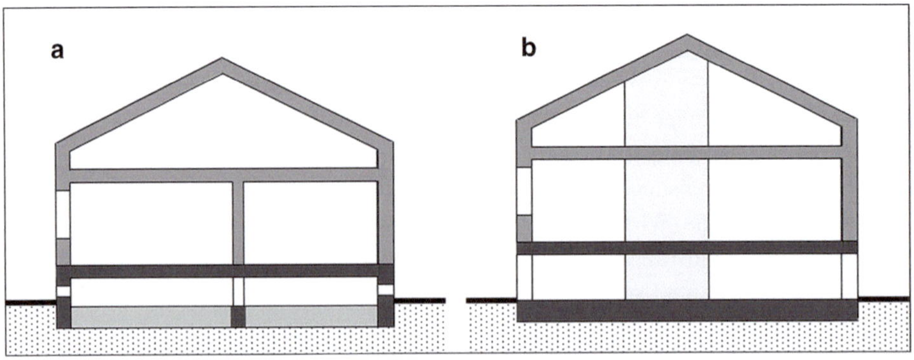

Abb. 7.61 Prinzipdarstellung Kriechkeller (a) und aufgeständertes Gebäude (b)

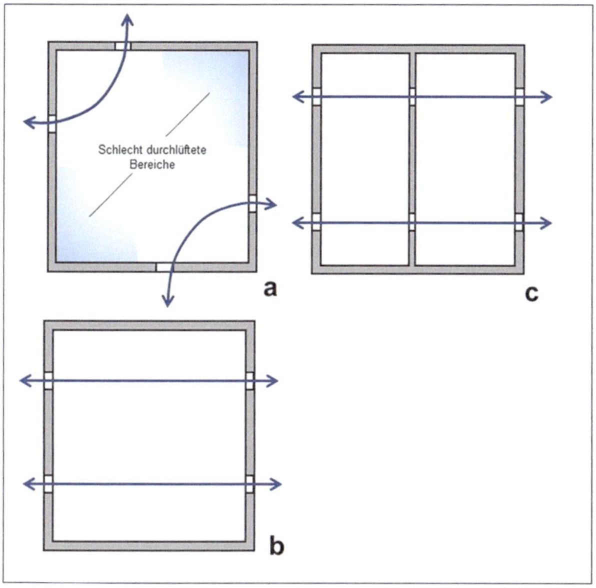

Legende

a) ungünstige Anordnung der Lüftungsöffnungen
b) günstige Anordnung der Lüftungsöffnungen
c) durchgehende innere Trennwände müssen in Lüftungsöffnungen erhalten, damit eine Querlüftung entstehen kann.

Abb. 7.62 Grundprinzipien für die Anordnung von Lüftungsöffnungen in Kriechkellern

dass eine wirksame Querlüftung möglich wird (Abb. 7.62). Bei Konstellationen nach Abb. 7.62c ist der Einsatz einer aktiven Lüftung zwingend erforderlich.

Bei aktiver Luftführung wird die Lüftereinheit bevorzugt direkt in oder vor den Mauerdurchbruch eingesetzt (Abb. 7.63).

Damit im Kriechkeller ein ausreichender Unterdruck aufgebaut werden kann, sind die folgenden Kriterien zu beachten:

1. Die Kontaktfläche zum Boden muss konvektionsoffen sein. Dabei kann davon ausgegangen werden, dass ältere Bodenplatten in Bestandsgebäuden diese Bedingung erfüllen, wenn dort keine Abdichtungsschichten vorhanden sind.
2. Die Deckenkonstruktion zum Nutzbereich muss konvektivdicht und gut wärmegedämmt sein.
3. Der Kriechkeller muss insgesamt nach allen Seiten (außer zum Boden) gut abgedichtet sein.

Die Belüftung von Kriechkellern ist bauphysikalisch problematisch. So ist nicht auszuschließen, dass das Ansaugen bzw. Einströmen wärmerer Außenluft (zum Beispiel im Frühjahr) zu Kondensatproblemen führt. Ggf. ist deshalb der Einbau von Feuchtemessgeräten und eine feuchtabhängige Steuerung der Lüfter erforderlich. Passive Systeme sind hinsichtlich der Entstehung von Kondensatfeuchte im Kriechkeller besonders anfällig, da hier eine Steuerung der Belüftung nicht möglich ist.

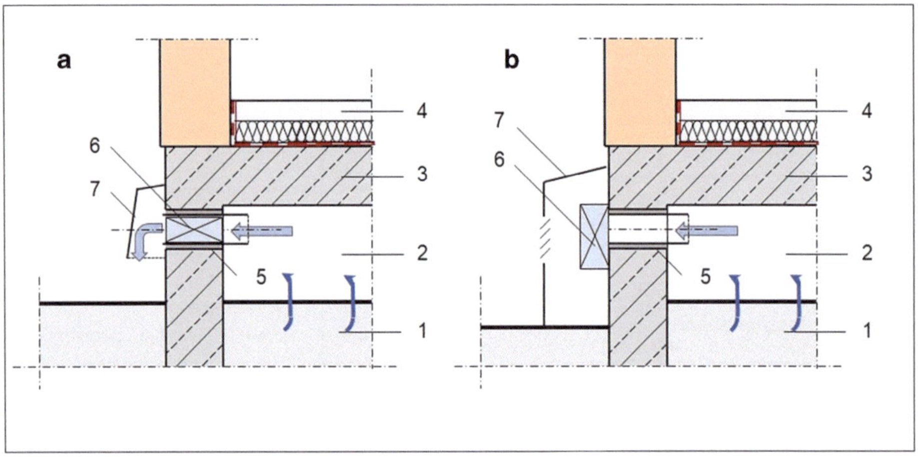

a) Axiallüfter (in Wand integriert)

b) Radiallüfter (vor Außenwand eingebaut)

Legende

1 Erdreich
2 Kriechkeller
3 Geschossdecke über Kriechkeller
4 Fußbodenaufbau mit Abdichtung und Wärmedämmung
5 Wanddurchbruch, nach Einbau Absaugrohr luftdicht verschließen
6 Lüfter
7 Wetterschutz

Abb. 7.63 Anordnungsvarianten für Lüfter bei Absaugung aus Kriechkeller

Aufgeständerte Gebäude gem. Abb 7.61b sind zumeist im Bereich der Aufständerung in der Regel sehr intensiv durchlüftet, sodass sich dort die Radonkonzentration in der Luft den Werten in der Außenluft annähert. Ebenso sind dort die für Kriechkeller angesprochenen Kondensatprobleme nicht oder nur in sehr geringem Maße zu erwarten. Zu beachten sind für aufgeständerte Gebäude mögliche Nebenwege für radonhaltige Bodenluft ins Gebäude über Treppenhäuser, Aufzugs- und Medienschächte sowie über konstruktive Verbindungselemente (zum Beispiel mehrschalige Wände, vertikale Dämmschichten usw.).

7.4.4 Unterdruckreduzierende Maßnahmen

Wie in Abschn. 6.2.2 gezeigt, ist der konvektive Luftstrom vom Erdreich ins Gebäude neben der Größe von Leckagen in der erdberührten Gebäudehülle auch von der Druckdifferenz zwischen Erdreich und Gebäudeinnerem abhängig. Die Reduzierung von Unterdrucksituationen in erdberührten Räumen trägt demnach zur Reduzierung der einströmenden Bodenluft bei. Die in diesem Abschnitt betrachteten Situationen spielen aber nur dann eine Rolle, wenn in der erdberührten Gebäudehülle Undichtheiten einen konvektiven Luftstrom vom Erdreich ins Gebäude überhaupt erst zulassen. Ist dagegen die Gebäudehülle dicht im Sinne der im Abschn. 7.4.2 vorgestellten Lösungen, kann kein konvektiver Luftstrom entstehen und es ist deshalb die Höhe der Druckdifferenz zwischen Gebäudeinnerem und Erdreich hinsichtlich des Radonschutzes vernachlässigbar. Im Wesentlichen trifft letztere Situation auf Neubaulösungen zu, sofern dort die Anforderungen an eine sichere und qualitätsgerechte Abdichtung erfüllt sind. In diesem Zusammenhang soll auf die in Abschn. 7.3 vorgestellten Zusammenhänge zwischen Radonschutzmaßnahmen und Gebäudenutzung verwiesen werden.

Unterdrucksituationen im unteren Gebäudebereich haben ihre Ursache in der Auftriebskraft der Luft, die wiederum durch Temperaturunterschiede sowie durch Windkräfte ausgelöst wird (s. Abschn. 6.2.2). Eine weitere Ursache sind unterdruckinduzierende technologische Prozesse.

Die Unterbindung bzw. Reduzierung von Auftriebskräften im Gebäude erfolgt durch eine **wirksame Abschottung** aller vertikalen Verbindungen im Haus (Treppenhäuser, Schächte, Kamine) zwischen unterster Geschossebene und den darüber liegenden Hausbereichen. Entsprechende Lösungen werden im Zusammenhang mit der Beschreibung von Abschottungsmaßnahmen in Abschn. 7.5 vorgestellt.

Unterdruckinduzierende technische Anlagen und Prozesse sind zum Beispiel Lüftungsanlagen, Dunstabzugshauben oder Heizungsanlagen, Dabei sind diese im Zusammenhang mit der Reduzierung des konvektiven Stromes vom Erdreich ins Gebäude nur dann von Interesse, wenn die Druckreduzierung im Bereich der erdberührten Gebäudehülle erfolgt (Abb. 7.64).

Hinsichtlich der Konzeption und Auslegung von Lüftungsanlagen soll hier auf Abschn. 7.8 verweisen werden. Dort werden die möglichen Anlagenkonfigurationen beschrieben und die Möglichkeit der Unterdruckvermeidung eingeschätzt.

Für Einzel- und Hausheizungen, die in an die erdberührte Gebäudehülle angrenzenden Räumen (z. B. Keller) aufgestellt sind, sollte die Möglichkeit der Direktansaugung der Verbrennungsluft von außen geprüft werden (s. Abb. 7.65).

7.4.5 Sonstige Lösungen

Mit den bisher vorgestellten Lösungen kann man in nahezu allen Fällen die Ziele des Radonschutzes erreichen. Es gibt aber Situationen, in denen deren Anwendung zu keinen befriedigenden Ergebnissen und/oder zu wirtschaftlich nicht vertretbaren Aufwendungen führt Zumeist handelt es sich hierbei um Bestandsgebäude, bei denen eine sichere Abdichtung der Gebäudehülle nicht realisierbar ist und die Bodenluftabsaugung keine befriedigenden Ergebnisse zulässt.

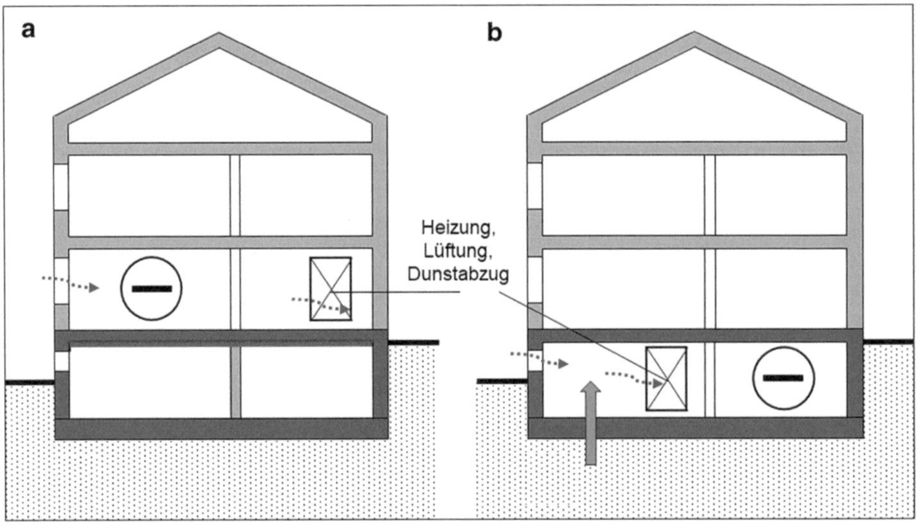

a) Unterdruck in oberer Geschossebene bei gleichzeitig wirksamer Abschottung zu den erdberührten Räumen: keine Vergrößerung des konvektiven Luftstroms vom Erdreich ins Gebäude.

b) Unterdruck in erdberührten Räumen: Erhöhung des konvektiven Luftstromes vom Erdreich ins Gebäude

Abb. 7.64 Beispiele für durch technische Anlagentechnik ausgelöste Unterdrucksituationen in Gebäuden

7.4.5.1 Luftumspülung

Bei dieser Lösungsgruppe wird an einer Gebäudeseite Außenluft in das gebäudeangrenzende Erdreich geführt, das an der gegenüberliegenden Gebäudeseite wieder austritt (Abb. 7.66). Durch die Durchmischung von Bodenluft mit Außenluft erfolgt eine Konzentrationsreduzierung des Radongehaltes in der Bodenluft und es wird die Bodenluft durch den entstehenden gerichteten Luftstrom abgeführt.

Luftumspülungen kommen dann zum Einsatz, wenn eine aktive oder passive Bodenluftabsaugung nicht möglich ist. Diese Situation liegt zumeist dann vor, wenn ein Baugrund mit hoher Permeabilität und großer homogener Schichtdicke vorliegt, wenn also kein Unterdruck im Erdreich aufgebaut werden kann. Typische Situationen sind hier große Aufschüttungen (Halden), Karstgebiete usw.

Das System kann mit Lüfterunterstützung (aktiv) sowie durch den natürlichen Luftauftrieb (passiv) ausgeführt werden, wobei für passive Systeme eine ausreichende Steighöhe an der Abluftseite erforderlich ist, weswegen sich diese Lösung insbesondere für hängiges Gelände eignet (s. Abb 7.66, rechte Abbildung) Die Lage der Lüftereinheit bei aktiven Systemen ist flexibel wählbar.

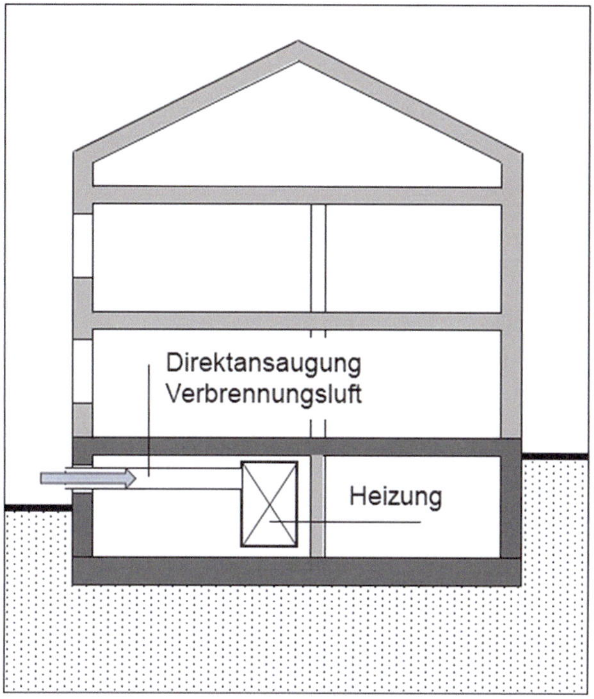

Abb. 7.65 Reduzierung des Unterdruckes in erdberührten Heizungsräumen durch Direktansaugung der Verbrennungsluft

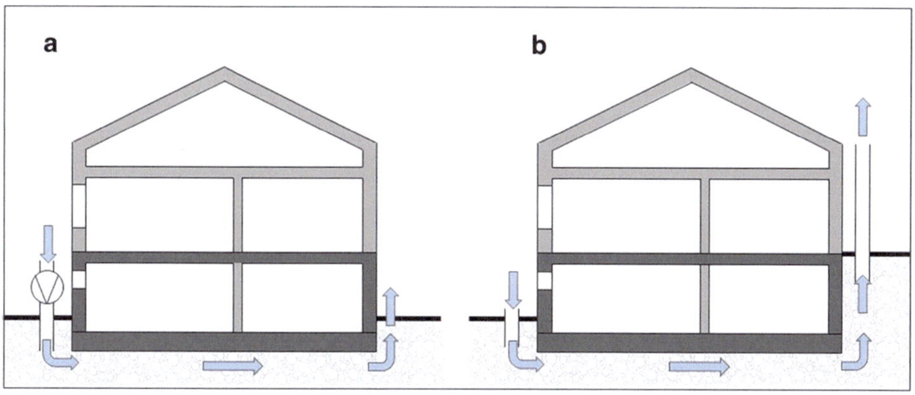

a aktiv

b passiv

Abb. 7.66 Prinzipdarstellung Luftumspülung aaktiv bpassiv

Die Lösungen dieser Gruppe sind in ihrem Wirkungsgrad in der Regel begrenzt, weswegen sie zumeist nur dann zum Einsatz kommen, wenn eine Bodenluftabsaugung nicht möglich ist. Insbesondere für passive Lösungen ist der Wirkungsgrad i.A. gering und zudem im Vorfeld schwer prognostizierbar. Es sollte hier deshalb immer die Möglichkeit der Erweiterung zu einem aktiven System möglich sein.

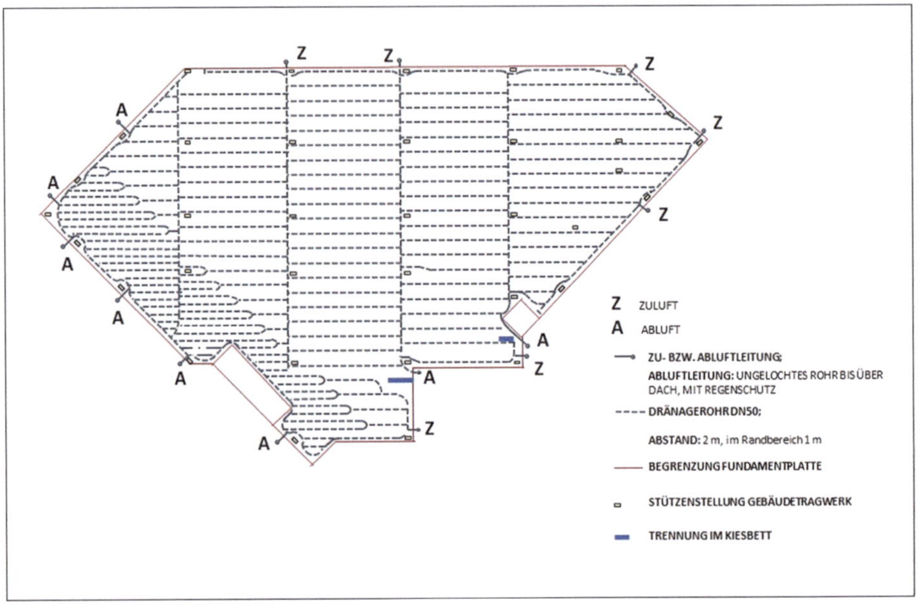

Abb. 7.67 Beispiel für eine Luftumspülung (Bewetterung) eines Einkaufszentrums (Lageplan mit Darstellung der Dränagerohre sowie der Zu- und Abluftstellen) nach (Grundmann und Leißring 2009)

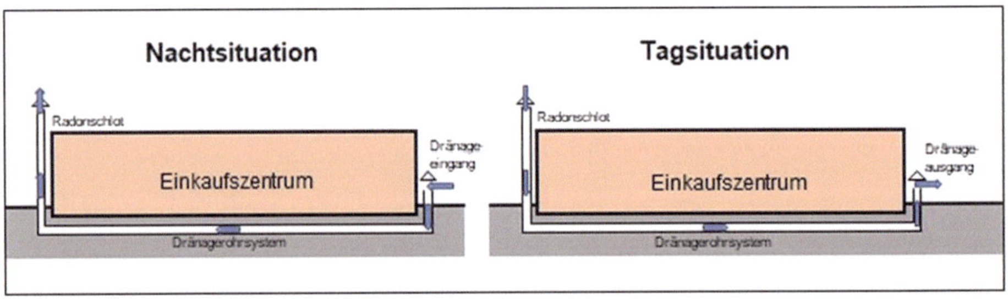

Abb. 7.68 Beispiel für eine Luftumspülung (Bewetterung) eines Einkaufszentrums (Prinzipdarstellung Wirkprinzip) nach [33]

Bei Anwendung des Systems der Umspülung im Neubaugeschehen kann die Wirkung durch die Verlegung eines Dränagerohrsystems unterhalb der Bodenplatte unterstützt werden. Dadurch ist es, wie das folgende Beispiel (Abb. 7.67, 7.68, und 7.69) zeigt, möglich, das Prinzip auch bei größeren Objekten einzusetzen. Bei Anwendung im Rahmen von Sanierungen wird die Luftbewegung zumeist direkt im permeablen Boden ausgelöst, da hier der Einbau eines Dränagerohrsystems nur in seltenen Fällen möglich ist. Hier ist die Anwendung auf kleinere Objekte begrenzt.

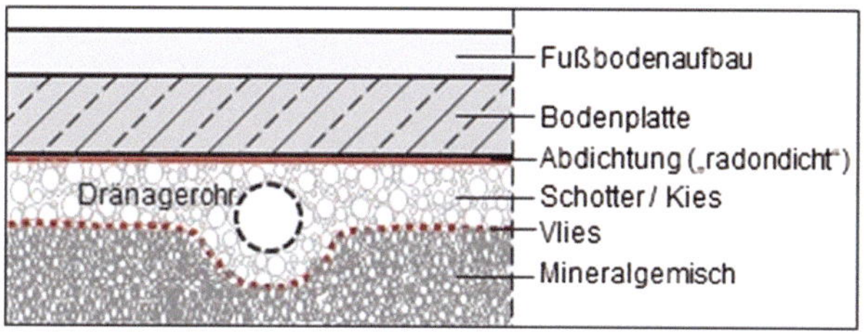

Abb. 7.69 Prinzipdarstellung Schichtenaufbau nach [33]

Das folgende Beispiel zeigt die Lösung einer Luftumspülung für ein in den 1990-er Jahren errichtetes Einkaufszentrum (Lageplan Abb. 7.67), welches auf einem ehemals bergbaulich genutzten Gelände mit hoher radiologischer Belastung angelegt wurde [33] und [34]. Die Lösung basiert auf der Nutzung des Effektes der natürlichen Bewetterung (Abb. 7.68), ist also der Gruppe der passiven Lösungen zuzuordnen. Neben dem Bewetterungssystem wurde – dem hoch belasteten, besonderen Bauplatz geschuldet – gleichzeitig eine sogenannte „radondichte" Folie verlegt. In Abb. 7.69 ist das Prinzip des Bodenaufbaus dargestellt. Die für dieses Vorhaben durchgeführte Langzeitüberwachung der Radonbelastung hat gezeigt, dass nicht in allen Bereichen des Einkaufszentrums befriedigende Ergebnisse erreicht werden konnten (siehe Auswertung in [34]). Nur dort, wo gleichzeitig die Abdichtung der Bodenplatte intakt und ein hoher Raumluftwechsel vorhanden ist, wurden gute Ergebnisse (Einhaltung/Unterschreitung des Referenzwertes) erreicht. Die durchgeführten Untersuchungen ergaben keine Aussagen zum Anteil der Luftumspülung am Gesamtergebnis, sie zeigen aber, dass ausschließlich durch diese Maßnahmen nur begrenzte Erfolge möglich sind.

7.4.5.2 Bewetterungslösungen

In Gebieten mit bergbaulicher Vergangenheit können Grubenhohlräume direkt unter Gebäuden zu hohen Radonbelastungen führen. Diese Situation ist dann zu beobachten, wenn aus den Hohlräumen ein konvektiver Gastransport in die Häuser möglich ist (Abb. 7.70).

Charakterisiert sind diese Situationen durch zumeist sehr hohe Radonkonzentrationen in den Gebäuden sowie großen Schwankungen im Tagesverlauf als auch im Jahresrhythmus. So wurden im Rahmen einer Messkampagne im Erzgebirge in einem Gebäude bis zu 18.000 Bq/m^3 in einem Keller sowie bis 7.000 Bq/m^3 im Erdgeschoss und bis 800 Bq/m^3 im Obergeschoss gemessen [34].

In Grubenverbünden können durch den natürlichen Auftrieb erhebliche Luftbewegungen – man spricht hier von Grubenwettern – entstehen. Da in den Gruben eine nahezu konstante Temperatur herrscht, in der Außenluft aber zwischen den Jahreszeiten sowie über den Tagesgang die Lufttemperaturen schwanken, entstehen in den Gru-

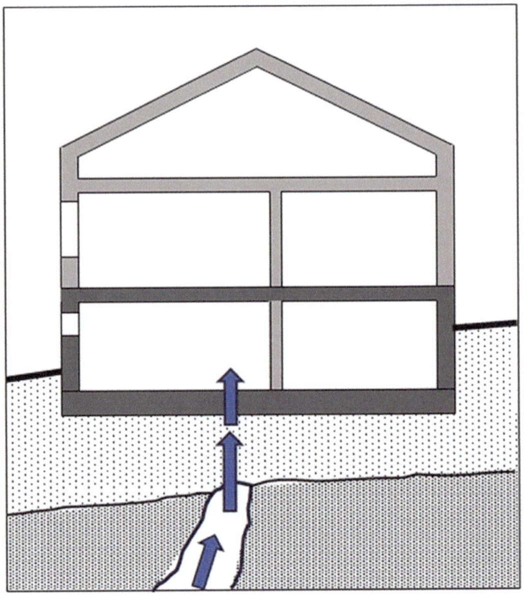

Abb. 7.70 konvektiver Bodenlufttransport aus einem Grubenhohlraum über eine permeable Bodenschicht in ein Gebäude

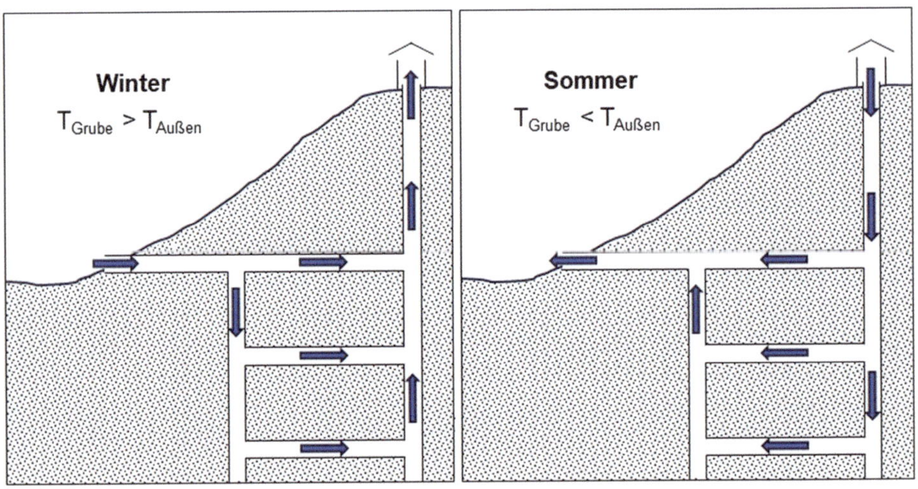

Abb. 7.71 Prinzipdarstellung des Luftstromes in unterirdischen miteinander verbundenen Hohlräumen im Sommer und Winter

ben nach [35] stark wechselnde Luftströmungen (s. Abb. 7.71), die zu den sehr großen Schwankungen in den konvektiv angekoppelten Gebäuden führen. Die Druckunterschiede zwischen unterirdischen Hohlräumen und Außenluft können erheblich sein und Werte bis 60 Pa erreichen.

Immer dann, wenn die folgenden Bedingungen erfüllt sind, entsteht ein konvektiver Radontransport von der Grube ins Gebäude:

1. Hohe Radonkonzentration in den Grubenhohlräumen
2. Ausreichende Permeabilität zwischen Grube und Haus
3. Undichte Gebäudehülle
4. Druckgefälle zwischen Grube und Haus

Zu 1: Die Reduzierung der Radonkonzentration in den anstehenden Grubenräumen kann durch Kapselung der Radonquelle oder durch Flutung der Schächte erreicht werden. Diese Maßnahme kommt im Zusammenhang mit ohnehin geplanten Verwahrungsmaßnahmen der Schächte in Betracht, für eine ausschließlich auf die betroffenen Gebäude bezogene Maßnahme scheidet dieser Ansatz aufgrund des hohen Untersuchungs- und baulichen Aufwandes aus.

Zu 2: Die Reduzierung der Permeabilität zwischen Grube und Haus durch Verpressung von Hohlräumen oder Spalten ist in der Regel nicht möglich und auf spezielle Anwendungsfälle begrenzt ist.

Zu 3: Der Erfolg von nachträglichen Abdichtungsmaßnahmen der erdberührten Gebäudehülle ist trotz hoher baulicher Aufwendungen ungewiss (s. Abschn. 7.4.2.6). Die im Zusammenhang mit Grubenwinden vorhandenen hohen Druckdifferenzen reduzieren die Erfolgsaussichten zusätzlich. Insofern ist diese Lösung auf ortskonkrete Sonderfälle begrenzt.

Zu 4: Durch die Schaffung eines stabilen Unterdrucks in der Grube wird ein konvektiver Eintritt der Grubenluft in die Gebäude verhindert. Hierzu erfolgt eine aktive Luftabsaugung aus der Grube (Abb. 7.72). Die Absaugleistung muss so hoch sein, dass ein permanenter Unterdruck in dem Grubenverbund erreicht wird und sie muss ständig erfolgen. Trotz der dabei entstehenden hohen Aufwendungen stellt diese Lösung in hoch belasteten Bergbaugebieten häufig die einzig sinnvolle Variante dar.

7.5 Abschottungen innerhalb des Gebäudes

7.5.1 Prinzipielle Überlegungen

In Abschn. 7.3 wurde bereits darauf verwiesen, dass immer dann, wenn die erdberührte Gebäudehülle nicht konvektionsdicht ausgeführt ist, im unteren (erdberührten) Gebäudebereich erhöhte Radonkonzentrationen in der Raumluft zu erwarten sind (s. Abb. 7.3). Diese Situation ist dann als unproblematisch einzuschätzen, wenn dort selten genutzte Nebenräume, Technikräume usw. angeordnet sind und durch gebäudeinterne Abschottungen der Luftaustausch zwischen den hochbelasteten Kellerräumen und den

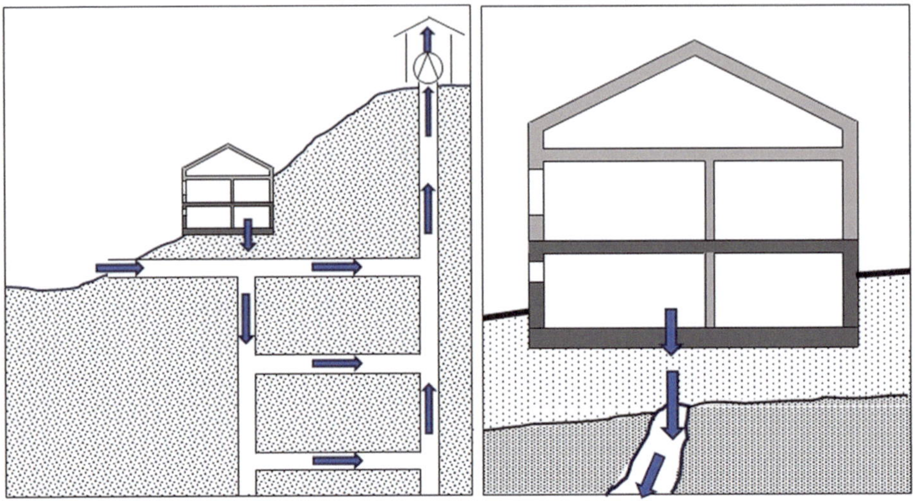

Abb. 7.72 Prinzipdarstellung zur Herstellung einer wettertechnischen Druckgefälles in bestehenden Gruben

Nutzräumen unterbunden werden kann bzw. so weit eingegrenzt ist, dass in den Nutzräumen keine Überschreitung der Zielwerte zu befürchten ist. Durch gebäudeinterne Abschottungen wird zudem erreicht, dass die Auftriebskräfte der Luft innerhalb des Gebäudes und somit die Druckdifferenz zwischen unterem Gebäudebereich und dem Erdreich deutlich reduziert werden, wodurch – wie in Abschn. 6.2 gezeigt – die Radonquellstärke aus der Bodenluft abnimmt, und zwar proportional zur Reduzierung des Differenzdruckes.

Die Anordnung der gebäudeinternen Abschottungen ist objektkonkret im Zusammenhang mit dem Nutzungskonzept zu konfigurieren (s. hierzu auch Abschn. 7.3). Wird das Untergeschoss (Keller) ausschließlich für Technik- und Nebenräume genutzt (Gebäudetyp I.4 nach Abschn. 8.3.4) kann durch die Ausbildung der Geschossdecke zwischen Untergeschoss und darüber liegender Geschossebene (Kellerdecke) als Radonbarriere eine wirksame Abschottung innerhalb des Gebäudes erreicht werden (Abb. 7.73). Bei teilweiser höherwertiger Nutzung des Untergeschosses (Gebäudetyp I.3 nach Abschn. 8.3.4) sind zusätzlich die begrenzenden Wände als Radonbarrieren auszubilden. Ebenso sind die Wandflächen in das gebäudeinterne Abdichtungskonzept einzubeziehen, wenn eine Radonbarriere zwischen Verkehrsflächen (Flure, Treppenhäuser) und Nutzräumen erforderlich wird (Abb. 7.74). Für die hier betrachteten Anwendungsfälle ist zu beachten, dass neben der eigentlichen Wand- bzw. Deckenausbildung auch alle in diesen Bauteilen enthaltenen Türen und Innenfenster sowie Mediendurchführungen in das Abdichtungskonzept einzubeziehen sind.

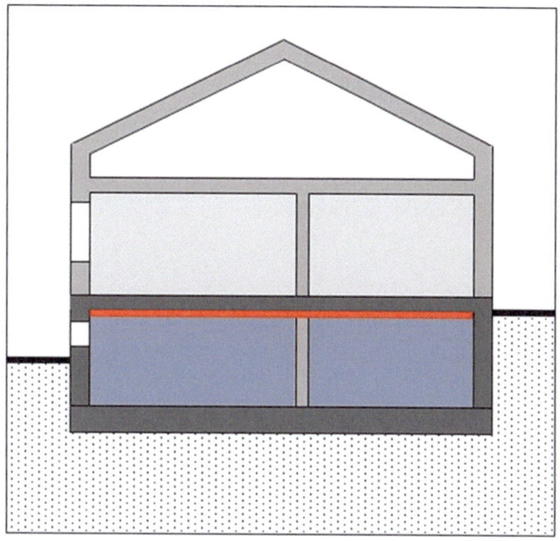

Abb. 7.73 Prinzipdarstellung für die Abschottung (rot hervorgehoben) zwischen hochbelasteten Bereichen und den Nutzräumen innerhalb von Gebäuden bei der ausschließlichen Nutzung des Kellers für Nebenfunktionen (Lager, Technik usw.)

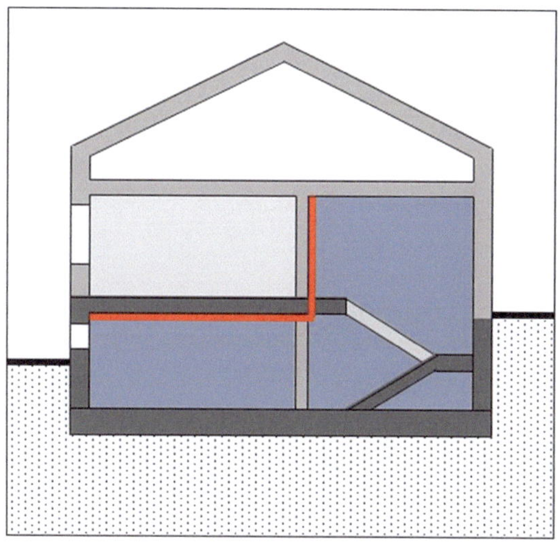

Abb. 7.74 Prinzipdarstellung für die Abschottung (rot hervorgehoben) zwischen hochbelasteten Bereichen und den Nutzräumen innerhalb von Gebäuden bei zum Keller hin offener Treppenhausanlage

Offene Treppenhäuser sowie nicht luftdicht abgeschlossene Kamine und Schächte sind häufig Ursache für die Verstärkung des Kamineffekts und damit des Transportes von Raumluft aus unteren Gebäudebereichen in höher gelegene Bereiche (Abb. 7.75), weswegen deren Abschottungen große Aufmerksamkeit zu widmen ist. In Abschn. 7.4.4 wurde auf unterdruckerzeugende Anlagen (zum Beispiel Heizungsanlagen) eingegangen. Vor allem dann, wenn diese in erdberührten Räumen angeordnet sind, ist die luftdichte Abkopplung von weiteren Gebäudebereichen von großer Bedeutung.

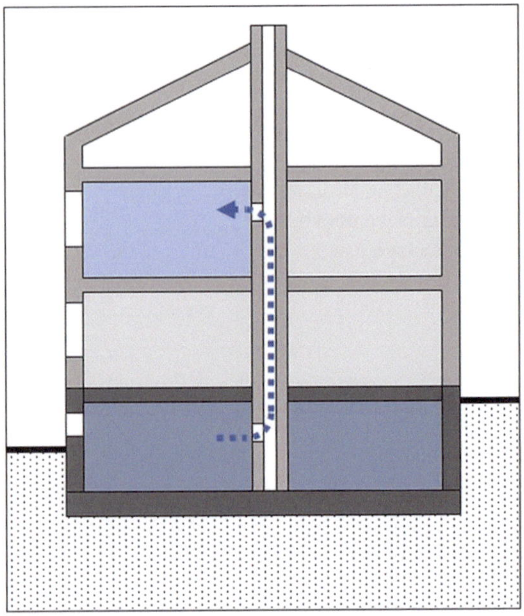

Abb. 7.75 Beispiel für einen ungewollten Transport von Luft mit hoher Radonkonzentration aus Kellerräumen in höher liegende Geschosse über vertikale Kanäle, Schächte usw

Erläuterung zu Abb. 7.73, 7.74, und *7.75: Die Intensität der blauen Farbkennzeichnung der Räume ist wie folgt festgelegt: Je dunkler, umso höhere Radonkonzentrationen in der Raumluft.*

7.5.2 Lösungen

7.5.2.1 Überblick

Neben der luftdichten Ausbildung von Geschossdecken und Trennwänden sind die unterschiedlichsten gebäudeinternen Abschottungen zu betrachten. Hierunter werden luftdichte Abschlüsse von Treppenhäusern, die dichte Ausführung von Türen und Fenstern sowie die Abschottung von Kanälen und Schächten zusammengefasst.

7.5.2.2 Geschossdecken und Trennwände

Im Grunde genommen ähneln sich die Ansätze für die Ausbildung der Radonbarrieren im Gebäudeinneren denen für die Abdichtung der Gebäude-Außenkonstruktionen. Unterschiede liegen zum einen in den Ausgangswerten der Radonkonzentration auf den beiden Seiten der Konstruktionen: Während bei der erdberührten Gebäudehülle üblicherweise sehr hohe Konzentrationsunterschiede zwischen Erdreich und Gebäudeinnerem vorhanden sind, sind diese im Gebäudeinnerem deutlich, zumeist um mehrere Dimensionen, geringer. Daraus ergibt sich, dass die Diffusion für gebäudeinterne Abschottungen keinerlei Rolle spielt, es ausschließlich um die Verhinderung von konvektiven Luftströmungen geht. Der zweite Unterschied zwischen den Anforderungen an den Radonschutz von Außenhülle und gebäudeinternen Raumabtrennungen liegt in den allgemeinen Anforderungen an diese Konstruktionen: Während an die Außenhülle per se hohe Anforderungen an die Dichtheit zu erfüllen und die Bauteile der erdberührten Außenbauteile zumeist schwere und stabile (und damit schwingungsarme) Konstruktionen sind, sind Innenbauteile dagegen häufig leichte Konstruktionen. Weiterhin sollen trennenden Innenbauteilen ein hohes Maß an Flexibilität aufweisen. Anforderungen an die Dichtheit werden allenfalls bei Brandschutzkonstruktionen sowie zur Realisierung einer hohen Schalldämmung definiert. Wir haben es deshalb sehr häufig mit vergleichsweise leichten, transparenten, aber auch schwingungsanfälligen und hinsichtlich der Konvektionsdichtheit nicht definierten Konstruktionen zu tun. Dabei sind vor allem die Anschlüsse an angrenzende Konstruktionen sowie Medien- und Schachtdurchführungen kritische Punkte, die einer besonderen Beachtung bedürfen.

Gemauerte oder betonierte Wände können in der Regel als konvektionsdicht eingestuft werden. Ausnahmen hiervon sind Wände aus Mischmauerwerk, die vor allem in älteren Gebäuden (Altersgruppe D) anzutreffen sind. Hier besteht die Gefahr von Nebenwegungen über Hohlräume und Risse innerhalb des Mauerwerkes, auf die bereits im Zusammenhang mit der Dichtheit von Außenwänden (s. Abschn. 7.4.2.5, Abb. 7.23 und 7.24) verwiesen worden ist. Ansonsten können bei schweren Innenwänden im Anschlussbereich zu Trennwenden sowie Geschossdecken Undichtheiten auftreten, die einen konvektiven Luftaustausch möglich machen. Leichte Trennwände (z. B. Trockenbauwände) können nicht als konvektionsdicht eingestuft werden. Hier sind gesonderte Abdichtungsmaßnahmen erforderlich.

Anforderungen an die Luftdichtheit von Geschossdecken werden in erster Linie für Kellerdecken zu beachten sein. Bei Geschossdecken zwischen höher liegenden Geschossen sind die Anforderungen, die sich an die Luftdichtheit aus dem Radonschutz ergeben, in der Regel gering. Es können aber auch hier im Bereich von vertikalen Medienkanälen Anforderungen zu berücksichtigen sein.

Vor allem dann, wenn die Kellerräume als Lager- und Technikräume genutzt werden, müssen die angrenzenden Bauteile häufig die Funktion einer internen Radonbarriere erfüllen. Gleichzeitig sind hier Anforderungen an den Wärmeschutz und ggf. Brandschutz zu berücksichtigen. Durch das Temperaturgefälle zwischen (unbeheizten) Kellerräumen und den darüber liegenden Nutzräumen ist zudem auf die Verhinderung von Kondensatbildung innerhalb der Konstruktion zu achten. Ist eine massive Geschossdecke vorhanden, lassen sich dann, wenn ein neuer Fußbodenaufbau realisiert wird, die hier zusammengefassten Anforderungen in der Regel sicher erfüllen. In Abb. 7.76 ist eine Lösung für ein preußisches Kappengewölbe dargestellt. Diese Konstruktion ist vor allem in älteren Gebäuden (Gebäude-Kategorien C und D) sehr häufig anzutreffen. In neueren Gebäuden werden stattdessen zumeist Betondeckenkonstruktionen angewendet, der Fußbodenaufbau oberhalb der tragenden Konstruktion ist dabei analog dem in Abb. 7.76 gezeigten auszuführen. Schwerpunkte der radonsicheren Ausbildung dieses Fußbodenaufbaues bilden der luftdichte Anschluss der Abdichtung an der aufgehenden Wand (Punkt A) sowie die Abdichtung von Deckendurchführungen (Punkt B). Im Grunde sind hier die

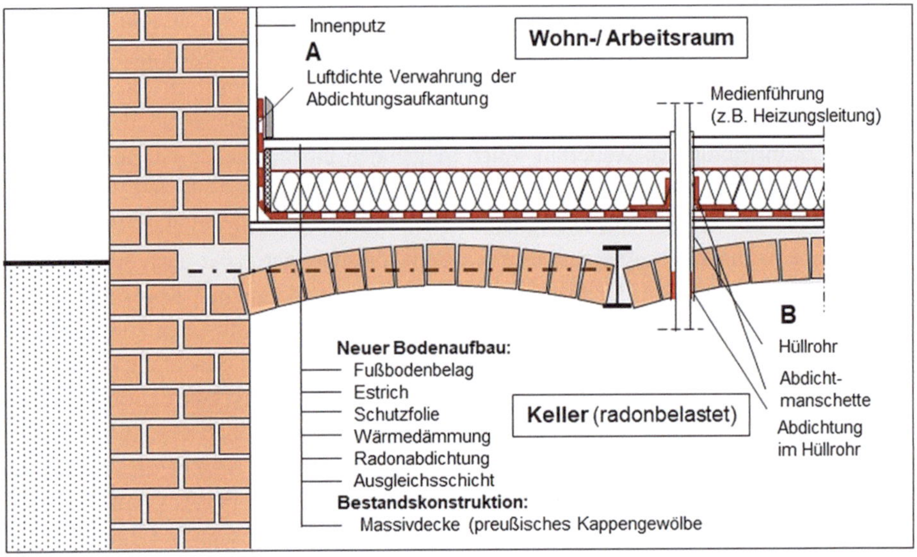

Abb. 7.76 Beispiel für die konvektionsdichte Ausführung einer massiven Geschossdecke

gleichen Anforderungen an die Ausführung der Lösung zu stellen, wie in den Abschn. 7.4.2.3.2 sowie 7.4.2.5 für Außenkonstruktionen beschrieben.

Deutlich schwieriger ist die Konvektionsdichtheit bei Holzdecken und sonstigen leichten Konstruktionslösungen zu erreichen. Diese Konstruktionen sind bereits in der Fläche nicht dicht, ebenso kann auch nicht von einem luftdichten Abschluss zu den aufgehenden Wänden ausgegangen werden. Für den Einbau von Abdichtungen sind hier zumeist zusätzliche Konstruktionsschichten als Grundkonstruktion erforderlich. Schwierig ist zudem die sichere luftdichte Verwahrung von Mediendurchführungen sowie Wandanschlüssen. Abb. 7.77 zeigt beispielhaft die Lösung für eine Holzbalkendecke, bei der gleichzeitig die sichere Verhinderung von Kondensatfeuchte in der Holzbalkendecke berücksichtigt worden ist.

7.5.2.3 Abschottungen

Schwerpunkte bilden hier die luftdichte Abgrenzung offenerer Treppenhäuser und der Einbau dichter Türen (Abb. 7.78) sowie die Abschottung innerhalb von Medienkanälen und Schächten. Abdichtungen von Rohrleitungen durch Geschossdecken und Wänden sind bereits in Abschn. 7.5.2.2 betrachtet worden. Weiterhin kommen dicht schließenden Luken (Abb. 7.79) und Öffnungsverschlüsse innerhalb von Schächten zum Einsatz.

Bisher sind keine eindeutigen Kriterien für die Radondichtheit von gebäudeinternen Abgrenzungen definiert. Lediglich für die Dichtheit von Innentüren wird im Radonhandbuch Deutschland ein Fugendurchlasskoeffizient $a \leq 0{,}2\ m^3/m{*}h{*}Pa$ angegeben. Dieser wird durch Innentüren der Klasse C nach DIN EN 12207 [36], dort Tabelle 4

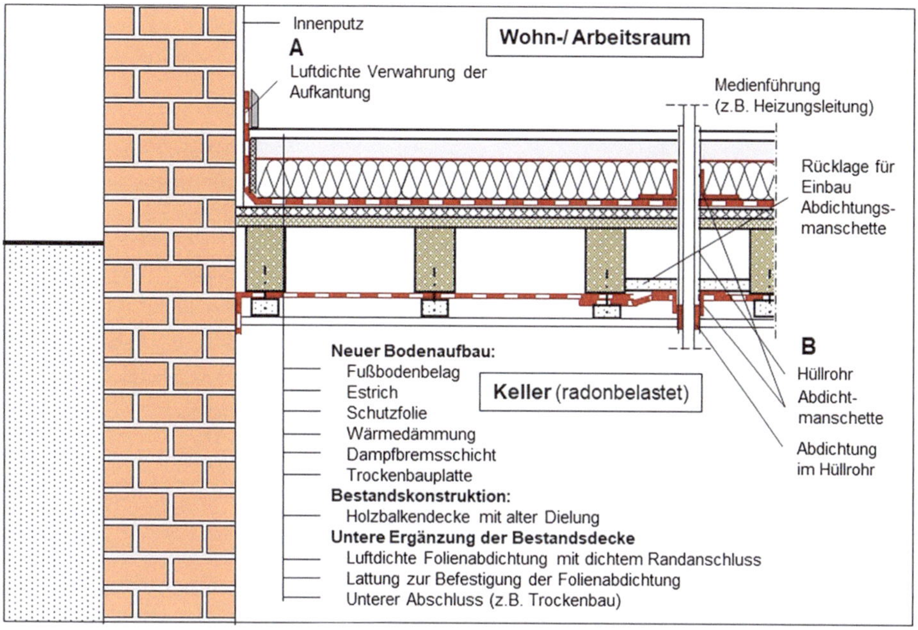

Abb. 7.77 Beispiel für die konvektionsdichte Ausführung einer Holzbalkendecke

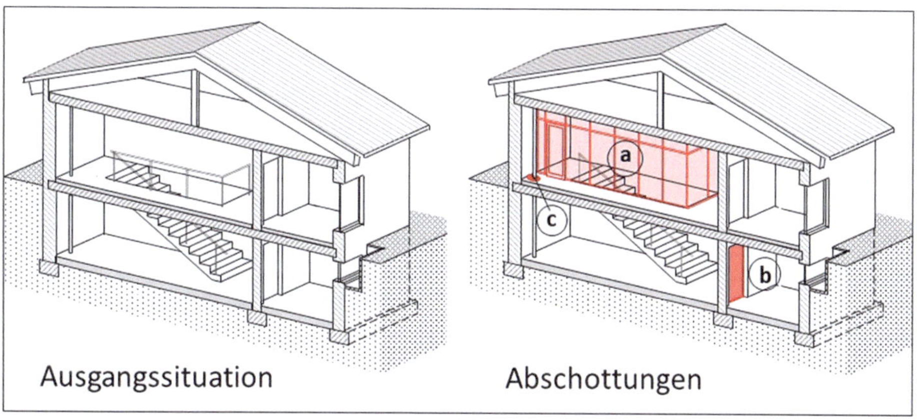

a Abschottung offener Treppenhäuser

b Einbau luft-und gasdichter Türen

c Abschottung von gebäudeinternen Mediendurchführungen.

Abb. 7.78 Gebäudeinterne Abschottungsmaßnahmen a Abschottung offener Treppenhäuser

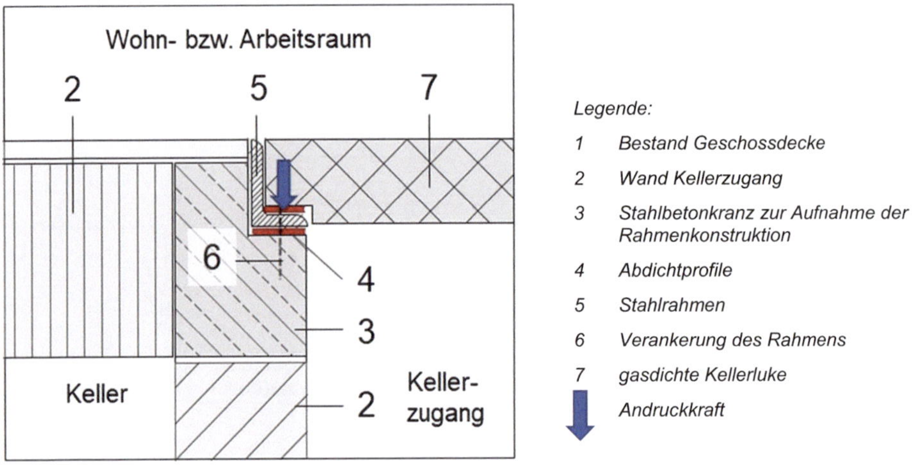

Abb. 7.79 Beispiel für die Ausbildung der Abdichtung einer Kellerluke

erreicht. Unabhängig von dieser Einzelangabe für Innentüren können Lösungen herangezogen werden, die gegen die Ausbreitung schädlicher Gase im Brandfall zugelassen sind (Rauchschutztüren und Rauch- bzw. Brandschutzklappen). Für Kanal- und Schachtabdeckungen kommen des Weiteren Lösungen in Frage, die für die Anwendung bei drückendem Wasser entwickelt worden sind.

Rauchschutztüren sind nach EN 1634-Teil 3 [37] geprüfte Konstruktionen. Sie verfügen über eine bauaufsichtliche Zulassung nach DIN 18095-Teil 2 [38]. Der Einsatz im Rahmen des Brandschutzkonzeptes ist über die Bauordnungen der Länder geregelt. Rauchschutztüren sind mit einer dreiseitigen Falzabdichtung sowie speziellen Bodenabdichtung ausgestattet. Weitere Regelungen betreffen die Schlossausbildung sowie den Schließmechanismus, der bei Rauchentwicklung den automatischen Verschluss der Türe gewährleistet. Für den Einsatz als Radonbarrieren müssen diese Türen allerdings immer verschlossen sein, um die Verhinderung der Radonausbreitung im Gebäude zu gewährleisten. Im Prüfverfahren nach DIN 18 095–2 ist die Leckrate bei 50 Pa Druckdifferenz auf 20 m^3/h (einflügelige Türen) bzw. 30 m^3/h (zweiflügelige Türen) begrenzt. Dieses Prüfkriterium zeigt, dass eine vollständige Dichtheit der Tür nicht erreicht wird, auch wenn die Prüfung von Rauchschutztüren zumeist eine deutliche Unterschreitung der maximal zulässigen Leckrate ergeben hat. Die in der europäischen Norm EN 1634-4 eingeführte Rauch-Leckrate S. 200 entspricht weitestgehend dem Prüfkriterium nach DIN 18095-2. Brandschutztüren nach DIN 4102 oder die in verschiedenen Bauordnungen aufgeführten nicht normierten dicht schließenden Türen sind für eine gebäudeinterne Radonbarriere nicht geeignet.

Leitungsdurchführungen können in Analogie zu den in Abschn. 7.4.2.3.2 vorgestellten Außenwand- und Bodendurchführung gasdicht ausgeführt werden. Für **Abschlüsse in Lüftungs- und sonstigen Schächten** kommen zum Beispiel Brandschutzklappen EI

30-S bis EI 90-S nach DIN 13501-3 [39] zum Einsatz. Die Kürzel der Bezeichnungen stehen für Raumabschluss (E), Wärmedämmung (I), Feuerwiderstandsdauer (30 bis 90) sowie Begrenzung der Rauchleckage (S), wobei hinsichtlich des Radonschutzes die Eingruppierung „S" von Bedeutung ist. Die Leckagerate für Rauch ist dabei auf maximal 200 $m^3/(m^2*h)$ begrenzt, also auch hier ist keine vollständige Luftdichtheit gegeben. Für alle aus der Brandschutzpraxis übernommenen Konstruktionslösungen ist zu beachten, dass hierbei die erforderliche abschottende Wirkung erst beim Eintritt eines Brandfalles gefordert ist, im „Normalzustand" demnach keine Luftdichtheit vorliegen muss. Alle diese Konstruktionslösungen müssen deshalb ebenso wie Rauchschutztüren beim Einsatz als Radonbarrieren modifiziert angewendet werden.

Luftdichte Abschlüsse von Klappen in Lüftungsleitungen sind schwierig zu realisieren. Hier sollten deshalb Ventilatoren immer so angeordnet werden, dass ein Unterdruck im Leitungssystem herrscht.

Vor allen Dingen in Gebäuden der Altersklasse D nach Abschn. 8.3.2 sind häufig Zugänge zu Untergeschossen über Kellerluken vorhanden, die einen luftdichten Abschluss zu den Nutzräumen erfordern. An Abb. 7.79 ist hierfür beispielhaft eine Lösung dargestellt.

7.6 Lösungen des baulichen Radonschutzes bei erhöhter Exhalation aus den Baustoffen

7.6.1 Bedeutung der Exhalation für das Bauwesen

In Abschn. 6.3 wurde über Modellrechnungen gezeigt, dass die **Radonexposition** aus den verbauten Baustoffen sehr gering, in der Regel vernachlässigbar ist. So wurde für den Modellraum nach Radiation Protection 112 [40] bei einer Luftwechselrate von 0,5/h für die heute üblichen Massenbaustoffe (Beton, alle Wandbildner, Fliesen, Putze usw.) der Eintrag von Radon in die Raumluft mit 0 bis maximal 14 Bq/m^3 ermittelt Tab. 6.3). Auch ein Großteil der im Bauwesen eingesetzten Natursteine erbringt einen sehr geringen Beitrag zur Radonbelastung in der Raumluft. Höhere Einträge können sich beim Einsatz einiger Granit- sowie Porphyrarten ergeben, aber auch hier sind die Belastung gegenüber den Radoneinträgen aus der Bodenluft zumeist deutlich, um mindestens eine Dimension, geringer. Maßgebliche Radoneinträge in die Raumluft werden lokal vor allem dort beobachtet, wo Abraum aus dem Bergbau – zum Beispiel als Zumischung zum Putz und Zement sowie als Schüttungen in Holzbalkendecken – verarbeitet wurde. Das betrifft vor allem Gebäude aus dem 19. und frühen 20. Jahrhundert und ist im Wesentlichen auf Bergbauregionen begrenzt. Im 20. Jahrhundert sind des Weiteren vereinzelt Chemiegipse u. ä. Abfallprodukte aus der chemischen Industrie eingesetzt worden, die zum Teil zu einer erheblichen Radonexposition führen. Vereinzelt sind aus europäischen Ländern, wie der Tschechei oder aus Skandinavien erhöhte Werte in Betonen und Mörteln bekannt, welche sich aus einem erhöhtem Radonpotenzial in Gesteinen ergeben.

Die hier angesprochenen Beispiele für erhöhte Radonexhalation aus Baustoffen betreffen insgesamt einen geringen Teil aller Anwendungen, für in Deutschland heute eingesetzte Baustoffe kann pauschal eingeschätzt werden, dass bei vorschriftsgemäßer Verwendung kein Risiko besteht. Die Fälle erhöhter Radonbelastung aus Baustoffen sind auf ältere Bestandsgebäude (z. B. Gebäudekategorien C und D nach Abschn. 8.3.2) begrenzt.

Neben der Exposition durch Radon ist die **externe Strahlenexposition** durch Gammastrahlung zu beachten. Hier übersteigt das in der EU-Empfehlung RP 112 eingeführte Kriterium (s. Abschn. 6.3.2, Tab. 6.5) in vielen Fällen den Empfehlungswert von 1 oder liegt im Bereich zwischen 0,5 und 1, für den weitere Kontrollen erforderlich werden. Die Verhinderung bzw. Reduzierung dieser Strahlenexposition steht deshalb im Vordergrund der bau- und lüftungstechnischen Lösungen.

7.6.2 Lösungen

Wird auf der Grundlage von Messungen (s. Abschn. 8.4.3.3) eine erhöhte Strahlenexposition festgestellt, sind die folgenden Maßnahmen möglich:

Erhöhung der Luftwechselrate:
Die Erhöhung der Luftwechselrate ermöglicht eine sofortige Reduzierung der Radonbelastung, die Wirkung ist aber, wie in Abschn. 6.5 gezeigt, begrenzt und auch aufgrund der erhöhten Wärmeverluste nur sehr bedingt als dauerhafte Lösung geeignet. Lediglich bei geringen vorhandenen Luftwechselraten kann mit einer moderaten Erhöhung eine signifikante Absenkung der Radonkonzentration in der Raumluft erreicht werden.

Austausch von Materialien mit hoher Aktivität:
Der Austausch von belasteten Materialien ist vor allem dann möglich, wenn gut abnehmbare und ausbaubare Schichten (zum Beispiel Putze, Schüttungen, Estriche) die Ursache der erhöhten Belastung sind. In diesen Fällen stellt der Ausbau belasteter Materialien die Vorzugslösung zur Reduzierung der Exposition dar. Deutlich schwieriger bis unmöglich dürfte der Austausch dann sein, wenn die Materialien Teil des Gebäudetragwerkes sind (tragende Wände, Geschossdecken usw.).

Reduzierung der Radonemission durch luftdichte innere Schichten:
Die Reduzierung der Radonemission durch die Vorblendung dichter Schichten stellt eine Sonderlösung dar, deren Anwendung auf wenige spezielle Fälle begrenzt sein dürfte. In IAEA-TECDOC 1951 [41] und CSN 730602 [42] werden hierfür Hinweise gegeben. Danach ist eine solche innere Vorblendung luftdicht zum Raum hin abzuschließen. Die Schichten müssen rissüberbrückend sein und sind durch Schutzschichten gegen Beschädigungen zu schützen. Als Materialien können Blei- oder Eisenplatten

sowie Betonschichten und Massivziegel zum Einsatz kommen. Sowohl beim Einsatz von Beton als auch Ziegelmauerwerk ist darauf zu achten, dass diese Materialien einen geringen Aktivitätsindex aufweisen. Beim Einsatz von Beton ($\rho = 2.300$ kg/m^3) kann mit einer 10 cm dicken Vorsatzschale eine 50 %-ige Reduzierung der Dosisleistung erreicht werden, bei Vorblendung einer Ziegelschale ($\rho = 1.800$ kg/m^3) wird für die gleiche Reduzierung der Dosisleistung eine ca. 15 cm dicke Vorsatzschale erforderlich. An die Ausführung der Vorsatzschalen werden sehr hohe Qualitätsansprüche hinsichtlich Dichtheit in der Fläche sowie aller Anschlüsse gestellt. Diese Lösung ist deshalb mit erheblichen Risiken verbunden.

Vorblendung einer hinterlüfteten Vorsatzschale:
In Fraunhofer IBP, Forschungsergebnisse aus der Bauphysik, Band 37 [43] wird als eine weitere mögliche Lösung der Einbau einer hinterlüfteten Vorsatzschale beschrieben. Diese Vorsatzschale muss gegenüber dem Raum luftdicht abgeschlossen sein. Der entstehende Luftraum zwischen Bestandskonstruktion und Vorsatzschale muss ständig belüftet werden. Diese Lösung wird hinsichtlich der sicheren Bauausführung noch deutlich kritischer eingeschätzt als der zuvor beschriebene Einbau einer Vorsatzschale. Zudem können sich durch den abgeschlossenen, nicht kontrollierbaren Luftraum erhebliche bauphysikalische Probleme ergeben.

7.7 Radonschutzmaßnahmen bei erhöhter Exhalation aus Wasser

Radon aus Wasser spielt eine untergeordnete Rolle und ist auf wenige, sehr spezielle Situationen begrenzt. Insofern sind für übliche Verhältnisse keine Maßnahmen erforderlich. Bei Wasser aus eigenen Brunnen ist eine labortechnische Untersuchung sinnvoll. Ergibt diese eine erhöhte Belastung, kann das Wasser vor seiner Verwendung belüftet werden. Ein solches Belüftungssystem muss über eine ausreichende Kapazität verfügen, um den gesamten täglichen Wasserverbrauch zu decken. Entsprechende Systeme sind unter der Bezeichnung „Radon aeration system" bekannt. Diese Systeme entziehen dem Wasser Radon und weitere Gase durch Einpumpen von Luft oder Versprudelung des Wassers in einer Kammer. Eine entsprechende Belüftung des Wassers erfolgt in Wasserwerken standardmäßig, weswegen bei Nutzung von aufbereitetem Wasser kein erhöhter Radoneintrag zu erwarten ist.

Auf die speziellen Anforderungen in Wasserwerken wird in Abschn. 8.4.4.4 eingegangen.

7.8 Lüftungstechnische Lösungen des Radonschutzes

7.8.1 Allgemeines und Abgrenzung

In diesem Abschnitt werden die lüftungstechnischen Lösungen zur Reduzierung der Radonkonzentration in der Raumluft vorgestellt. Lüftungstechnische Komponenten, welche bei der Bodenluftabsaugung eingesetzt werden, sind in Abschn. 7.4.3 beschrieben worden.

Im Radonschutz stehen im Zusammenhang mit den lüftungstechnischen Lösungen zwei Ziele im Fokus der Betrachtung:

1. sichere Gewährleistung eines ausreichenden Luftwechsels und
2. Schaffung eines Überdruckes im unteren Gebäudebereich.

Während durch einen ausreichend hohen Luftwechsel die Abführung radonhaltiger Raumluft nach außen und damit die Reduzierung der Radonkonzentration in der Raumluft erreicht wird (s. Abschn. 6.5.2), wird durch die Schaffung eines Überdruckes im unteren Gebäudebereich der konvektive Luftstrom so konditioniert, dass er vom Gebäude ins Erdreich führt und somit keine Bodenluft ins Gebäude einströmen kann. Im Grunde genommen wird damit das gleiche Ziel wie bei der in Abschn. 7.4.3 vorgestellten Bodenluftabsaugung erreicht.

In der Lüftungstechnik kommen mit der **freien (natürliche) Lüftung** und der **ventilatorgestützten Lüftung** (Einsatz mechanischer Lüftungssysteme) zwei Grundprinzipien zum Einsatz. Als eine dritte Lösungsgruppe sind **kombinierte Systeme** aus freier und ventilatorgestützter Lüftung zu beachten. Bevor in Abschn. 7.8.3 die verschiedenen technischen Lösungen vorgestellt werden, wird im folgenden Abschnitt der Frage nachgegangen, wie der lüftungstechnische Radonschutz mit bauklimatischen sowie baubiologischen und gesundheitlichen Anforderungen in Verbindung gebracht werden kann und, in diesem Zusammenhang, welche Luftwechselraten erforderlich bzw. typisch sind.

7.8.2 Luftwechselrate und Lüftungskonzept

In Abschn. 6.5 wurde gezeigt, dass die Luftwechselrate einen großen Einfluss auf die Radonkonzentration in der Raumluft hat. Dabei ist, wie die folgende Zusammenstellung in Tab. 7.2 zeigt, Radon lediglich ein Aspekt, welcher im Zusammenhang mit dem Lüftungskonzept zu beachten ist.

Analysiert man die in Tab. 7.2 zusammengestellten Kriterien, zeigt sich, dass unterschiedliche Ursachen sowie Maßnahmen zu berücksichtigen sind, aber eine ausreichend hohe Luftwechselrate immer Teil der Lösung ist. So werden beispielsweise erhöhte

Tab. 7.2 Zusammenstellung von Kriterien, die auf die Luftwechselrate in Gebäuden Einfluss haben

Kriterium	Ursachen	Bemerkungen/Hinweise	Maßnahmen
Energieverbrauch		Im energetischen Bauen soll der Luftwechsel auf ein (noch) vertretbares Maß reduziert werden. Die Reduzierung des Luftwechsels wird durch die Einhaltung aller weiteren Kriterien begrenzt	**Reduzierung der Luftwechselrate**, u. a. durch: • dichte Außenbauteile • Einsatz ventilatorgestützter Lüftung zur Optimierung des Verhältnisses zwischen Luftwechsel und Energieeinsparung
CO_2	• Raumnutzung (Abgabe von CO_2 über Atemluft)	CO_2-Gehalt gilt als Indikator für die Raumluftqualität	• **Erhöhung der Luftwechselrate** (freie oder ventilatorgestützte Lüftung)
Luftfeuchte	• Baufeuchte • Wasserschäden • Nutzung (Atemluft, Geräte, Bad- und Küchennutzung, Pflanzen) • Kondensat auf den Oberflächen von Wänden und weiteren Konstruktionen aufgrund von Temperaturunterschieden		• **Erhöhung der Luftwechselrate** • Auf Temperaturspreizung ausgerichtetes Lüftungskonzept • Heizung der Räume • Nutzungsänderung • Dämmung Gebäudehülle zur Verhinderung von Kondensatbildung
Allergien	• Milben, • Schimmelpilze		• Wärmeschutz (Vermeidung von Taufeuchte), • Heizung • **Erhöhung der Luftwechselrate**
Flüchtige organische Stoffe	• Bodenbeläge, • Reinigungsmittel • Möbelbauplatten		• **Erhöhung der Luftwechselrate** • Vermeidung des Einsatzes von entsprechenden Stoffen
Feinstaub	• Nutzungsbedingter Eintrag • Eintrag aus Umgebungsluft		• **Lüftung/Erhöhung Luftwechselrate** • Filterung • Abschottung nach außen
Radon	• Aus Erdreich • Aus den Baustoffen		• Abdichten gegen Erdreich (bauliche Maßnahme) • Absaugen der Bodenluft aus Erdreich (bau- und lüftungstechnische Maßnahme) • **Erhöhung der Luftwechselrate** • Überdruck im Gebäude

Werte der CO2-Konzentration sowie der Raumluftfeuchte vollständig oder maßgeblich durch die Raumnutzung verursacht, während umgekehrt die Raumnutzung zu einer Reduzierung der Radonkonzentration in der Raumluft führt, bei den hier genannten Kriterien aber die Erhöhung der Luftwechselrate immer zu einer Reduzierung der Belastung führt. Die Lüftungslösung muss also immer verschiedene Einflüsse berücksichtigen In DIN 1946-4 [4] ist ein Schema für die Auslegung von Kellerlüftungen in Bestandsgebäuden enthalten (Abb. 7.80), welches ohne weiteres auch für Nichtkellerbereiche angewendet werden kann, wobei in unbeheizten Kellerräumen das Thema des Feuchteschutzes besonders hohen Stellenwert einnimmt.

Nach DIN 1646–6 wird gefordert, für alle neu zu errichtenden Gebäude ein Lüftungskonzept zu erstellen, für Sanierungen dann, wenn mehr als ein Drittel der Fenster ausgetauscht wird. Dabei werden in das Lüftungskonzept die Vermeidung von Feuchteschäden, gesundheitliche Anforderungen sowie der Nutzungskomfort einbezogen. Der Radonschutz ist in dieser Nachweisführung bisher nicht enthalten. Nach DIN 1646-6 sind die folgenden Lüftungsbetriebsstufen definiert:

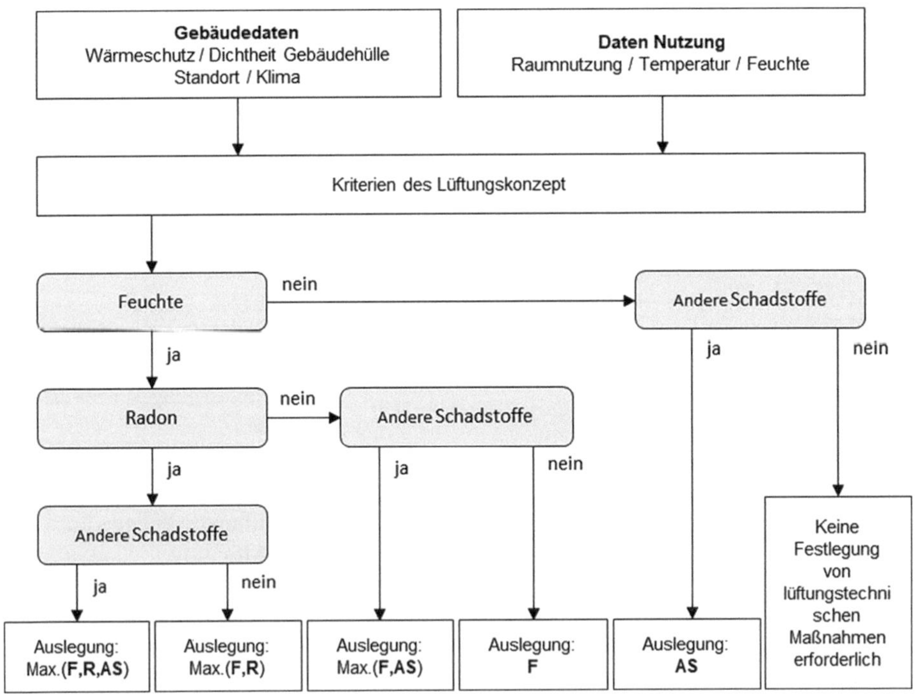

F: Feuchteschutz

R: Radon

AS: andere Schadstoffe

Abb. 7.80 Schema zur Ermittlung der maßgeblichen Auslegungen für Lüftungen

- **Lüftung zum Feuchteschutz**: Notwendige Lüftung zur Sicherstellung des Bautenschutzes bei (zeitweiser) Abwesenheit der Nutzer;
- **Reduzierte Lüftung**: notwendige Lüftung zur Sicherstellung der gesundheitlichen Mindestanforderungen sowie des Bautenschutzes bei reduzierter Anwesenheit der Nutzer oder geringer Raumluftqualität;
- **Nennlüftung**: Notwendige Lüftung zur Sicherstellung der gesundheitlichen Anforderungen sowie des Bautenschutzes bei Anwesenheit aller Nutzer (Normalbetrieb);
- **Intensivlüftung**: Zeitweilige Lüftung mit erhöhtem Luftvolumenstrom zum Abbau von Lastspitzen.

Abb. 7.81 zeigt typische Bereiche für Außenluftraten in Wohngebäude in Abhängigkeit von den Lüftungsstufen nach DIN 1946-6.

Mindestluftwechselraten zum Feuchteschutz liegen nach Münzenberg [44] für Einfamilienhäuser bei 0,15 (Neubau) und 0,30 (Sanierung), für Etagenwohnungen (Mehrfamilienhäuser) bei 0,20 (Neubau) und 0,40 (Sanierung). Diese Angaben werden in einer

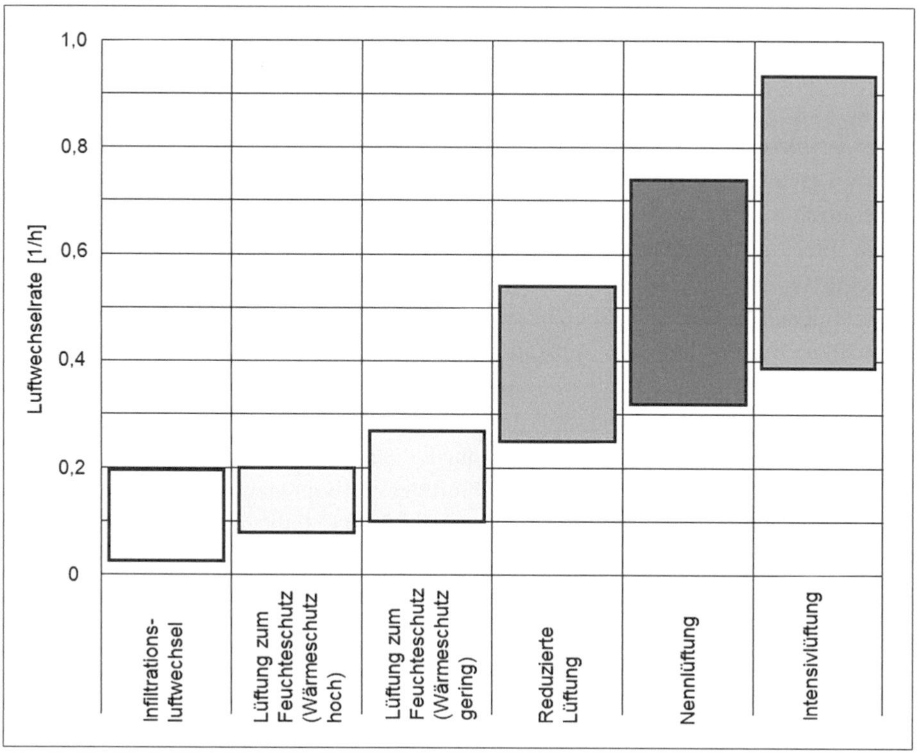

Abb. 7.81 Notwendige Außenluftwechsel entsprechend der Lüftungsbetriebsstufen nach DIN 1946.4 für verschieden große Nutzungseinheiten (obere Begrenzung der Felder: Raumgröße 30 m^2; untere Begrenzung der Felder: Raumgröße 210 m^2) (nach Ziegler [43])

Tab. 7.3 Typische Luftwechsel zum Feuchteschutz nach DIN 1946.6

	Nutzeinheit		Luftwechselrate h^{-1}
Lüftung zum Feuchteschutz (z. B. nach DIN 1946-4, 2019-12)	Wohnen	50 m²	0,10–0,15
		100 m²	0,08–0,13
		150 m²	0,07–0,13
		200 m²	0,06–0,10
mittlerer Infiltrationsluftwechsel in Wohnungen in der Heizperiode	Spanne		0,0–0,5
	typisch		0,04–0,2

Tabelle in DIN 18117-2, welche auf der Basis von DIN 1946-6 erstellt worden ist, differenziert.

Wie Tab. 7.3 zeigt, kann der Infiltrationsluftwechsel, d. h. die Luftwechselrate, die sich ausschließlich durch Undichtheiten in der Gebäudehülle ergibt, in Neubauten – bedingt durch dichte Fenster und Außentüren – sehr niedrig sein, während in unsanierten Altbauten die Infiltrationsluftwechselrate zumeist wesentlich größer ist und teilweise über 1 h^{-1} liegt. Die in Tab. 7.3 zusammengestellten Werte für die Luftwechselrate liegen zum Teil deutlich unter der in DIN 18117-2 geforderten Luftwechselrate von 0,4, bei der sichergestellt werden kann, dass die Anforderungen an den baulichen Radonschutz erfüllt werden können, das heißt, die Lüftung zum Feuchteschutz sowie die Infiltrationsraten sind i.A. nicht ausreichend. Allerdings betrifft das nicht nur die Anforderungen an den Radonschutz, sondern einen Großteil aller weiteren Schutzziele, die in Tab. 7.2 zusammengestellt sind. Zum Erreichen eines gesunden Raumklimas sind zum Teil deutlich höhere Luftwechselraten erforderlich, die sich aus dem erforderlichen Außenluftstrom zur Begrenzung des CO_2-Gehaltes und weiterer Schadstoffe in der Raumluft ergeben. Der Außenluftstrom beträgt in Abhängigkeit von der Art der Raumnutzung zwischen 20 und 60 m^3/(h*Person), in industriell genutzten Räumen kann dieser Wert technologiebedingt noch höher liegen. Das folgende Beispiel zeigt für ein Klassenzimmers die Bestimmung des Außenluftstromes und den daraus abgeleiteten Raumluftwechsel. Die erforderliche Frischluftrate zur Begrenzung des CO_2-Gehaltes in der Raumluft beträgt für Schulräume zwischen 25 und 30 m^3 pro Schüler und Stunde. Bei einem Raumluftvolumen von 210 m^3 und 30 Schülern ergibt sich der erforderliche Frischluftvolumenstrom zwischen 750 bis 900 m^3, was einer Luftwechselrate von 3,75 bis 4,5/h entspricht.

Typische Luftwechselraten für die Auslegung im Rahmen des Lüftungskonzeptes, die sowohl die Begrenzung der CO_2-Belastung als auch die Vermeidung erhöhter Feuchtewerte sowie weiterer Schadstoffbelastungen absichern, sind im Folgenden zusammengestellt:

Wohnbereich:

- Wohnräume 3 bis 6
- Schlafräume 2 bis 4
- Badezimmer 5 bis 7

Nichtwohngebäude:

- Klassenzimmer/Hörsäle 4 bis 8
- Büro 4 bis 12
- Konferenz/Tagen 5 bis 12
- Verkaufsräume 5 bis 12
- Theater/Kino 5 bis 8

Werden die hier zusammengestellten Luftwechselraten eingehalten, kann davon ausgegangen werden, dass gleichzeitig alle Anforderungen des Radonschutzes erfüllt sind. Wird dagegen die Luftwechselrate nach den Lüftungsbetriebsstufen „Lüftung zum Feuchteschutz" sowie „reduzierte Lüftung" eingerichtet, ist nicht sichergestellt, dass die Zielwerte für die Radonkonzentration in der Raumluft eingehalten werden können, weswegen in diesen Fällen ggf. eine höhere Luftwechselrate erforderlich wird.

7.8.3 Lüftungstechnische Lösungen

7.8.3.1 Übersicht

In Abb. 7.82 sind die Lösungen für die Gebäudelüftung zusammengestellt. Die Kurzbezeichnungen L0 ff. beziehen die Klassifizierung der DIN/TS 18.117-1 [3] in die Zusammenstellung ein.

Die manuelle Lüftung (L0) ist nicht in DIN 1646-6 enthalten und kann deshalb auch nicht den dort aufgeführten Lüftungssystemen zugeordnet werden.

In Abhängigkeit von den lüftungstechnischen Lösungen müssen mindestens die folgenden Lüftungsbetriebsstufen nach DIN 1646-6 erfüllt sein (Tab. 7.4):

Die **Lüftung zum Feuchteschutz** muss unabhängig vom Nutzerverhalten (das heißt hier in erster Linie, vom individuellen Lüftungsverhalten) immer gewährleistet sein.

7.8.3.2 Freie (manuelle) Lüftung

Manuelle Fensterlüftung (L0)

Siehe Abb. 7.83

Die manuelle Fensterlüftung ist in Bestandsgebäuden die (noch) am weitesten verbreitete Form der Raumlüftung. Die erreichbare Luftwechselrate ist hier stark von den meteorologischen Bedingungen (Wind, Temperaturdifferenz zwischen Innen und Außen) sowie vom Nutzerverhalten abhängig. Vor allem für Räume, die direkt über dem Erd-

Tab. 7.4 Mindestanforderungen an das Lüftungskonzept in Abhängigkeit von der lüftungstechnischen Lösung

Lüftungslösung		Mindestanforderung an das Lüftungskonzept
Manuelle Lüftung	Querlüftung	Luftwechsel zum Feuchteschutz
	Schachtlüftung	Reduzierte Lüftung
Ventilatorgestützte Lüftung		Nennlüftung

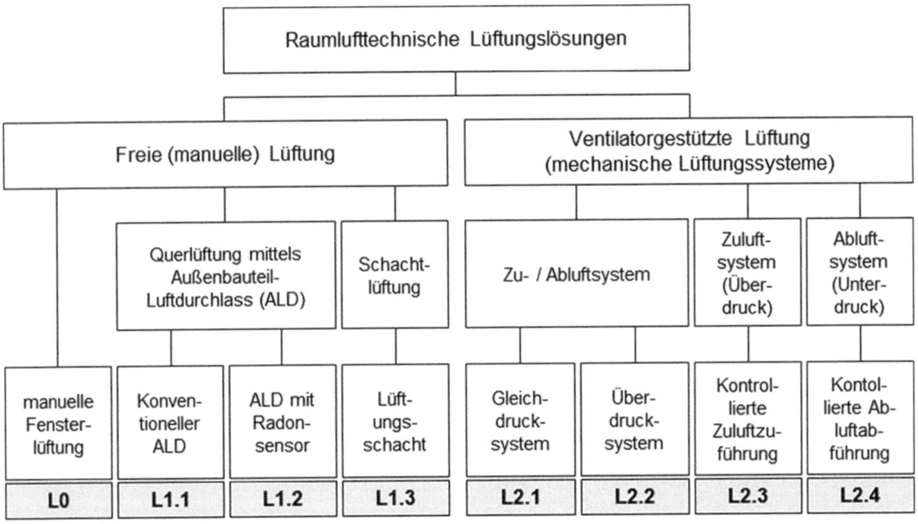

Abb. 7.82 Überblick über die Lösungen für die Raumluftlüftung

reich liegen (Erdgeschoss) ist der Anströmdruck und damit der erreichbare Luftwechsel gering. Für Kellerräume, deren Fenster in einem Lichtschacht enden, ist der Anströmdruck praktisch null. Hier kann der Luftaustausch ausschließlich über die Temperaturspreizung zwischen Innenraum und Außen erfolgen. Problematisch ist hier, dass gerade für Räume, die an die erdberührte Gebäudehülle grenzen, die Abfuhr von radonangereicherter Raumluft von großer Bedeutung, die manuelle Fensterlüftung deshalb zumeist nicht ausreichend ist.

Die häufig für Bestandsgebäude als Lösung zur Absenkung der Radonkonzentration in der Raumluft propagierte Erhöhung der Luftwechselrate durch mehrmaliges Stoßlüften ist in ihrer Wirkung begrenzt, was die folgende Betrachtung belegen soll. Wird von der – sehr optimistischen – Annahme ausgegangen, dass mit einer Stoßlüftung ein vollständiger Luftaustausch erreicht wird und wird des Weiteren von dreimaliger täglichen Stoßlüftung ausgegangen, so ergibt sich nach Panzhauser [45] eine durchschnittliche Erhöhung der auf den Tag bezogenen Luftwechselrate von lediglich 10 %. Selbst wenn durch weitere Maßnahmen eine deutlich größere Steigerung der Luftwechselrate erreicht wird, ist, wie die folgenden Rechenbeispiele zeigen, die Reduzierung der durchschnittlichen Radonkonzentration in der Raumluft begrenzt (Ergebnisse s. Tab. 7.5). Vor

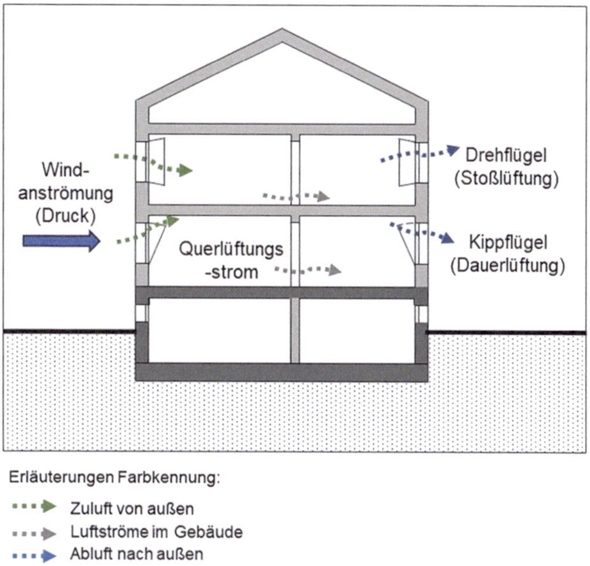

Abb. 7.83 Prinzipdarstellung manuelle Fensterlüftung

Tab. 7.5 Rechenbeispiele für die Absenkung der Radonkonzentration in der Raumluft durch erhöhte Luftwechselrate

Beispiel	Luftwechselrate in der Raumluft in h^{-1}		Radonkonzentration in der Raumluft in Bq/m^3 (alle Werte gerundet!)	
	Ausgangswert	Neuer Wert	Ausgangswert	Neuer Wert
1	0,2	0,3	800	520
		0,4		400
		0,5		320
		0,6		270
2	0,4	0,5	800	660
		0,6		530
		1,0		330

allem dann, wenn – wie in Beispiel 2 angenommen – von einer relativ hohen, für unsanierte Bestandsgebäude durchaus typischen, Luftwechselrate ausgegangen werden muss, ist die erreichbare Reduzierung der Radonkonzentration in der Raumluft begrenzt.

Der tatsächlich erreichbare Luftwechsel durch Fensterlüftung ist von mehreren, nicht beeinflussbaren Faktoren (Winddruck, Temperaturspreizung, Raumgeometrie) abhängig und schwankt mit der Veränderung der Faktoren. Die mit einer Stoßlüftung erreichbare Reduzierung der durchschnittlichen Radonkonzentration hängt stark vom Anstieg der Radonkonzentration nach der Absenkung durch die Stoßlüftung und damit von der Quellstärke ab. Abb. 7.84 zeigt einen typischen Verlauf der Radonkonzentration in der Raumluft bei mehrmaliger Stoßlüftung.

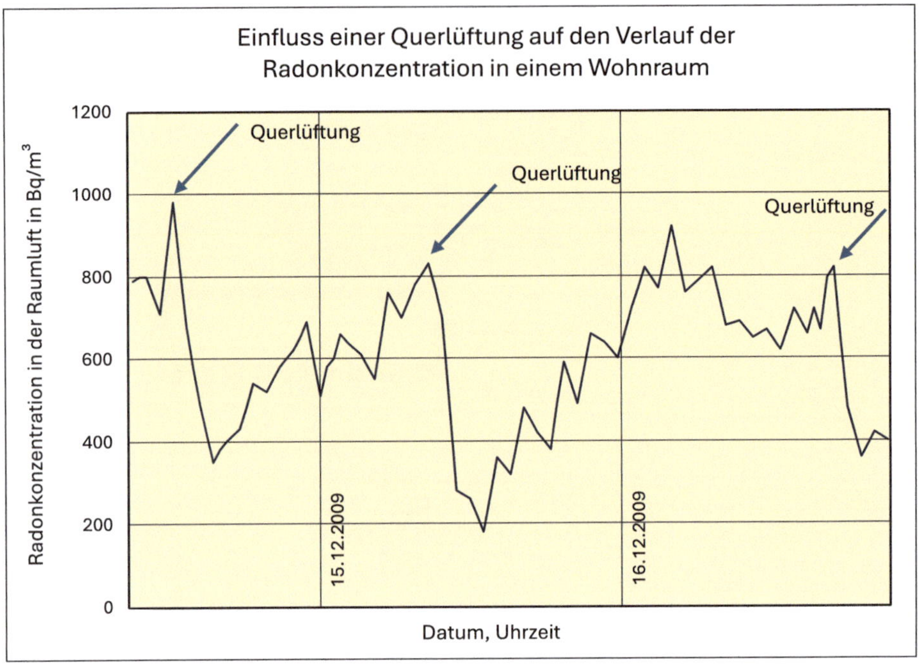

Abb. 7.84 Verlauf der Radonkonzentration in einem Wohnraum bei mehrmaliger Stoßlüftung (Querlüftung). (Quelle: Schülerprojekt [46])

Neben der Stoßlüftung kann der Luftaustausch auch über die Kippstellung der Fenster erreicht werden. Allerdings liegt hier der tatsächlich erreichbare Luftwechsel gegenüber einer Querlüftung bei lediglich 10 %. Damit wird trotz zumeist längerer Lüftungsdauer mit dieser Form der Fensterlüftung eine nur geringe Erhöhung der über den Tag gemittelten Luftwechselrate erreicht.

Lüftung mittels ALD (L1.1 und 1.2)

Wenn der Infiltrationsluftstrom für die Schaffung einer ausreichenden Raumluftqualität nicht ausreicht, kann durch den Einbau von Außenbauteil-Luftdurchlässen (ALD) die fehlende Luftmenge bedarfsgerecht ins Gebäude transportiert werden. Üblicherweise erfolgt der Einbau in die Fensterrahmen. Alternativ können sie in Rollladenkästen oder direkt in die Außenwand integriert werden (s. Abb. 7.85). Mit den ALD wird eine Querlüftung im Gebäude erzeugt, die unabhängig vom Lüftungsverhalten der Nutzer die Luft bedarfsgerecht ins Haus führt. Bei der freien Lüftung über ALD wird die Luft ohne den (elektrischen) Betrieb eines Ventilators ausgetauscht. ALD können Sensoren enthalten, die die Luftzufuhr zumeist über den Luftfeuchtegehalt steuern. D. h., bei erhöhter Raumluftfeuchte öffnen sich die Lüftungsschlitze im ALD. Als weitere Steuerungsmedien sind CO_2- oder VOC-geführte Geräte entwickelt worden. Diese Lösungen sind in DIN/

Abb. 7.85 Prinzipdarstellung Querlüftung mit Außenbauteildurchlässen (ALD)

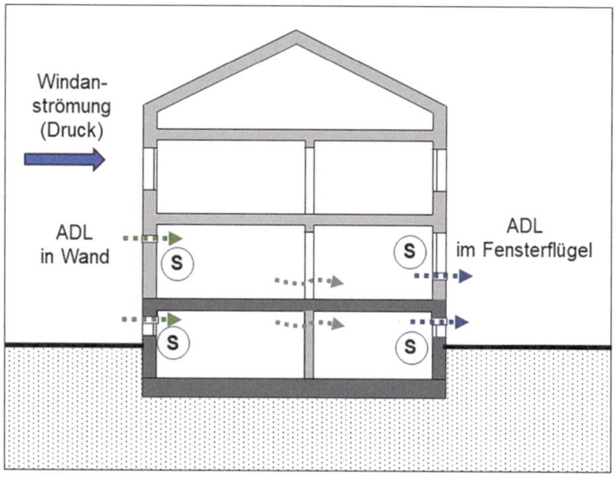

TS 18.117–1 unter dem Kürzel L1.1 zusammengefasst. Wird der Zuluftstrom über die Radonkonzentration in der Raumluft gesteuert, liegt die Lösung L1.2 gemäß DIN/TS 18.117–1 vor (siehe Abb. 7.85).

Gegenüber der manuellen Fensterlüftung ergibt sich als Vorteil, dass der Lüftungsstrom unabhängig vom Nutzerverhalten erfolgt und anhand konkreter Luftqualitätsparameter gesteuert wird. Aufgrund des Fehlens von aufwendiger Steuerungstechnik und motorgetriebenen Lüftungselemente sind die Lösung einfach und sowohl im Einbau als auch im Betrieb kostengünstig. Nachteilig ist, dass der Wirkungsgrad auch hier sehr stark von den Witterungsbedingungen (Temperaturspreizung innen-außen sowie Wind) abhängig ist und dass im Gebäude ein Unterdruck entstehet, der in erdberührten Räumen zur Vergrößerung des konvektiven Lufteinstromes aus dem Erdreich ins Gebäude führen kann.

Schachtlüftung

Bei der Schachtlüftung wird über einen Abluftschacht der thermische Auftrieb zur Luftabfuhr genutzt. Für das Nachströmen von Außenluft in die Räume werden ADL in die Fenster bzw. Wände integriert. Schachtlüftungen sind vor allem in Mehrfamilienhäusern aus den 50er bis 80er Jahre eingebaut worden, heute werden sie nicht mehr angewendet, sind aber in Bestandsgebäuden noch anzutreffen. Nachteilig ist, dass der Abluftstrom nicht bedarfsgerecht gesteuert werden kann, deshalb häufig größer als eigentlich erforderlich ist. Zudem ist die Wirkung im Sommer wegen fehlender Thermik stark eingeschränkt. Durch den Auftrieb entsteht im Gebäude ein zusätzlicher Unterdruck, der in erdberührten Räumen zur Vergrößerung des konvektiven Lufteinstromes aus dem Erdreich ins Gebäude führen kann. In Abb. 7.86 ist eine Lösung dargestellt, in der die Luft-

Abb. 7.86 Prinzipdarstellung Schachtlüftung

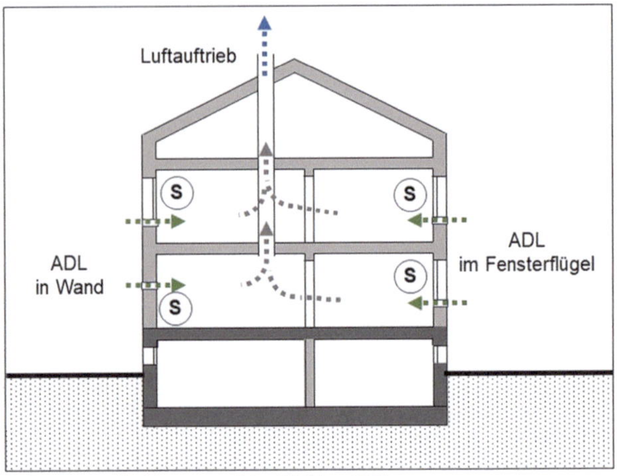

Erläuterungen Farbkennung: siehe Abbildung 7.83

absaugung nicht in erdberührten Räumen erfolgt. In Bezug auf den Radonschutz ist diese Lösung unproblematisch.

7.8.3.3 Ventilatorgestützte Lüftung

Mit ventilatorgestützten Systemen wird ein definierter Luftwechsel sowie ein definierter Luftdruck im Gebäude erreicht. Die Systeme setzen sich aus den Lüftungsgeräten, Zu- und Ausblasöffnungen sowie den erforderlichen Leitungssystemen zusammen. In den Lüftungsgeräten werden sämtliche Funktionen der Anlage zusammengefasst. Typische Funktionen sind die Förderung und Filterung der Luft sowie konzeptionsbedingt die Wärmerückgewinnung, Kühlung und Heizung sowie ggf. eine Be- oder Entfeuchtung der Luft. In der Lüftungsbranche werden solche Geräte mit dem Kürzel UNIT gekennzeichnet. Ventilatorgestützte Lösungen haben gegenüber der freien Lüftung den Vorteil, dass eine exakte Dosierung der Luftströme möglich ist und somit die Lüftungsverluste optimiert werden können. Des Weiteren besteht die Möglichkeit, die Druckverhältnisse so zu beeinflussen, dass im Gebäude ein leichter Überdruck und somit keine Erhöhung des konvektiven Luftstromes vom Erdreich ins Gebäude entsteht.

Die Systeme können sowohl zentral als auch dezentral angeordnet werden. Bei zentralen Systemlösungen werden mehrere Räume und Raumbereiche bis hin zu gesamten Gebäuden über eine Lüftungszentrale betrieben. Bei dezentralen Lösungen erfolgt die Lüftung raumbezogen. Dezentrale Anlagen sind zumeist Nachrüstungen in Bestandsgebäuden oder werden dann eingesetzt, wenn nur ein Teil eines Gebäudes mit ventilatorgestützter Lüftung ausgestattet werden soll.

Entsprechend der Systemkonfiguration entsteht im Gebäude ein geringer Über- oder Unterdruck. Dieser ist aber so gering, dass die zum Beispiel in DIN 1946-6 und DIN/TS

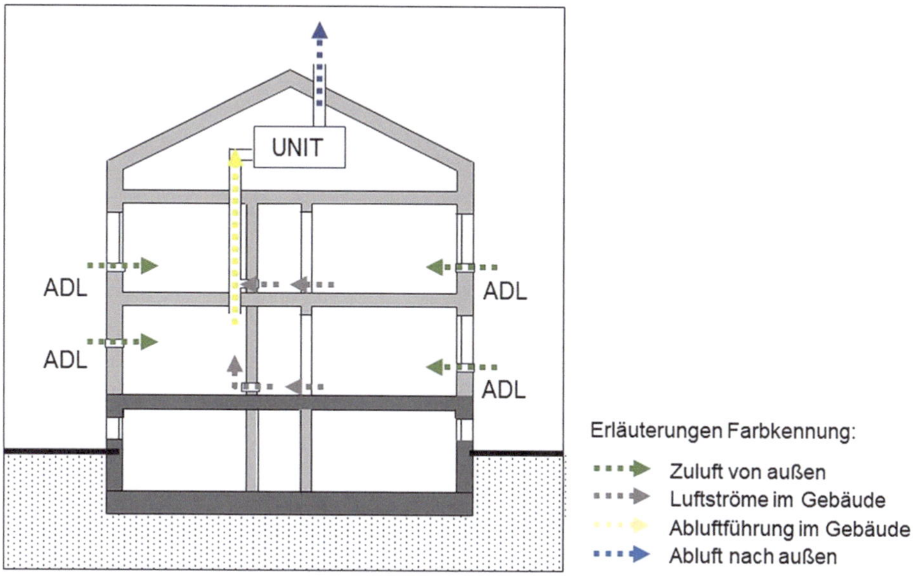

Abb. 7.87 Prinzipdarstellung Abluftsystem

18117-1 angesprochenen bauphysikalischen Probleme infolge der Druckdifferenz gering bis vernachlässigbar sind. Zielkonflikte ergeben sich möglicherweise zwischen Radon- und Feuchteschutz, die vor allem bei der Belüftung unbeheizter Kellerräume im Sommer entstehen können. Wird hier die wärmere Außenluft in kühlere Gebäudebereiche transportiert, besteht die Gefahr, dass die relative Luftfeuchte ansteigt, in ungünstigen Konstellationen ggf. bis zur Sättigungsfeuchte, wodurch Feuchteschäden entstehen können.

Bei **Abluftsystemen** wird Luft aus dem Gebäude gesaugt, das Nachströmen der erforderlichen Frischluft erfolgt über ADL im Fensterbereich oder in den Außenwänden (Abb. 7.87). Durch Abluftsysteme entsteht im Gebäude ein Unterdruck. Liegt dieser lediglich in nicht erdberührten Gebäudebereichen an (Abb. 7.88a), ist diese Lösung hinsichtlich des Radonschutzes unproblematisch. Sind dagegen auch Gebäudebereiche mit Erdberührung einbezogen (Abb. 7.88b), kann es zur Erhöhung des konvektiven Luftstromes ins Gebäude führen und damit zu erhöhter Radonkonzentration in der Raumluft. Bei einer Begrenzung des Wirkbereiches auf einzelne Gebäudebereiche (eine Möglichkeit ist schematisch in Abb. 7.88c wiedergegeben) kann bei geschickter Auslegung eine positive Wirkung erreicht werden, indem dort, wo durch die Luftabsaugung ein Unterdruck aufgebaut wird, zwar die Radonkonzentration steigt, im verbleibenden Gebäude aber eine Entspannung der Situation möglich wird. Diese Lösung kommt zum Beispiel dann zur Anwendung, wenn Nebenräume im erdberührten Bereich für die Absaugung genutzt werden können und die Möglichkeit besteht, dass in diese Räume Luft aus dem weiteren Gebäudebereich nachströmt.

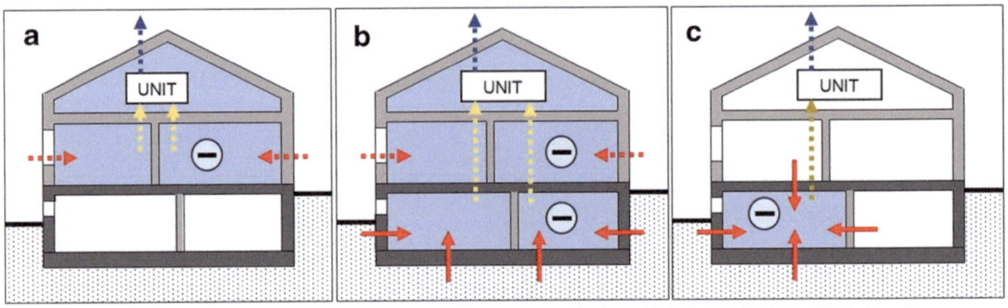

a) Wirkbereich ausschließlich in nichterdberührten Gebäudeteilen: Keine Gefahr der Verstärkung des konvektiven Luftstroms vom Erdreich ins Gebäude

b) Wirkbereich umfasst auch erdberührte Gebäudeteile: Gefahr der Verstärkung des konvektiven Luftstroms vom Erdreich ins Gebäude

c) Wirkbereich auf erdberührte Bereiche des Gebäudes begrenzt: Erhöhung des konvektiven Luftstroms im belüfteten Bereich wahrscheinlich; aus umliegenden Räumen mit höherem Luftdruck strömt ggf. Luft in den belüfteten Bereich. Dieser gebäudeinterne Luftstrom kann zur Reduzierung der Radonkonzentration: in den nichtbelüfteten Räumen beitragen.

Abb. 7.88 Prinzipdarstellungen für die Konzeption von Abluftanlagen

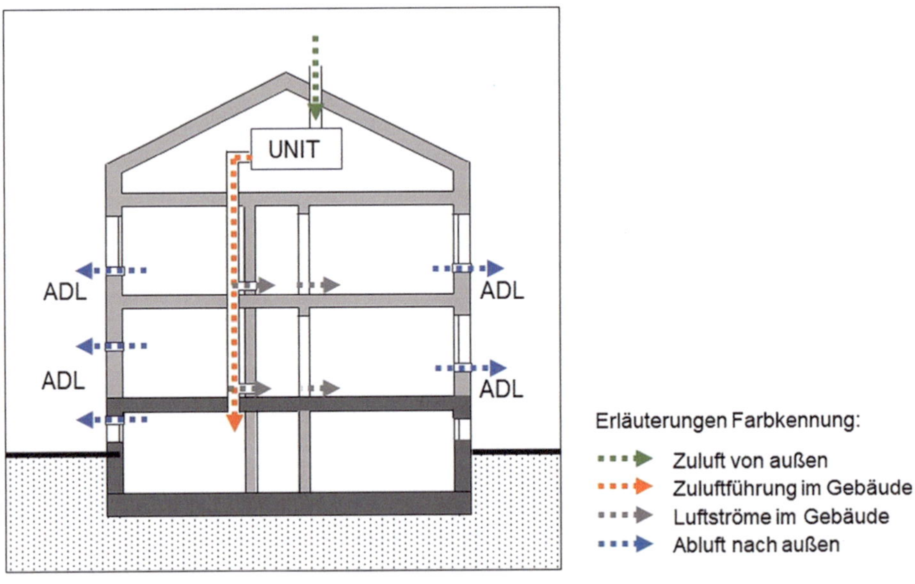

Abb. 7.89 Prinzipdarstellung Zuluftsystem

Bei **Zuluftsystemen** wird Luft in das Gebäude gedrückt, die Abluftabfuhr erfolgt kontrolliert über ADL (Abb. 7.89). Im Gebäude entsteht ein geringer Überdruck.

Zu- Abluftsysteme können als Gleichdruck- oder Überdrucksysteme betrieben werden (Abb. 7.90). Der Überdruck wird durch einen geringen Zuluftüberschuss erreicht. Zu- und Abluftsysteme eignen sich vor allem beim Betrieb als Überdrucksystem sehr

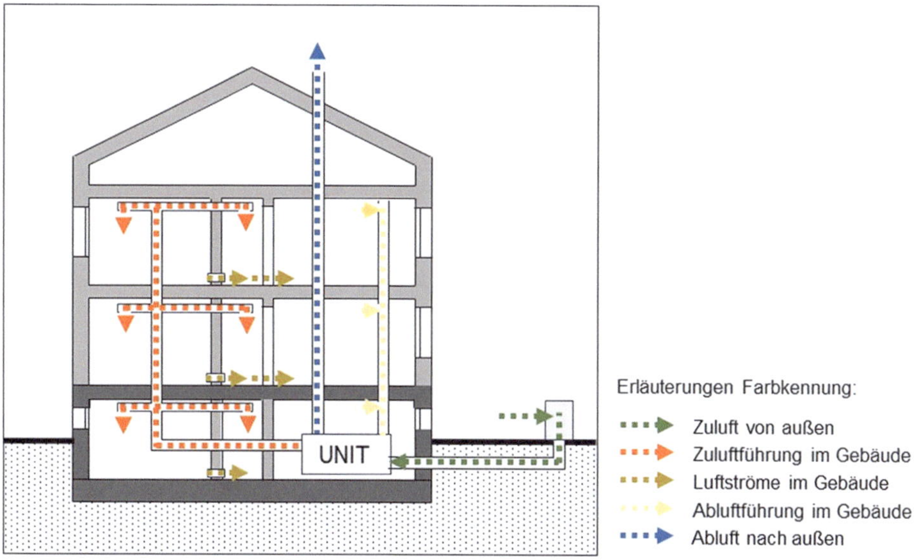

Abb. 7.90 Prinzipdarstellung Zu-/Abluftsystem mit Wärmerückgewinnung und Erdkollektor zur Ansaugung der Außenluft. Das System kann mit Gleich- oder Überdruck betrieben werden

gut für den Radonschutz. Moderne Systemlösungen sind zudem in der Regel mit einer Wärmerückgewinnung und ggf. einem Erdwärmetauscher ausgestattet, welche im Zusammenhang mit der kontrolliert-optimierten Höhe der Frischluftrate zu energetisch hocheffektiven Lösungen führt. Allerdings sind Zu- und Abluftsystemlösung in der Erstellung gegenüber allen anderen hier vorgestellten Lösungen vergleichsweise aufwendig und kostenintensiv.

Literatur

[1] Musterbauordnung (MBO) in der Fassung vom November 2002, zuletzt geändert durch Beschluss der Bauministerkonferenz vom 27.09.2019

[2] Gesetz zum Schutz vor der schädlichen Wirkung ionisierender Strahlung (Strahlenschutzgesetz -StrlSchG) vom 27.06.2017

[3] DIN/TS 18117-1:2021-09: Bauliche und lüftungstechnische Maßnahmen zum Radonschutz – Teil 1: Begriffe, Grundlagen und Beschreibung von Maßnahmen

[4] DIN 1946-6:201-12: Raumlufttechnik – Teil 6: Lüftung von Wohnungen – Allgemeine Anforderungen, Anforderungen an die Auslegung, Ausführung, Inbetriebnahme und Übergabe sowie Instandhaltung

[5] DIN 18533-1:2017-7 „Abdichtung von erdberührten Bauteilen", Teil 1: Anforderungen, Planungs- und Ausführungsgrundsätze

[6] DIN 18533-2:2017-7: „Abdichtung von erdberührten Bauteilen", Teil 2: Abdichtung mit bahnenförmigen Abdichtungsstoffen

[7] DIN 18533-3:2017-7: „Abdichtung von erdberührten Bauteilen", Teil 3: Abdichtung mit flüssig zu verarbeitenden Abdichtungsstoffen

[8] DAfStb-Richtlinie „Wasserundurchlässige Bauwerke aus Beton (WU-Betonrichtlinie)", 12-2017

[9] Richtlinie für die Planung und Ausführung von Abdichtungen mit mineralischen Dichtungsschlämmen; Deutsche Bauchemie e.V., Juli 2020

[10] Richtlinie für die Planung und Ausführung von Abdichtungen mit flexiblen poymermodifizierten Dickbeschichtungen (FDP); Deutsche Bauchemie e.V., Februar 2020

[11] WTA-Merkblatt 4-6: „Nachträgliches Abdichten erdberührter Bauteile"; Ausgabe 11/2014

[12] Fachverband Hauseinführungen für Rohre und Kabel e.V. (FHRK): Initiative Radonsicheres Bauen; Schwerin o.J.

[13] Scivyer, Chris: Radon- Guidance on protective measures for new buildings (including supplementary advice for extensions, conversions and refurbishment projekcts); BRE 2015

[14] Czech Technical Standard ČSB 73 0601 „Protection of Buildings against Radon from the Soil"; 1/2005

[15] Entwurf Ö-NORM S 5280-2 (2017-06-01); Teil 2: Bautechnische Vorsorgemaßnahmen bei Gebäuden

[16] Jiránek, Martin und Milena Honziková: Radon- Stavebni souvislosti I, Sešit P: Odvětráni podloži; Návrh a realizace větracich systèmů podloži v novycj i stávajicich stavbách; Praha 2017

[17] Zement-Merkblatt Hochbau H 11: Fugen und ihre Abdichtung in WU-Bauwerken aus Beton; Verein Deutscher Zementwerke e. V. (VDZ), Düsseldorf 2016

[18] DBV-Merkblatt „Frischbeton-Verbundsysteme", Fassung September 2023; Deutscher Beton- und Bautechnikverein e.V., Berlin

[19] DBV-Heft 54: „Frischbetonverbundsysteme; Grundlegende Erläuterungen zum DBV-Merkblatt Frischbetonverbundsysteme"; September 2023; Deutscher Beton- und Bautechnikverein e.V., Berlin

[20] DBV-Merkblatt „Hochwertige Nutzung von Untergeschossen – Bauphysik und Raumklima" Fassung Januar 2009, Deutscher Beton- und Bautechnik-Verein E.V.

[21] WTA-Merkblatt 5-6-99: „Bauwerksdiagnose"; Ausgabe 02/2015

[22] WTA-Merkblatt 4-5-99: „Beurteilung von Mauerwerk – Mauerwerksdiagnostik", Ausgabe 10/2015

[23] WTA-Merkblatt 7-1: „Erhaltung und Instandsetzung von Mauerwerk – Konstruktion und Tragfähigkeit", Ausgabe 12/2018

[24] WTA-Merkblatt 4-10-15: „Injektionsverfahren mit zertifizierten Injektionsstoffen gegen kapillaren Feuchtetransport", Ausgabe 03/2015

[25] Jiránek, Martin und Milena Honziková: Radon- Stavebni souvislosti I, Sešit I: Protiradonové Izolace; Praha 2012

[26] DIN/TS 18117-2: Bauliche und lüftungstechnische Maßnahmen zum Radonschutz – Teil 2: Klassifizierung, Auswahl und Handlungsempfehlungen – Entwurf –

[27] Keller, G.: Die Radon-Diffusion als Kriterium für radondichte Bau- und Isoliermaterialien. In: Bundesministerium für Umwelt, Naturschutz und Reaktorsicherheit: Forschung zum Problemkreis „Radon", Vortragsmanuskripte des 12. Statusgespräches, Berlin 26./27. Oktober 1999; Bonn, 1999

[28] Bundesamt für Strahlenschutz: Radonhandbuch Deutschland, 2019

[29] Health Canada: Summary Report on Active Soil Depressurization (ASD) Field Study; Ottawa, June 2016

[30] Good Repair Guide GRG 37, Part 3: Radon solutions in homes; Radon sump systems; Chris Scivyer; February 2013

[31] M. Reiter, H. Wilke, W.-R. Uhlig: Radonschutzmaßnahmen – Planungshilfe für Neu- und Bestandsbauten (Radonbroschüre Sachsen); Staatsministerium für Umwelt und Landwirtschaft des Freistaates Sachsen; Dresden, 2020

[32] Good Repair Guide GRG 37, Part 1: Radon solutions in homes; Improving underfloor ventilation; Chris Scivyer; November 2012

[33] Grundmann, G., Leißring, B.: Langzeitkontrolle der Radonaktivitätskonzentration in Einkaufszentrum Schlema; 3. Sächsischer Radontag, Dresden 2009

[34] Leißring, B., Löbner, W., Leißring, G.: Analyse des Langzeitverhaltens und aktuelle Bestandsaufnahme der Radonsituation in einem Einkaufszentrum; 13. Sächsischer Radontag, Dresden 2019

[35] WISMUT GmbH: Abschlussbericht über Untersuchungen zur Radonsituation in Häusern im Bereich Kirchplatz St. Wolfgangskirche in Schneeberg; Chemnitz 2011

[36] DIN EN 12207:2016: Fenster und Türen – Luftdurchlässigkeit – Klassifizierung

[37] DIN 1634-3, 2005-02: Prüfung zum Feuerwiderstand und zur Rauchdichte für Feuer- und Rauchschutzabschlüsse, Fenster und Beschläge – Teil 3: Prüfungen zur Rauchdichte für Rauchschutzabschlüsse

[38] DIN 18095-2, 1991-03: Türen; Rauchschutztüren; Bauartprüfung der Dauerfunktionstüchtigkeit und Dichtheit

[39] DIN 13501-3:2010-02: Klassifizierung von Bauprodukten und Bauarten zu ihrem Brandverhalten – Teil 3: Klassifizierung mit den Ergebnissen aus den Feuerwiderstandsprüfungen an Bauteilen von haustechnischen Anlagen: Feuerwiderstandsfähige Leitungen und Brandschutzklappen

[40] European Commission, Radiation Protection112 (RP 112) „Radiological protection principles concerning the natural radioactivity of building materials!, European Communities, 2000

[41] IAEA-TECDOC 1951: Protection against Exposure Due to Radon Indoors and Gamma Radiation from Construction Materials – Methods of Prevention an Mitigation; Vienna 2021

[42] CSN 730602: Protection of Buildings against Radon and Gamma Radiation from Building Materials; Prague (2006)

[43] Ziegler, M.: Innovative Fassadensanierungskonzepte mit integrierter Luftführung für den Gebäudebestand, Fraunhofer IBP, Forschungsergebnisse aus der Bauphysik, Band 37, Stuttgart 2019

[44] Münzenberg, U, T. Weithaas, J. Thumulla; Luftwechsel im Gebäudebestand – Natürlicher Luftwechsel, Fensterlüftung und die Notwendigkeit von Lüftungskonzepten; 7. Pilztagung des VDB, Stuttgart Juni 2003

[45] Panzhauser et. al.: Die Luftwechselzahlen in Österreichischen Wohnungen: TU Wien im Auftrag des Österreichischen Bundesministeriums für Bauten und Technik (undatiert)

[46] Uhlig, W.-R, A. Guhr, J. Conrady: Schülerprojekt zur Risikokommunikation und Senkung der Radonexposition in Gebäuden, LfUG Dresden 2010

8 Umsetzung des baulichen Radonschutzes

8.1 Inhalt und Ziele dieses Abschnittes

Nachdem im Kap. 7 die Lösungen des bau- und lüftungstechnischen Radonschutzes vorgestellt wurden, werden diese nunmehr unter Beachtung der folgenden Aspekte in den Kontext des Planungs- und Baugeschehens sowie der Nutzungsphase gestellt:

- Zielsetzungen für den baulichen Radonschutz
- Umsetzung des bau- und lüftungstechnischen Radonschutz für Neubauvorhaben und Gebäudesanierungen
- Abschätzung des Erfolges einschließlich der Langzeiteignung

Für die Wahl sowie Konzeption der Lösungen sind eine Vielzahl von Kriterien zu berücksichtigen. Zur Unterstützung einer zielgenaueren Auswahl der Radonschutzmaßnahmen werden deshalb Gebäude- und Nutzungskategorien eingeführt, denen diese Kriterien zugrunde liegen.

Für Neubauten und Sanierungen sind grundsätzlich unterschiedliche Herangehensweisen zu beachten. Auch kommen für diese beiden Kategorien in der Regel unterschiedliche Lösungen zu Anwendung, weswegen diese getrennt betrachtet werden.

Vor allen Dingen für die Gebäudesanierung hat die Prognose der durch die Sanierung induzierten Veränderung der Radonbelastung eine große Bedeutung, muss doch vermieden werden, dass sich im Ergebnis einer energetischen Sanierung die Radonkonzentration in den Nutzräumen erhöht. Geeignete Prognoseverfahren zur Vorhersage der Radonbelastung in Gebäuden, die im Rahmen der Erläuterungen zur Radonsanierung vorgestellt werden, können bei der optimalen Planung des Radonschutzes eine wichtige

W.-R. Uhlig et al., *Radongeschütztes Bauen*,
https://doi.org/10.1007/978-3-658-38115-8_8

Hilfe sein. Weitere in diesem Kapitel angesprochene Fragen sind die Kostenoptimierung sowie Langzeiteignung der Radonschutzmaßnahmen, welche gleichermaßen für Neubau und Sanierung von Bedeutung sind.

8.2 Zielsetzungen für den baulichen Radonschutz

Die Maßnahmen des bau- und lüftungstechnischen Radonschutzes haben das übergeordnete Ziel, die Gesundheitsgefährdung, welche durch eine erhöhte Radonkonzentration in der Raumluft ausgelöst wird, sicher und dauerhaft zu minimieren. Die Radonschutzmaßnahmen sind dabei so auszulegen, dass die planerisch vereinbarten Zielgrößen für die Radonkonzentration in der Raumluft mindestens erreicht, besser unterboten werden. Für diesen Zielwert ist in DIN 18 117-2 [1] der Begriff des Auslegungswertes eingeführt worden. Als Ziel- bzw. Auslegungswert kann sowohl der im Strahlenschutzgesetz [2] enthaltene Referenzwert von 300 Bq/m^3 herangezogen, es können aber auch niedrigere Werte vereinbart werden. Wie in Kap. 3 beschrieben, lässt sich kein Schwellenwert für die Radonkonzentration in der Raumluft definieren, unter dem keine Erhöhung des Lungenkrebsrisikos nachweisbar ist. Es ist deshalb im Sinne der Gesundheitsvorsorge sinnvoll, Radonkonzentrationen in der Raumluft anzustreben, die unterhalb des im Strahlenschutzgesetz verankerten Referenzwertes liegen. So schlagen die WHO [3] als auch das Bundesamt für Strahlenschutz [4] vor, einen Auslegungswert von 100 Bq/m^3 für die Planung und Ausführung der Radonschutzmaßnahmen zugrunde zu legen. Die Erfahrungen zeigen, dass diese Werte immer dann vergleichsweise problemlos erreicht werden können, wenn bei Neubauten die Abdichtung der erdberührten Gebäudehülle nach den heute gültigen Regeln (z. B. nach DIN 18135 oder nach WU-Richtlinie) ausgeführt wird. In der Gebäudesanierung liegen dagegen häufig Konstellationen vor, in denen die Realisierung von Zielwerten unterhalb des Referenzwertes zu nicht akzeptablen finanziellen und baulichen Aufwendungen führen würde, weswegen hier der Referenzwert nach Strahlenschutzgesetz einen guten Kompromiss zwischen Gesundheitsvorsorge und Aufwand darstellt. In seltenen Fällen ist bei Sanierungen der Referenzwert nicht oder nur mit unverhältnismäßig großem Aufwand erreichbar. Hier kann eine deutliche Reduzierung von sehr hohen Ausgangswerten durchaus als Erfolg gewertet werden, auch wenn eine Unterbietung des Referenzwertes nicht erreicht werden konnte. Letztendlich sind diese Fälle immer in einer Einzelfallentscheidung zu betrachten, welche im Extremfall auch zur Entscheidung des Abbruchs und Neubaus eines Gebäudes führen kann.

Das zentrale Ziel aller Radonschutzmaßnahmen ist die Reduzierung von Gesundheitsgefährdungen durch Radon in der Raumluft. Letztendlich geht es hierbei um die Begrenzung der Jahresdosis, in die neben der Konzentration auch die Dauer der Einwirkung eingeht. Folgt man dieser Betrachtung, können in selten genutzten Räumen auch höhere Radonkonzentrationen akzeptiert werden. Allerdings ist eine Differenzierung zwischen praktisch ungenutzten Räumen, wenig genutzten Räumen sowie Aufenthaltsräumen, die in DIN 1946-6 enthalten ist und in Abschn. 7.2.2 vorgestellt wurde, in der Strahlenschutzgesetzgebung nicht aufgenommen worden. Es wird lediglich zwischen Aufenthaltsräumen (Arbeitsräume hier inkludiert) sowie ungenutzten Räumen unterschieden und für die Aufenthaltsräume die Einhaltung des Referenzwertes als Jahresmittelwert gefordert. In dieser – vereinfachten – Betrachtung wird also die Nutzungszeit eines Raumes nicht in die Bewertung einbezogen, obwohl hierbei große Unterschiede vorhanden sind. Eine begründete Abweichung von der Herangehensweise der Strahlenschutzgesetzgebung erscheint vor allem in der Radonsanierung für Einzelfälle sinnvoll, in denen für gering genutzte Räume über eine Dosisbetrachtung der Nachweis einer niedrigen gesundheitlichen Belastung auch bei Überschreitung des Referenzwertes erbracht wird.

8.3 Gebäudekategorien

8.3.1 Grundlagen und Ziele der Einführung einer Gebäude-Kategorisierung

Die Auswahl geeigneter bau- und lüftungstechnischer Maßnahmen des Radonschutzes, aber auch die Abschätzung des zu erwartenden Aufwandes ist von mehreren Faktoren abhängig. Wichtige Ausgangskriterien sind hierbei die Radonkonzentration in der Bodenluft sowie – für Bestandsgebäude – im Gebäude, des Weiteren die geplanten Zielwerte, die Gebäude- und Raumnutzung, aber auch die bauliche Substanz und der Gebäudetyp. Der Bauzustand von Bestandsgebäuden korreliert deutlich mit dem Alter der Gebäude, weswegen auch die Bauzeit der Gebäude in die Betrachtung einbezogen wird.

Aufgrund dieser vielfältigen Aspekte ist es sinnvoll, Gebäude hinsichtlich typischer Kriterien differenziert zu beurteilen und zu behandeln. Hierfür werden die folgenden Gruppierungen eingeführt:

- Gebäudealter/Bauzeit
- Konstruktionsprinzip des Gebäudes in Verbindung mit der Nutzungsart
- Nutzung der erdberührten Räume des Gebäudes in Verbindung mit der Gebäudestruktur.

8.3.2 Gruppierung nach Gebäudealter/Bauzeit

Für die Radonbelastung in einem Gebäude kann man eine deutliche Abhängigkeit zur Bauzeit des Gebäudes feststellen: Je älter ein Gebäude, umso größer ist die Wahrscheinlichkeit einer erhöhten Radonkonzentration in der Raumluft. Dieser Zusammenhang ist in erster Linie durch die Ausbildung der erdberührten Gebäudehülle begründet, da deren Dichtheit mit dem Gebäudealter zumeist abnimmt. Für die Kategorisierung können Kipppunkte in der Entwicklung der Bautechnik herangezogen werden. Dabei ist aber zu beachten, dass diese nicht mit eindeutigen Jahreszahlen verbunden werden können. Die im folgenden angegebenen Zeiträume sind demnach als Orientierung für eine längere Übergangsfrist zu verstehen, die zudem in verschiedenen Ländern und Regionen unterschiedlich verlaufen ist. Die Kategorisierung orientiert sich an den Gebäudetypen nach WTA-Arbeitsblatt „Radonschutz im Gebäudebestand" [5].

Zu beachten ist, dass sich die folgenden Alterskategorien in erster Linie auf den klassischen Geschossbau beziehen, andere bauliche Lösungen, wie zum Beispiel hallenartige Industriebauten oder Sonderbauten, erfordern zum Teil abweichende Bewertungen und Herangehensweisen (s. Abschn. 8.3.3).

Kategorie A: Neubauten
Neubauten unterscheiden sich hinsichtlich des baulichen und lüftungstechnischen Radonschutzes von Bestandsgebäuden insofern, dass hier der Radonschutz integraler Bestandteil der Gebäudeplanung sein und somit in idealer Form berücksichtigt werden kann. Zudem kommen die heute gültigen Regeln der Gebäudeabdichtung sowie die konstruktive Ausbildung der erdberührten Gebäudehülle dem baulichen Radonschutz entgegen (s. Abschn. 7.4.2). Bei frühzeitiger und integraler Beachtung des Radonschutzes im Bauprozess sind die erforderlichen Mehraufwendungen in der Regel gering, in vielen Fällen entsteht überhaupt kein Mehraufwand.

Kategorie B:Gebäude etwa ab Anfang der 70-er Jahre des 20. Jahrhunderts bis heute
Hinsichtlich der baulichen Lösung sind zwischen Kategorie A und B keine gravierenden Unterschiede zu berücksichtigen.

In Abb. 8.1 wird für Gebäude dieser Kategorie eine typische Gebäudestruktur gezeigt. Das Foto (Abb. 8.2) zeigt beispielhaft ein Gebäude dieser Kategorie.

Gebäude dieser Gruppe sind in der Regel auf einer unter den Wänden durchlaufenden Bodenplatte gegründet. Die sich in den 70-er Jahren des 20. Jahrhunderts durchsetzende industrielle Herstellung von Beton verbesserte dessen Qualität und Homogenität deutlich. Die Gebäude dieses Typs sind in der Regel mit vertikaler und horizontaler Abdichtung der erdberührten Gebäudehülle gegen eindringende Feuchtigkeit gut geschützt. Eng mit den verbesserten Abdichtungs- und Dämmmöglichkeiten ist eine verstärkte Nutzung des Kellergeschosses für Wohn- und Arbeitszwecke verbunden. Teilunterkellerungen sind in dieser Gebäudegruppe vergleichsweise selten anzutreffen.

Schwachstellen liegen häufig in undichten Fugen, Rissen, Durchdringungen und Anschlüssen, sowie ggf. defekter, in seltenen Fällen auch nicht vorhandener Außenabdichtung begründet.

Kategorie C: Gebäude von Beginn der Gründerzeit (etwa 70-er Jahre des 19. Jahrhunderts) bis etwa Ende der 60-er Jahre des 20. Jahrhunderts
In Abb. 8.3 wird für Gebäude dieser Kategorie eine typische Gebäudestruktur gezeigt. Das Foto (Abb. 8.4) zeigt beispielhaft ein Gebäude dieser Kategorie.

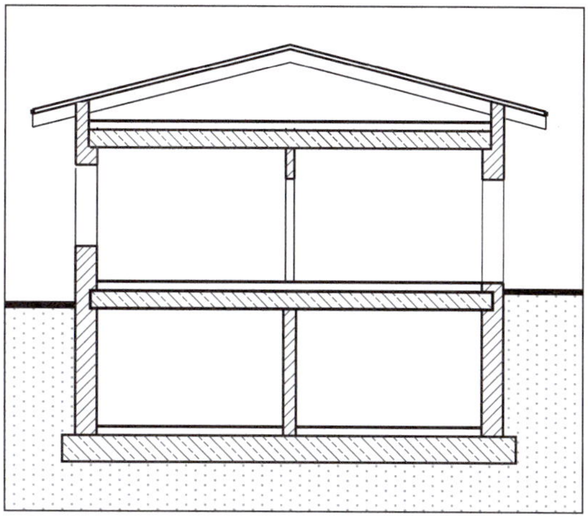

Abb. 8.1 Typische Gebäudestruktur für Gebäude der Kategorie A und B

Abb. 8.2 Beispiel für ein Gebäude aus Kategorie A bzw. B (Einfamilienhaus in Dresden)

Bei Gebäuden dieser Altersgruppe wurden die tragenden Wände in der Regel direkt auf Streifenfundamenten gegründet. Vor allem in den frühen Jahren innerhalb dieser Gruppe fehlt zumeist eine durchgehende betonierte Bodenplatte. Da die Nutzung von Kellerräumen sehr häufig für Lager- und Nebenfunktionen vorgesehen war, fehlte der heute übliche abgedichtete Aufbau der Bodenplatte. Vielmehr wurden für diesen unteren Gebäudeabschluss häufig in Sand bzw. Kies verlegte Ziegelschichten, ein einfacher Estrichglattstrich oder gestampfter Lehmboden eingebaut. Wurden erdberührte Räume als Wohn- oder Arbeitsräume vorgesehen, ist der Bodenaufbau häufig als unterlüftete Holzkonstruktion auf dichter Lehm- oder Schotterschicht ausgeführt worden. Im Laufe der Zeitspanne für Gebäudekategorie C kommen dann verstärkt zwischen den aufgehenden Wänden gegossene Betonplatten als unterer Gebäudeabschluss zum Einsatz. Die Fundamente sind aus Naturstein- oder Ziegelmauerwerk, in späteren Jahren innerhalb dieses Zeitraumes zunehmend auch aus gestampftem Beton errichtet worden. Für die Grundmauern setzte man Natur- oder Ziegelmauerwerk ein, häufig kam auch Mischmauerwerk zum Einsatz. Im Sockelbereich wurden zur Abwehr von Spritzwasserschäden häufig großformatige Natursteinverkleidungen oder Klinkerschichten eingebaut. Vertikale und horizontale Flächenabdichtungen der erdberührten Gebäudehülle setzten sich erst in den 50-er Jahren des 20. Jahrhunderts nach Einführung der DIN 4117 durch. Zuvor wurde in der Regel lediglich eine horizontale Querschnittsabdichtung der Kellerwände oberhalb des Geländeniveaus eingebaut. Abdichtungen auf der Bodenplatte sowie an den erdberührten Außenwänden, die im Rahmen von Sanierungsmaßnahmen ergänzt wurden, können die hohen Anforderungen an die für den Radonschutz erforderlichen luft- und gasdichten Ausbildung zumeist nicht erfüllen.

Vor allen Dingen zu Beginn des Zeitraumes für diese Gebäudekategorie sind häufig teilunterkellerte Lösungen realisiert worden.

Bei diesem Gebäudetyp ergeben sich zahlreiche konvektive Eintrittspfade für Bodenluft. Zudem sind Gebäude dieser Kategorie gegenüber dem diffusiven Luftstrom vom Erdreich ins Gebäude im Vergleich zu jüngeren Gebäuden weniger gut geschützt. Regional ist außerdem eine erhöhte Exhalation aus den Baustoffen infolge des Einsatzes von Baumaterialien mit erhöhter Radioaktivität zu beachten.

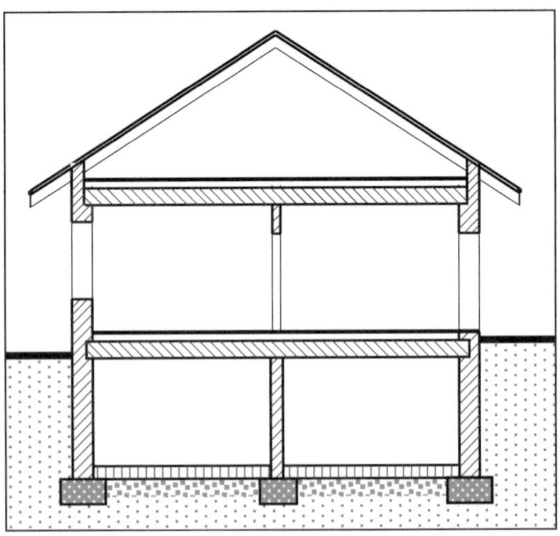

Abb. 8.3 Typische Gebäudestruktur für Gebäude der Kategorie C

Abb. 8.4 Beispiel für ein Gebäude der Kategorie C (Gründerzeitliches Mehrfamilienhaus, Dresden)

Kategorie D: ältere Gebäude

In dieser Gruppe werden alle nicht Kategorie A bis C zuordenbaren Gebäude zusammengefasst. In der Regel sind Gebäude dieser Gruppe vor etwa 1870 errichtet worden, in ländlichen Gegenden aber durchaus noch zu einem späteren Zeitpunkt.

In Abb. 8.5 wird für Gebäude dieser Kategorie eine mögliche Gebäudestruktur gezeigt, wobei in dieser Kategorie vielfältige Gebäudelösungen möglich sind. Das Foto in Abb. 8.6 zeigt beispielhaft eine städtische Häuserzeile, welche dieser Kategorie zuzuordnen ist.

Typisch für diese Gebäude ist der Einsatz verschiedenster Materialien für die tragenden Konstruktionen und vollkommen fehlender Abdichtungen der erdberührten Gebäudehülle. Häufig haben diese Gebäude lediglich Teilunterkellerung, z. T. als Gewölbekeller in Trockenmauerwerk ausgeführt. Zumeist wurden die erdberührten Räume ohne massive Bodenplatte erstellt und verfügen stattdessen in Keller- und Nebenräumen über einen Ziegelboden oder eine gestampfte Lehmschicht. Später ist dieser Aufbau häufig durch eine dünne Estrichschicht ergänzt bzw. ersetzt worden. Sind erdberührte Räume als Wohn- oder Arbeitsräume genutzt worden, ist der Bodenaufbau häufig als unterlüftete Holzkonstruktion auf dichter Lehmschicht oder auf Schüttungen (zum Beispiel Schotter oder Kies) ausgeführt. Die Fundamente sind zumeist aus Natursteinen, seltener aus

Ziegelmauerwerk errichtet worden, für die Grundmauern kam Naturstein-, Ziegel- oder Misch- bzw. Schalenmauerwerk zum Einsatz.

Aufgrund des inhomogenen Konstruktionsaufbaues der Kelleraußenwände und des Bodenaufbaues sowie vollständig fehlender Feuchteabdichtungen ergeben sich zahlreiche konvektive Eintrittspfade für Bodenluft (s, Abb. 7.24). Zudem sind Gebäude dieser Kategorie gegenüber dem diffusiven Luftstrom vom Erdreich ins Gebäude gegenüber jüngeren Gebäuden deutlich schlechter geschützt. Nachträglich (zum Beispiel im Rahmen von Gebäudesanierungen) eingebaute Abdichtungen auf der Bodenplatte sowie an den erdberührten Außenwänden können die hohen Anforderungen an eine luft- und gasdichte Ausbildung zumeist nicht erfüllen. Weiterhin ist zu beachten, dass bei diesem Gebäudetyp üblicherweise kein luftdichter Abschluss zwischen Keller- und Erdgeschoss vorhanden ist. Regional ist auch bei diesem Gebäudetyp eine erhöhte Exhalation aus den Baustoffen infolge des Einsatzes von Baumaterialien mit erhöhter Radioaktivität zu beachten.

Die vielfältigen Bauformen – und hier vor allen Dingen die häufig vorhandenen Teilunterkellerungen – sowie die unterschiedlichen Baustoffe und Baukonstruktionen erfordern für die Planung und Ausführung von Radonschutzmaßnahmen erhebliche Aufwendungen und führen in der Regel zu individuellen, auf das konkrete Objekt abgestimmten Lösungen.

8.3.3 Untergliederung nach Konstruktionsprinzip in Verbindung mit den Nutzungsgruppen der Gebäude

Mit Wand- sowie Skelettbauweise kommen zwei grundlegende Konstruktionsprinzipien zur Anwendung. Nicht alle Gebäude lassen sich eindeutig einem der beiden Konstruktionsprinzipien zuordnen. Hierfür wird eine dritte Gruppe (Sonderbauweisen) eingeführt.

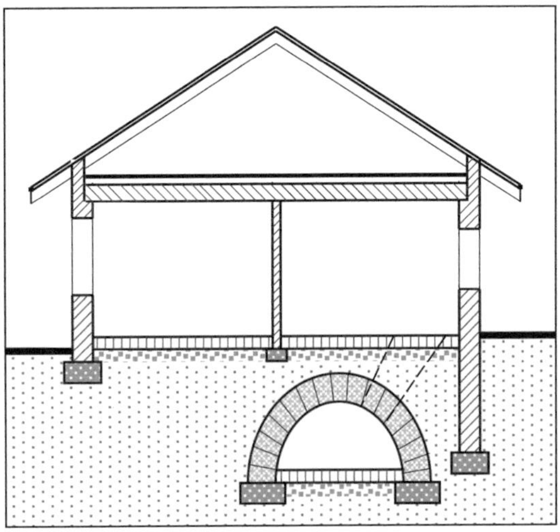

Abb. 8.5 Typische Gebäudestruktur für ein Gebäude der Kategorie D

Abb. 8.6 Beispiel für Gebäude der Kategorie D (Häuserzeile in Quedlinburg)

Gruppe 1: Wandbauweisen:
Die Gruppe der Wandbauweisen umfasst im Wesentlichen den gesamten Wohnungsbau sowie einen Großteil aller Büro- und Verwaltungsbauten, aber auch Schulen und ähnliche Nutzungen. Für die Betrachtung des baulichen Radonschutzes hat die Frage, ob es sich um traditionelle oder industrielle Bausysteme handelt, nur eine untergeordnete Bedeutung.

Für die Gruppe der Wandbauweisen ist es sinnvoll, eine Untergliederung in kleinere sowie größere Gebäude vorzunehmen:

Gruppe 1.1: Wandbauweise, kleine Gebäude:
In dieser Untergruppe werden kleinere Wohngebäude (z. B. Ein- und Zweifamilienhäuser) sowie entsprechende Büro- und Verwaltungsgebäude erfasst (Abb. 8.7 und 8.8). Eine genaue Abgrenzung zur Gruppe der größeren Gebäude ist schwer möglich. Zur Orientierung wird vorgeschlagen, hier die Gebäudeklassen 1 bis 3 nach der bauordnungsrechtlichen Einteilung (z. B. nach [6]) heranzuziehen.

Hinsichtlich der Gebäudeanzahl dürften die hier zusammengefassten Objekte die größte Gruppe ausmachen. Viele der Regelungen des bau- und lüftungstechnischen Radonschutzes sind auch deshalb vorrangig auf diese Gruppe ausgerichtet.

Hinsichtlich des Radonschutzes sind die folgenden Gruppeneigenschaften von Bedeutung:

Abb. 8.7 Einfamilienhaus (Dresden)

Abb. 8.8 Reihenhausbebauung (Dresden)

- Aufgrund der geringen Gebäudegröße mit zumeist maximal zwei Obergeschossen liegt prozentual ein relativ großer Anteil der Nutzräume direkt an der erdberührten Gebäudehülle. Auch ist die Ankopplung weiter oben liegender Räume an den erdberührten Bereich vergleichsweise groß, zumal die heutigen Nutzungsgewohnheiten häufig offene Treppenhäuser bevorzugen. Dadurch hat die Qualität der Abdichtung der erdberührten Gebäudehülle einen sehr großen Einfluss auf den baulichen Radonschutz.
- Vor allem im Wohnungsbau kommen häufig traditionelle Lösungen, sowohl was die Bauweise als auch die technische Konzeption betrifft, zur Anwendung. Die Gebäude werden zumeist über eine freie (manuelle) Lüftung (Lösungen L0, L1.1 und L1.2 nach Abb. 7.81) belüftet, der Einsatz ventilatorgestützter Lüftungslösungen setzt sich nur langsam durch.
- Lediglich in neueren Gebäuden mit einem hohen energetischen Niveau (und sehr geringen Luftwechselraten) haben sich ventilatorgestützte Lüftungslösungen weitestgehend durchgesetzt.

Gruppe 1.2: Wandbauweisen, große Gebäude:
In dieser Gruppe werden größere Wohngebäude, Verwaltungsgebäude, Schulen usw. zusammengefasst (Abb. 8.9 und 8.10). Entsprechend der bauordnungsrechtlichen Abgrenzung werden hier zumeist Gebäude der Gebäudeklassen 4 und 5 erfasst. Es kommen in dieser Gruppe verstärkt industrielle Wandbauweisen zum Einsatz. Die Anzahl der Gebäude in dieser Untergruppe ist deutlich geringer als die zuvor erfassten kleineren Gebäude, allerdings dürfte die geringere Anzahl durch den größeren umbauten Raum sowie die größere Anzahl von Nutzern je Gebäude zum Teil kompensiert werden.

Abb. 8.9 Mehrgeschossiger Wohnungsbau (Dresden)

Abb. 8.10 Schulgebäude (Dresden)

Hinsichtlich des Radonschutzes sind die folgenden Gruppeneigenschaften von Bedeutung:

- In dieser Gebäudekategorie ist der Einfluss der erdberührten Räume auf die Radonsituation des Gesamtgebäudes geringer, da prozentual eine größere Anzahl von Räumen in weiter oben liegenden Geschossen liegt und der Einfluss durchgehender Treppenhäuser auch aufgrund der Abgrenzung in mehrere Nutzungseinheiten geringer sein dürfte.
- In größeren Gebäuden spielen Brandschutzabschottungen zwischen Nutzungseinheiten sowie zu den Fluchtwegen eine große Rolle. Da diese einen rauchdichten Abschluss erfordern, kann gleichzeitig eine gute gebäudeinterne Radonbarrierewirkung erreicht werden.
- Besondere Aufmerksamkeit ist der radondichten Abschottung vertikaler Transportwege (Aufzüge, Treppenhäuser) sowie von Medienschächten zu widmen.

Gruppe 2: eingeschossige Skelettbauten (Hallen):
Diese Gebäudekategorie ist auf Industrieanlagen sowie sonstige eingeschossige Nutzungen (z. B. Supermärkte) konzentriert (Abb. 8.11 und 8.12). Die Anforderungen an die radonsichere Ausführung sind deutlich abweichend von den Gebäuden der Gruppe 1, weswegen diese in einem gesonderten Unterabschnitt (Abschn. 8.4) betrachtet werden.

Abb. 8.11 Industriehalle

Abb. 8.12 Supermarkt

Hinsichtlich des Radonschutzes sind die folgenden Eigenschaften von Bedeutung:

- In Industriehallen werden häufig keine Abdichtungen der Bodenplatte nach DIN 18 533 oder WU-Beton-Richtlinie eingebaut. Dadurch ist ein möglicher konvektiver Eintritt von Bodenluft immer zu berücksichtigen. Die Diffusion von Bodenluft ins Gebäude spielt hier zumeist keine oder nur eine sehr untergeordnete Rolle.
- Durch das große Raumvolumen und häufig technologiebedingte große Luftwechselraten ist eine hohe Verdünnung der ins Gebäude eingedrungenen Bodenluft vorhanden, die mindernd auf die Radonkonzentration in der Raumluft einwirkt.

Abb. 8.13 Kulturzentrum / Varieté (Paris)

Für eingeschossige Hallen sind die hier genannten gegenläufigen Einflüsse immer individuell zu bewerten.

Gruppe 3:Sonstige Gebäude:
Hier werden Gebäude erfasst, die sich nicht den Gruppen 1 und 2 zuordnen lassen. Beispiele sind große öffentliche Einrichtungen, wie Konzertsäle, Messehallen, Museen usw. (Abb. 8.13 und 8.14). Die Anforderungen an den bau- und lüftungstechnischen Radonschutz erfordern hier immer eine individuelle, objektkonkrete Betrachtung.

8.3.4 Nutzung der erdberührten Räume des Gebäudes in Verbindung mit der Gebäudestruktur

Für die Festlegungen der Radonschutzmaßnahmen ist die Frage, ob Nutzräume an die erdberührte Gebäudehülle grenzen, oder ob zwischen diesen und dem Erdreich eine „Pufferzone" in Form von Nebenräumen oder anderen baulichen Nutzungseinheiten vorhanden ist, von großer Bedeutung. Weitere hier einbezogene Kriterien sind die Geländeform (eben oder geneigt) sowie der untere Gebäudeabschluss (in einer Ebene oder durch unterschiedliche Höhenlagen gekennzeichnet). Es werden zwei Gruppen definiert:

- Gruppe I: ebener unterer Abschluss sowie
- Gruppe II: abgetreppter unterer Abschluss.

Abb. 8.14 Museum (Königstein, Sachsen)

Bei allen Eingruppierungen sind mögliche spätere Nutzungsänderungen (zum Beispiel die Umwandlung von Lager- und Technikräumen in Wohn- und Arbeitsräume) zu berücksichtigen.

I **Gebäude mit ebenem unterem Abschluss**

Gebäude, die einen ebenen unteren Abschluss haben, dürften den Großteil aller Gebäude ausmachen. Die Gruppe umfasst entweder nicht unterkellerte Gebäude oder solche mit Vollunterkellerung. Unterscheidungen innerhalb dieser Gruppe ergeben sich durch verschiedene Nutzungen der erdberührten Räume sowie in der Geländeprofilierung (ebenes Geländer und hängiges Gelände).

Neben den im Folgenden eingeführten Gruppierungen gibt es noch eine Reihe von Zwischenformen, die objektkonkret auf die Gruppen zuzuordnen sind.

I.1 **Nicht unterkellert, Nutzräume grenzen an die erdberührte Gebäudehülle**

Allgemeine Beschreibung (s. auch Abb. 8.15): Im modernen Wohnbau für Ein- und Zweifamilienhäuser häufig angewendete Lösung. Kommt insbesondere bei hohem Grundwasserstand, ungünstigen Baugrundbedingungen sowie für kostengünstiges Bauen zum Einsatz.

Zuordnung zu Gebäudekategorien: Typisch für Gebäude jüngeren Datums (Kategorie B und 2. Hälfte des für Kat. C eingeführten Zeitraums), regional auch bei älteren Gebäuden (zum Beispiel in Gebieten mit hohem Grundwasserstand) anzutreffen.

Anforderungen an den Radonschutz in Verbindung mit dem Feuchteschutz: Hohe Anforderungen an die Abdichtung der Bodenplatte einschließlich aller Durchdringungen.

Gefährdungseinschätzung: Die Gefahr, dass der Radonschutz nur ungenügend beachtet wird, ist vor allen Dingen dann als hoch einzuschätzen, wenn die Abdichtung nach Einwirkungsklasse W1-E nach DIN 18 533 ausgelegt ist.

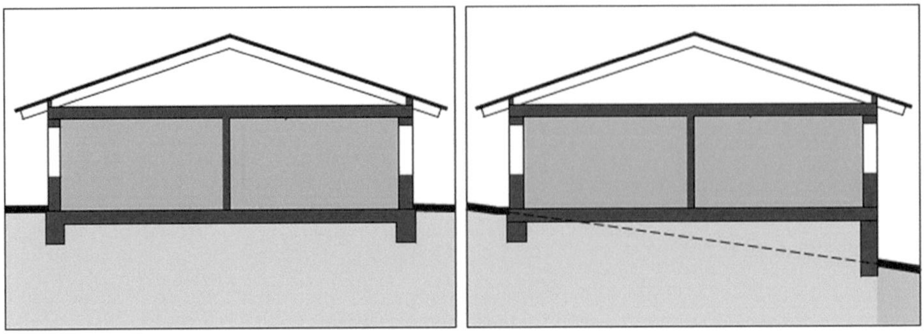

Abb. 8.15 Gebäudetyp I.1: Nicht unterkellert, Nutzräume grenzen an die erdberührte Gebäudehülle

Besonderheiten für Hanglagen: Liegt dieser Gebäudetyp in Hanglage, wird an der unteren Seite ein tiefer liegendes Gründungsniveau erforderlich, um eine frostfreie Gründung zu gewährleisten. Hinsichtlich des Radonschutzes sind hier ggf. zusätzliche Bodenluftströmungen zu beachten, ansonsten liegen keine wesentlichen Unterscheidungen vor.

I.2 **Vollunterkellert, Kellerräume vollständig bzw. weitestgehend Nutzräume**

Allgemeine Beschreibung (s. auch Abb. 8.16): Eine vollständige Kellernutzung für Wohn- oder Arbeitsräume ist insbesondere im großstädtischen Raum häufig anzutreffen. Im Neubaugeschehen findet diese Lösungsgruppe gemeinsam mit Gruppe I.1 die häufigste Anwendung. Da bei Neubauten die erdberührte Gebäudehülle in der Regel für alle Bereiche des Gebäudes mit den hohen Anforderungen an die Abdichtung sowie Wärmedämmung ausgeführt werden, auch wenn dort zum Teil Nebenräume angeordnet sind, ist es sinnvoll, unabhängig davon, ob lediglich ein Teil oder aber alle erdberührten Räume als Nutz- und Arbeitsräume ausgewiesen sind, diese Gebäude dem hier betrachteten Gebäudetyp I.2 zuzuordnen. Von Vorteil ist in diesem Zusammenhang, das spätere Nutzungsänderungen ohne Veränderung der Abdichtungsmaßnahmen möglich sind.

Zuordnung zu Gebäudekategorien: Zumeist Kategorie A und B: Für Gebäude der Kategorie C und D untypisch, da in früheren Zeiten keine dichte erdberührte Gebäudehülle realisiert werden konnte und somit die Untergeschossräume für Wohnen und Arbeiten ungeeignet waren. In älteren Gebäuden ist diese Nutzungsform allenfalls nach umfangreicher Sanierung anzutreffen.

Anforderungen an den Radonschutz in Verbindung mit dem Feuchteschutz: Hohe Anforderungen an die Abdichtung der Bodenplatte und der erdberührten Wände einschließlich aller Durchdringungen.

Gefährdungseinschätzung: Die Gefahr, dass der Radonschutz nur ungenügend beachtet wird, ist vor allen Dingen dann als hoch einzuschätzen, wenn die Abdichtung nach Einwirkungsklasse W1-E nach DIN 18 533 ausgelegt ist. Nachträgliche Ab-

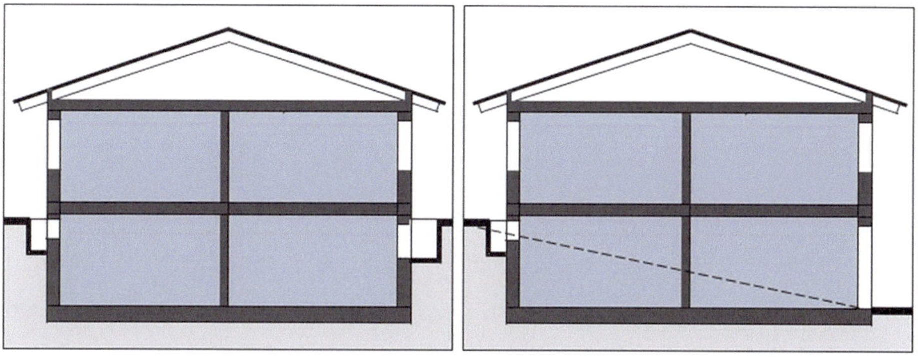

Abb. 8.16 Gebäudetyp I.2: Vollunterkellert, Kellergeschoss vollständig Nutzräume

dichtungen, die im Rahmen von Sanierungsmaßnahmen ergänzt wurden, erfüllen zumeist nur unzureichend die hohen Anforderungen an die Luftdichtheit.

Besonderheiten für Hanglagen: Diese Lösung ist für Hanglagen eher untypisch, da bei unterkellerten Gebäuden in den Räumen an der oberen Hangseite zumeist Nebenräume angeordnet sind. Hinsichtlich des Radonschutzes sind hier ggf. zusätzliche Bodenluftströmungen zu beachten, ansonsten liegen keine wesentlichen Unterscheidungen vor.

I.3 **Vollunterkellert, Kellerräume teilweise als Wohn- oder Arbeitsräume genutzt**

Allgemeine Beschreibung: Häufig anzutreffende Lösung, vor allem im städtischen Umfeld (Abb. 8.17).

Zuordnung zu Gebäudekategorien: In Gruppe A bis C anzutreffen, bei älteren Gebäuden (Gruppe D) seltener.

Anforderungen an den Radonschutz in Verbindung mit dem Feuchteschutz: Hohe Anforderungen an die Abdichtung der Bodenplatte und erdberührten Wände im Bereich der Nutzräume, geringere Anforderungen in den sonstigen Kellerbereichen.

Gefährdungseinschätzung: Die Gefahr, dass der Radonschutz nur ungenügend beachtet wird, ist vor allen Dingen dann als hoch einzuschätzen, wenn die Abdichtung nach Einwirkungsklasse W1-E nach DIN 18 533 ausgelegt ist. Besondere Herausforderungen ergeben sich aus den unterschiedlichen Anforderungsniveaus zwischen Bereichen mit Nutz- und Nebenräumen. Es ist hier deshalb eine gründliche Planung unter Einbezug der ortskonkreten Besonderheiten erforderlich. Nachträgliche Abdichtungen, die im Rahmen von Sanierungsmaßnahmen ergänzt wurden, erfüllen zumeist nur unzureichend die hohen Anforderungen an die Luftdichtheit.

Besonderheiten für Hanglagen: Diese Nutzungsart ist bei Gebäuden in Hanglage sehr häufig anzutreffen, da die durch die Hanglage begründete unterschiedliche Raumqualität eine solche Lösung prädestiniert. Hinsichtlich des Radonschutzes

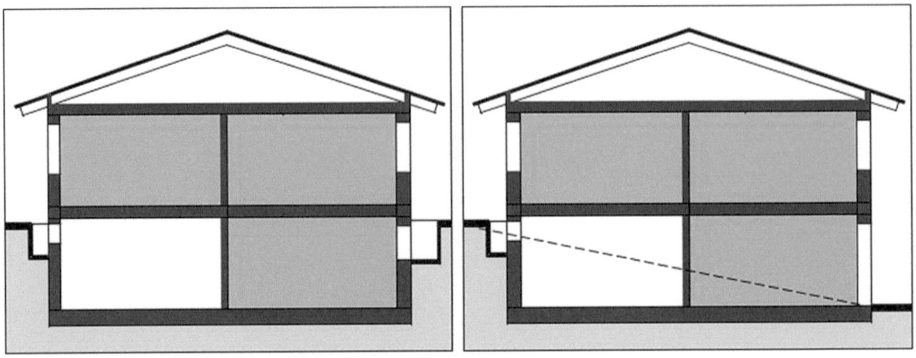

Abb. 8.17 Gebäudetyp I.3: Vollunterkellert, Kellergeschoss teilweise Nutzräume, teilweise Nebenräume

sind hier ggf. zusätzliche Bodenluftströmungen zu beachten, ansonsten liegen keine wesentlichen Unterscheidungen vor.

I.4 **Vollunterkellert, Kellerräume ausschließlich als Lager- und Nebenräume genutzt**

Allgemeine Beschreibung: Traditionelles Gebäudekonzept; überall dort anzutreffen, wo die Kellernutzung für Lager- und Nebenräume vorgesehen ist (Abb. 8.18).

Zuordnung zu Gebäudekategorien: Typische Lösung für Gebäude der Kategorie C und D, da in älteren Gebäuden keine dichte erdberührte Gebäudehülle realisiert werden konnte und dort deshalb keine hochwertige Kellernutzung möglich war. Verliert mit den Möglichkeiten der Abdichtung an Bedeutung, da es heute eher um eine hohe Raumnutzungsqualität geht und die früher erforderlichen Lagermöglichkeiten weit geringere Bedeutung haben. Nach Sanierungen werden die Gebäude zumeist in die Kategorien I.2 und I.3 einzuordnen sein.

Anforderungen an den Radonschutz in Verbindung mit dem Feuchteschutz: Die Nebenräume im Keller wirken als Pufferzone, weswegen geringere Anforderungen an die Luftdichtheit der erdberührten Gebäudehülle, dafür höhere an die gebäudeinternen Abgrenzungen zu erfüllen sind. Aufgrund des Fehlens einer Feuchteabdichtung ist die Gefahr groß, dass Bodenluft ungehindert in den Keller einströmen kann. Einer hohen Radonkonzentration in der Raumluft wirkt entgegen, dass die Kellerräume typischerweise unbeheizt und die Fenster zumeist weniger dicht als in Wohn- und Arbeitsräumen sind, wodurch hier eine höhere Luftwechselrate vorhanden ist.

Gefährdungseinschätzung: Es sind hohe Anforderungen an die luftdichte Ausführung der gebäudeinternen Abgrenzung zwischen Kellerräumen und den Nutzräumen zu beachten. Vor allen Dingen im Zusammenhang mit energetischen Sanierungen kann es zu erheblicher Erhöhung der Radonaktivität in den oberen

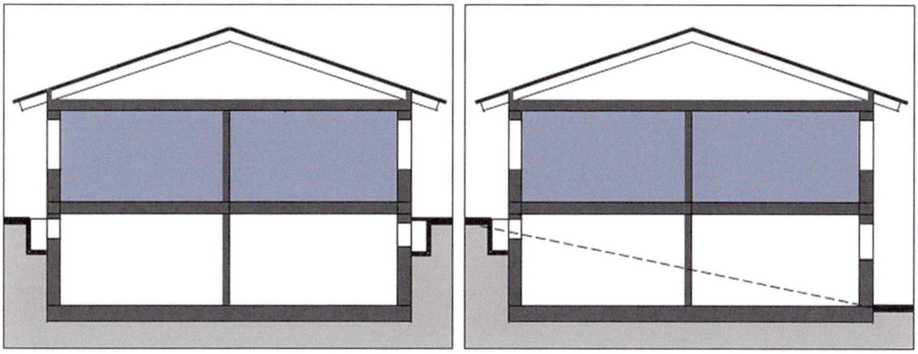

Abb. 8.18 Gebäudetyp I.4: Vollunterkellert, Kellergeschoss Lager- und Nebenräume

Geschossen kommen, wenn die Anforderungen nicht in genügendem und umfassendem Maße berücksichtigt werden. Nachträgliche Abdichtungen, die im Rahmen von Sanierungsmaßnahmen ergänzt wurden, erfüllen zumeist nur unzureichend die hohen Anforderungen an die Luftdichtheit.

Besonderheiten für Hanglagen: Diese Lösung ist in Hanglagen eher untypisch, da hier zumeist in den Räumen an der unteren Hangseite Nutzräume angeordnet sind.

I.5 **Gebäude mit Kriechkeller und offenem Untergeschoss**

Allgemeine Beschreibung: Hier werden zwei unterschiedliche Nutzungsvarianten zusammengefasst, die hinsichtlich des Radonschutzes vergleichbar sind (Abb. 8.19 und 8.20).

Die Anordnung von **Kriechkellern** wurde in erster Linie zur Verhinderung eines Feuchteeintrags aus dem Erdreich ins Gebäude vorgenommen. Mit der Verbesserung der Abdichtungstechnik hat diese Lösung an Bedeutung verloren und wird im heutigen Neubaugeschehen nur noch selten angewendet.

Offene Untergeschosse spielen vor allen dann eine Rolle, wenn Abstellmöglichkeiten für PKW erforderlich sind.

Zuordnung zu Gebäudekategorien:

Abb. 8.19 Gebäudetyp I.5: Gebäude mit Kriechkeller

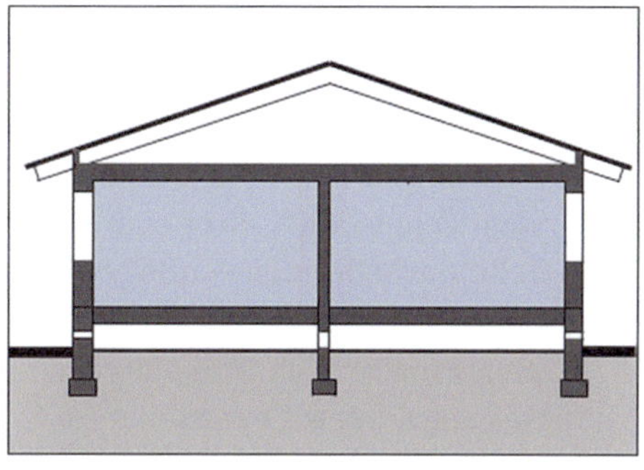

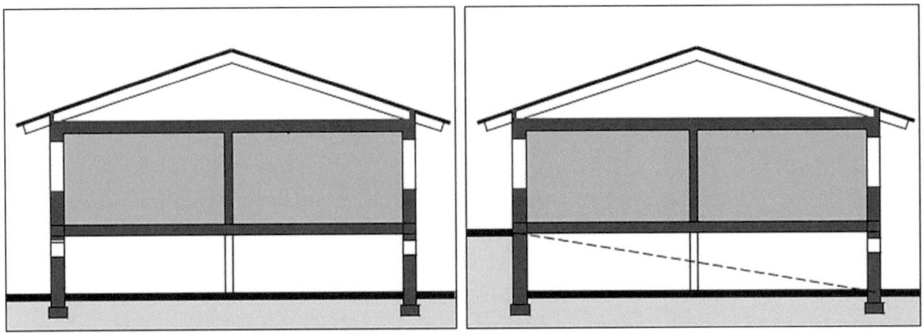

Abb. 8.20 Gebäudetyp I.5: Gebäude mit offenem Untergeschoss

Kriechkeller: Typische Lösung für Gebäude der Kategorie B, hier speziell aus der 2. Hälfte des 20. Jahrhunderts. Selten im Neubau (Kategorie A) anzutreffen. Außerhalb Deutschlands (zum Beispiel Großbritannien) auch heute noch häufig angewendet.

Offene Untergeschosse: Wird heute vor allem im städtischen Umfeld angewendet und ist auf Kategorie A und B begrenzt.

Anforderungen an den Radonschutz in Verbindung mit dem Feuchteschutz: Durch die Abkopplung der Nutzbereiche vom Erdreich sind die Anforderungen an die radonsichere Ausbildung des unteren Abschlusses der Nutzgeschosse gering. Erhöhte Aufmerksamkeit ist bei Kriechkellern dem Feuchteschutz zu widmen.

Gefährdungseinschätzung: Hinsichtlich des baulichen Radonschutzes sind die Gefährdungen aufgrund des luftumspülten Puffers zwischen Erdreich und Nutzräumen deutlich geringer als bei allen anderen Lösungen. Besondere Aufmerksamkeit ist hier der radonsicheren Ausbildung der vertikalen Verbindungen (Treppenhäuser, Aufzugsschächte, Medienführungen, durchgehende Grundmauern bei hängigem Gelände) zu widmen.

Besonderheiten für Hanglagen: Offene Untergeschosse für PKW-Abstellung lassen sich sehr gut in Hanglagen integrieren. Hinsichtlich des Radonschutzes ist hier vor allem auf die Vermeidung von Luftströmungen über die durchgehenden Bauteile (Stützwände usw.) zu achten. Bei der Anordnung von Kriechkellern ist eine Hanglage untypisch, da dadurch die hier erforderliche Querlüftung eingeschränkt ist.

II **Gebäude mit abgetrepptem unteren Abschluss**

In dieser Gruppe werden Teilunterkellerungen, aber auch Gebäude mit versetzten Geschossebenen (Split-Level) erfasst. Es können hier nur ausgewählte Lösungen vorgestellt werden, da es eine Reihe weiterer Misch- oder Zwischenformen gibt.

II.1 **Teilunterkellerungen, alle erdberührten Gebäudebereiche mit Nutzräumen**

Allgemeine Beschreibung: Für Gebäude in ebenem Gelände selten anzutreffen und dann zumeist nach Sanierung älterer Gebäude. Traditionelle Lösung bei hängigem Gelände (Abb. 8.21).

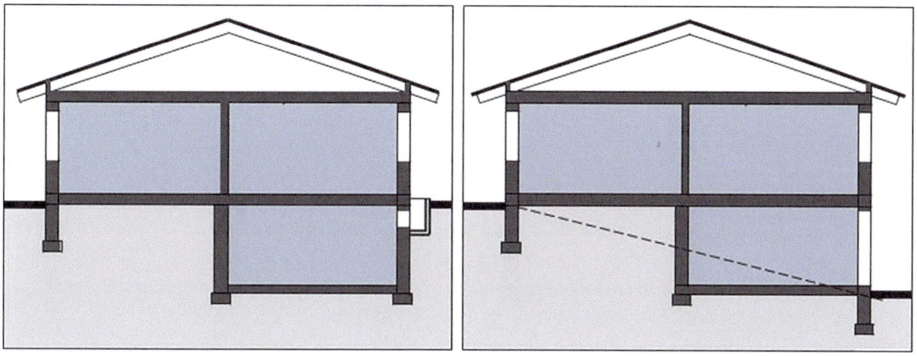

Abb. 8.21 Gebäudetyp II.1: Teilunterkellerung, erdberührte Gebäudebereiche Nutzräume

Zuordnung zu Gebäudekategorien: Typische Lösung für Gebäude der Kategorie B und C nach Sanierungen, bei geneigtem Geländeverlauf in allen Kategorien anzutreffen.

Anforderungen an den Radonschutz in Verbindung mit dem Feuchteschutz: Hohe Anforderungen an die Abdichtung der Bodenplatte und der erdberührten Wände einschließlich aller Durchdringungen. In vielerlei Hinsicht erfordert die abgetreppte Bauweise besondere Beachtung.

Gefährdungseinschätzung: Die Gefahr, dass der Radonschutz nur ungenügend beachtet wird, ist vor allen Dingen dann als hoch einzuschätzen, wenn die Abdichtung nach Einwirkungsklasse W1-E nach DIN 18 533 ausgelegt ist. Die quasi nicht zugänglichen Bereiche im Bereich der Abtreppung bergen ein erhöhtes Risiko. Aufgrund der unterschiedlichen Gründungsniveaus sind ggf. unterschiedliche Bodeneigenschaften und Radonbelastungen im Boden zu berücksichtigen. Nachträgliche Abdichtungen, die im Rahmen von Sanierungsmaßnahmen ergänzt wurden, erfüllen zumeist nur unzureichend die hohen Anforderungen an die Luftdichtheit. Es sind hohe Anforderungen an die luftdichte Ausführung der gebäudeinternen Abgrenzung zwischen Kellerräumen und den Nutzräumen zu beachten.

Besonderheiten für Hanglagen: Diese Lösung ist typisch für Hanglagen, da hier eine sehr gute Nutzung der Räume in allen Geschossebenen möglich ist. Hinsichtlich des Radonschutzes sind hier ggf. zusätzliche Bodenluftströmungen zu beachten.

II.2 **Teilunterkellerungen, Untergeschoss für Lager- und Nebenräume genutzt**

Allgemeine Beschreibung: Traditionelle Gebäudekonstellation vor allem bei älteren Gebäuden und bei hängigem Gelände anzutreffen (Abb. 8.22).

Zuordnung zu Gebäudekategorien: Typische Lösung für Gebäude der Kategorie C und D,

Anforderungen an den Radonschutz in Verbindung mit dem Feuchteschutz: Die Nebenräume im Keller wirken teilweise als Pufferzone, weswegen in diesen Be-

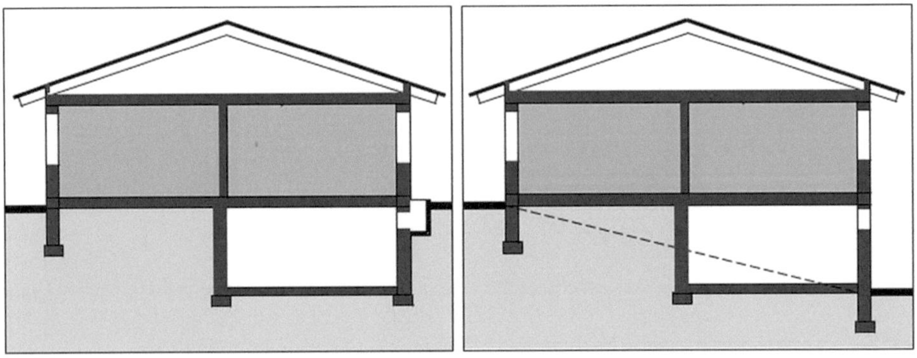

Abb. 8.22 Gebäudetyp II.2: Teilunterkellerung, erdberührte Gebäudebereiche Lager- und Nebenräume

reichen geringere Anforderungen an die Gasdichtheit der erdberührten Gebäudehülle, dafür höhere an die gebäudeinternen Abgrenzungen zu erfüllen sind. Aufgrund des Fehlens einer Feuchteabdichtung ist die Gefahr groß, dass Bodenluft ungehindert in den Keller einströmen kann. Einer hohen Radonkonzentration in der Raumluft wirkt entgegen, dass die Kellerräume typischerweise unbeheizt und die Fenster zumeist weniger dicht als in Wohn- und Arbeitsräumen sind. Im nicht unterkellerten Bereich haben die Nutzräume direkten Bodenkontakt. Damit verbunden sind hohe Anforderungen an die Abdichtung der Bodenplatte einschließlich aller Durchdringungen. In vielerlei Hinsicht erfordert die abgetreppte Bauweise besondere Beachtung.

Gefährdungseinschätzung: Die verschiedenen Situationen zwischen nicht unterkellerten Bereichen und durch die Teilunterkellerung gepufferten Bereichen stellen hohe Anforderung an Planung und Bauausführung des Radonschutzes. Die quasi nicht zugänglichen Bereiche im Bereich der Abtreppung bergen ein erhöhtes Risiko. Aufgrund der unterschiedlichen Gründungsniveaus sind ggf. unterschiedliche Bodeneigenschaften und Radonbelastungen im Boden zu berücksichtigen. Es sind hohe Anforderungen an die luftdichte Ausführung der gebäudeinternen Abgrenzung zwischen Kellerräumen und den Nutzräumen zu beachten.

Im Zusammenhang mit energetischen Sanierungen kann es zu erheblicher Erhöhung der Radonaktivität in den oberen Geschossen kommen, wenn die Anforderungen nicht in genügendem und umfassendem Maße berücksichtigt werden.

Besonderheiten für Hanglagen: Hinsichtlich des Radonschutzes sind hier ggf. zusätzliche Bodenluftströmungen zu beachten.

III.3 **Teilunterkellerungen, Untergeschoss wird teilweise für Lager- und Nebenräume genutzt (ohne Bild)**

Allgemeine Beschreibung: Diese Lösung stellt eine Kombination aus II.1 und II.2 dar.

Zuordnung zu Gebäudekategorien: Typische Lösung für Gebäude der Kategorie A bis C, bei älteren Gebäuden (Gruppe D) seltener anzutreffen.
Anforderungen an den Radonschutz in Verbindung mit dem Feuchteschutz: Hohe Anforderungen an die Abdichtung von Bodenplatte und erdberührten Wänden im Bereich der Nutzräume, geringere Anforderungen in den sonstigen Kellerbereichen. Bei Neubauten sowie Gebäuden der Gruppe B sind die Abdichtungen in der Regel durchgehend an der erdberührten Gebäudehülle angeordnet, unabhängig davon, ob hier Nutz- oder Nebenräume liegen. Das erleichtert die Erfüllung des Radonschutzes. Häufig liegen die Nebenräume im erdangeschütteten Bereich, weswegen dort die natürliche Belüftung eingeschränkt ist.
Gefährdungseinschätzung: Die verschiedenen Situationen zwischen nicht unterkellerten Bereichen und durch die Teilunterkellerung gepufferten Bereichen stellen hohe Anforderung an Planung und Bauausführung des Radonschutzes. Die quasi nicht zugänglichen Bereiche im Bereich der Abtreppung bergen ein erhöhtes Risiko. Aufgrund der unterschiedlichen Gründungsniveaus sind ggf. unterschiedliche Bodeneigenschaften und Radonbelastungen im Boden zu berücksichtigen. Es sind hohe Anforderungen an die luftdichte Ausführung der gebäudeinternen Abgrenzung zwischen Kellerräumen und den Nutzräumen zu beachten.
Besonderheiten für Hanglagen: Hinsichtlich des Radonschutzes sind hier ggf. zusätzliche Bodenluftströmungen zu beachten.

III.4 **abgetreppte Gebäude (Split-Level)**
Allgemeine Beschreibung: Moderne Bauform im gehobenen Wohnbau sowie bei hängigem Gelände. Es werden in der Gruppe zwei Nutzungsformen zusammengefasst betrachtet: Mit teilweiser Nutzung eines Untergeschosses für Nebenfunktionen sowie mit vollständiger Ausbildung als Wohn- bzw. Arbeitsraum. Die hier gezeigten Beispiele stehen beispielhaft für unterschiedliche Gebäudekonzeptionen im modernen Wohn- und Gesellschaftsbau (Abb. 8.23).

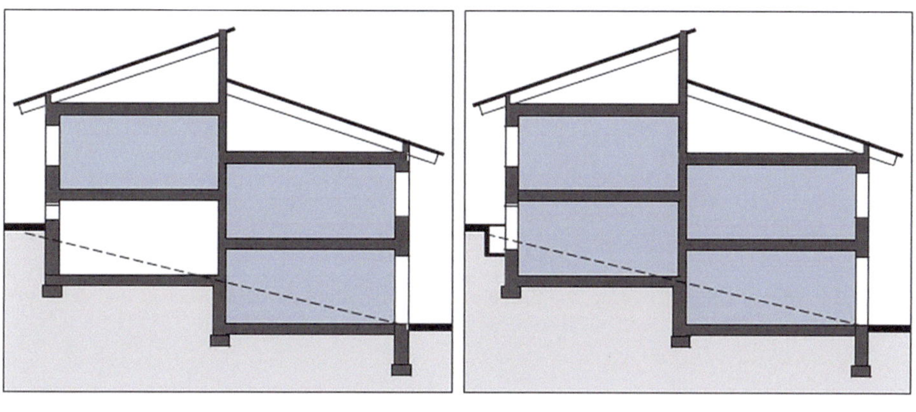

Abb. 8.23 Gebäudetyp II.4: abgetreppte Gebäude (Split Level)

Zuordnung zu Gebäudekategorien: Typische Lösung für Gebäude der Kategorie A und B, sehr selten bei Gebäuden der Gruppe C.
Anforderungen an den Radonschutz in Verbindung mit dem Feuchteschutz und Gefährdungseinschätzung: Die Einschätzung entspricht denen der Gruppen II.1 bis II.3.
Besonderheiten für Hanglagen: Hinsichtlich des Radonschutzes sind hier ggf. zusätzliche Bodenluftströmungen zu beachten.

8.4 Radonschutz im Neubau und der Gebäudesanierung

8.4.1 Überblick und Strukturierung des Abschnittes

Für Neubauvorhaben und Sanierungen sind unterschiedliche Herangehensweisen zugrunde zu legen, Auch kommen typischerweise verschiedene Lösungen zum Einsatz. Es ist deshalb sinnvoll, Neubau und Sanierung getrennt zu betrachten, Für die abschließende (messtechnische) Ergebniskontrolle sind die Unterschiede zwischen Neubau und Sanierung unerheblich, weswegen die Erläuterungen hierzu zusammengeführt werden. Nicht alle Aspekte lassen sich eindeutig dem Neubau oder der Gebäudesanierung zuordnen. Auch sind einige spezielle Gebäudenutzungen nicht auf Neubau oder Sanierung begrenzt. Für deren Betrachtung wird ein gesonderter Abschnitt eingeführt.

Die folgende Abbildung verdeutlicht die in den folgenden Punkten gewählte Vorgehensweise sowie die zu beachtenden Abhängigkeiten (Abb. 8.24).

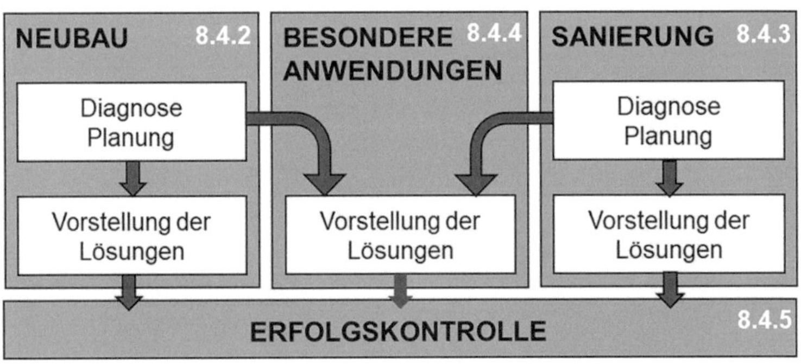

Abb. 8.24 Inhaltliche Gliederung der Erläuterungen zu Radonschutz im Neubau und der Sanierung

8.4.2 Neubau

8.4.2.1 Abgrenzung

In diesem Abschnitt wird der gesamte Prozess der Errichtung eines Gebäudes – von den vorbereitenden Schritten bis zur Fertigstellung und baulichen sowie anlagentechnischen Abnahme – betrachtet. Im Sinne dieser Abgrenzung sind alle Gebäude direkt nach der baulichen und anlagentechnischen Abnahme sowie Nutzungsaufnahme als Bestandsgebäude zu sehen, auch wenn es hier auf Grund der Spezifik des Radonschutzes eine Übergangssituation zu beachten gilt. Hierauf wird in Abschn. 8.4.5 näher eingegangen.

Als Neubauten gelten ausschließlich Gebäude der **Altersklasse A** nach der in Abschn. 8.3.2 eingeführten Unterteilung. Hinsichtlich der Gruppierung nach Abschn. 8.3.3 (Tragprinzip und Nutzungsklassen) beziehen sich die folgenden Ausführungen auf Gebäude der **Gruppen 1.1 und 1.2** (Wandbauweisen), Gebäude der Gruppen 2 und 3 (eingeschossige Skelettbauten/Hallen sowie Sonderbauten) werden in Abschn. 8.4.4 betrachtet. Alle in Abschn. 8.3.4 eingeführten Gruppen für die Nutzung der erdberührten Räume in Verbindung mit der Gebäudeform werden in Neubauten angewendet, auch wenn hier bestimmte Lösungen priorisiert sind. Hierauf wurde bereits in Abschn. 8.3.4 verwiesen.

8.4.2.2 Einordnung des Radonschutzes in den Planungs- und Bauablauf

Der bau- und lüftungstechnische Radonschutz ist bereits frühzeitig in den Planungs- und Bauprozess einzubeziehen. Die Erfahrungen zeigen, dass es immer dann, wenn dieser erst zu einem späteren Zeitpunkt bedacht wird, zu vermeidbaren Mehraufwendungen kommen kann sowie im ungünstigsten Falle die Ziele des Radonschutzes nicht erreicht und dann ggf. sehr aufwendige Nachbesserungen erforderlich werden.

In Abb. 8.25 ist das Ablaufschemas für die Einordnung des Radonschutzes in den Prozess der Errichtung eines Gebäudes dargestellt.

8.4.2.3 Voruntersuchungen und Planung der Radonschutzmaßnahmen

Voruntersuchungen für die Planung und Ausführung des Radonschutzes in Neubauten umfassen in erster Linie Messungen der Radonkonzentration in der Bodenluft. In Abhängigkeit von der geplanten baulichen Lösung können zudem ausgewählte Baugrundeigenschaften von Interesse sein. Der Schwerpunkt liegt aber zweifellos bei den Bodenluftmessungen, auf die im Folgenden näher eingegangen wird. Hierbei stehen die folgenden Aspekte im Vordergrund der Erläuterungen:

- Betrachtung der räumlichen und zeitlichen Schwankungen der Radonkonzentration in der Bodenluft
- Diskussion der Frage, inwieweit Bodenluftmessungen erforderlich sind
- Vorgehensweise bei der Durchführung von Radonmessungen in der Bodenluft

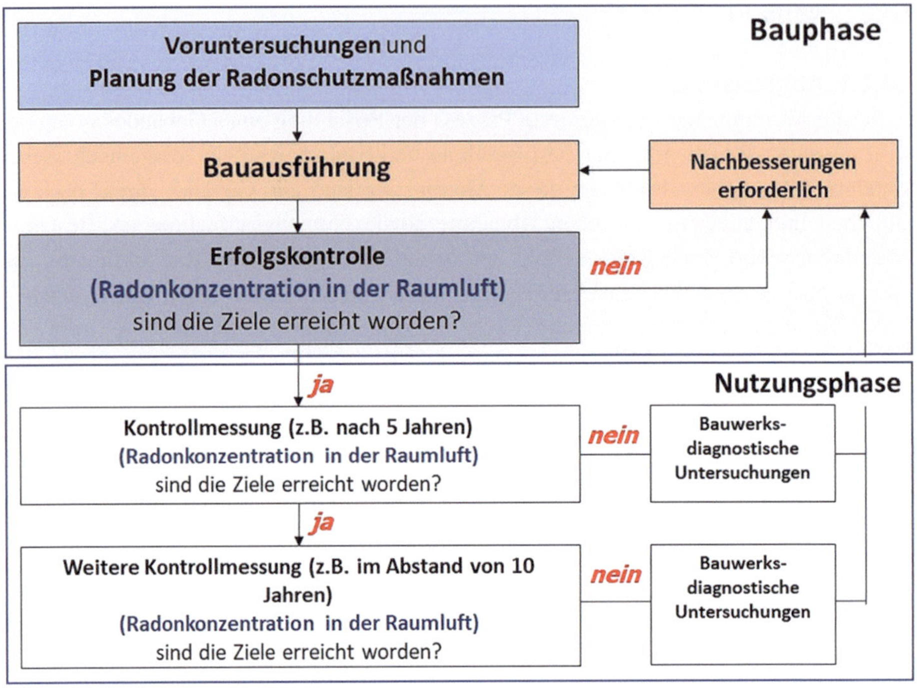

Abb. 8.25 Ablaufdiagramm für die Einordnung des baulichen Radonschutzes in Neubauvorhaben

- Einbindung der Radonmessungen in der Bodenluft in die allgemeinen Bodenerkundungen

Betrachtung der räumlichen und zeitlichen Schwankungen der Radonkonzentration in der Bodenluft
Die Radonkonzentration in der Bodenluft variiert zeitlich und räumlich in Abhängigkeit von einer Vielzahl von Parametern (s. [7] und [8]). Diese sind in Abschn. 4.4 detailliert beschrieben. Es sind sowohl groß- als auch kleinräumliche Variationen der Radonkonzentration sowie zeitliche Schwankungen zu berücksichtigen. Großräumlich sind diese zum Beispiel in Radon-Karten erfasst (s. Abb. 4.6). Für die Beurteilung eines Bauplatzes sind vor allen Dingen kleinräumliche Schwankungen zu berücksichtigen. So können die Messergebnisse sowohl in der flächigen Verteilung als auch der Tiefenlage erheblichen Abweichungen unterliegen. Abb. 8.26 zeigt in Verbindung mit Tab. 8.1 beispielhaft das Ergebnis von Bodenradonmessungen, die auf drei Einfamilienhausgrundstücken durchgeführt wurden.[1] Die Abstände der Messpunkte betrugen hierbei zwischen 15 und

[1] Diese Messungen wurden im Rahmen eines Studentenprojektes an der HTW Dresden durchgeführt.

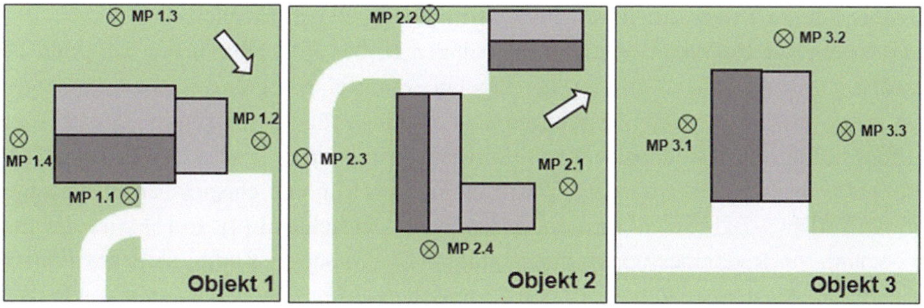

Abb. 8.26 Bodenradonmessungen in drei Einfamilienhausgrundstücken – Messpunktanordnung

Tab. 8.1 Zusammenstellung der Messergebnisse für die Einfamilienhausgrundstücke gem. Abb. 8.26

Objekt	Ergebnis Bodenluftmessung [kBq/m³]				Verhältnis größter zu kleinstem Messwert
	MP 1	MP 2	MP 3	MP 4	
1: EF-Haus in Nähe von Dresden	67	27	111	88	**4,11**
2: EF-Haus im Vogtland	110	102	113	121	**1,18**
3: EF-Haus in Nähe von Dresden	76	30	111		**3,70**

20 m. Trotz dieser engen Messpunktanordnung variieren die Ergebnisse an einem Messort um den Faktor 4,2. Weitere Beispiele zur räumlichen Varianz der Radonkonzentration in der Bodenluft sind in Abschn. 8.4 (Abb. 4.8 und 4.9) wiedergegeben.

Hinsichtlich der zeitlichen Schwankungen der Radonkonzentration im Boden ist sowohl ein tageszeitlicher als auch Jahresgang zu berücksichtigen. In der Regel sind die zeitlichen Schwankungen gegenüber den räumlichen Variationen geringer und pendeln um den Faktor 1,5, wobei vereinzelt größere Schwankungen gemessen worden sind.

Für die hier zusammengefassten Einflüsse auf die Radonkonzentration im Boden lassen sich keine verallgemeinerungsfähigen Zusammenhänge ableiten. Es ist deshalb nicht möglich, zum Beispiel aus der geologischen Situation, aus großräumlichen Radonkarten oder auch aus dem GEOPortal des BfS [9] Rückschlüsse auf die Belastungssituation an einem konkreten Bauplatz zu ziehen. Das betrifft ebenso auf Kartierungen zu, die für ein eng begrenztes Gebiet (zum Beispiel ein Baugebiet) erstellt worden sind (s. Abb. 4.8 und 4.9), auch wenn hier der Aussagewert aufgrund des eingegrenzten Betrachtungsbereiches und der größeren Messpunktdichte deutlich höher ist als der von großräumlichen Radonkarten. Seriöse Aussagen zur Radonkonzentration an einem Bauplatz sind ausschließlich über direkt an diesem Ort durchgeführte Bodenluftmessungen möglich. Aber auch diese kleinräumlichen Messungen können, wie gezeigt (Tab. 8.1), eine sehr große Streubreite aufweisen.

Diskussion der Frage, inwieweit Bodenluftmessungen erforderlich sind
Messungen der Radonkonzentrationsmessungen in der Bodenluft haben aufgrund der soeben gezeigten hohen Variation der Ergebnisse nur eine begrenzte Aussagekraft. Auf die Frage, inwieweit solche Messungen als Grundlage für die Konzeption des bau- und lüftungstechnischen Radonschutzes erforderlich sind, kann deshalb keine allgemeingültige Antwort gegeben werden. Das zeigt sich auch in den entsprechenden Passagen der DIN 18113-2 [1] sowie im Radon-Handbuch Deutschland [4]. In [1] wird die Entscheidung, ob Radonmessungen durchzuführen sind, von der Komplexität des Bauvorhabens und den Anforderungen an den Radonschutz im Zusammenhang mit den Risiken abhängig gemacht. Zudem wird in DIN 18113-2 darauf verwiesen, dass dann auf Bodenluftmessungen verzichtet werden kann, wenn die Kosten in keinem angemessenen Verhältnis zum Ergebnis stehen. Auch im Radonhandbuch Deutschland ist vermerkt, dass Bodenluftmessungen durchgeführt werden sollten, d. h., es wird auf diese im Konjunktiv verwiesen. Aus diesen hier genannten sowie weiteren Quellen lässt sich keine allgemeingültige, verbindliche Antwort ableiten, ob bzw. wann Bodenradonmessungen sinnvoll bzw. erforderlich sind. Die Entscheidung ist immer objektkonkret zu fällen und hängt von mehreren Kriterien ab, In Abb. 8.27 ist dieser Entscheidungsprozess im Zusammenhang mit den Anforderungen an die Messdurchführung sowie an die Lösungsfindung dargestellt und somit in den Gesamtzusammenhang der Vorbereitung und Durchführung einer Radonschutzmaßnahme gestellt.

Vorgehensweise bei der Durchführung von Bodenradonmessungen und Bestimmung der maßgeblichen Bodenradonkonzentration
Abschn. 6.4 enthält einen Überblick über die Verfahren zur Bodenluftmessung. Im Rahmen der diagnostischen Voruntersuchungen für Neubauvorhaben kommen in der Regel aktive Kurzzeitmessungen zum Einsatz. Der Einsatz kontinuierlicher (aktiver) oder integrierender (passiver) Bodenluftmessungen über einen längeren Zeitraum wird für die Lösung wissenschaftlicher Fragestellungen eingesetzt, als diagnostische Maßnahme für die Vorbereitung von Neubauvorhaben kommen sie in der Regel nicht zum Einsatz.

Im Vorfeld der Messungen sind alle bekannten Randbedingungen (hier insbesondere Angaben zum Baugrund) auszuwerten und daraufhin eine Messstrategie festzulegen. In dieser werden Lage und Anzahl der Messpunkte sowie die Messtiefe festgelegt. Ggf. ist es erforderlich, ergänzende Baugrunduntersuchungen durchzuführen, wenn diese nicht ohnehin geplant sind. Hinsichtlich der Messtiefe sind eine Reihe von Randbedingungen zu beachten. So sind die Messungen immer in ungestörtem Zustand des Erdreiches durchzuführen. In DIN EN ISO 11665-11 [10] wird als Regelwert für die Probeentnahmetiefe 1 m angegeben. Diese Festlegung kann allerdings für Messungen im Rahmen diagnostischer Voruntersuchungen nicht kommentarlos übernommen werden, da dadurch Fehlinterpretationen nicht auszuschließen sind. So stellt sich ein konstanter Wert der Radonkonzentration (Gleichgewichtszustand) in Abhängigkeit von der Bodenart erst in größeren Tiefen ein. Hier ist eine Übergangszone zur Erdoberfläche, in der über Exhalation eine zunehmend verstärkte Abgabe von Bodenluft in die Atmosphäre erfolgt, zu berücksichtigen (s. Abb. 4.2; Abschn. 4.3).

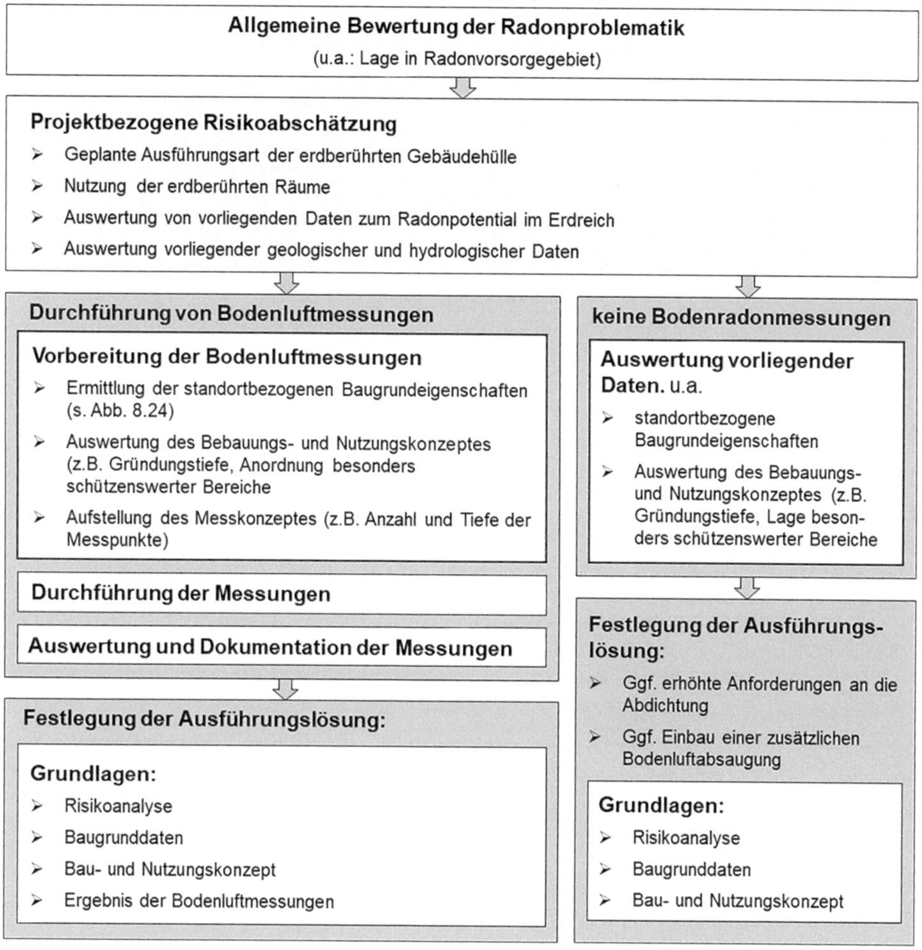

Abb. 8.27 Vorgehensweise zur Entscheidungsfindung für die Durchführung von Bodenluftmessungen und Einbindung der Bodenluftmessungen in den gesamten Planungsprozess

Hieraus ergeben sich die in Tab. 8.2 zusammengestellten empfohlenen Messtiefen. Erfolgt abweichend hiervon die Messung in der Mindesttiefe nach DIN EN ISO 11665-11, sind die Messwerte entsprechend der Angaben in Tab. 8.2 anzupassen.

Wird der Exhalationsprozess durch die vorgesehene Bebauung unterbrochen, stellt sich, unabhängig von der tatsächlichen Tiefenlage, unter dem Gebäude die konstante Radonkonzentration ein, die nach Tab. 8.2 eigentlich erst in der dort angegebenen Tiefenlage anzutreffen ist. In diesem Falle sind die Messwerte entsprechend zu korrigieren.

Zu beachten ist, dass sich die Bodeneigenschaften sowohl vertikal als auch horizontal ändern können. Die häufigsten Ursachen für solche Änderungen sind Schichtwechsel, Störungen im Bodenaufbau, Verwerfungen sowie die Änderung des Wassergehaltes im

Tab. 8.2 Empfohlene Messtiefe nach Bodenart bei homogenem Baugrund und Korrekturfaktoren für die Anpassung der Messwerte bei Messung in Mindesttiefe nach DIN EN ISO 11665-11

Bodenart	Korngrößenbereiche (Massenanteil ≥ 50 %)	Empfohlene Messtiefe	Korrekturfaktor bei Messung in Mindesttiefe nach DIN EN ISO 11665-11
	mm	m	
Ton	< 0,002	1,0	1,0
Schluff	> 0,002 bis 0,063	1,5	1,2
Sand	> 0,063 bis 2,0	2,5	1,45
Kies	> 2,0	5,0	2,1

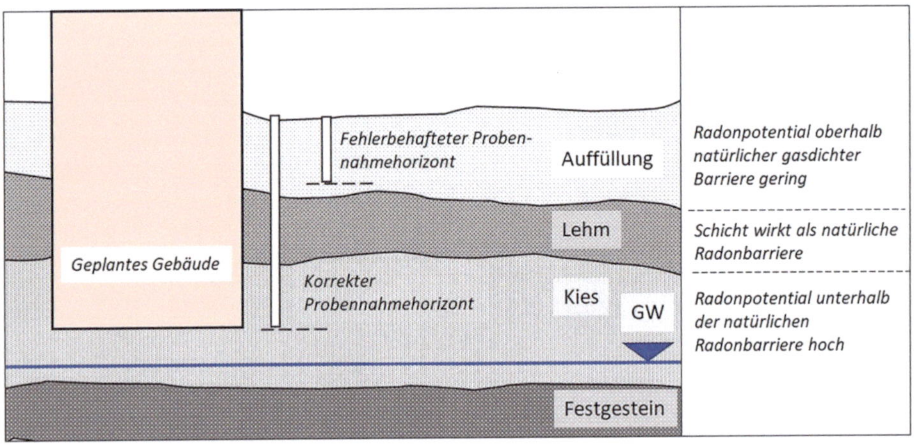

Abb. 8.28 Messtiefenfestlegung bei großer Gründungstiefe und inhomogenem Bodenaufbau

Boden. Liegen solche Inhomogenitäten im Boden vor, sind die Bodenradonmessungen bei großer Gründungstiefe immer direkt unterhalb der geplanten Gründungsebene und somit ggf. in einer tieferen Bodenschicht als bei ungestörtem Boden durchzuführen (s. Abb. 8.28).

Die Anzahl der Messpunkte ergibt sich aus der Größe des Gebäudes (s. Tab. 8.3), wobei für jedes Bauvorhaben an mindestens vier Punkten Messungen durchzuführen sind, deren Abstand untereinander mindestens 5 m betragen soll. Die Messpunkte sind gleichmäßig auf dem Untersuchungsgelände zu verteilen. Ergeben sich bei den Messungen auffällige Abweichungen zwischen den einzelnen Messpunkten, sind weitere Messungen vorzunehmen.

Für die Auswertung der Messungen sind nach DIN/TS 18 177-2 die folgenden Kriterien zugrunde zu legen:

Tab. 8.3 Mindestanzahl der Messpunkte in Abhängigkeit von der Grundfläche eines Gebäudes (nach DIN/TS 18117-2); Zwischenwerte können interpoliert werden

Grundfläche des Gebäudes	Mindestanzahl der Messpunkte bei homogenen Bodenverhältnissen
m^2	
≤ 100	4
1.000	8
10.000	15
≥ 10.000	≥ 15 (objektbezogen festlegen)

1. Ist das Verhältnis zwischen niedrigstem und höchstem Messwert kleiner/gleich dem Faktor 6, kann das Ergebnis als Einheit bewertet werden. Ist dieses Verhältnis größer als 6 sind die Ergebnisse auf Plausibilität und Fehlerhaftigkeit zu prüfen und ggf. durch weitere Messungen zu ergänzen.
2. Bei bis 6 Messwerten gilt der höchste gemessene Wert als maßgebliche Radonkonzentration in der Bodenluft, bei mehr als 6 Messungen kommt hierfür der 90. Perzentil der Messwerte zur Anwendung.
3. In die Auswertung der Messergebnisse ist ggf. der Korrekturfaktor für die Tiefenanpassung der Messwerte (s. Tab. 8.2) einzubeziehen.
4. Der nach den Schritten 1 bis 3 ermittelte Wert ist letztendlich mit dem Faktor 1,3 zu multiplizieren.

Das Ergebnis der hier vorgestellten Bestimmung der maßgeblichen Bodenradonkonzentration bildet die Grundlage für die bau- und lüftungstechnische Konzeption der Radonschutzes, hier insbesondere der erdberührten Gebäudehülle. Es stellt sich allerdings die Frage, inwieweit eine solch detaillierte Ermittlung überhaupt erforderlich und sinnvoll ist. Der Widerspruch zwischen der akzeptierten hohen Streuung der Messergebnisse um den Faktor 6 und der sehr detaillierten Berechnung des maßgeblichen Wertes ist in diesem Zusammenhang evident.

Einbindung der Radonmessungen in der Bodenluft in die allgemeinen Bodenerkundungen

Es ist sinnvoll, Bodenluftmessungen zur Ermittlung der Radonkonzentration im Baugrund in die Baugrunduntersuchungen zu integrieren. In Abb. 8.29 sind die typischen Inhalte von Baugrunduntersuchung zusammengefasst und den Radonmessungen gegenübergestellt. Diese Zusammenstellung zeigt, dass ein Teil der für die Konzeption des Radonschutzes erforderlichen Daten bereits Inhalt des Baugrundgutachtens sein sollte. Das betrifft sowohl allgemeine Angaben als auch eine Reihe von Daten zu den Bodeneigenschaften. Insbesondere können die in Abb. 8.29 mit einem dicken Pfeil hervorgehobenen Untersuchungsergebnisse des Baugrundgutachtens auch für die Konzeption des Radonschut-

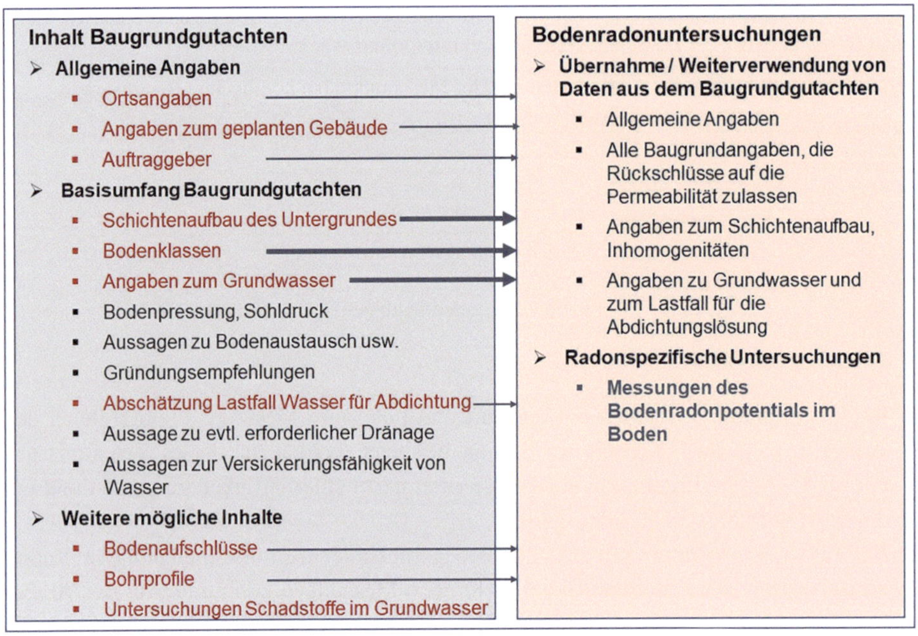

Abb. 8.29 Zusammenstellung der Inhalte von Bodengutachten sowie der Untersuchungen zur Konzeption von Radonschutzmaßnahmen

zes von Bedeutung sein. Vor allem dann, wenn gem. Abschn. 7.4.2.3.3 die Abdichtung der Gebäudehülle durch eine Radondränage ergänzt werden soll, müssen Kenntnisse zur Permeabilität, zur Schichtung des Baugrundes sowie zum Grundwasserstand vorliegen.

Da es in Deutschland keine rechtlich verbindlichen Anforderungen zur Erstellung eines Baugrundgutachtens gibt, werden bei kleineren Bauvorhaben die Bodenerkundungen häufig nur eingeschränkt durchgeführt und wird auf die Erstellung eines Baugrundgutachtens verzichtet. In diesem Fall müssen ggf. Einzeluntersuchungen aus dem Block „Baugrundgutachten“ gem. Abb. 8.29 im Zusammenhang mit den diagnostischen Untersuchungen für die Planung des Radonschutzes gesondert durchgeführt werden.

8.4.2.4 Auswahl der Maßnahmen und Maßnahmenkombinationen

Die Wahl der Ausführungslösung für den baulichen und lüftungstechnischen Radonschutz ist auf der Grundlage der konkreten Radonsituation in Verbindung mit einer Risikoanalyse (s. Abb. 8.27, dort obere Felder) zu treffen. In den Entscheidungsprozess fließt des Weiteren ein, ob Bodenluftmessungen durchgeführt werden oder auf diese verzichtet werden kann. Diese vorbereitenden Schritte sind in Abschn. 8.4.2.3 beschrieben worden. Darauf aufbauend wird hier der Entscheidungsprozess zu Wahl der Lösung in den Gesamtzusammenhang von Planung und Ausführung eines Neubaus gestellt.

Die heute im Neubaugeschehen angewendeten Abdichtungslösungen sind, wie in Abschn. 7.4.2 verdeutlicht, für den baulichen Radonschutz eine sehr gute Grundlage und können für den Großteil aller Neubauvorhaben als ausreichend gelten. Detailliert sind die Abdichtungslösungen mit bahnenförmigen und flüssig zu verarbeitenden Abdichtungsstoffen in. Abschn. 7.4.2.3 sowie die WU-Betonkonstruktionen (Weiße Wannen) in Abschn. 7.4.2.4 beschrieben. Dort wird auch auf Besonderheiten und mögliche Problemzonen verwiesen, die bei der Planung und Ausführung des Radonschutzes zu berücksichtigen sind und die in erster Linie die hohen Anforderungen an die Konvektionsdichtheit der erdberührten Gebäudehülle betreffen. Zu klären ist für alle Neubauvorhaben, ob sich im Ergebnis der Risikoanalyse weitergehende Anforderungen an den baulichen Radonschutz ergeben. In diesem Zusammenhang sind die folgenden Fragestellungen zu betrachten:

1. Ist der Einsatz radonzertifizierter Abdichtungslösungen erforderlich bzw. angeraten
2. Ist der zusätzliche Einbau einer Bodenluftabsaugung oder einer sonstigen Maßnahme zur Erfolgsabsicherung erforderlich.

Ausführung der Abdichtung mit einem radonzertifiziertem Abdichtungssystem
Wie in Abschn. 7.4.2.7 beschrieben, begrenzen Abdichtungslösungen, die nach der Berechnung von Keller/Hoffmann als „radondicht" eingestuft werden, die Diffusion von Bodenluft ins Gebäude. Für die Entscheidung, wann der Einsatz solcherart zertifizierter Abdichtungslösungen erforderlich ist, wird auf Tab. 7.1 verwiesen. Maßgebliche Kriterien sind nach der dortigen Eingruppierung die Radonkonzentration sowie das Radonpotenzial in der Bodenluft. Werden diese Werte nicht durch Bodenluftmessungen objektkonkret bestimmt, muss das Risiko einer Überschreitung abgeschätzt werden. Hierzu bietet für Deutschland beispielsweise das Geoportal des Bundesamtes für Strahlenschutz eine gute Grundlage. Der dort – auf 1 km^2 aufgelöst – angegebene Wert gibt den Prognosewert für das 90. Perzentil an, d. h. es sind in der Prognose maximal 10 % der Werte über dem angegebenen Bodenradonwert zu erwarten. Ähnliche Portale sind auch aus anderen Ländern bekannt. Wenn – u. a. aufgrund fehlender Messergebnisse – die Entscheidung zum Einsatz zertifizierter Abdichtungslösungen nicht sicher getroffen werden kann und das Risiko einer Radonbelastung in den genutzten Räumen auch sonst erhöht ist (z. B., wenn genutzte Räume direkt an das Erdreich grenzen), sollte der Einsatz zertifizierter Abdichtungslösungen immer geprüft werden. Im Zusammenhang mit dem hier geschilderten Entscheidungsprozess muss aber immer im Blickfeld bleiben, dass das Risiko, welches aus der Diffusion von Bodenluft ins Gebäude entsteht, sehr deutlich geringer ist als das durch Konvektion. Es muss also immer in erster Linie darum gehen, die Dichtheit der Gebäudehülle gegen konvektiv einströmende Luft zu gewährleisten. In diesem Zusammenhang kann die Anwendung einer radonzertifizierten Abdichtung durchaus kontraproduktiv sein, da vor allen Dingen bei bahnenförmigen Abdichtungen die Verlegung auf Grund der besonderen Materialeigenschaften erschwert sein kann, was wiederum das Risiko einer nicht korrekten Verlegung erhöht.

Einbau einer zusätzlichen Bodenluftabsaugung:
Die Diskussion, ob es sinnvoll bzw. erforderlich ist, zusätzliche Sicherheitsmaßnahmen vorzusehen, wird in der Fachwelt kontrovers diskutiert und länderweise sehr unterschiedlich gehandhabt. Diese Sicherungsmaßnahmen betreffen für bahnenförmige und flüssig zu verarbeitende Abdichtungen den Einbau einer zusätzlichen Dränageschicht unterhalb der Bodenplatte – (s. Abschn. 7.4.2.3.3) – sowie bei WU-Betonkonstruktionen den zusätzlichen Einbau einer Frischbetonverbundfolie (s. Abschn. 7.4.2.4.3). Die Entscheidung, ob diese Sicherheitsmaßnahme sinnvoll und wirtschaftlich vertretbar ist, muss bauvorhabenkonkret entschieden werden. Dabei gehen in die Entscheidung die folgenden Aspekte ein:

- **Höhe des Radonpotenzials im Erdreich:** Je größer die Radonbelastung im gebäudeangrenzenden Erdreich ist, umso höher ist die Gefahr, dass bereits geringe Undichtheiten in der Gebäudehülle zu einer Überschreitung der Zielwerte im Gebäudeinneren führen. Damit steigt auch die Anzahl der Fälle, in denen diese aktiviert werden muss. In einigen Ländern (z. B. Österreich, Tschechien, Skandinavien) werden deshalb zusätzlich absichernde Maßnahmen in Abhängigkeit von der Höhe des Radonpotenzials zur Anwendung empfohlen oder hat sich unabhängig vom Bodenradonpotenzial. der Einbau einer Bodendränage als Standardlösung in Neubauten etabliert.
- **Bodenradonmessungen:** In Abschn. 8.4.2.3 wurde erläutert, dass Bodenluftmessungen zur Ermittlung des Radonpotenzials nicht zwingend erforderlich und in vielen Fällen auch nicht zielführend sind. Allerdings erhöht sich die Unsicherheit hinsichtlich des Radonpotenzials im Erdreich, wenn keine Messungen durchgeführt werden, was die Entscheidung vergrößern dürfte, eine zusätzliche Sicherungsmaßnahme vorzusehen.
- **Nutzung der ans Erdreich grenzenden Räume:** Werden diese als Wohn- und Arbeitsräume ausgelegt, müssen höhere Ansprüche an die Konvektionsdichtheit der erdberührten Gebäudehülle gestellt werden, als wenn hier lediglich Nebenräume (z. B. Kellerräume) angeordnet sind.
- **Höhe der Auslegungswerte für die Radonkonzentration in der Raumluft:** Zumeist wird als Zielwert der gesetzlich verankerte Referenzwert zugrunde gelegt. Wie bereits in Abschnitt 8.3 verdeutlicht, gibt es aber keinen Plateauwert der Radonkonzentration, unter dem kein Anstieg der Gesundheitsgefährdung zu beobachten ist, weswegen eine Reihe von Institutionen (WHO, Bundesamt für Strahlenschutz) einen niedrigeren Auslegungswert fordern. Da im Neubaugeschehen deutlich geringere Werte ohne wesentliche Mehraufwendungen problemlos erreicht werden können, wird hier häufig ein ambitionierterer Zielwert – zumeist 100 Bq/m^3 – für die Planung und Ausführung zugrunde gelegt. Ein niedrigerer Zielwert erhöht aber das Risiko einer Überschreitung, weswegen der Einbau einer zusätzlichen Absicherung sinnvoller wird.

- **Mehrkosten für den Einbau einer zusätzlichen Abdichtung:** Die Frage, welche Mehrkosten hier entstehen, ist immer objektkonkret zu untersuchen. Dabei muss vor allem die Frage geklärt werden, welche Aufwendungen ohnehin vorgesehen.
- sind (sogenannte „sowieso-Kosten") und was zusätzlich erforderlich wird. Dieser Ansatz soll an dem folgenden Beispiel verdeutlicht werden: Ist für ein kleineres Gebäude (zum Beispiel ein Einfamilienhaus) unterhalb der Bodenplatte eine Sauberkeitsschicht ohnehin eingeplant, kann diese so konfiguriert werden, dass sie gleichzeitig als Dränageschicht genutzt wird. In diesem Falle entstehen Mehrkosten lediglich für die Vorbereitung der Absaugung, welche in der Regel deutlich unterhalb von 1.000 € liegen dürften. Echte Mehrkosten ergeben sich erst dann, wenn aufgrund des Nichterreichens der Zielwerte eine aktive Bodenluftabsaugung installiert werden muss. Diese Mehrkosten liegen aber im Regelfall deutlich unter denen, die erforderlich würden, wenn eine bauliche oder lüftungstechnische Nachrüstung zur Fehlerbeseitigung erforderlich wird. Ist dagegen der Einbau einer durchlässigen Sauberkeitsschicht nicht vorgesehen und muss diese ausschließlich für die geplante Radonvorsorgemaßnahme vorgesehen werden, ergeben sich höhere Mehrkosten durch den Einbau dieser Schicht sowie einen erhöhten Bodenaushub.

Lüftungstechnische Lösungen im Neubau:
Bisher kommen Lüftungsanlagen vor allem im Nichtwohnungsbau zum Einsatz, im Wohnungsbau sind diese selten anzutreffen und auf das energieeffiziente Bauen konzentriert [15]. Dabei werden typischerweise Lüftungsanlagen mit Wärmerückgewinnung eingebaut (Lösung L.2.4 nach DIN/TS 18117-1; s. Abb. 7.82 und Abb. 7.90 in Abschn. 7.8.3.1), welche durch kontrollierten Luftwechsel und durch den Betrieb mit einem geringen Überdruck im Betriebszustand einen guten Radonschutz ermöglichen. Allerdings kann nicht sicher gewährleistet werden, dass die Lüftungsanlagen durchgehend in Betrieb sind. So dürften diese zum Beispiel in der warmen Jahreszeit durch die Nutzer häufig abgeschaltet werden. Auch ist nicht sicher zu gewährleisten, dass jederzeit der für den Radonschutz wichtige Überdruck vorhanden ist. Die geringen Luftwechselraten, die in Gebäuden mit mechanischen Lüftungsanlagen i.A. zum Einsatz kommen, liegen zumeist deutlich unterhalb der für den Radonschutz angestrebten Luftwechselrate von 0,4 h^{-1} (s. Abschn. 7.8.2), sodass hier allein durch den Luftwechsel die Anforderungen an den Radonschutz nicht gewährleistet werden können. Die Realisierung des Radonschutzes allein durch Lüftungsanlagen ist deshalb kritisch zu sehen, sodass die Abdichtung der erdberührten Gebäudehülle auch bei Einsatz einer Lüftungsanlage immer als grundsätzliche Radonschutzmaßnahme erforderlich ist.

Sonstige Radonschutzlösungen:
Die im Abschn. 7.4.2.5 vorgestellten Innenabdichtungen spielen im Neubaugeschehen keine Rolle, ebenso haben partielle Abdichtungen gem. Abschn. 7.4.2.6 ihre typische Anwendung im Gebäudebestand, gleiches gilt für die in Abschn. 7.4.3.4 beschriebenen Unterdrucklösungen. Auch diese kommen fast ausschließlich in der Gebäudesanierung

zum Einsatz, haben im Neubaugeschehen nur in Verbindung mit der zuvor beschriebenen Funktion der zusätzlichen Absicherung eine Bedeutung.

Hinzuweisen ist abschließend noch auf möglicherweise erforderliche Abschottungen innerhalb von Gebäuden, deren technische Umsetzung in Abschn. 7.5 beschrieben worden ist. Diese ist immer dann zu berücksichtigen, wenn Nutzräume und Nebenräume in Gebäuden von Nebenräumen (Technik, Lager usw.) getrennt angeordnet sind (Gebäudetypen I.3 und I.4 sowie II.2 bis II.4 nach Abschn. 8.3.4).

8.4.3 Gebäudesanierung

8.4.3.1 Besonderheiten des Radonschutzes in der Gebäudesanierung und Abgrenzung

In diesem Abschnitt werden die Radonschutzmaßnahmen an und in Bestandsgebäuden betrachtet. Diese umfassen die Gebäude der **Altersklassen B bis D** nach Abschn. 8.3.2, wobei die Komplexität der Lösungen von B nach D hin zumeist zunimmt. Altersklasse B unterscheidet sich baulich von Neubauten nicht oder nur sehr geringfügig, verschieden ist die Herangehensweise an die Konzeption des Radonschutzes. Anbauten an bestehende Gebäude sind wie Neubauten zu behandeln.

Für das Radonschutzkonzept von Bestandsgebäuden sind einige Besonderheiten zu beachten:

- Bei bestehenden Gebäuden sind Verallgemeinerungen hinsichtlich der Lösungen in deutlich geringerem Maße als wie bei Neubauten möglich. Im Grunde ist jedes Haus als individueller Fall zu betrachten.
- Es sind unterschiedlichste bauliche Lösungen und Gegebenheiten zu beachten (Abb. 8.30).
- Sehr häufig sind Bauschäden vorhanden (Abb. 8.31 und 8.32).

Abb. 8.30 Jedes Haus ist anders! Von oben links im Uhrzeigersinn: Altes Bauernhaus in Hanglage (Österreich 1. Hälfte 19. Jh.) – gründerzeitliche Villa in Hanglage (Dresden – um 1890) – Wohnhaus im Stil der neuen Sachlichkeit (Dresden, um 1930) – Gasse in einer Kleinstadt (Rudolstadt): Sowohl in der Bauform, dem Alter als auch dem Erhaltungszustand ist jedes Haus anders)

Abb. 8.30 (Fortsetzung)

Abb. 8.31 Stark geschädigter Mauerwerkssockel

Abb. 8.32 Schadhaftes Mauerwerk und unsachgemäße Rohrabdichtung in Kellerwand

- Die Lage und Ausbildung unterirdischer Baukonstruktionen (zum Beispiel Streifenfundamente, Schachtanlagen) ist in vielen Fällen nicht bekannt.
- Vor allem bei Gebäuden der Altersgruppe C und D fehlt zumeist eine funktionierende Abdichtung der erdberührten Gebäudehülle. Auch hier gilt: je älter das Gebäude, umso weniger wahrscheinlich ist es, dass eine funktionsfähige Abdichtung vorhanden ist.
- Zumeist ist der nachträgliche Einbau einer Gebäudeabdichtung nur mit erheblichem Aufwand möglich. Diese nachträglichen Abdichtungen können zudem in vielen Fällen die hohen Anforderungen an die Konvektionsdichtheit der erdberührten Gebäudehülle, die sich aus dem Radonschutz ergeben, nicht erfüllen.
- Im Ergebnis der fehlenden oder ungenügenden Abdichtung sowie aufgrund von Bauschäden liegt die Radonkonzentrationen in der Raumluft häufig deutlich über den Zielwerten. Sie kann zudem hohen tages- und jahreszeitlichen Schwankungen unterliegen.
- In vielen Fällen fehlen aussagefähige Bestandsunterlagen (z. B. Zeichnungen)

- Hinzu kommen ggf. Anforderungen aus dem Denkmalschutz und/oder sind Besonderheiten im Zusammenhang mit energetischen Zielstellungen zu berücksichtigen.
- Besondere Anforderungen, die über die technischen Aspekte hinausgehen, ergeben sich dann, wenn die Gebäude auch während der Bauzeit genutzt werden sollen.

Aus diesen Besonderheiten lassen sich die folgenden allgemeinen Schlussfolgerungen für Radonsanierungen ableiten:

1. Der „Königsweg" des Radonschutzes – die konvektionsdichte Ausführung der erdberührten Gebäudehülle – führt in den meisten Sanierungsvorhaben nicht zum Erfolg, kann hier entweder nicht oder zumindest nicht als alleinige Maßnahme eingesetzt werden. Es stehen deshalb bau- und lüftungstechnische Lösungen im Vordergrund, bei denen der Fokus auf der Umkehr des vom Erdreich ins Gebäude gerichteten konvektiven Luftstromes liegt.
2. Provisorische Sofortmaßnahmen, die als Überbrückung bis zur Durchführung der eigentlichen Radonschutzmaßnahme angewendet werden, spielen in Bestandsgebäuden eine große Rolle.
3. Für die sichere Planung und Ausführung sind umfängliche Voruntersuchungen erforderlich.
4. Jede Radonschutzmaßnahme bedarf besonderer, individueller Planung und Bauausführung. Hierzu ist vor allem im Vorbereitungs- und Planungsprozess eine hohe Fachkompetenz erforderlich.
5. In vielen Fällen ist ein gestuftes Vorgehen in der Ausführungsphase sinnvoll.
6. Radonschutzmaßnahmen in Bestandsgebäuden sind häufig mit erhöhten Kosten und Aufwendungen verbunden. Diese können aber in vielen Fällen durch eine frühzeitige Einbindung des Radonschutzes in den Planungsprozess und durch gründliche diagnostische Voruntersuchungen minimiert werden.

8.4.3.2 Einordnung des Radonschutzes in den Planungs- und Bauablauf

In der folgenden Übersicht (Abb. 8.33) ist die typische Vorgehensweise für die Vorbereitung und Durchführung von Radonschutzmaßnahmen in Bestandsgebäuden dargestellt. Die Erläuterung der einzelnen Bearbeitungsschritte erfolgt in den folgenden Abschn. 8.4.3.3 bis 8.4.3.4 sowie 8.4.5.

8.4.3.3 Voruntersuchungen für Radonschutzmaßnahmen im Bestand

Die Voruntersuchungen umfassen die Anamnese, Diagnose, ggf. eine ergänzende geometrische Gebäudeaufnahme sowie die Dokumentation der Ergebnisse.

Unter **Anamnese** ist die Erfassung der Bau- und Nutzungsgeschichte des Gebäudes zu verstehen. Hierunter fallen die Auswertung vorhandener Pläne, älterer Untersuchungen sowie Messungen, aber auch die Auswertung von Aussagen und „Erzählungen" der Nutzer.

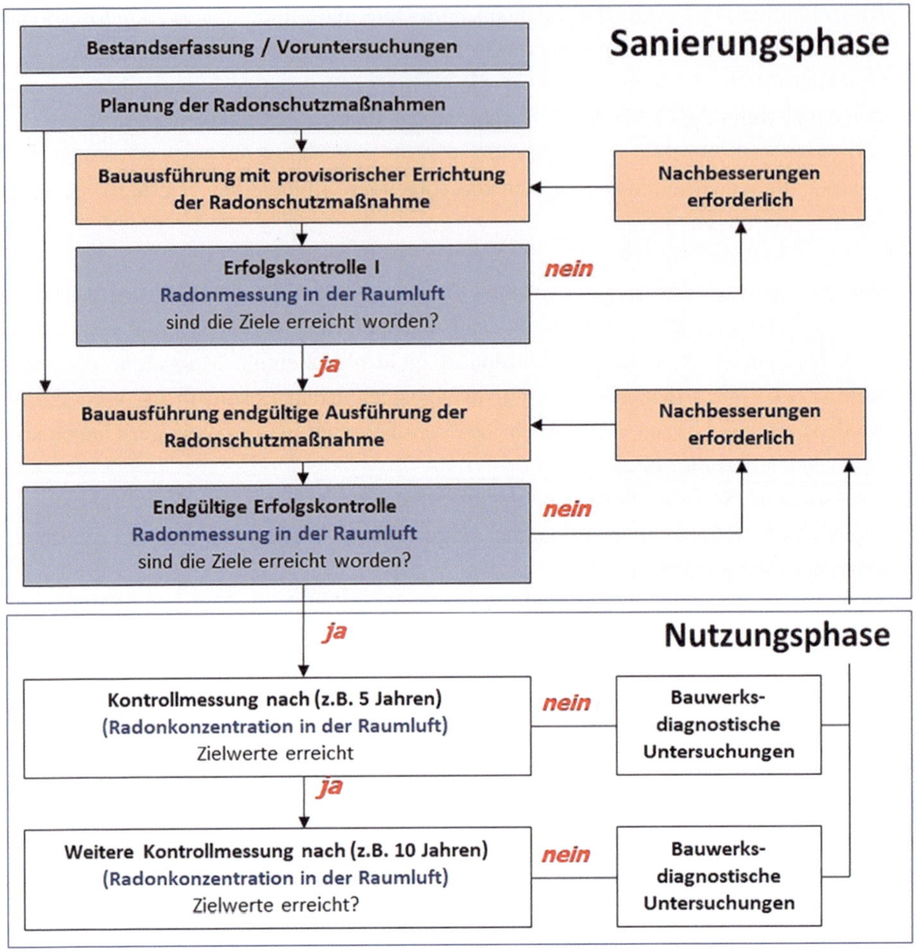

Abb. 8.33 Ablaufdiagramm für die Einordnung des baulichen Radonschutzes im Rahmen einer Sanierungsmaßnahme

Die zumeist umfänglichen **diagnostischen Untersuchungen** sind Grundlage aller planerischen Entscheidungen für den Radonschutz. In Abb. 8.34 sind diese zusammengestellt, wobei nicht immer alle hier aufgeführten Untersuchungen erforderlich sind.

Die Bestandsaufnahme sollte mit einem standardisierten Erfassungsbogen durchgeführt werden. Ein Vorschlag hierfür ist am Ende dieses Abschnittes als Abb. 8.38 aufgenommen.

Ein Teil der hier aufgeführten Untersuchungen muss für die Konzeption der baulichen Sanierungslösung unabhängig von einer Radonsanierung ohnehin durchgeführt werden, hier liegen also Synergieeffekte vor. In erster Linie betrifft das die Erfassung der Bestandskonstruktion, der Bauschäden sowie der Baugrundeigenschaften.

1 Baukonstruktive und haustechnische Bestandsaufnahme

- Erfassung und Bewertung des baulichen Zustandes der erdberührten Gebäudehülle
- Erfassung und Bewertung von Konstruktion und Zustand der Gebäudegründung
- Erfassung von Umfang und Zustand der Gebäudeabdichtung einschließlich aller Durchdringungen
- Erfassung und Bewertung der Lüftungsmöglichkeiten und ggf. vorhandener Lüftungstechnik

2 Messtechnische Bestandserfassung

- Durchführung von Langzeitmessungen (z.B. 1 Jahr) als Passivmessungen
- Durchführung von zeitaufgelösten orientierenden Messungen
- Durchführung von Differenzdruckmessungen (erweiterter R50-Test)
- Ergänzung der Messungen durch Sniffingmessungen und weiteren speziellen Messungen
- Durchführung ergänzender Bodenradonmessungen

3 Baugrunduntersuchungen

- Durchführung von Baugrunduntersuchungen in speziellen Situationen als ergänzende Maßnahme

4 Erfassung der Nutzung

- Erfassung der aktuellen Nutzung

Abb. 8.34 Übersicht über die diagnostischen Untersuchungen im Vorfeld einer Sanierungsplanung des Radonschutzeses

Bei allen Untersuchungen im Rahmen der Bestandserfassung sind immer die geplanten Veränderungen mitzudenken. So sind zum Beispiel Änderungen der Raumnutzung oder die Reduzierung der Luftwechselrate wichtige Einflussparameter für die Radonkonzentration in der Raumluft und können bei einer Veränderung maßgeblichen Einfluss auf die Lösungsfindung haben.

Erfassung der Baukonstruktion einschließlich Bauschäden: Für die Bauteile der erdberührten Gebäudehülle (Bodenkonstruktion, Außenwände, Kellerlichtschächte, aber auch Gräben und Schächte) sind die verwendeten Baustoffe und Baukonstruktionen sowie der Schichtenaufbau zu erfassen. Vor allem muss die Konvektionsdichtheit der Gebäudehülle bekannt sein. In diesem Zusammenhang ist eine gründliche Dokumentation aller Bauschäden an der erdberührten Gebäudehülle erforderlich, wobei insbesondere sichtbare Bauschäden (Risse, Materialabtrag usw.) sowie der allgemeine bauliche Zustand im Fokus stehen. Neben einer rein optischen Erfassung der Bauschäden stehen des Weiteren eine Reihe, aus der Bauwerksdiagnostik bekannte, Untersuchungsmethoden zur Verfügung. Von besonderem Interesse dürfte hierbei die Erfassung von Hohlräumen in Bestandskonstruktionen sein, da über diese Bodenluft ins Gebäude transportiert werden kann (s. Abb. 7.23 und 7.24).

Ebenfalls zu erfassen und zu dokumentieren sind unterirdische Konstruktionselemente, wie zum Beispiel Streifenfundamente, Schächte usw. Diese können als Barrieren für die Bodenluftabsaugung den Wirkungsbereich punktueller Direktabsaugungen erheblich einschränken (Abb. 7.31). Für deren Erfassung sind Bestandspläne wichtige Grundlagen, es können aber auch aus der oberirdischen Gebäudestruktur Schlussfolgerungen zur Lage unterirdischer Konstruktionen gezogen werden, die ggf. durch gezielt angelegte Suchgrabungen zu ergänzen sind.

Radonmessungen in der Raumluft: Vor der Planung einer Radonsanierung sind Messungen der Radonkonzentration im Gebäude unerlässlich. Dabei ist vor allen Dingen die Situation in den erdberührten Räumen zu erfassen. Weitere Räume des Gebäudes sollten stichprobenartig in die Messungen einbezogen werden. In der Regel werden diese Messungen als Passivmessungen über einen längeren Zeitraum (idealerweise 1-Jahresmessung) durchgeführt. Um ein realistisches Bild der Radonbelastung zu erhalten, sind die Messungen im genutzten Zustand durchzuführen.

Im Ergebnis der Messungen erhält man eine Übersicht über die Verteilung der Radonkonzentration im Gebäude und es können Räume bzw. Bereiche identifiziert werden, in denen besonders hohe Eintrittsraten von Radon aus der Bodenluft vorhanden sind (Abb. 8.35). Die Messungen sind ggf. durch Sniffing-Messungen sowie zeitaufgelöste Kurzzeitmessungen zu ergänzen, um mögliche Eindringwege und -mechanismen detailliert erfassen und bewerten zu können.

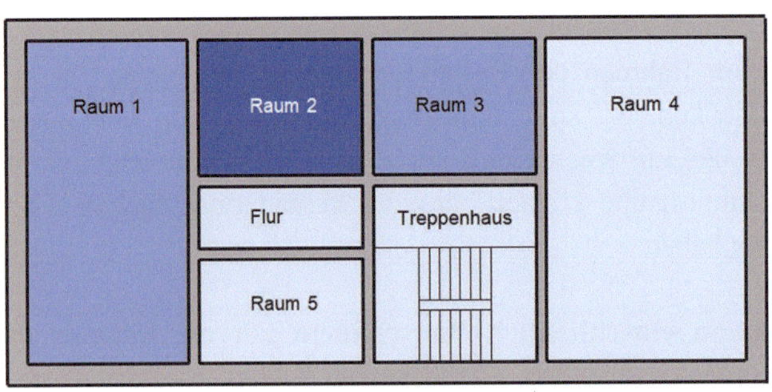

Messwerte *(alle Werte gerundet):*

Raum 1: 740 Bq/m³
Raum 2: 3.610 Bq/m³
Raum 3: 1.380 Bq/m³
Raum 4: 370 Bq/m³
Treppenhaus: 440 Bq/m³

Interpretation der Messwerte:
Im Raum 2 sind ein oder mehrere Eintrittspfade zu vermuten, die ggf. auch im Raum 3 vorhanden sind. Über Sniffingmessungen im Raum 2 und Raum 3 sind mögliche Leckagen in der erdberührten Gebäudehülle zu lokalisieren

Abb. 8.35 Beispiel für das Ergebnis von Messungen der Radonkonzentration in erdberührten Räumen

In Räumen mit hoher Radonkonzentration stellen Sniffing-Messungen zur Lokalisierung der Eintrittspfade eine sinnvolle Ergänzung dar. Für eine zielgerichtete Durchführung dieser Messungen müssen Kenntnisse zur Konstruktion und zum Zustand der erdberührten Gebäudehülle vorliegen. Typische Bereiche für zu vermutende Undichtheiten sind Bauteilanschlüsse (zum Beispiel zwischen Bodenplatte und Wand) sowie Bauteildurchdringungen für die Medienführung.

Als erfolgreich hat sich in der Radondiagnostik der erweiterte Rn50-Test erwiesen., (s. Abschn. 5.4). Es handelt sich hier um ein Differenzdruckverfahren, bei dem in den erdberührten Räumen eines Gebäudes ein definierter Unterdruck erzeugt wird. Das Verfahren ist vergleichbar mit dem aus der Bauphysik bekannten Blower-Door-Test, es kommt die gleiche Technik für die Unterdruckerzeugung zum Einsatz. Durch den Unterdruck werden die vorhandenen konvektiven Eintrittspfade aktiviert und es entsteht in kurzer Zeit (wenige Stunden) eine stabile und reproduzierbare Radon-Aktivitätskonzentration in der Raumluft bei gleichzeitig definiertem Luftwechsel. Man erhält somit in kurzer Zeit, das heißt innerhalb eines Tages, eine zuverlässige Aussage über die Radon-Eintrittsrate, die unter Berücksichtigung des zu erwartenden Nutzerverhaltens (hier insbesondere Abschätzung der Luftwechselrate in der Nutzungsphase) eine rechnerische Prognose bzw. Abschätzung der zu erwartenden Radon-Aktivitätskonzentration in der Raumluft zulässt. Gleichzeitig können in der Phase des stabilen Unterdruckes über Sniffing-Messungen vorhandene Eintrittspfade mit großer Sicherheit diagnostiziert werden. Durch die dem Verfahren zugrunde liegende Erzeugung definierter Druck- und Luftwechselbedingungen werden die typischen jahres- und tageszeitlichen Schwankungen von Temperatur und Druck ausgeblendet, der Untersuchungszeitraum kann also unabhängig von der Jahreszeit gewählt werden. Das Verfahren kommt in erster Linie in der Bauwerksdiagnostik zur Anwendung, es kann aber auch nach Abschluss von Radonsanierungen zur Erfolgskontrolle eingesetzt werden (s. Abschn. 8.4.5). Detaillierte Beschreibungen des Verfahrens sind u. a. in [10] und [11] enthalten.

Bodenuntersuchungen: In Abschn. 8.4.2.3 ist ein Überblick zu den allgemeinen Bodenerkundungsmaßnahmen sowie zur möglichen Einbindung von Bodenradonmessungen in die Erstellung des Baugrundgutachtens gegeben worden. Da die Radonkonzentration in der Bodenluft für die Konzeption von Radonsanierungen aber keine oder nur eine untergeordnete Rolle spielt, kann hier auf Bodenluftmessung in der Regel verzichtet werden. Lediglich dann, wenn die Bodenluft zur Erzeugung eines Unterdruckes im gebäudeangrenzenden Erdreich abgesaugt werden soll, sind Kenntnisse zur Permeabilität des Bodens, zu den allgemeinen Bodeneigenschaften (bindig, nichtbindig) und zur Schichtung des Bodens erforderlich. Sind nur minimale Eingriffe in die Bestandskonstruktion für die Umsetzung der Sanierungslösung geplant – was für die Realisierung von Direktabsaugungen der Bodenluft typisch ist – kann der Baugrund unterhalb des Gebäudes nicht im erforderlichen Umfang untersucht werden und fehlen deshalb

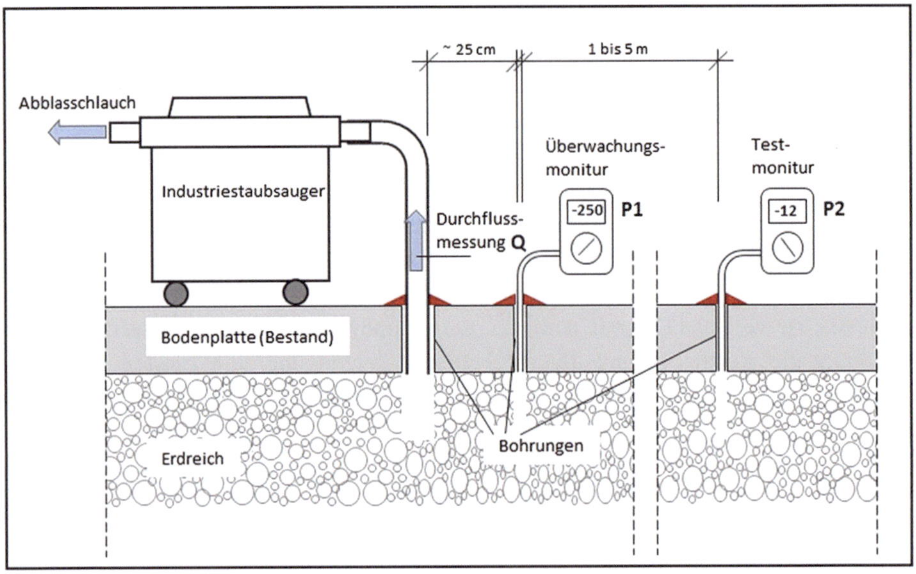

Abb. 8.36 Prinzipdarstellung des Testverfahrens nach (Reducing Radon Levels in Existing Homes 2012)

wesentliche Informationen zur Eignung des Baugrundes für die Bodenluftabsaugung. Hier kann über die Durchführung eines in der kanadischen Veröffentlichung „Reducing Radon Levels in Existing Homes" [12] beschriebenen, vergleichsweise einfachen Tests (s. Abb. 8.36) eine qualitative Aussage zur Eignung des Baugrundes gewonnen werden.

Gebäudenutzung: Die Gebäudenutzung hat wesentlichen Einfluss auf die Radonkonzentration in der Raumluft. Wichtige Parameter sind hier die Intensität der Nutzung sowie das Lüftungsverhalten, aus dem sich die aktuelle Luftwechselrate ableiten lässt. Die Nutzung und das Nutzerverhalten während der Messzeiten sind zu dokumentieren, um eine Reproduzierbarkeit der Ergebnisse zu ermöglichen. Sinnvoll ist es beispielsweise, die Nutzung in Grundrisszeichnungen gemeinsam mit den gemessenen Radonkonzentrationen einzutragen (Abb. 8.37).

Prognose: Häufig ist es wichtig, die Veränderung der Radonkonzentration in der Raumluft, welche sich durch bauliche Maßnahmen, aber auch durch Nutzungsänderungen ergeben können, abzuschätzen. Dabei sind sowohl erhöhende als auch senkende Faktoren zu berücksichtigen (s. Tab. 8.4). Eine rechnerische Abschätzung der Veränderungen ist über die Formeln 6.29 bis 6.31 (Abschn. 6.5.3) möglich. Besondere Bedeutung hat in diesem Zusammenhang die Veränderung des Luftwechsels im Rahmen von energetischen Sanierungen. Die sich hieraus ergebenden Veränderungen können über das in Abb. 6.16 vorgestellte graphische Verfahren abgeschätzt werden.

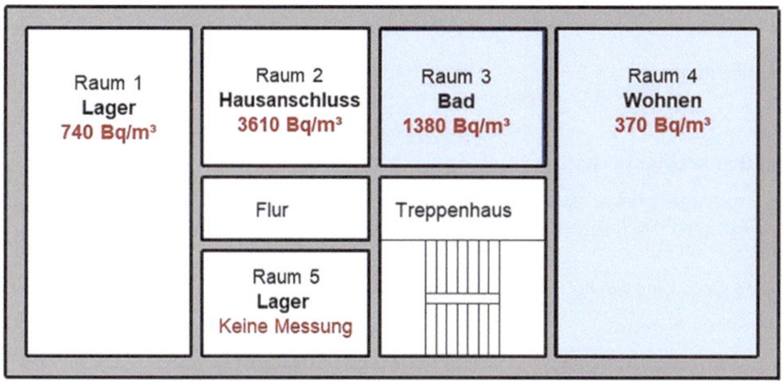

Eingetragene Messergebnisse aus Abbildung 8.35. Die blau hinterlegten Räume werden als Einliegerwohnung genutzt.

Interpretation: *Während bei ausschließlicher Betrachtung der Messwerte der Raum 2 als besonders kritisch einzuschätzen ist, verschiebt sich unter Berücksichtigung der Raumnutzung der kritische Bereich in die Wohnung, dort insbesondere Raum 3*

Abb. 8.37 Beispiel für die Erfassung der Raumnutzung und der Ergebnisse der Radonmessungen

Tab. 8.4 Erfassung der wichtigsten Veränderungen im Rahmen von Gebäudesanierungen und deren Einfluss auf die Radonkonzentration in der Raumluft

Maßnahme	Tendenzielle Auswirkung auf die Radonkonzentration	Bemerkungen und Erläuterungen
Bauliche Maßnahmen an der Gebäudehülle, z. B • Beseitigung von Schadstellen und Rissen • Abdichtungsmaßnahmen	Reduzierung	Reduzierung des konvektiven Luftstromes durch Beseitigung von Undichtheiten in der Gebäudehülle
Energetische Sanierung (s. auch Abschn. 8.4.3.5)	Erhöhung	Durch Auswechslung / Reparatur von Fenstern und Türen reduziert sich die Luftwechselrate
Nutzungsänderung erdberührter Räume • Umwandlung von Lager zu den Wohn- oder Arbeitsräumen • Einbau Fußbodenheizung	Erhöhung	Durch Beheizung der Räume erhöht sich die Temperaturdifferenz innen zu außen und damit vergrößert sich die Druckdifferenz

Dokumentation: Die hier zusammengefassten Voruntersuchungen sind als Grundlage für alle weiteren Schritte zu dokumentieren. Diese Dokumentation dient gleichzeitig als Grundlage für die spätere Erfolgskontrolle sowie eventuelle weitere Maßnahmen. Es ist, auch aufgrund des Umfanges der zu erfassenden Daten zweckmäßig, hierfür ein Erfassungsformular zugrunde zu legen. Der folgende Vorschlag für diesen Erfassungsbogen (s. Abb. 8.38 bis 8.43) orientiert sich an der „Erfassung von Gebäudedaten für die Bewertung von Radonmessungen in Gebäuden“ der Staatlichen Betriebsgesellschaft für Umwelt und Landwirtschaft – Radonberatungsstelle Sachsen.

Erfassungsbogen
zur Vorbereitung einer Radonsanierung

,den
Ort Datum

Registrierungsnummer [ ]

Hinweise zur Handhabung des Erfassungsbogens:

Bitte füllen Sie alle für Ihr Vorhaben relevanten Felder aus! Deren vollständige und gewissenhafte Ausfüllung ist für die umfassende diagnostische Erfassung der Ausgangssituation in Bestandsgebäuden eine wichtige Grundlage.

Die auszufüllenden Felder sind durch dicke Umrandung hervorgehoben.

1. Allgemeine Angaben

Ersteller des Erfassungsbogen:

Name	Vorname	Ort	Datum
Unterschrift Ersteller:			

Angaben zum Objekt:

Bewohner / Nutzer			
Straße/Hausnummer			
PLZ / Ort			
Telefon		E-Mail	

Ist Bewohner / Nutzer gleichzeitig Hauseigentümer? ja [ ] → weiter unter 2.
nein [ ] → bitte folgende Tabelle ausfüllen

Angaben zum Eigentümer

Eigentümer			
Straße/Hausnummer			
PLZ / Ort			
Telefon		E-Mail	

2. Angaben zum Gebäude

2. 1 Gebäudegröße

Gebäudeklasse nach Bauordnung

1	2	3	4	5	nicht bekannt	
					→ Anzahl Vollgeschosse	

Geschossfläche

Erd-/ Hauptgeschoss	m²	Wert exakt		Wert geschätzt	
Keller	m²	Wert exakt		Wert geschätzt	

2. 2 Gebäudenutzung

Hauptnutzung des Gebäudes

Wohnen
- Einfamilienhaus ________ [ ]
- Doppelhaus / Reihenhaus [ ]
- Mehrfamilienhaus _______ [ ]
- Sonstiges ______________ [ ] ________________________

Sonst. Nutzung
- Schule / Kindergarten usw. [ ]
- Büro / Verwaltung _______ [ ]
- Handel / Gastronomie ___ [ ]
- Sonstiges ______________ [ ] ________________________

Mischnutzung (bitte beschreiben): ________________________

____

Abb. 8.38 Erfassungsbogen zur Vorbereitung einer Radonsanierung – Seite 1

Erfassungsbogen Seite 2

2 Angaben zum Gebäude - Fortsetzung von Seite 1 -

2. 3 Keller / erdberührte Räume

Vollunterkellert ___ ☐
Teilunterkellert ___ ☐
Kein Keller ______ ☐
Sonstige Lösung _ ☐ ____________

Nutzung Keller / erdberührte Räume als (Mehrfachnennung möglich):

Wohnen _________ ☐
Arbeitsraum _______ ☐
Lager / Nebenraum _ ☐
sonstiges ________ ☐ ____________

2. 4 Treppenanlagen und vertikale Verbindungen im Gebäude

2.4.1 Treppenführung vom Keller / unterster Geschossebene (bei nicht unterkellerten Gebäuden) in höher gelegene Geschosse

Offenes Treppenhaus ____________ ☐
Treppenhaus zu den Nutzungseinheiten hin abgeschlossen (z.B. Wohnungstüren) ______ ☐
→ falls ja: Abschluss luftdicht ☐ Abschluss nicht luftdicht ☐ nicht bekannt, ob luftdicht ☐
Treppenabschluss Keller/unterer Geschossebene zu darüber liegenden Geschossen (Kellertür) ___ ☐
→ falls ja: Abschluss luftdicht ☐ Abschluss nicht luftdicht ☐ nicht bekannt, ob luftdicht ☐
Keine direkte Treppenverbindung zwischen Keller / unterster Geschossebene zu höheren Geschossen ☐
Sonstige Treppenanlage, Stiege usw. ____________

2.4.2 vertikale Verbindungen innerhalb des Gebäudes

Anzahl Schornsteine (Kamine) ____________ ☐
→ mit unterer Reinigungsöffnung ________ ☐
→ luftdichter Abschluss (i.d.R. stillgelegter Schornstein) ____ ☐
→ nicht bekannt, ob luftdichter Abschluss ________ ☐
Lage / Anzahl Schornsteine (Kamine) nicht bekannt ____________ ☐

Anzahl Vertikale Medienkanäle / Deckendurchführungen in unterer Geschossebene für Medien u.ä. _ ☐
→ kein luftdichter Abschluss ________ ☐
→ luftdichter Abschluss /z.B. Brandschutzklappen) ____ ☐
→ nicht bekannt, ob luftdichter Abschluss ________ ☐
Lage / Anz l Medienkanäle / Deckendurchführungen in unterer Geschossebene nicht bekannt ____ ☐

Anzahl Aufzugsschächte ____________ ☐
→ Aufzugsschächte bis in Keller / unterste Geschossebene _ ☐
→ Aufzugsschächte nicht bis in Keller/unterste Geschossebene ☐
Lage / Anzahl Aufzugsschächte nicht bekannt ____________ ☐

Sonstige Schächte / Kanäle vom Keller / unterer Geschossebene in höhere Geschosse ______ ☐
→ Beschreibung ____________

2.4.3 sonstige Verbindungen zu unterirdischen Räumen / Bereichen

Verbindungen zu unterirdischen Gewölben ____________ ☐
Verbindung zu nicht mehr genutzten Kellern ____________ ☐
Verbindung zu Brunnen und/oder weiteren unterirdischen Baulichkeiten ________ ☐

Abb. 8.39 Erfassungsbogen zur Vorbereitung einer Radonsanierung – Seite 2

Erfassungsbogen Seite 3

3. Angaben zur Bausubstanz und zum Gebäude

3. 1 Bauzeit / Sanierungszeit (Eintrag Zeitraum oder genaues Bau- bzw. Sanierungsjahr)

Bauzeitraum	Errichtung des Gebäudes	grundhafte Sanierung	Anbauten	vgl. Gebäudekat. nach Punkt. 8.3.2
vor 1870				**D**
ca. 1870 bis 1918				
ca. 1918 bis 1945				**C**
ca. 1945 bis 1970				
ca. 1970 bis 1985				**B**
ca. 1989 bis heute				
nicht bekannt				

3. 2 Konstruktionsprinzip (nach Eingruppierung in Abschnitt 8.3.3)

Wandbau		Skelettbau		Sonderbauweise		Mischformen, Sonstiges	
Erläuterungen für Mischform / Sonstiges							

3. 3 Baukonstruktive Angaben zur Tragwerkskonstruktion

Hauptbaustoffe Tragwerk (Wandbauweisen) im:	Kellergeschoss	Erd-/Obergeschoss	Bemerkungen
Massiv (Mauerwerk, Beton)			
Holzbau			
Traditionelle Fachwerkkonstruktion			
Fertighaus			
Sonstiges (beschreiben):			

3. 4 Angaben zur erdberührten Gebäudehülle (Keller; unterstes Geschoss bei nichtunterkellerten Gebäuden)

Fundamente		sichtbare Bauschäden			
Konstruktionsart		Risse	Materialverlust	Feuchte	Sonstiges
Streifenfundamente, Naturstein / Ziegel					
Streifenfundamente, Beton					
Streifenfundamente, Material nicht bekannt					
Bodenplatte, Stahlbeton					
Bodenplatte, WU-Beton (Weiße Wanne)					
Sonstiges / nicht bekannt (beschreiben):					

Erdberührte Wände		sichtbare Bauschäden			
Konstruktionsart		Risse	Materialverlust	Feuchte	Sonstiges
Mauerwerk, Ziegel					
Mauerwerk, Naturstein					
Mischmauerwerk					
Stahlbeton					
WU-Stahlbeton (Weiße Wanne)					
Sonstiges / nicht bekannt (beschreiben):					

Abb. 8.40 Erfassungsbogen zur Vorbereitung einer Radonsanierung – Seite 3

Erfassungsbogen Seite 4

3. 4 Angaben zur erdberührten Gebäudehülle (Keller; unterstes Geschoss bei nichtunterkellerten Gebäuden)
- Fortsetzung -

Kellerboden		sichtbare Bauschäden			
Konstruktionsart		Risse	Materialverlust	Feuchte	sonstiges
Betonplatte bis 25 cm dick					
Betonplatte über 25 cm dick					
Betonplatte, Dicke unbekannt					
Ziegelschicht					
Naturboden, Lehm, Ton					
Naturboden, Fels					
Sonstiges (beschreiben):					

Durchdringungen erdberührte Gebäudehülle	Anzahl	abgedichtet	nicht abged.	unbekannt / Bemerk
Leitungsführungen				
Pumpensumpf unter Bodenplatte				
Sonstiges (beschreiben)				

Feuchteschutz		vorh.	nicht vorh.	Unbekannt / defekt
Kapillarbrechende Kiesschicht, : Dicke [cm] (falls bekannt):				
Abdichtung auf Bodenplatte				
Außenabdichtung Wand				
Innenabdichtung Wand				
Querschnittsabdichtung Grundmauern				

3. 5 Sonstige Konstruktionen / Baustoffe

Geschossdecke über Keller				sichtbare Bauschäden		
Konstruktionsart				Risse	undichte Medienführungen	Sonstiges
Ortbetondecke		Dicke [cm]				
Fertigteildecke		Dicke [cm]				
Kappendecke		Mindestdicke [cm]				
Sonstiges:						

Fenster	Keller	EG/OG	Einbauzeit	Hinweise / Erläuterungen
Einfachfenster				
Kastenfenster				
Isolierverglasung				
Außendurchlässe (ADL) im Rahmen				
Sonstiges / nicht bekannt:				

Baustoffe	welche Materialien	wo eingebaut (Fußboden, Wand usw.)
Naturstein im Haus (z.B. Granit, Schiefer)		
Materialien aus Bergbau (z.B. Schlacken)		
Sonstiges:		

Abb. 8.41 Erfassungsbogen zur Vorbereitung

Erfassungsbogen Seite 5

4 Technische Gebäudeausrüstung

4.1 Heizung

Heizungssystem	KG/erdberührter Raum	EG/OG	Bemerkungen / Hinweise
Einzelöfen (Holz, Kohle) / offene Kamine			
Gas- oder Ölheizung (zentral)			
Holz- oder Pelletheizung (zentral)			
Elektrische Direktheizung			
Wärmepumpe (Luft/Wasser)			
Wärmepumpe (Wasser/Wasser oder Erdsonde/Wasser)			
Fernheizung			

Wärmeverteilsystem	KG/erdberührter Raum	EG/OG	Bemerkungen / Hinweise
Radiatoren / Heizkörper			
Fußbodenheizung			
Luftheizung			
Sonstiges (beschreiben):			

4.2 Lüftung

Lüftungslösung	Lösung nach 7.8.3	zentral	de-zentral	KG	EG/OG	Bemerkungen / Hinweise
Manuelle Fensterlüftung	**L0**					
Manuelle Lüftung mit ALD	**L1.1 / 1.2**					
Mechanische Lüftung (Zu-, Abluftsystem)	**L 2.1 / 2.2**					
Mechanische Lüftung (Abluftsystem)	**L 2.3**					
Mechanische Lüftung (Zuluftsystem)	**L 2.4**					
Sonstiges (beschreiben):						

4.3 Hausanschluss Zentral (Hausanschlussraum) ☐ dezentral ☐ Lage ____________

5 Baugrund Liegt Baugrundgutachten vor: ja ☐ → bitte beifügen nein ☐ subjektive Einschätzung nach 5.3

5.1 Lage des Hauses Ebenes Gelände ____ ☐

Hanglage ________ ☐

5.2 Bodenversiegelung

Beton- oder Asphaltflächen am Haus; Anzahl der Seiten __ ☐

Durchschnittliche Breite der Versiegelung:

weniger als 2 m ☐ 2 bis 5 m ☐ mehr als 5 m ☐

5.3 subjektive Einschätzung des anstehenden Baugrundes

Trocken / nichtbindig Boden __ ☐

Feucht / bindiger Boden ____ ☐

Fels ____________ ☐

Sonstiges ____________

Nicht bekannt ________ ☐

5.4 Lage in Bergbaugebiet

Liegt Haus in ehemaligem oder noch aktivem Bergbaugebiet: ja ☐ nein ☐ nicht bekannt: ☐

→ falls ja:

treten damit möglicherweise in Zusammenhang stehende Schäden auf? ja ☐ nein ☐ nicht bekannt ☐

Sind unmittelbare Anbindungen (bis ca. 30 cm Abstand zu unterirdischen Schächten, Hohlräumen, Stollen usw. vorhanden? ja ☐ nein ☐ nicht bekannt ☐

Abb. 8.42 Erfassungsbogen zur Vorbereitung einer Radonsanierung – S.5

Erfassungsbogen Seite 6

5 Messungen

Falls Tabelle bzw. freier Raum für Skizzen und Fotos nicht ausreicht, Blatt duplizieren

Lfd. Nr	Messort		Messverfahren				Mess-gerät	Messzeitraum		Ergebnis [Bq/m³]		
	Ge-schoss	Raum	passiv	zeitauf-gelöst	Sniffing-messg	Sonst.		Von	bis	Durch-schnitt.	max.	min.

Raum für Grundrissskizzen, Fotos:

Abb. 8.43 Erfassungsbogen zur Vorbereitung einer Radonsanierung – S.6

8.4.3.4 Auswahl der Maßnahmen und Maßnahmenkombinationen

8.4.3.4.1 Überblick

Bei der Radonsanierung kann – wie in Abschn. 8.4.3.1 verdeutlicht – der „Königsweg" des Radonschutzes, die konvektionsdichte Abdichtung der Gebäudehülle, in den allermeisten Fällen nicht oder nur eingeschränkt realisiert werden und es sind somit andere Lösungen und Strategien anzuwenden. In erster Linie kommen hier Lösungen aus der Gruppe der Unterdruckverfahren (s. Abschn. 7.4.3) zur Anwendung. Aber auch lüftungstechnische Lösungen nach Abschn. 7.8 versprechen in vielen Fällen einen guten Erfolg. Neben diesen beiden Lösungsgruppen sind trotz der hier angesprochenen Einschränkungen Abdichtungslösungen immer in die Konzeption einzubeziehen. Ein wichtiger Aspekt ist die möglicherweise erforderliche Umsetzung von Sofortmaßnahmen noch vor der Umsetzung der bau- und lüftungstechnischer Radonschutzmaßnahmen. In allen Fällen ist die Lösung immer aus der individuellen Situation heraus zu entwickeln. Hierbei spielen die Ergebnisse der diagnostischen Voruntersuchungen (s. Abschn. 8.4.3.3) eine entscheidende Rolle.

8.4.3.4.2 Sofortmaßnahmen

Werden im Ergebnis von Radonmessungen erhöhte Aktivitätskonzentrationen in der Raumluft festgestellt, können diese durch Sofortmaßnahmen schnell und vergleichsweise unkompliziert reduziert werden. Vor allen Dingen dann, wenn die Messwerte deutlich über dem Referenzwert liegen, sollten Sofortmaßnahmen umgehend umgesetzt werden. Auf die Frage, welche Radonkonzentration als „deutlich erhöht" einzuschätzen ist, kann keine eindeutige Antwort gegeben werden. Einen Anhaltspunkt gibt die Abschätzung der Dosiserhöhung, d. h., in die Betrachtung ist neben den gemessenen erhöhten Konzentrationswerten auch die Intensität der Raumnutzung sowie die zu erwartende Dauer bis zu einer umfassenden Radonsanierung einzubeziehen. Sind Nebenräume mit geringer Nutzungsdauer betroffen, kann auf Sofortmaßnahmen möglicherweise ganz verzichtet werden. Dagegen müssen für Arbeits- und Wohnräume mit entsprechend intensiver Nutzung Sofortmaßnahmen immer in Betracht gezogen werden, wenn erhöhte Radonkonzentrationen vorliegen. In der „Wegleitung Radon" des BAG Schweiz [13] wird eine Verfahrensweise vorgestellt, in welchem Zeitraum Sanierungsmaßnahmen spätestens durchzuführen sind (Tab. 8.5), die auch Rückschlüsse auf die Dringlichkeit der Anwendung von Sofortmaßnahmen zulässt.

Anmerkungen:

1) Bei Schul- und Kindergartenräumen sollten immer die Sanierungsfristen für Räume mit langem Personenaufenthalt berücksichtigt werden
2) Findet vor Ablauf der genannten Fristen ein wesentlicher Gebäudeumbau statt, muss die Radonsanierung gleichzeitig erfolgen
3) Die Regelungen an Arbeitsplätzen gem. Strahlenschutzgesetz und Strahlenschutzverordnung sind zu berücksichtigen

Tab. 8.5 Maximale Sanierungsfristen in Abhängigkeit von der gemessenen Radonkonzentration sowie der typischen Raumnutzung. (nach [13])

Gemessene Radonaktivitätskonzentration [Bq/m^3]	Maximale Sanierungsfristen in Abhängigkeit von der Raumnutzung 1) bis 3)		
	Räume mit langem Personenaufenthalt (mehr als 30 Std/Woche)	Räume mit kurzem Personenaufenthalt (15 bis 30 Std/Woche)	Räume mit nur gelegentlichem Personenaufenthalt (unter 15 Std/Woche)
>300 bis 600	10 Jahre	30 Jahre	Keine Maßnahmen notwendig
>600 bis 1.000	3 Jahre	10 Jahre	
>1.000 bis 3.000	1 Jahr	3 Jahre	
>3.000	< 1 Jahr (Planung sofort beginnen)	1 Jahr	

Als Sofortmaßnahmen werden Maßnahmen verstanden, die zu einer schnellen Absenkung der Radonkonzentration führen und in der Regel mit geringem Kostenaufwand und ohne aufwendige Baumaßnahmen auskommen. Des Weiteren sind Sofortmaßnahmen dadurch charakterisiert, dass sie ggf. mit Komfortverlust und/oder erhöhtem Energieverbrauch sowie weiteren Nachteilen verbunden sein können, sich also für eine längerfristige Lösung nicht oder nur sehr bedingt eignen. Ebenfalls werden unter Sofortmaßnahmen solche erfasst, die zwar eine Verringerung der Radonkonzentration erwarten lassen, durch die aber nicht die eigentlichen Zielwerte erreicht werden können.

Unter Beachtung der hier beschriebenen Randbedingungen können als Sofortmaßnahmen folgende Lösungen zusammengefasst werden:

- Erhöhung des Luftwechsels in Aufenthalts- und Arbeitsräumen
- Einschränkung der Raumnutzung
- Abschottung hochbelasteter Gebäudebereiche
- Verschluss offensichtlich sichtbarer Risse und Undichtheiten in der erdberührten Gebäudehülle.

Die wichtigste und am häufigsten angewendete Sofortmaßnahme ist die **Erhöhung der Luftwechselrate** durch Vergrößerung des natürlichen Luftwechsels, da damit eine sofortige Reduzierung der Radonkonzentration ohne baulichen Aufwand erreicht wird. Allerdings ist diese Maßnahme immer mit mehr oder weniger hohen Energie- und Komfortverlusten verbunden. Zudem sind, wie das Rechenbeispiel in Abschn. 7.8.3.2 zeigt, der Reduzierung deutliche Grenzen gesetzt, können vor allem bei hohen Ausgangswerten allein durch die Erhöhung der Luftwechselrate die Zielwerte nicht erreicht werden.

Die **Einschränkung der Raumnutzung** – im Extremfall die vollständige Veränderung der Raumnutzung von einem Arbeits- bzw. Wohnraum zu einem Nebenraum – kann nur in der konkreten Situation entschieden werden, dürfte aber in den allermeisten Fällen nicht oder nur temporär möglich sein.

Eine **Abschottung hochbelasteter Räume** innerhalb eines Gebäudes, z. B. indem dichtschließende Innentüren eingebaut oder bestehende ertüchtigt werden, kann ggf. mit relativ geringem Aufwand realisiert werden. Die Frage, ob mit dieser Maßnahme eine Verbesserung zu erwarten ist, muss am konkreten Objekt geprüft werden.

Der **Verschluss offensichtlich sichtbarer Risse und Fehlstellen** in der erdberührten Gebäudehülle ist eine bauliche Maßnahme, die unabhängig von der Radonbelastung immer sinnvoll ist, da damit gleichzeitig Schäden an der Baukonstruktion beseitigt werden. Es ist hierdurch eine Absenkung der Radonbelastung in den Räumen zu erwarten, allerdings ist diese zumeist nicht ausreichend und zudem schwer im Voraus abzuschätzen.

8.4.3.4.3 Abdichtung der erdberührten Gebäudehülle

Eine normgerechte ***Außenabdichtung*** (s. Abschn. 7.4.2) ist in Bestandsgebäuden – wie bereits erwähnt – in der Regel nicht möglich. Lediglich dann, wenn im Rahmen einer aufwendigen Vollsanierung erdberührte Räume (z. B. Kellerräume) von Neben- zu Nutzräumen umfunktioniert werden sollen, kann auch der bauliche Radonschutz in einem dem Neubau vergleichbaren Standard realisiert werden. Diese Situation liegt dann vor, wenn die folgenden Schritte ohnehin geplant sind:

- Einbau einer neuen Bodenplatte als Basiskonstruktion für den normengerechten Einbau der Abdichtung sowie Wärmedämmung und weiterer Fußbodenschichten. Eine solche Bodenplatte wird in Bestandsgebäuden entweder in Höhe der bestehenden Streifenfundamente oder zwischen den aufgehenden Wänden (siehe z. B. Abb. 7.26, dort Lösung b) eingebaut.
- Vollständige Freilegung der erdberührten Außenwände zum Aufbau einer neuen Außenabdichtung, der Applikation einer Wärmedämmung sowie ggf. weiterer Schichten.
- Einbau einer Querschnittsabdichtung in allen aufgehenden Grundwänden, damit die Forderung der wannenförmigen Abdichtungsausführung erreicht werden kann. Nachträgliche Querschnittsabdichtungen werden zumeist mittels einer Mauerwerksinjektage realisiert, der eigentlich für den Radonschutz erforderliche Einsatz mechanischer Verfahren ist aufwendiger zu realisieren und kommt deshalb seltener zum Einsatz.

Insgesamt sind die hier summarisch erfassten Maßnahmen mit einem erheblichen baulichen Aufwand verbunden und deshalb als ausschließliche Radonschutzmaßnahme nicht zweckmäßig. In vielen Fällen lässt die vorhandene Bebauung zudem eine vollständige Freilegung der erdberührten Außenwände nicht zu. Selbst im Falle der Durchführung einer solchen aufwendigen Sanierung bleiben hinsichtlich des Radonschutzes Restrisiken bestehen. So wird der Anschluss einer neu eingebauten Bodenplatte zwischen den Bestandsfundamenten bzw. -wänden immer eine Schwachstelle für konvektiv einströmende Bodenluft darstellen, gelten nachträglich eingebaute Querschnittsabdichtung mittels Injektage nicht als sicher radondicht und sind Inhomogenitäten und ggf. Hohlräume im Bestandsmauerwerk vor allen Dingen bei Gebäuden der Altersklassen C und D nie ganz auszuschließen und häufig auch über eine gründliche Diagnose nicht vollständig zu identifizieren. Über solche Fehlstellen in den aufgehenden Wänden können aber Fehlströmungen von Bodenluft ins Gebäude entstehen (s. Abb. 7.23). Aufgrund des hier zusammengefassten Restrisikos bei nachträglichen Komplettabdichtungen sollte immer zusätzlich eine Unterdrucklösung – in der Regel als Radondränage unterhalb der Bodenplatte (s Abschn. 7.4.2.3.3) – als Absicherung vorgesehen werden.

Sieht man von den seltenen Fällen einer Vollsanierung der erdberührten Gebäudehülle ab, verbleibt im Bestandsgebäuden die Realisierung einer ***Innenabdichtung*** eine Option, die aber ebenfalls vor allen Dingen nur dann als Radonschutzmaßnahme in Betracht kommt, wenn diese als Feuchteabdichtung ohnehin vorgesehen ist. Innenabdichtungen sind in Abschn. 7.4.2.5 beschrieben worden. Dort wird auch auf Nachteile und Problempunkte dieser Lösung eingegangen. Werden die Innenabdichtung gem. WTA-Merkblatt 4–6 wannenförmig und unter Berücksichtigung einer hohen Ausführungsqualität realisiert, ergibt sich gleichzeitig ein guter Radonschutz für die erdberührten Räume. Allerdings dürfte immer ein Restrisiko, dass Bodenluft konvektiv einströmen kann, verbleiben, weswegen auch hier der Einbau einer zusätzlichen Radondränage vorgeschlagen wird.

Mit ***partiellen Abdichtungsmaßnahmen*** werden offensichtlich vorhandene Schwachpunkte (wie zum Beispiel Anschlussfugen) sowie Bauschäden verschlossen. Vor allen Dingen in älteren Gebäuden (Gebäudekategorien C und D), in denen häufig vielfältige Bauschäden sowie ein inhomogener Konstruktionsaufbau vorliegen, ist es schwer, alle Leckagen vollständig zu erfassen. Hier wird eine ausreichende Radondichtheit der erdberührten Gebäudehülle allein mit partiellen Abdichtungsmaßnahmen zumeist nicht erreicht. In Verbindung mit einer Unterdrucklösung sind aber solche partiellen Abdichtungen hilfreich, um Fehlströmungen (Ansaugung von Raumluft) zu vermeiden bzw. zu reduzieren. Können Undichtheiten – zum Beispiel im Bereich von Mediendurchführungen oder Anschlussfugen – eindeutig identifiziert und eingegrenzt werden, kann mit einer gezielten nachträglichen Abdichtung eine hohe Absenkrate der Radonbelastung erreicht werden (s. Abschn. 8.4.6.3).

Weiße Wannen haben als Sanierungslösung eine untergeordnete Bedeutung. Es sind nur wenige Beispiele bekannt, bei denen Weiße Wannen nachträglich in Bestandsgebäuden eingebaut wurden, da diese Lösungen sehr aufwendig und bautechnisch kompliziert sind. Sie kommen deshalb nur bei außergewöhnlichen Situationen zum Einsatz und bedürfen einer besonderen, individuellen Entwicklung des Radonschutzes. Bestehende Weiße Wannen spielen als Sanierungsfall eine Rolle, indem hier ggf. eine Risssanierung erforderlich wird.

8.4.3.4.4 Unterdruck im gebäudeangrenzenden Erdreich und Luftumspülung

Lösungen, bei denen durch aktive oder passive Absaugung von Bodenluft ein Unterdruck im gebäudeangrenzenden Erdreich erzeugt wird, spielen in der Gebäudesanierung eine große Rolle, da mit diesen Lösungen die Konvektion von Bodenluft ins Gebäude auch bei nicht konvektionsdichter Gebäudehülle sicher unterbunden bzw. sehr deutlich reduziert werden kann. Lösungen dieser Gruppe sind in Abschn. 7.4.3 beschrieben Die baulichen Eingriffe in die Bestandskonstruktion und damit die Kosten sind vor allem bei punktueller Absaugung gegenüber allen weiteren baulichen Lösungen am geringsten. Aufgrund der hohen Erfolgsaussichten im Verbund mit einem vergleichsweise geringen baulichen Aufwand hat sich diese Lösungsgruppe deshalb als Vorzugslösung für Gebäudesanierungen weltweit durchgesetzt.

Die Wahl der Lösungen erfolgt unter Berücksichtigung der folgenden Randbedingungen:

- Radonkonzentration in der Raumluft
- Gebäudetyp, Gebäudegröße, Gebäudezustand
- Baugrundeigenschaften
- Geländeverlauf

Die folgende Abb. 8.44 zeigt den Entscheidungsprozess zwischen aktiver und passiver Bodenluftabsaugung. Wie zu sehen ist, spielen hier die Ausgangswerte der Radonkonzentration in der Raumluft sowie die Gesamtgebäudehöhe eine maßgebliche Rolle. Ausgehend von der Messung der Radonwerte in der Raumluft wird die Grundsatzentscheidung getroffen, ob eine passive Lösung überhaupt infrage kommt. Dabei muss in die Entscheidung auch einfließen, ob durch bauliche Veränderungen (zum Beispiel im Ergebnis einer energetischen Sanierung) möglicherweise eine Erhöhung der Radonwerte zu erwarten ist (s. Abschn. 8.4.3.3). In einem zweiten Schritt wird überprüft, ob bei passiver Luftabführung ein genügend großer Auftrieb und damit ausreichender Unterdruck zu erwarten ist. Hierfür ist die Steighöhe des Abluftrohres sowie dessen mögliche Anordnung im Gebäude zu prüfen. Da – wie erwähnt – bei passiven Lösungen immer ein vergleichsweise großes Risiko verbleibt, ob eine ausreichende Absenkung erreicht wird, sollte hier immer die Möglichkeit offengehalten werden, die Anlage zu einem aktiven System umzugestalten. Die hohe Wirksamkeit von aktiven Systemen (s. Auswertung in Abschn. 8.4.6.3), die gute Adaptionsmöglichkeit verschiedener Randbedingungen sowie die geringe Abhängigkeit von äußeren klimatischen Bedingungen sind klare Vorteile dieser Lösung gegenüber passiven Systemen.

In Abb. 8.44 ist der Zwischenschritt einer probeweisen Errichtung eingefügt worden, da nicht immer eine sichere Vorhersage der Erfolgsaussichten möglich ist und über diesen Zwischenschritt die Optimierung der Absaugleistung und ggf. weiterer Komponenten möglich wird. Üblicherweise wird der Optimierungsprozess über ein mehrstufiges Verfahren durchgeführt, mit dem gleichzeitig allgemein die Funktionsfähigkeit überprüft wird. Das Optimierungsverfahren wird durch Messungen der Radonkonzentration begleitet. Diese Messungen ermöglichen eine exakte Bewertung des Erfolges der Maßnahme und gleichzeitig die Optimierung der Anlage. Die Messungen sind ggf. in mehreren Räumen durchzuführen.

Abb. 8.44 Aktive oder passive Absauglösung – Darstellung der Schritte zur Entscheidungsfindung

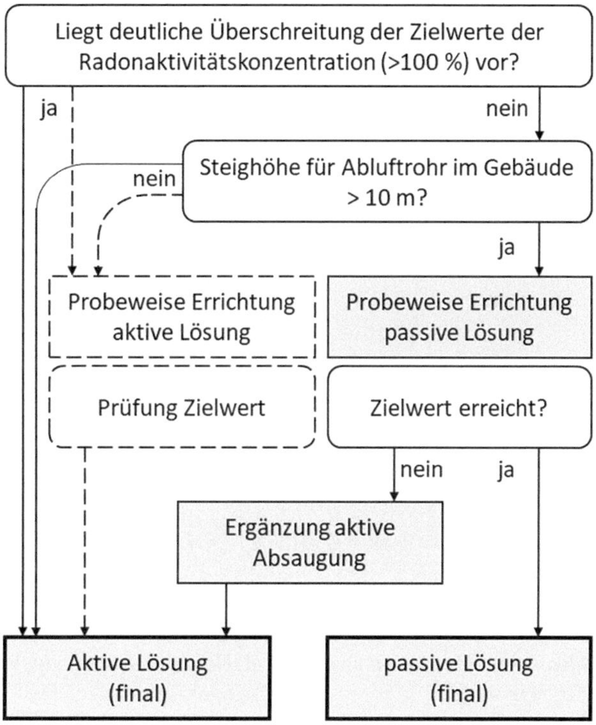

Bei den Messungen wird in der Regel wie folgt vorgegangen (s. Abb. 8.45):

- Messung über jeweils ein bis zwei Tage bei unterschiedlichen Leistungsstufen des Lüfters
- Abschließend Messung über ein bis zwei Tage bei ausgeschaltetem Lüfter
  Im hier dargestellten Beispiel kann eindeutig erkannt werden, dass
- die Lösung eine gute Wirkung zeigt;
- die niedrigste eingesetzte Lüfterleistung knapp ausreichend für das Erreichen des Zielwertes (im Beispiel entspricht der Zielwert gleich dem Referenzwert von 300 Bq/m^3) ist und
- die abschließende nochmalige Messung bei ausgeschaltetem Lüfter bestätigt, dass hier ein deutlicher Wirkzusammenhang vorliegt.

Wünschenswert ist, wenn die hier vorgestellten Kontrollmessungen einen Vergleich mit den vor Beginn der Sanierungsmaßnahme durchgeführten Messungen und somit eine gute Vorher-nachher-betrachtung ermöglichen. Voraussetzung hierfür ist, dass die zeitaufgelösten Messungen am gleichen Ort sowie – wenn möglich – mit der gleichen Messmethode sowie in einer vergleichbaren Jahreszeit durchgeführt werden.

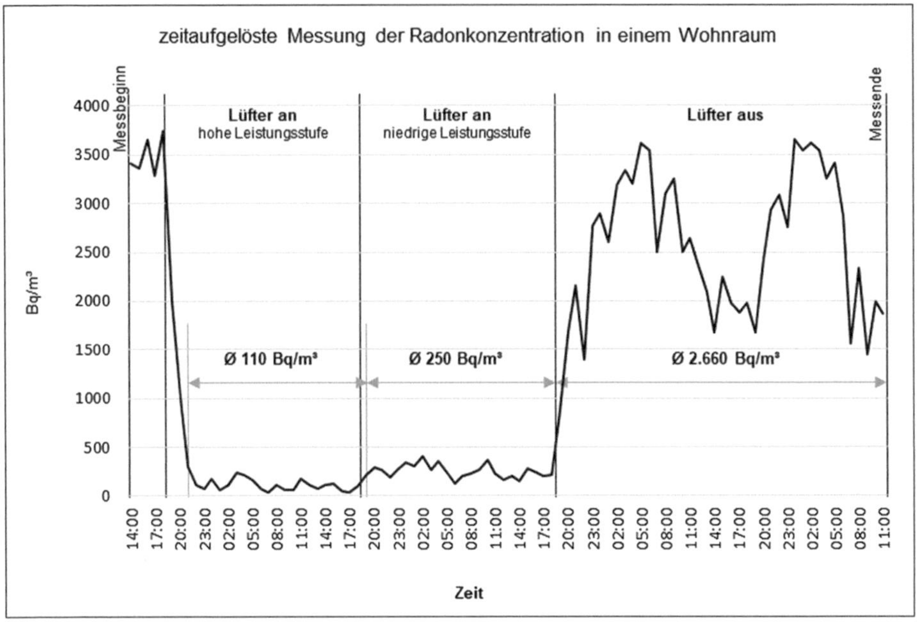

Abb. 8.45 Messkurve einer zeitaufgelösten Messung zur Prüfung der Funktionsfähigkeit einer Absauglösung

In die Entscheidung, welche der Lösungen für die Bodenluftabsaugung (flächige Absaugung, Zwischenbodenabsaugung, Direktabsaugung) zur Anwendung kommt, fließen in erster Linie die Baugrundeigenschaften sowie baulichen Randbedingungen ein (Abb. 8.46). In die Zusammenstellung in Abb. 8.46 ist auch die sogenannte Luftumspülung (s. Abschn. 7.4.5.1) eingezogen worden, obwohl diese Lösung nicht zu den klassischen Unterdrucklösungen zu rechnen ist. Sie gehört aber in den hier vorgestellten Entscheidungsprozess hinein, weswegen dessen Einbeziehung sinnvoll ist.

Hinsichtlich der Bodeneigenschaften sind in erster Linie die Permeabilität sowie ergänzend die Bodenschichtung in die Entscheidung einzubeziehen. Nur wenn eine genügend permeable Bodenschicht direkt am Gebäude oder nahe an der erdberührten Gebäudehülle vorhanden ist, kann der erforderliche Unterdruck im Boden aufgebaut werden. Dabei ist zu beachten, dass diese permeable Schicht durchaus auch eine bereits vorhandene kapillarbrechende Kiesschicht oder ähnlich geeignete eingebaute Schicht sein kann. Hinsichtlich der Frage, inwieweit die Bodenschichtung den Aufbau eines Unterdruckes durch Direktabsaugung zulässt, wird auf die Ausführungen in Abschn. 7.4.3.3 verwiesen. Neben den in Abb. 8.46 erfassten Bodeneigenschaften gehen in die Entscheidung die folgenden weiteren Randbedingungen ein:

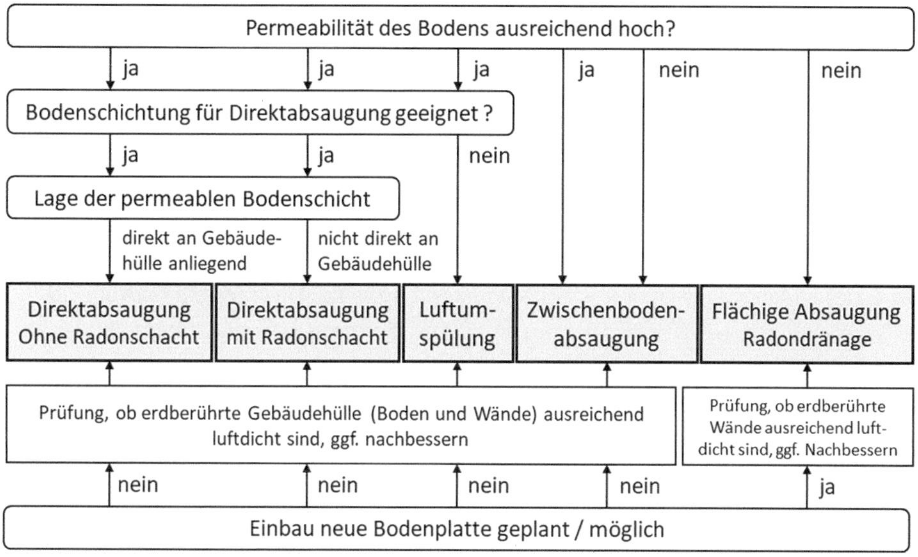

Abb. 8.46 Entscheidungsmatrix zur Wahl der verschiedenen Bodenluftabsaugungslösungen

- unterirdische abgrenzende Bauwerke, wie Streifenfundamente, Grundmauern, Schächte usw.
- Gebäudeform (gerader unterer Abschluss, Teilunterkellerungen usw.)
- Geländeverlauf (eben oder geneigt).

Die im unteren Teil von Abb. 8.46 aufgeführten Fragen zum Einbau einer neuen Bodenplatte sind Grundlage für die Entscheidung, ob eine Flächendränage unterhalb des Bestandsgebäudes möglich ist. Falls diese Frage positiv beschieden wird, d. h. der Einbau einer neuen Bodenplatte ohnehin vorgesehen ist, stellt, auch im Falle einer ausreichenden Permeabilität des Bodens die flächige Dränage die Vorzugslösung dar, da mit dieser Lösung eine höhere Wirksamkeit und größere Sicherheit des Erfolgs gegenüber punktuellen Lösungen erreicht wird.

Ergibt sich im Ergebnis des Entscheidungsprozesses nach Abb. 8.46 in seltenen Fällen, dass keine der aufgeführten Unterdrucklösungen angewendet werden kann, müssen andere Strategien des bau- und lüftungstechnischen Radonschutzes in Betracht gezogen werden. Hier sind vor allen Dingen die verschiedenen Abdichtungslösungen (s. Abschn. 8.4.3.4.3) sowie lüftungstechnische Lösungen (s. Abschn. 8.4.3.4.5) zu nennen.

8.4.3.4.5 Lüftungstechnische Lösungen

Üblicherweise werden lüftungstechnische Lösungen nicht ausschließlich für den Radonschutz entwickelt und eingesetzt. Im Vordergrund stehen Fragen des Komforts, der Luftfeuchteregulierung der Gesundheitsvorsorge des Schutzes vor erhöhtem Schadstoffgehalt bis hin zur Wärmeversorgung. Aber immer dann, wenn ein lüftungstechnisches Konzept erarbeitet und umgesetzt wird, sollte der Radonschutz Teil der Lösung sein, da in dieser Konstellation die Zielstellungen des Radonschutzes zumeist ohne signifikanten Mehraufwand und mit geringen bis keinen Mehrkosten erreicht werden können. Das trifft vor allem dann zu, wenn mechanische Lüftungssysteme zum Einsatz kommen. Auf den Zusammenhang zwischen Radonschutz, Feuchteschutz und erhöhten Schadstoffanteil in der Raumluft wurde bereits in Abschn. 7.8 eingegangen (s. Abb. 7.80). Dort wurden auch die lüftungstechnischen Lösungen mit der Unterteilung in manuelle Lösungen (**L.0** und **L1.1** bis **L1.3**) und mechanische Lüftungssysteme (**L2.1** bis **L2.4**) vorgestellt (s. Abb. 7.82).

Anwendung mechanischer Lüftungssysteme:
In DIN/TS 18117-1 [14] ist eine Entscheidungshilfe für die Anwendung ventilatorgestützter Lüftungssysteme aus Sicht des Radonschutzes aufgenommen worden, welche in Tab. 8.6. zusammengefasst wiedergegeben wird. In diese Entscheidungshilfe sind die folgenden Aspekte einbezogen:

- **Höhe der Radonkonzentration in der Raumluft:** Hier werden die folgenden Gruppen gebildet:
  - bis 300 Bq/m^3
  - 300 bis 500 Bq/m^3
  - 500 bis 1.000 Bq/m^3
  - größer 1.000 Bq/m^3
- Die Festlegung der Gruppengrenzen bezieht den Referenzwert (300 Bq/m^3) sowie die häufig als kritischen Grenzwert betrachtete Marke von 1.000 Bq/m^3 ein[2].
- **Raumnutzung:** Hier werden die in der Lüftungsnorm DIN 1946-6 [17] eingeführten Raumkategorien übernommen, wobei mit Rücksicht auf die Strahlenschutzgesetzgebung die Eingruppierung „Arbeitsplätze“ ergänzt worden ist.
  - Praktisch ungenutzt / keine Arbeitsplätze
  - Wenig genutzt / keine Arbeitsplätze
  - Nutzräume (Aufenthaltsraum oder Arbeitsplatz)
- **Dichtheit der erdberührten Gebäudehülle**: Bei Undichtheiten in der Gebäudehülle besteht die Gefahr, dass die Ziele des Lüftungskonzeptes nicht erreicht werden können. Werden Über- oder Unterdrucklösungen angewendet, können zudem aufgrund der Erhöhung des konvektiven Luftstroms durch die Außenbauteile Feuchteschäden in der Konstruktion nicht ausgeschlossen werden. Ggf. ist es deshalb erforderlich, parallel zur Realisierung des Lüftungskonzeptes partielle Abdichtungsmaßnahmen an der Gebäudehülle (s. Abschn. 7.4.2.6) durchzuführen.

[2] So waren zum Beispiel in der Schweiz bis zur Übernahme der in der europäischen Strahlenschutzgesetzgebung eingeführten Referenzwerte 1.000 Bq/m^3 als gesetzlicher Grenzwert eingeführt.

Tab. 8.6 Anwendung von lüftungstechnischen Lösungen in Abhängigkeit von der Radonkonzentration, der Gebäudedichtheit sowie der Art der Raumnutzung (nach DIN/TS 18 117-1)

<table>
<tr><td rowspan="2">Radon-konzentration in der Raumluft In Bq/m³</td><td rowspan="2">Gebäude-dichtheits-stufe</td><td colspan="3">Raumnutzung</td></tr>
<tr><td>Praktisch ungenutzt</td><td>Wenig genutzt</td><td>Nutzraum (Aufenthalts- und Arbeitsraum)</td></tr>
<tr><td>< 300</td><td></td><td colspan="2">Kategorie I
1); a); b)</td><td>Kategorie I
2); a); b)</td></tr>
<tr><td rowspan="3">≥ 300 bis 500</td><td>hoch</td><td rowspan="9">Kategorie I
1); a)</td><td rowspan="3">Kategorie I
1); a)</td><td rowspan="2">Kategorie II
b)</td></tr>
<tr><td>mittel</td></tr>
<tr><td>gering</td><td>Kategorie III</td></tr>
<tr><td rowspan="3">≥ 500 bis 1.000</td><td>hoch</td><td colspan="2" rowspan="2">Kategorie II
b)</td></tr>
<tr><td>mittel</td></tr>
<tr><td>gering</td><td colspan="2">Kategorie III</td></tr>
<tr><td>≥ 1.000</td><td>hoch</td><td colspan="2">Kategorie II
b)</td></tr>
<tr><td></td><td>mittel</td><td>Kategorie II
b)</td><td>Kategorie II
c)</td></tr>
<tr><td></td><td>gering</td><td colspan="2">Kategorie III</td></tr>
</table>

Spezifizierungen:

1) im Einzelfall Kategorie II empfehlenswert (örtlich abzustimmen)

2) Kategorie II, wenn geringere Radonkonzentration in der Raumluft erreicht werden soll

a) lüftungstechnische Maßnahmen unter Einbezug erdberührter Räume

⇨ Lösungen **L** und **Z**

lüftungstechnische Maßnahmen in nichterdberührten Räumen

⇨ Lösungen **L**, **Z**, **A**

b) ⇨ Lösungen **L** und **Z**

c) ⇨ Lösung **Z**

Folgende Dichtheitsstufen werden definiert:

- Gebäudeluftdichtheit hoch: n_{50}-Wert < 1,0 h^{-1}
- Gebäudedichtheit mittel:n_{50}-Wert 1,0 bis 3,0 h^{-1}
- Gebäudedichtheit gering:n_{50}-Wert > 3,0 h^{-1}

Die Entscheidungshilfe der DIN/TS 18117-1 enthält drei **Kategorien der lüftungstechnischen Lösungen**.:

- **Kategorie I:** keine lüftungstechnischen Maßnahmen gefordert
- **Kategorie II:** lüftungstechnische Maßnahmen möglich und empfehlenswert
- **Kategorie III:** lüftungstechnische Maßnahmen praktisch nicht möglich, bauliche Maßnahmen
  sind in diesen Anwendungsfällen wirksamer.

In die Entscheidungsfindung fließt letztendlich noch die **Art der Lösung** ein mit:

- **L:** Erhöhung des Luftwechsels durch balancierte Zu-/Abluftsysteme (Gleichdrucksystem)
- **Z:** Zuluftüberschuss (Überdrucksysteme)
- **A:** Abluftüberschuss (Unterdrucksysteme)

Anwendung manuelle Lüftung:
Zumeist ist es nicht möglich, allein durch die Erhöhung der Luftwechselrate die Ziele des Radonschutzes zu erreichen. Im Abschn. 7.8.3.2 wurden anhand einer einfachen Berechnung die Veränderungen der Radonkonzentration in der Raumluft durch Erhöhung der Luftwechselraten ermittelt (s. Tab. 7.4). Diese Berechnung zeigt, dass der Reduzierung der Radonkonzentration in der Raumluft durch die Erhöhung der Luftwechselrate deutliche Grenzen gesetzt sind. Da die Erhöhung des Luftwechsels zugleich immer mit Energieverlusten und Komforteinschränkung verbunden ist, sollte diese Lösung auf Sofortmaßnahmen beschränkt bleiben.

8.4.3.5 Besondere Aspekte und Lösungen im Rahmen der Gebäudesanierung

Energetische Sanierung und Radonschutz:
Energetische Sanierungen haben das vorrangige Ziel, den Energieverbrauch von Gebäuden zu senken. Wichtige Bausteine sind hier die Wärmedämmung der Gebäudehülle, die Reduzierung der Luftwechselrate, des Weiteren der Einbau energieeffizienter Heizungen, die Nutzung erneuerbarer Energiequellen, der Einsatz energiesparender Geräte und weiterer Maßnahmen. Hinsichtlich des Radonschutzes ist vor allem die Reduzierung der Luftwechselrate von Interesse, da dadurch – wie in Abschn. 7.8.2 gezeigt – die Radonkonzentration in der Raumluft deutlich steigen kann. Werden diese Maßnahmen ohne Berücksichtigung des Radonschutzes durchgeführt, wird die Radonkonzentration in der Raumluft aufgrund der Reduzierung der Luftwechselrate regelmäßig steigen. Wie die in Abb. 8.47 beispielhaft zusammengestellten Ergebnissen von Messungen aus den 90-er Jahren zeigen, kann diese Erhöhung zum Teil sehr deutlich ausfallen.

Um die Anforderungen des Radonschutzes bei energetischen Sanierungen zu erfüllen, sind die folgenden Hinweise und Lösungen zu berücksichtigen:

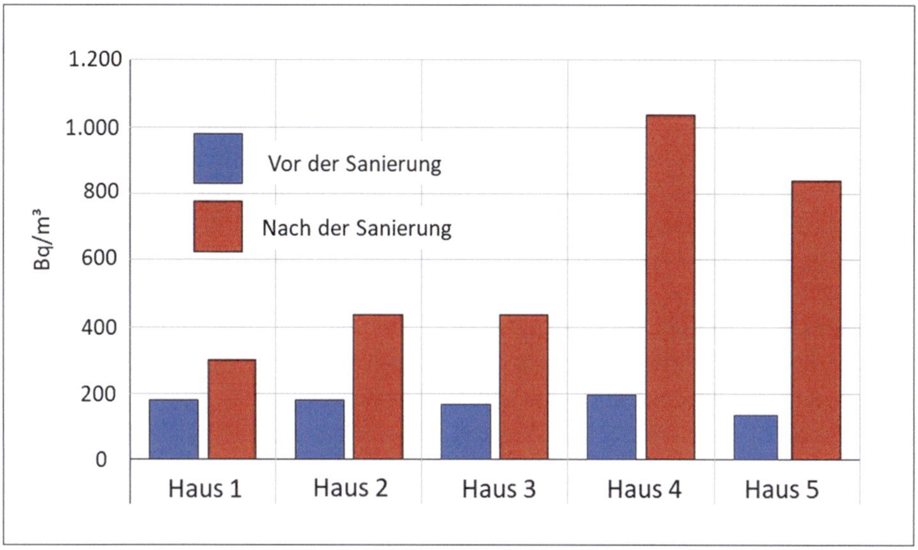

Abb. 8.47 Beispiele für den Anstieg der Radonkonzentration in Wohnungen nach energetischer Sanierung. (nach [16])

- Die Tatsache, dass im Ergebnis von Gebäudesanierungen mit steigenden Radonkonzentrationen in der Raumluft zu rechnen ist, ist bei der Einschätzung der Messwerte im Bestand zu berücksichtigen. Das bedeutet, dass bau- oder lüftungstechnische Maßnahmen ggf. auch dann erforderlich werden, wenn die Messwerte vor der Sanierung unterhalb der Zielwerte liegen.
- Mögliche flankierende Maßnahmen zur energetischen Sanierung sind
  - **Abdichtung der erdberührten Gebäudehülle** gem. Abschn. 7.4.2.3. Im Bestand ist der Einbau einer normgerechte Außenabdichtung nur selten möglich. Als Alternative kann eine Innenabdichtung gem. Abschn. 7.4.2.5 realisiert werden.
  - **Partielle Abdichtung von Rissen und sonstigen Undichtheiten** gem. Abschn. 7.4.2.6. Im Allgemeinen ist diese Maßnahme ohnehin erforderlich, für den Radonschutz zumeist als alleinige Maßnahme aber nicht ausreichend.
  - **Einbau einer Bodenluftabsaugung als punktuelle Direktabsaugung oder flächige Absaugung** gem. Abschn. 7.4.3.5. Der Einbau einer Bodenluftabsaugung ist auch dann sinnvoll, wenn die Messwerte vor der Sanierung unter den Zielwerten liegen. Häufig wird die Bodenluftabsaugung in einer ersten Ausbaustufe nur vorbereitet (s. Abschn. 7.4.2.3.3)
  - **Abschottung innerhalb des Gebäudes** gem. Abschn. 7.5. Wird die energetische Sanierung nur für einen Teil des Gebäudes durchgeführt und betrifft diese nicht die erdberührten Räume, kann durch eine sichere Abschottung zu den Kellerräumen erreicht werden, dass ein Weitertransport der hochbelasteten Luft in Nutzräume

verhindert wird. Dieser Lösungsansatz kommt dann infrage, wenn für Kellerräume die klassische Lösung beibehalten wird, diese nur für wenig genutzte Nebenräume (Lager, Technik usw.) zu nutzen.

- **Einbau einer mechanischen Lüftungsanlage mit Drucküberschuss** (bevorzugt Lösungen L2.2 und L2.3 nach. Abschn. 7.8.3). Der Einbau einer mechanischen Lüftungsanlage ist im Rahmen von komplexen Gebäudesanierungen unabhängig von der Radonthematik ohnehin eine interessante Lösung. Mit der Steuerung der Luftwechselrate kann dabei gleichzeitig der Radonschutz sehr gut umgesetzt werden. Es ist aber darauf zu achten, dass keine Unterdrucklösungen eingesetzt werden.
- **Berücksichtigung der Exhalation von Radon aus Baustoffen** (gem. Abschn. 7.6). Liegt die Vermutung nahe, dass Baustoffe mit erhöhter Exhalation eingebaut sind, muss im Rahmen der Voruntersuchungen geprüft werden, ob die zu erwartende Reduzierung der Luftwechselrate zu einer nicht akzeptablen Erhöhung der Abgabe von externer und interner Strahlung in den Raum führt. Ggf. sind bei begründetem Verdacht die belasteten Baustoffe auszuwechseln oder andere absenkende Maßnahmen einzuplanen.

Radonschutz im Rahmen denkmalpflegerischer Maßnahmen:
In Deutschland sind laut. einer Meldung des statistischen Bundesamtes aus dem Jahre 2018 etwa 630 Tausend Baudenkmale klassifiziert. Davon sind nach [17] etwa ca. 80 % Wohngebäude und 10 % sonstige Gebäude (Kirchen, Schlösser, Industriebauten usw.). Die hier aufgeführten Zahlen zeigen, dass man etwa von 500 bis 550 Tausend denkmalgeschützten Gebäuden in Deutschland ausgehen kann, von denen der Großteil Wohngebäude sind. Andere Quellen sprechen gar von bis zu 1 Mio. denkmalgeschützter Objekte in Deutschland, was etwa 3 % des gesamten Wohnbestandes ausmachen würde.

Für die Anforderungen an den Denkmalschutz sowie die Umsetzung von Denkmalschutzmaßnahmen gibt es keine einheitlichen Regelungen. In Deutschland ist der Denkmalschutz über die Denkmalschutzgesetzgebung der Bundesländer geregelt, eine ähnliche Struktur ist auch in Österreich und der Schweiz eingeführt. Bei den obersten Denkmalschutzbehörden der Länder werden die Denkmallisten geführt. Für den Umgang mit Denkmalen gelten allgemeine Grundsätze und Regeln, die vom Internationalen Rat für Denkmalpflege (ICOMOS) erarbeitet worden sind. Die Wesentlichsten sind dabei.:

- Vorrang des Erhalts und der Reparatur vor dem Austausch;
- Nutzung traditioneller Techniken und authentischer Materialien und Konstruktionen;
- Sicherung der Möglichkeit einer späteren Revision

Übergeordnetes Ziel des Denkmalschutzes ist der – weitestgehend originale – Erhalt von Gebäuden, Baukonstruktionen und Baumaterialien. Hierzu ist u. a. eine dauerhafte, denkmaladäquate Nutzung erforderlich, da Gebäude, die nicht ständig genutzt werden, dem Verfall preisgegeben sind und gravierende Nutzungsänderungen den Denkmalcharakter zuwiderlaufen können. Häufig stehen aber die denkmalrechtlichen

Zielstellungen im Widerspruch zu Wünschen nach Nutzungsveränderung, Anwendung kostengünstiger Sanierungslösungen, aber auch der Einhaltung von Zielen des Gesundheits- und Brandschutzes sowie der Energieeffizienz. Der Radonschutz ist in diese Reihe der Schutzzielen einzubeziehen, da auch hier möglicherweise die Anforderungen mit den Zielen des Denkmalschutzes kollidieren können.

Werden an Baudenkmalen bauliche Veränderungen vorgenommen, erfordern diese Maßnahmen grundsätzlich eine denkmalrechtliche Genehmigung. Im Rahmen dieses Genehmigungsverfahrens sollten – wie für alle geplanten Maßnahmen auch für solche des Radonschutzes – sehr frühzeitig Abstimmungen mit den zuständigen Behörden durchgeführt werden. In der Regel werden im Rahmen dieser Abstimmung Kompromisslösungen erreicht, die sowohl die denkmalpflegerischen Zielstellungen als auch solche des Gesundheits- und Brandschutzes in Einklang bringen.

Aufgrund der Vielfältigkeit von denkmalgeschützten Gebäuden, ist es nicht möglich, für diese allgemein verbindliche Regelungen für Maßnahmen des baulichen Radonschutzes zu definieren. Grundsätzlich gelten die für Sanierungen vorgestellten Möglichkeiten, aber auch Anwendungsgrenzen vollinhaltlich auch für denkmalgeschützte Gebäude. Es können sowohl konzeptionelle Maßnahmen, Abdichtungen an der Gebäudehülle sowie Abkopplungen innerhalb des Gebäudes als auch lüftungstechnische Maßnahmen angewendet werden. Wie auch für nichtdenkmalgeschützte Gebäude wird aber auch hier die Bodenluftabsaugung die am häufigsten angewendete Maßnahme sein. Die Abdichtung der Gebäudehülle ist immer mit Eingriffen in die Bausubstanz verbunden, eine Anwendung ist hier deshalb schwierig zu realisieren, aber durchaus denkbar. Letztendlich wird es immer auf eine individuelle Entscheidung hinauslaufen.

In Tab. 8.7 sind mögliche Maßnahmen des Radonschutzes hinsichtlich der notwendigen Eingriffe in die Bausubstanz, der Effektivität der Maßnahme, der zu erwartenden Kosten sowie der Denkmalverträglichkeit zusammengestellt. Grundlage ist der Leitfaden „Minderung der Radonkonzentration in denkmalgeschützten Gebäuden“ [17]. Für die folgende Tabelle wurde dieser weiterentwickelt und modifiziert.

8.4.4 Besondere Lösungen

In diesem Abschnitt wird auf besondere bauliche Lösungen und Nutzungen eingegangen, die für die Planung des Radonschutzes spezifische Lösungen erfordern. Diese kommen sowohl im Neubaugeschehen als auch bei der Sanierung bestehender Gebäude zur Anwendung. Insofern sind die Schritte zu den Voruntersuchungen sowie zur Planung entsprechend den Erläuterungen in den Abschn. 8.4.2 (Neubau) sowie 8.4.3 (Sanierung) durchzuführen.

8.4.4.1 Hallenbauten

Hallenförmige Gebäude kommen in erster Linie im Industrie- und Gesellschaftsbau zur Anwendung. Spezifika sind das große Raumvolumen, häufig eine deutlich größere Luft-

Tab. 8.7 Zusammenfassende Bewertung der bau- und lüftungstechnischen Maßnahmen hinsichtlich der Denkmalverträglichkeit. (nach [17], weiterentwickelt)

Maßnahmen-gruppe	Maßnahme	Eingriff in die Bausubstanz	Effektivität der Maßnahme	Kosten	Denkmal-ver-täg-lichkeit
1	2	3	4	5	6
Konzeptio-nelle Maß-nahmen	Nutzungsänderung	1 bis 2	2 bis 3	1 bis 2	a
	Räumliche Tren-nungen	1 bis 2	2 bis 3	1 bis 2	b
	Beseitigung unterdruck-induzierender Situationen	1 bis 2	1	1	b
Abdichtungs-maßnahmen	Wannenartige Außenabdichtung	3	2	3	b bis c
	Wannenartige Innenabdichtung	2	2	2	b
	Partielle Ab-dichtung kon-vektiver Eintritts-pfade	1	1	1	a
Bodenluft-absaugung	Punktuelle Direkt-absaugung	1	2 bis 3	1 bis 2	a
	Flächige Boden-luftabsaugung	3	3	3	b bis c
	Hohlraum- Unter-bodenabsaugung	1 bis 2	2 bis 3	2	a bis c
Lüftungs-technische Maßnahmen	Erhöhung der Luftwechselrate durch freie Lüf-tung	0	1	0	a
	Aktive Gebäude-lüftung	1 bis 2	3	2 bis 3	b bis c

Erläuterungen der Klassifizierung:
Kriterien nach Spalte 3 bis 5:
1: gering
2: mittel
3: hoch
Kriterien nach Spalte 6:
a: denkmalpflegerische Eingriffe gering bis nicht vorhanden
b: denkmalpflegerische Eingriffe objektbedingt gering bis mittel; Abstimmungsbedarf mit Denkmalschutzbehörden im Vorfeld der Maßnahme erforderlich
c: zumeist hohe Eingriffe in die Denkmalsubstanz; hoher Abstimmungsbedarf mit den Denkmalschutzbehörden

wechselrate infolge technologischer Prozesse oder durch die Nutzung. In Industriebauten wird bei Lastfall W1-E gem. DIN 18 533 in vielen Fällen keine luft- und gasdichte Abdichtung der Bodenplatte realisiert, da eine solche aufgrund vieler Durchstoßpunkte für Stützen und Medienführung zu erheblichen Mehraufwendungen führen würde. In öffentlich genutzten Einrichtungen, wie zum Beispiel Einkaufszentren u. ä. dürfte dagegen die normgerechte Abdichtung der Bodenplatte Standard sein.

Große Raumvolumina mit zum Teil hohen Luftwechselraten sind ein wesentlicher Faktor für die Reduzierung der Radonkonzentration in der Raumluft. Dagegen können im Falle nicht oder nicht vollständig abgedichteter Bodenplatten große Mengen an radonangereicherter Bodenluft ins Gebäudeinnere einströmen, was wiederum zu erhöhter Radonkonzentration in der Raumluft führt. Welcher Faktor maßgeblicher ist, kann nur objektkonkret und unter Berücksichtigung der Radonbelastung im Erdreich abgeschätzt werden.

Für Hallenbauten wird hinsichtlich des Radonschutzes folgende Vorgehensweise vorgeschlagen:

1. Rechnerische Abschätzung der Radonbelastung unter Berücksichtigung des Radonpotenzials im Erdreich, der Dichtheit der erdberührten Gebäudehülle sowie der nutzungsbedingten Luftwechselrate.
2. Sollte sich aus der rechnerischen Abschätzung ergeben, dass eine erhöhte Radonbelastung nicht auszuschließen ist, sind entsprechend absichernde bzw. eingrenzende Maßnahmen einzuplanen. Das kann zum Beispiel eine räumliche Abgrenzung intensiv genutzter Bereiche innerhalb des Bauvolumens sein, in denen ein geringer Überdruck induziert wird, um zu verhindern, dass Luft aus dem größeren Hallenvolumen in diese Bereiche eindringt. Sind intensiv genutzte Räume innerhalb der Hallen (z. B. Werkstätten) direkt auf der Bodenplatte positioniert, ist ggf. eine auf diesen Bereich begrenzte Abdichtung sinnvoll (s. Abb. 8.48). Eine weitere, häufig angewendete Maßnahme ist der Einbau einer Flächendränage unterhalb der Bodenplatte zur Schaffung eines Druckgefälles vom Gebäude ins Erdreich, die ggf. in einer ersten Ausbaustufe noch ohne aktive Luftabsaugung eingebaut wird (Vorgehensweise nach Abschn. 7.4.2.3.3).

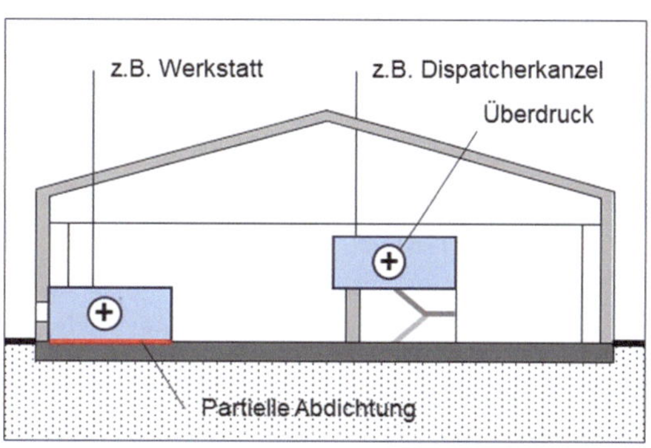

Abb. 8.48 Prinzipdarstellung Hallenquerschnitt mit Darstellung abgegrenzter Bereiche, für die ein erhöhter Radonschutz erforderlich ist

8.4.4.2 Radonschutz in Niedrigenergie- und Passivhäusern

Niedrigenergie- und Passivhäuser zeichnen sich durch eine hochdämmende Gebäudehülle sowie hohe Luftdichtheit mit sehr geringer Luftwechselrate aus. Das Konzept beinhaltet des Weiteren den Einbau einer Lüftungsanlage mit Wärmerückgewinnung, durch die sichergestellt wird, dass trotz geringer Luftwechselraten eine gute Luftqualität bei geringstmöglichen Energieverlusten erreicht wird. Der Begriff „Passivhaus" bedeutet, dass diese Gebäude nur sehr wenig Heizenergie benötigen, sodass keine klassische Gebäudeheizung eingebaut werden muss, der Großteil des erforderlichen Wärmebedarfs aus passiven Quellen (Sonneneinstrahlung, interne Abwärme) gewonnen werden kann. Sehr häufig wird die erforderliche Frischluft über einen Erdwärmetauscher in das Gebäude geführt. Auf solche und ähnliche Anlagen, bei denen eine direkte Anbindung ins Erdreich vorhanden ist, wird im folgenden Abschn. 8.4.4.3 eingegangen.

Die sehr geringen Luftwechselraten, welche für alle Niedrigenergiehauskonzepte typisch sind, können potenziell zu einer Erhöhung der Radonkonzentration im Gebäudeinneren führen, wenn über Undichtheiten in der Gebäudehülle (z. B. Medieneinbindungen) Bodenluft konvektiv einströmen kann, Bei sehr großem Radonpotenzial im gebäudeanstehenden Erdreich gewinnt zudem die Diffusion von Bodenluft ins Gebäude an Bedeutung, auch wenn hier die Konstruktion der Gebäudehülle in der Regel eine hochwirksame Radonbarriere darstellt. Zu beachten ist des Weiteren ein möglicher Beitrag aus Exhalation aus den eingesetzten Baustoffen.

Grundsätzlich ist die Wirkung der hier genannten Quellen aufgrund der niedrigen Luftwechselraten höher als in Gebäuden mit größerer Luftwechselrate. Die Frage, inwieweit sich hieraus eine Radongefährdung ergibt, wurde in mehreren Arbeiten (z. B. Baumann [18] sowie Bionda [19]) untersucht, wobei in [19] die Einschätzung von Erdwärmetauschern im Vordergrund stand. Die Ergebnisse der hier benannten sowie weiterer Einzeluntersuchungen zeigen, dass der Radonschutz in Niedrigenergie- und Passivhäusern problemlos realisiert werden kann, wenn dieser von vornherein in die Planung einbezogen wird. Großen Einfluss hat die Betriebsweise der Lüftung. Sie sollte so konfiguriert werden, dass im Gebäude ein geringer Überdruck herrscht (Lösung L2.2 nach DIN/TS 18117-1), wodurch sicher verhindert wird, dass durch Konvektion Bodenluft ins Gebäude eindringt. Ist diese Situation gegeben, stellen sich Radonkonzentrationen im Gebäude ein, die im Bereich der Außenluftbelastung liegen. Ist die Lüftung nicht in Betrieb, erhöht sich die Radonkonzentration in der Raumluft. Inwieweit dadurch Zielwertüberschreitungen entstehen, kann nur objektkonkret, zum Beispiel über zeitaufgelöste Messungen, festgestellt werden. Wird die Lüftungsanlage immer nur dann ausgeschaltet, wenn die Räume ungenutzt sind (zum Beispiel bei urlaubsbedingter Abwesenheit), ist die Erhöhung der Konzentrationswerte in der Raumluft aus gesundheitlicher Sicht akzeptabel. In der Regel wird aber der Betrieb der Lüftungsanlagen im Sommerhalbjahr vollständig unterbrochen, allerdings sind dann die Luftwechselraten infolge Fensterlüftung zumeist höher. Die Gefahr einer Zielwertüberschreitung ist hier deshalb gering.

8.4.4.3 Einschätzung einer möglichen Erhöhung der Radonkonzentration in Gebäuden bei Bodenluftansaugungen

Beim Einsatz von raumlufttechnischen Anlagen werden zur Temperierung der angesaugten Frischluft häufig Erdwärmetauscher der Lüftungsanlage vorgeschaltet. Hierzu wird ein Rohrsystem im Erdreich verlegt, durch das die angesaugte Luft zum Lüftungsgerät strömt. Damit wird ein Wärmetausch zwischen angesaugter Luft und dem Erdreich erreicht, wodurch im Winter eine Vorerwärmung, im Sommer eine Kühlung der angesaugten Luft erfolgt. Ein ähnliches Prinzip liegt den sogenannten Schotterspeichern zugrunde. Hier wird die angesaugte Luft durch einen großen unterirdisch angelegten Schotterspeicher der raumlufttechnischen Anlage zugeführt. Eine weitere typische Anwendung, bei der im Erdreich verlegte Rohrsysteme in das System eingebunden werden, sind die verschiedenen Varianten von Erdsonden für Wärmepumpen. Alle diese hier aufgeführten Lösungen haben die gemeinsame Eigenschaft, dass eine direkte Einbindung eines unterirdischen Rohrsystems ins Gebäudeinnere vorliegt. Damit kann nicht ausgeschlossen werden, dass durch Undichtheiten im System Bodenluft ins Gebäude einströmt. Allerdings benötigen die hier aufgeführten System für ein sicheres Funktionieren ohnehin eine gute Abdichtung der verlegten Rohrsysteme zum Erdreich. Zudem liegt der Verbindungspunkt vom erdverlegten Rohrsystem ins Gebäude zumeist in einem Technikraum, der nicht als Nutzraum einzuordnen ist.

Die Frage, inwieweit hier tatsächlich eine relevante Gefährdung vorliegt, ist noch nicht systematisch und umfassend untersucht worden. Bisher durchgeführte Kontrollmessungen [19, 20] haben aber keine Anhaltspunkte für ein erhöhtes Radonrisiko ergeben. In allen dort erfassten Beispielen wurde offensichtlich über das Rohrsystem keine Bodenluft ins Gebäude gezogen. Trotzdem sollte bei der Konzeption dieser Systemlösung darauf geachtet werden, dass der Anschlusspunkt der im Boden verlegten Rohrleitungen ans Gebäude möglichst in einem Raum, der von den Nutzräumen luftdicht abgetrennt ist, liegt. Auch wird empfohlen, in diesem Bereich nach Fertigstellung der Anlage gezielte Raumluftmessungen durchzuführen. Diese sollte in Abständen von drei bis fünf Jahren wiederholt werden, um evtl. Schäden, die im Laufe der Nutzungszeit entstehen können, zu erkennen und zu beseitigen.

8.4.4.4 Bau- und lüftungstechnische Lösungen für Arbeitsbereiche mit erhöhter Exposition durch natürliche Strahlen – Beispiel Wasserwerke

Für Arbeitsfelder, in denen eine erheblich erhöhte Exposition durch natürliche Strahlenquellen nicht zu vermeiden ist, sind besondere Lösungen zur Einhaltung von verbindlich festgelegten Grenzwerten erforderlich, die, aufbauend auf den Festlegungen der Strahlenschutzgesetzgebung über den Arbeits- und Gesundheitsschutz geregelt sind. Solche Arbeitsfelder sind gemäß § 127 in Verbindung mit Anlage 8 des Strahlenschutzgesetztes Arbeitsplätze in untertägigen Bergwerken, Schächten und Höhlen einschließlich Besucherbergwerken, des Weiteren Arbeitsplätze in Radonheilstollen sowie in Wasserwerken. Auf die strahlenschutzrechtliche Verfahrensweise wird in Abschn. 9.2.3.7

näher eingegangen. In diesem Abschnitt wird auf die Besonderheiten bei der Umsetzung von bau- und lüftungstechnischen Lösungen in Verbindung mit organisatorischen Lösungen eingegangen. Dabei stehen Wasserwerke exemplarisch für Arbeitsplätze mit erhöhter Exposition durch natürliche Strahlung, da hier durch den Prozess der Wasseraufbereitung erhebliche Radonmengen freigesetzt werden können. Ergänzend zu den folgenden Ausführungen wird auf das Merkblatt „Schutz vor Radon an Arbeitsplätzen in Anlagen der Wassergewinnung, -aufbereitung und -verteilung" des Ministeriums für Umwelt, Klima und Energiewirtschaft Baden-Württemberg [21] verwiesen.

Für die Umsetzung von organisatorischen sowie bau- und lüftungstechnischen Maßnahmen zur Begrenzung der Exposition an den Arbeitsplätzen in Wasserwerken muss die Technologie der Wasseraufbereitung bekannt und müssen die Quellen für die erhöhte Exposition ermittelt sein. Da die baulichen und technologischen Lösungen in den jeweiligen Wasserwerken verschieden sind, ist die Lösungsfindung immer ortskonkret zu gestalten. Diese muss auf einer gründlichen Diagnose basieren. Die besondere Belastungssituation in Wasserwerken ist durch den technologischen Prozess der Wasseraufbereitung begründet. Über das zufließende Rohwasser wird immer gleichzeitig Radon transportiert. Dabei ist die Höhe des im Wasser gebundenen Radons regional sehr unterschiedlich, was sich in der Höhe der Exposition beim Wasser-Aufbereitungsprozess zeigt. Entsprechend der Schadstoffbelastung des Rohwassers kommen unterschiedliche Aufbereitungsverfahren zum Einsatz. Dabei dürfte die Filtration zur Entfernung von Schwebstoffen immer ein zentraler Teil der Wasseraufbereitung sein. Diese erfolgt in der Regel in Filtrationsbecken, bei denen aus dem Rohwasser über ein Filterbett die Schwebstoffe ausgefiltert werden (Abb. 8.49). Die Filterbecken mit ihren großen Wasseroberflächen sind die wesentlichste Ursache für die Exhalation von Radon in Wasserwerken. Aber auch in anderen technologischen Prozessen kann eine erhebliche Radonbelastung entstehen. Die Belastung der Mitarbeiter erfolgt direkt bei notwendigen Arbeiten in den Filteranlagen bzw. sonstigen Aufbereitungsanlagen des Wassers (Reinigungs- oder Wartungsarbeiten) oder über den gebäudeinternen Transport der hochbelasteten Raumluft in Arbeitsbereiche (Büros, Überwachungsstationen usw.)

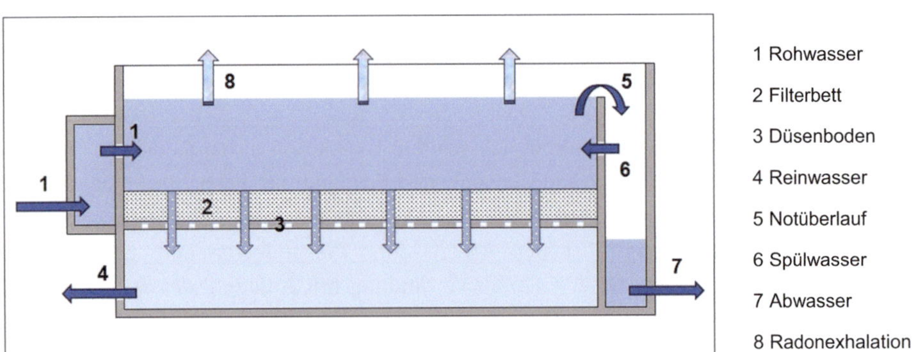

Abb. 8.49 Prinzipdarstellung Filterbecken mit eingezeichnetem Durchfluss

Im Folgenden werden die erforderlichen Schritte sowie Maßnahmen in Wasserwerken erläutert:

Bestandserfassung:
Bevor konzeptionelle und bau- sowie lüftungstechnische Maßnahmen geplant und umgesetzt werden können, muss eine gründliche Bestandsaufnahme mit Radonmessungen in allen relevanten Bereichen durchgeführt werden. Unter „relevanten Bereichen" sind sowohl die Räume zu verstehen, in denen die erhöhte Radonbelastung entsteht, also Räume mit Filterbecken, Neutralisationsbehälterräume usw. als auch die Arbeitsstätten, Flure und Treppenhäuser und ausgewählte Nebenräume. Mit der Bestandserfassung ist auch der Frage nachzugehen, ob ggf. weitere Radonquellen, wie z. B. ein konvektiver Eintritt über Schäden in der erdberührten Gebäudehülle zu beachten sind. Das schließt eine Untersuchung der Bausubstanz ein.

In die Bestandserfassung sind die im Wasserwerk angewendeten technologischen Prozesse einzubinden.

Lösungsmöglichkeiten:
Wie bereits erwähnt, werden in Wasserwerken verschiedene Technologien angewendet. Es ist deshalb nicht möglich, für die Lösungen allgemeingültige Konzepte vorzuschlagen. Vielmehr muss es darum gehen, das konkrete Lösungskonzept aus den im Folgenden zusammengefassten Möglichkeiten zu entwickeln.

- **Abschottung:** Eine wirksame Abschottung der Filterbereiche führt zur Begrenzung der Radonbelastung auf die technologisch notwenigen Bereiche. Des Weiteren können Arbeitsräume durch gebäudeinterne Abschottungen (Lösungen s. Abschn. 7.5.2) geschützt werden.
- **Lüftungsmaßnahmen:** Vor allem die an die Wasserkammern angrenzenden Räume sind mit effektiven Belüftungssystemen auszustatten. Das gilt insbesondere dann, wenn diese Räume nicht nur zu kurzen Kontrollgängen betreten werden. Hierfür eignen sich Überdrucklösungen. Vor Reinigungs- und Desinfektionsarbeiten in den hochbelasteten Bereichen sind diese gründlich zu belüften, um die Radonkonzentration kurzfristig abzusenken.
- **Messung:** Vor Durchführung von Reinigungsarbeiten in Trinkwasserbehältern muss dort die Radonkonzentration gemessen werden, um die Radonexposition für das Reinigungspersonal abschätzen zu können. Ebenfalls zur Minimierung der Radonexposition sind regelmäßige Messung der Radonkonzentration an den Arbeitsplätzen durchzuführen.
- **Technologische Maßnahmen:** Die Arbeitsprozesse im gefährdeten Bereich sollen eine leichte Bedienung ermöglichen, um die Aufenthaltszeiten gering zu halten. Mit dem Einsatz von Fernwirktechnik kann die Aufenthaltszeit auf ein Minimum begrenzt werden.

8.4.5 Erfolgskontrolle

Der Erfolg einer Radonschutzmaßnahme kann nur über Radonmessungen im Gebäude nach Abschluss der Baumaßnahmen festgestellt werden, wobei diese für eine realistische Einschätzung unter normalen Nutzungsbedingungen durchgeführt werden sollten. Das Dilemma dieser Aussage besteht darin, dass nach Strahlenschutzgesetzgebung für den Nachweis des Erfolges eine Langzeitmessung über ein Jahr (in Ausnahmefällen über mindestens drei Monate) gefordert wird, sich somit die Abnahme der Baumaßnahme um diesen Zeitraum verzögern kann und ggf. erforderliche Nachbesserungen erst danach unter Inkaufnahme größerer Eingriffe in die bereits genutzte Gebäudesubstanz erfolgen können. Hieraus ergibt sich vor allem für die bauausführenden Firmen, aber auch die Nutzer eine nicht akzeptable Situation. Diese lässt sich nicht vollständig auflösen. Wichtig ist aber, dass noch vor der Durchführung der Langzeitmessungen eine hohe Sicherheit hinsichtlich des Erfolges festgestellt und somit die geschilderte Situation von Nachbesserungen nach Abschluss der Messungen mit großer Wahrscheinlichkeit vermieden werden kann. Hierzu ist es sinnvoll, noch vor Nutzungsbeginn orientierende Messungen durchzuführen (Abb. 8.50). Für diese eignet sich sehr gut der erweiterte Rn50-Test, der in Abschn. 8.4.3.3 vorgestellt wurde. Es können aber auch zeitaufgelöste Messungen oder Passivmessungen über einen kurzen Zeitraum herangezogen werden, allerdings dann mit begrenzter Aussagefähigkeit. Ist im Gebäude eine Lüftungsanlage installiert worden, kann für die orientierenden Messungen der Luftwechsel im Nutzungsgeschehen bis zu einem gewissen Grad simuliert werden, bei manueller Lüftung ist das nicht mög-

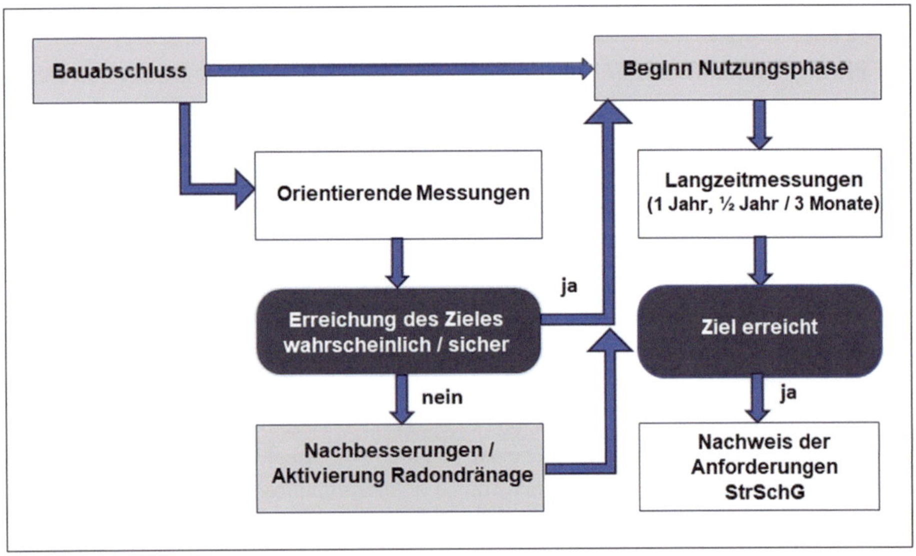

Abb. 8.50 Vorschlag für die Messdurchführung nach Bauabschluss

lich. Hier kommt der fachmännischen Interpretation der Messergebnisse eine große Bedeutung.

Die Anordnung der Messpunkte sollte sowohl für die orientierenden Messungen als die Langzeitmessungen so gewählt werden, dass vor allem die erdberührten sowie die als kritisch einzuschätzenden Räume (zum Beispiel Hausanschlussräume oder besonders intensiv genutzte Räume) erfasst werden. Soweit möglich, sollten bei Sanierungen die gleichen Messpunkte, wie bei den Messungen, die vor der Baumaßnahme durchgeführt worden sind, gewählt werden. So können die erreichten Veränderungen realistisch erfasst werden.

Eine weitere Strategie für die Erfolgsabsicherung besteht darin, Vorkehrungen zu treffen, dass eventuelle Nachbesserungen ohne aufwendige Eingriffe in die Bausubstanz sowie das Nutzungsgeschehen realisiert werden können. Das wird beispielsweise durch den vorsorglichen Einbau einer unterhalb der Bodenplatte liegenden Radondränage erreicht, die erst im Falle erhöhter Radonwerte aktiviert wird. Diese Lösung ist in Abschn. 7.4.2.3.3 vorgestellt und diskutiert worden.

8.4.6 Abschätzung des Wirkungsgrades und von Radonschutzmaßnahmen

8.4.6.1 Herangehensweise

Der Erfolg von Radonschutzmaßnahmen hängt von vielen Faktoren ab. Insbesondere gilt das für Radonsanierungen, während für Neubauten durchaus verallgemeinerungsfähige Aussagen getroffen werden können. In den folgenden Erläuterungen zur Erfolgsabschätzung stehen deshalb folgerichtig die Sanierungslösungen im Fokus der Betrachtung.

Für die Einschätzung des Erfolges einer Radonschutzmaßnahme werden die folgenden Kriterien zugrunde gelegt:

A Neubau: Erreichen / Unterschreiten der Auslegungswerte (z.B. Referenzwert)
B Sanierung: Erreichen / Unterschreiten der Auslegungswerte (z.B. Referenzwert) und

Wirkungsgrad von Radonschutzmaßnahmen (Vergleich der Radonkonzentration vorher zu nachher als prozentuale Absenkung)

Im Regelfalle sollte sowohl bei Neubau- als auch Sanierungsmaßnahmen der Referenzwert erreicht bzw. unterschritten werden. Es kann bei Sanierungen aber in besonderen Fällen, z. B. bei sehr hohen Ausgangswerten durchaus als Erfolg gewertet werden, wenn das Ergebnis zwar über dem Referenzwert liegt, aber eine sehr hohe Absenkrate erreicht worden ist. Für Neubauten ist dagegen das Nichterreichen des Referenzwertes nicht akzeptabel und stellt immer einen Mangel dar.

8.4.6.2 Erfolgsabschätzung von Radonschutzmaßnahmen im Neubau

Im Neubaugeschehen sind die Voraussetzungen für erfolgreichen Radonschutz sehr einfach zu benennen. Hier ist die normgerechte Ausführung der Feuchteabdichtung in der Regel ausreichend. Ggf. sind zusätzliche bau- und lüftungstechnische Maßnahmen sowie über den Feuchteschutz hinausgehende Abdichtungsmaßnahmen, auf die in Abschn. 8.4.2 verwiesen wurde, zum Erreichen bzw. zur Absicherung der Ziele erforderlich.

8.4.6.3 Wirkungsgrad von Radonschutzmaßnahmen in der Gebäudesanierung

Für Sanierungen ist gegenüber Neubauten eine deutlich differenzierte Sicht erforderlich, um die unterschiedlichen bau- und lüftungstechnischen Radonschutzmaßnahmen hinsichtlich des Erfolgs einzuschätzen. Hierfür wurde eine Reihe von Untersuchungen aus verschiedenen europäischen Ländern sowie aus Kanada ausgewertet, die jeweils eine große Anzahl von Sanierungen erfassen oder sich auf diese beziehen. Darstellungen zu Einzellösungen oder Untersuchungen, die auf der Auswertung nur weniger Beispiele basieren, sind in die folgende Auswertung nicht aufgenommen worden. In die Auswertung sind die Ergebnisse folgender Studien einbezogen worden:

1. **SSI-Rapport 2002** [22]
2. **STUK – A 229–2008** [24]
3. **CSTB 2008** [25]
4. **HPA-CRCE-019 2011** [26]
5. **Health Canada** [27]
6. **Arbeitsmappe P, Tschechien 2017** [28]
7. **Radon-Handbuch Deutschland 2019** [4]

Im Folgenden werden die wichtigsten Untersuchungsergebnisse aus den hier genannten Veröffentlichungen vorgestellt.

1. SSI-Rapport 2002 [22]

Die 2002 veröffentlichte schwedische Untersuchung ist eine der umfänglichsten Studien zur Wirksamkeit und Dauerhaftigkeit von Sanierungsmaßnahmen. Das Projekt lief über 10 Jahre. In die Untersuchung waren 105 Wohnungen eingebunden, 91 davon in Einfamilien-, die restlichen 14 in Mehrfamilienhäusern. Der besondere Wert dieser Studie liegt darin begründet, dass neben dem unmittelbaren Erfolg der Radonschutzmaßnahmen die Dauerhaftigkeit des Erfolgs über 10 Jahre hinweg verfolgt wurde.

Die Ergebnisse der Studie werden hier in einer kurzen Zusammenfassung vorgestellt. Eine ausführliche Auswertung der Studie kann im DIN-Forschungsbericht [23] nachgelesen werden.

Wie bereits erwähnt, konzentriert sich die schwedische Untersuchung auf die Radonsanierung in Ein- und Mehrfamilienhäusern, bei denen verschiedene Maßnahmen oder Maßnahmenkombinationen angewendet wurden. Für den Großteil der einbezogenen

Wohnungen wurden jeweils sechs Messungen durchgeführt (Messung der Radonkonzentration unmittelbar vor und nach der Durchführung von Sanierungsmaßnahmen sowie Kontrollmessungen in den Jahren 1991, 1994, 1997 und 2000). Die Messungen der Radonkonzentration wurden jeweils über drei Monate von Januar bis März mit Kernspurdedektoren durchgeführt.

Es wurden insgesamt 12 Maßnahmen oder Maßnahmenkombinationen erfasst, die sich auf verschiedene Gebäudetypen (kleine, ebenerdige Einfamilienhäuser mit oder ohne Unterkellerung; größere Gebäude mit oder ohne Unterkellerung) aufteilen lassen. Die Bauzeit der untersuchten Gebäude liegt zwischen 1891 und 1981, wobei die weitaus größte Anzahl der Gebäude nach 1945 errichtet worden ist. In Tab. 8.8 werden die Maßnahmen sowie Maßnahmenkombinationen vorgestellt:

Für die Auswertung werden Gruppen mit ähnlicher Lösung und vergleichbaren Ergebnissen zusammengefasst. Die Objekte der Gruppen 3, 6 und 8 lassen keine Verallgemeinerung zu und werden deshalb nicht in die Auswertung einbezogen. In Tab. 8.9 sind die Ergebnisse als prozentuale Reduzierung der Radonkonzentration zusammengestellt. Ein hoher Wert der Reduzierung bedeutet hierbei eine hohe Absenkung der Radonkonzentration. Die in Tab. 8.9 des Weiteren aufgenommene Anzahl der Objekte mit Referenzwertüberschreitung von 300 Bq/m^3 ist differenziert zu betrachten, da hierbei einige Objekte mit sehr hohen Ausgangswerten enthalten sind, bei denen zwar eine hohe prozentuale Reduzierung erreicht wurde, die aber nicht zur Unterschreitung des Referenzwertes ausreichte (detaillierte Auswertung hierzu in [23]). Für die Auswertung in Tab. 8.9 wurden die Lösungen so gruppiert, dass als erstes Abdichtungslösungen, danach Lösungen mit Bodenluftabsaugung und abschließend lüftungstechnische Lösungen aufgeführt sind. Diese Systematik wird für alle in diesem Abschnitt erfassten Studien und Ausarbeitungen sowie für die abschließende Gesamtbetrachtung verwendet, um eine bessere Vergleichbarkeit zu ermöglichen.

Zusammenfassend können die Ergebnisse der schwedischen Studie wie folgt bewertet werden:

Abdichtung der Gebäudehülle

- Die guten Ergebnisse der *Leckageabdichtung* (Gruppe 4) lassen sich nicht verallgemeinern, da hier vermutlich ausschließlich klar lokalisierte Leckagen (z. B. undichte Medieneinführungen) erfasst sind (s. auch Abschn. 7.4.2.6). Zudem ist die Gruppe mit 6 Objekten relativ klein.

Bodenluftabsaugung und Luftumspülung:

- Die größte Anzahl der Maßnahmen sind mit den Gruppen 7, 9 und 10 Lösungen der *Bodenluftabsaugung,* bei Gruppe 7 kombiniert mit einer mechanischen Lüftungsanlage. Es zeigt sich, dass diese Sanierungslösung die am häufigsten angewendete und gleichzeitig die erfolgreichste Maßnahme mit einer durchschnittlichen Absenkungsrate von ca. 89 % ist.

Tab. 8.8 Zusammenstellung der Maßnahmen sowie Maßnahmenkombination der SSi-Rapport-2002

Gruppe	Maßnahme / Maßnahmenkombination	Anzahl der Objekte	Anmerkungen
1	Einbau eines mechanischen Abluftsystems (zum Teil mit Wärmepumpe gekoppelt)	12	
2	Installation eines mechanischen Zu- und Abluftsystems	17	
3	Abdichtung der Fußbodenkonstruktion über Kriechkeller	1	Verallgemeinerung nicht möglich; nicht weiter betrachtet
4	Abdichtung von Leckstellen / Radoneintrittspfaden an der Bodenplatte und den erdberührten Wänden	6	
5	Installation eines Luftkissensystems unterhalb der Bodenplatte	3	Entspricht Lösung „Luftumspülung“ gem. Abschn. 7.4.5.1
6	Kombination eines Abluftsystems mit der Abdichtung von Leckstellen / Radoneintrittspfaden an der Bodenplatte und den erdberührten Wänden	1	Verallgemeinerung nicht möglich; nicht weiter betrachtet
7	Kombination eines Zu- und Abluftsystems mit Wärmerückgewinnung und der Absaugung der Luft unter dem Gebäude	12	Kombination von Gruppe 2 und 9
8	Kombination eines Abluftsystems mit gleichzeitiger Absaugung von Bodenluft unter dem Gebäude	1	Verallgemeinerung nicht möglich; nicht weiter betrachtet
9	Punktuelle Absaugung (Direktabsaugung) der Bodenluft unter dem Gebäude	18	
10	Einbau eines Radonbrunnens	16	Radonbrunnen außerhalb Gebäude
11	Verbesserung der natürlichen Belüftung der Räume	13	
12	Kombination aus der Veränderung des natürlichen Belüftungssystems in ein Abluftsystems und Abdichtung der Bodenkonstruktion	7	Kombination aus Gruppe 1 und 4

Tab. 8.9 Zusammenfassung der Ergebnisse aus dem SSi-Rapport-2002

Gruppe		Maßnahme / Maßnahmenkombination	Reduzierung der Radonkonzentration um X % zum Ausgangswert			Anzahl der Objekte mit Referenzwertüberschreitung nach Sanierungsabschluss / Durchschnitt Kontrollmessungen
			Reduktionswert (Erstmessung nach Sanierung)		Durchschnitt aller weiteren Messungen mit Trendangabe	
			Mittelwert	von-bis		
		Abdichtung an der Gebäudehülle				
4		Leckageabdichtung in Bodenplatte und erdberührten Wänden	**94**	89 bis 99	**83** ↓	0 / 1
		Bodenluftabsaugung				
9 / 10		Direktabsaugung der Bodenluft unter oder neben dem Gebäude	**89**	55 bis 99	**83** ↘	3 / 5
5		Luftumspülung	**89**	76 bis 98	**82** ↘	0 / 2
		Lüftungstechnische Maßnahmen				
11		Erhöhung der natürlichen Luftwechselrate	**79**	60 bis 90	**69** ↓	4 / 4
1 / 12		Einbau eines mechanischen Abluftsystems (bei Gruppe 12 zusätzliche Leckageabdichtung)	**40**	-50 bis 89	**28** ↓	10 / 12
2		Mechanisches Zu- und Abluftsystems	**87**	75 bis 97	**78** ↘	0 / 2
		Maßnahmenkombinationen				
7		Kombination Zu- und Abluftsystem mit Absaugung der Luft unter dem Gebäude	**78**	27 bis 96	**84** ↗	5 / 5

Erläuterung der Trendangaben:

↓ Deutliche Verschlechterung (größer 10%)

↘ Geringe Verschlechterung (0 bis 10%)

↗ Geringe Verbesserung (0 bis 10%)

- Die guten Ergebnisse von *Luftumspülungen* (Gruppe 5) zeigen, dass dieses Verfahren bei hochpermeablem Boden funktionieren kann. Allerdings ist die Gruppengröße zu gering, um verallgemeinerungsfähige Schlussfolgerungen zu ermöglichen.

Lüftungstechnische Maßnahmen

- Mit einer ausschließlichen *Erhöhung der natürlichen Luftwechselrate* (Gruppe 11) werden zwar Verbesserungen erreicht, diese sind aber begrenzt. Vor allem bei sehr hohen Ausgangswerten der Radonkonzentration kann der Referenzwert durch Anwendung dieser Maßnahme nicht erreicht werden. Zudem fällt auf, dass die Nachmessungen gegenüber der Erstmessung nach Maßnahmenabschluss deutlich schlechtere Werte ergaben. Das ist insofern verständlich, da hier die Nutzergewohnheiten einen großen Einfluss auf das Ergebnis haben dürften.
- Es zeigt sich auch in dieser Untersuchung, dass *Abluftsysteme* (Gruppen 1 und 12) hinsichtlich des Radonschutzes wenig geeignet sind. Selbst dann, wenn – wie in Gruppe 9 realisiert – parallel vorhandene Leckagen abgedichtet wurden, wird keine signifikante Absenkung der Radonbelastung erreicht. In einigen Fällen ist nach Einbau des Abluftsystems eine deutliche Erhöhung der Radonkonzentration festgestellt worden. Das Ergebnis war in der Tendenz so zu erwarten, da durch Abluftsysteme die Druckdifferenz zwischen Erdreich und Gebäudeinnerem und damit der konvektive Luftstrom vergrößert wird.
- Mit *mechanischen Zu- und Abluftsystemen* (Gruppe 2) konnten gute Ergebnisse erreicht werden. Die Ergebnisse verzeichnen gegenüber den verschiedenen Varianten der Bodenluftabsaugung (Gruppen 7, 9 und 10) gering niedrigere Absenkraten.

Langzeittrend:

Tendenziell verringert sich über alle Lösungen der Erfolg der Radonschutzmaßnahmen, allerdings für die verschiedenen Lösungsgruppen in unterschiedlicher Höhe (s. Tab. 8.8). Die dort mit „geringe Erhöhungen bzw. Verschlechterungen“ gekennzeichneten Veränderungen lassen den Schluss zu, dass bei der Anwendung dieser Maßnahmengruppen eine hohe Dauerhaftigkeit der Wirksamkeit erwartet werden kann. Die deutliche Absenkung der Wirksamkeit bei den Gruppen 1 und 12 (Abluftsystem) verstärkt die Einschätzung, dass diese Lösung als Radonschutzmaßnahme wenig geeignet ist.

Referenzwertüberschreitungen.

Referenzwertüberschreitungen nach Durchführung der Sanierungsmaßnahmen treten vor allem in den Lösungsgruppen verbreitet auf, in denen die Absenkrate gering ist. Als problematisch ist einzuschätzen, dass bei den Nachmessungen ein deutlicher Anstieg der Referenzwertüberschreitungen zu beobachten ist. Das verdeutlicht die Bedeutung der in Abschn. 8.4.5 angemahnten Kontrollmessungen.

Sicherheit der Lösung:
Abschließend soll noch auf die Frage eingegangen, inwieweit innerhalb der Lösungsgruppen signifikante Abweichungen vom Durchschnitt des Gruppenergebnisses vorlagen, da daraus Schlussfolgerungen auf die allgemeine Lösungssicherheit möglich sind. Die Ausführungen der Studie lassen allerdings keine Analyse zu konkreten Ursachen der Abweichungen zu.

- Da **Gruppe 1** (Abluftsystem) allgemein sehr unbefriedigende Ergebnisse erbracht hat, ist eine Analyse hinsichtlich deutlicher Abweichungen nicht sinnvoll.
- In **Gruppe 2** (Zu- und Abluftanlage) liegt in einem von 17 Fällen (entspricht 6 %) eine deutliche Abweichung vor.
- In **Gruppe 4** (Leckageabdichtung) ergeben sich keine deutlichen Abweichungen vom Mittelwert. Die geringe Gruppengröße von 6 Lösungen lässt aber keine allgemeinen Schlussfolgerungen zu.
- In **Gruppe 7** (Kombination Zu-, Abluftsystem mit Bodenluftabsaugung) wurden bei zwei von 12 Objekten (entspricht 17 %) deutliche Abweichungen erfasst.
- Von den 34 Objekten der **Gruppen 9 und 10** (punktuelle Bodenluftabsaugung) wurden lediglich in drei Objekten (entspricht 9 %) größere Abweichungen gemessen. Insgesamt kann demnach die Bodenluftabsaugung als eine sichere Maßnahme eingeschätzt werden, wobei die Abweichungen in Gruppe 10 (Radonbrunnen neben dem Gebäude) geringfügig höher als bei einer Bodenluftabsaugung unterhalb des Gebäudes (Gruppe 9) sind.
- Von den 13 Objekten der **Gruppe 11** (Erhöhung der natürlichen Luftwechselrate) weisen drei Lösungen (entspricht 23 %) erhebliche Abweichungen auf. Insgesamt streuen die Ergebnisse dieser Lösungsgruppe stärker als in fast allen weiteren Gruppen.

2. STUK – A 229–2008 [24]
Die finnische Studie erfasst die Ergebnisse von insgesamt 399 Radonsanierungen (Tab. 8.10). Allerdings können nicht alle dort erfassten Objekte einer konkreten Lösung zugeordnet werden, weswegen sich die Auswertung in Tab. 8.11 auf 279 Objekte beschränkt.

In Tab. 8.11 sind die Ergebnisse der finnischen Studie zusammengefasst.

Die verschiedenen Varianten der aktiven Bodenluftabsaugung sind sowohl die größte Maßnahmengruppe als auch die deutlich erfolgreichste. Während hier durchschnittliche Absenkungen um 77 bzw. 80 % erreicht wurden, liegen die Ergebnisse aller weiteren Maßnahmengruppen lediglich um 30 %. Die guten Ergebnisse der Maßnahmengruppe 10 (Belüftung Kriechkeller) mit 60 %-iger Absenkung basiert auf lediglich zwei Objekten, weswegen keine verallgemeinerungsfähigen Schlussfolgerungen möglich sind. Das gilt auch für Gruppe 9 (Belüftung Keller) mit lediglich 5 Objekten.

Tab. 8.10 Zusammenstellung der Maßnahmen sowie Maßnahmenkombination der finnischen Studie STUKA 229 aus dem Jahre 2008

Gruppe	Maßnahme / Maßnahmenkombination	Anzahl der Objekte	Anmerkungen
1	(aktive) Radonabsaugung durch die Bodenplatte (Direktabsaugung)	118	Gruppen werden für die Auswertung zusammengefasst
2	(aktive) Radonabsaugung durch den Sockel (Direktabsaugung)	35	
3	Radon-Dedektor in Rohrleitungen	22	*)
4	Radonbrunnen	15	
5	Einbau Abluftanlage	16	
6	Einbau Zu-, Abluftanlage	28	
7	Verbesserung natürliche Belüftung	17	
8	Verbesserung Abluftanlage	15	
9	Verbesserung Zu-, Abluftanlage	9	
10	Belüftung Keller	5	Keine weitere Auswertung, da Gruppengröße zu gering
11	Belüftung Kriechkeller	2	
12	Leckabdichtung	20	
13	Beendigung der Nutzung eines Bohrloches	6	*)
14	Verschiedene Methoden	92	*)

*) Die Lösungen können nicht eindeutig identifiziert werden und werden deshalb in der Auswertung nicht weiter betrachtet

3. CSTB 2008 [25]

Die Untersuchung von Collignan u. a. aus dem Jahre 2008 erfasst insgesamt 31 Objekte mit den folgenden Sanierungslösungen:

1. Natürliche Belüftung von Gebäuden
2. Mechanische Belüftung von Gebäuden mit Abluftanlagen
3. Mechanische Belüftung von Gebäuden mit Zuluftanlagen
4. Natürliche oder mechanische Belüftung des Sockel- (Keller-)geschosses
5. Natürliche Belüftung des Gebäudes und des Sockel- (Keller-)geschosses
6. Abdichtung von Undichtheiten in der Gebäudehülle (Anschluss Bodenplatte – Wand) und Belüftung des Gebäudes

Tab. 8.11 Zusammenfassung der Ergebnisse aus der finnischen Studie

Gruppe	Maßnahme/Maßnahmenkombination; prozentualer Anteil aller Lösungen	Reduktion der Radonkonzentration um X % zum Ausgangswert	
		Mittelwert	von – bis
Abdichtung der Gebäudehülle			
11	Abdichtung von Leckagen	**30**	10 bis 50
Bodenluftabsaugung			
1 und 2	Direktabsaugung durch Bodenplatte oder Sockel	**77**	70 bis 90
4	Außerhalb des Gebäudes liegender Radonbrunnen	**80**	75 bis 95
Lüftungstechnische Maßnahmen			
7	Erhöhung Luftwechselrate (Verbesserung natürliche Belüftung)	**20**	10 bis 40
5	Einbau Abluftanlage	**25**	10 bis 40
6	Einbau Zu-, Abluftanlage	**40**	20 bis 50
8	Verbesserung Abluftanlage	**20**	0 bis 40
9	Verbesserung Zu-, Abluftanlage	**30**	20 bis 50
Gebäudeinterne Abschottungen			
12	Leckageabdichtung	**30**	10 bis 50

7. Abdichtung von Undichtheiten in der Gebäudehülle (Anschluss Bodenplatte – Wand) und Einbau eines Systems zur Druckentlastung des Untergrundes (Bodenluftabsaugung)

Die Ergebnisse der sieben erfassten Lösungsgruppen sind in der folgenden Tab. 8.12 zusammengefasst.

Negative Prozentwerte bedeuten, dass eine höhere Radonkonzentration nach der Sanierung gemessen wurde.

Zwar kann aus der Veröffentlichung nicht immer auf die genaue Lösung geschlossen werden und ist zudem die Anzahl der erfassten Sanierungslösungen vergleichsweise gering. Trotzdem sind einige Schlussfolgerungen möglich:

- Der Erfolg bei natürlicher Belüftung ist mit durchschnittlich 32 %-iger Absenkung gering.
- Mechanische Belüftungssysteme erbringen durchschnittliche Absenkungsraten von 60 bzw. 55 % und damit deutlich mehr als ausschließlich natürliche Belüftungen, allerdings sind die Streuwerte sehr hoch. Hier wäre eine detaillierte Betrachtung sinnvoll, die allerdings aus der Veröffentlichung nicht abgeleitet werden kann.

Tab. 8.12 Zusammenstellung der Ergebnisse aus der CSTB-Veröffentlichung von 2008

Gruppe	Maßnahme	Anzahl Objekte	Ergebnis (%)		
			minimal	maximal	Mittelwert
Abdichtung der Gebäudehülle					
6	Abdichtung von Undichtheiten in der Gebäudehülle (Anschluss Bodenplatte – Wand) und Belüftung des Gebäudes	4	80	98	**87**
Lüftungstechnische Maßnahmen					
1	Natürliche Belüftung von Gebäuden	8	-25	75	**32**
2	Mechanische Belüftung von Gebäuden mit Abluftanlagen	4	50	65	**60**
3	Mechanische Belüftung von Gebäuden mit Zuluftanlagen	3	-15	95	**55**
4	Natürliche oder mechanische Belüftung des Sockel- (Keller-) geschosses	3	45	80	**62**
5	Natürliche Belüftung des Gebäudes und des Sockel- (Keller-)geschosses	5	55	72	**64**
Maßnahmenkombinationen					
7	Abdichtung von Undichtheiten in der Gebäudehülle (Anschluss Bodenplatte – Wand) und Einbau eines Systems zur Druckentlastung des Untergrundes (Bodenluftabsaugung)	4	75	95	**85**

- Belüftungen des Sockel- bzw. Kellergeschosses erbringen Absenkungen um 60 %
- Die besten Ergebnisse mit durchschnittlichen Absenkungen um 85 % werden mit kombinierten Lösungen aus Abdichtungen von Leckagen mit Belüftung der Gebäude bzw. Bodenluftabsaugung erreicht.

4. HPA-CRCE-019 2011 [26]

In dem Bericht von Hodgson et. al werden die Erfahrungen von Radonschutzmaßnahmen aus England vorgestellt. Mit insgesamt 2.700 Sanierungsmaßnahmen, die im Zeitraum zwischen 2000 und 2007 durchgeführt wurden, stellt diese Ausarbeitung die umfangreichste der hier erfassten Datensammlung für Radonsanierungen dar. Die Untersuchungen sind nach den unterschiedlichen Maßnahmen (Tab. 8.13), verschiedenen Gebäudecharakteristika, Haustypen, dem Baualter, Vorhandensein von Unterkellerung sowie der Frage, ob die Maßnahmen durch Fachfirmen oder Hauseigentümer ausgeführt wurden, untergliedert. Die Radonkonzentration wurde jeweils durch 3-Monatsmessungen vor sowie nach der Sanierung ermittelt. Für die Messungen kamen Kernspurexposimeter zum Einsatz, die jeweils im Wohn- und Schlafzimmer aufgestellt wurden.

Tab. 8.13 Zusammenstellung der Maßnahmen sowie Maßnahmenkombination der HPA-CRCE-Studie-2011

Gruppe	Maßnahme / Maßnahmenkombination		Anzahl der Objekte	Beschreibung
1	Aktive Direktabsaugung der Bodenluft	Active sump	771	Absaugung aus Mulde unter der Bodenplatte (Lösung nach Abb. 7.48 und 7.49)
2	Passive Direktabsaugung	Passsive sump, pipe inside	77	Abluftführung im Gebäude, Ausblasöffnung über Dach (z. B. nach Abb. 7.36 a und b)
3		Passive sump, pipe outside	131	Abluftführung außerhalb des Gebäudes (z. B. nach Abb. 7.36 c)
4	Mechanisches Lüftungssystem,	Positive ventialation	495	Überdrucksystem
5	passive Unterflurbelüftung	Natural under-floor ventilation	636	Verbesserung der Unterbodenbelüftung durch Entfernen von Lüftungssteinen oder durch Erhöhung der Anzahl der Lüftungsöffnungen
6	Aktive Unterflurbelüftung	Active under-floor ventilation	128	Erhöhung der Unterbodenbelüftung durch Einsatz eines Ventilators
7	Passive Belüftung	Passive ventilation	259	Erhöhung der Luftwechselrate durch Einbau von Außenbauteilluftdurchlässen (ALD)
8	Versiegelung von Böden	Sealing floors	185	Abdichtung von Rissen und Spalten im Boden, in der Regel zusätzlich zu anderen Methoden
9	Abdichtung von Bodenluken	Overall data	17	Verringerung des Luftstromes und Senkung des Unterdrucks in der Wohnung, in der Regel zusätzlich zu anderen Maßnahmen
Summe			2.700	

Farbige Hervorhebung: Häufigste Maßnahmen (jeweils mehr als 10 % der Gesamtobjekte)

Die in der Ausarbeitung erfassten Gebäudeeigenschaften sowie die Frage, ob die Maßnahmen durch Fachfirmen oder Laien ausgeführt wurden, werden hier nicht weiterverfolgt, da sie entweder zu keinen relevanten Aussagen führen oder aber – hinsichtlich der Gebäudetypen – vor allem in England angewendete Baulösungen erfassen, die nur bedingt mit den in Deutschland typischen Lösungen vergleichbar sind. Die Ergebnisse der Studie können hier nur in einer kurzen Zusammenfassung dargestellt werden. Eine ausführliche Auswertung der Studie ist im DIN-Forschungsbericht [23] enthalten.

Die Ergebnisse der Erhebung sind in der Studie als Faktor der Reduktion angegeben. Der Faktor 2,0 bedeutet hier eine 50 %-ige Reduzierung, die mit der Maßnahme erreicht wurde. Dieser Wert wird für die folgende Zusammenstellung in Tab. 8.14 in eine prozentuale Reduzierung umgerechnet, um die Ergebnisse mit allen weiteren Studien vergleichbar zu machen. Eine weitere Aussage der Studie betrifft den Prozentsatz von Lösungen, bei denen der in England zur Erhebungszeit gültige „action level“ von

Tab. 8.14 Zusammenstellung der Ergebnisse aus der HPA-CRCE-Studie

Gruppe	Maßnahme / Maßnahmenkombination; prozentualer Anteil aller Lösungen	Reduktion der Radonkonzentration um X % zum Ausgangswert		Anmerkungen
		Mittelwert	95 %-Konfidenz-intervall	
Abdichtung der Gebäudehülle				
8	Versiegelung von Böden; 6,8 %	**26**	13 bis 37	i.A. in Kombination mit weiteren Maßnahmen
Bodenluftabsaugung				
1	Aktive Bodenluftabsaugung; 28,5 %	**83**	81 bis 86	Häufigste Maßnahme
2	Passive Bodenluftabsaugung; 2,8 %	**47**	40 bis 54	Abluftführung im Gebäude
3	Passive Bodenluftabsaugung; 4,9 %	**45**		Abluftführung außen
5	passive Unterbodenbelüftung; 23,5 %	**40**	34 bis 45	Bei aufgeständertem Fußboden / Kriechkeller
6	Aktive Unterbodenbelüftung; 4,7 %	**55**	45 bis 62	
Lüftungstechnische Maßnahmen				
7	Erhöhung Luftwechsel (passiv); 9,6 %	**22**	15 bis 33	
4	Mechanisches Lüftungssystem (Überdrucksystem); 18,3 %	**53**	47 bis 58	
Gebäudeinterne Abschottungen				
9	Abdichtung von Bodenluken; 0,6 %	**16**		Maßnahmenbeschreibung nicht eindeutig

200 Bq/m^3 unterschritten wurde. Diese Kenngröße spielt für die hier betrachtete Wirksamkeit der Maßnahmen nur eine untergeordnete Rolle und wird deshalb in der Auswertung nicht erfasst.

Es zeigt sich, dass die aktive Bodenluftabsaugung mit einer durchschnittlich 83 %-igen Absenkung der Radonkonzentration die erfolgreichste und zugleich die am häufigsten angewendete Maßnahme ist. Der Wirkungsgrad passiver Bodenluftabsaugungen liegt deutlich niedriger (unter 50 %). Absaugungen aus Zwischenböden – in England eine häufig eingesetzte bauliche Lösung – erreichen ebenfalls nur Ergebnisse um 50 % Reduzierung, wobei aktive Systeme erwartungsgemäß etwas bessere Ergebnisse erbringen.

Das zweitbeste Ergebnis wird mit dem Einbau eines mechanischen Lüftungssystems erreicht. Allerdings liegt auch hier der Wirkungsgrad lediglich bei 53 %. Aus der Beschreibung der Lösung im Bericht kann nicht eindeutig abgeleitet werden, inwieweit in der Gruppe auch Unter- oder Gleichdrucklösungen aufgenommen sind. Die Erhöhung der Luftwechselrate erbringt erwartungsgemäß nur eine sehr geringe Reduzierung der Radonkonzentration in der Raumluft.

Eine ebenfalls nur sehr geringe Absenkung wird durch Abdichtungsmaßnahmen an der erdberührten Gebäudehülle (Gruppe 8) erreicht. Hier wird bestätigt, dass in Bestandsgebäuden mit der nachträglichen Abdichtung zumeist keine befriedigenden Ergebnisse möglich sind.

5. Health Canada [27]

Diese Studie aus Kanada erfasst ausschließlich Objekte mit aktiver Bodenluftabsaugungen als Direktabsaugung und umfasst insgesamt 52 Gebäude. Bei allen Lösungen erfolgte die Absaugung über das Dach, die Rohrführung lag im Gebäudeinnerem. Die ausschließliche Anwendung dieser Variante für die Abluftführung ist für die kanadischen Klimaverhältnisse (häufig sehr niedrige Temperaturen im Winter) zwingend geboten. Die Messungen wurden als Dreimonatsmessungen durchgeführt. In die Auswertung ist neben der prozentualen Absenkung auch einbezogen worden, ob mit der Maßnahme der Zielwert von 200 Bq/m^3 unterschritten wurde. Bei drei von 52 Objekten wurde letzteres Kriterium nicht erfüllt, weswegen eine weitere Maßnahme (in der Veröffentlichung nicht spezifiziert) eingesetzt wurde, mit der in allen Fällen der Zielwert dann unterschritten werden konnte. In 50 % aller Objekte lag das Ergebnis unter 100 Bq/m^3.

Die prozentuale Minderung der Radonkonzentration in der Raumluft lag im Durchschnitt bei 90,7 % (Maximal 93,5 %, minimal 47,2 %).

6. Radon-Arbeitsmappe P, Tschechien 2017 [28]

Die von Jiranek et al. herausgegebene Arbeitsmappe befasst sich mit den verschiedenen Systemen der Bodenluftabsaugung. Die Veröffentlichung enthält einen Vergleich der Wirksamkeit von aktiver und passiver Luftabsaugung, die auf Messungen in 62 Gebäuden basiert.

Danach sind die folgenden Ergebnisse erreicht worden:

- **Aktive Bodenluftabsaugung**: es kann mit einem Wirkungsgrad zwischen 85 bis 95 % gerechnet werden (geringster Wert: 70 %; höchster Wert 98 %)
- **Passive Bodenluftabsaugung**: Hier liegt der Wirkungsgrad bei durchschnittlich 50 %

Nach Jiranek ist die aktive Bodenluftabsaugung die wirksamste Sanierungsmaßnahme.

7. Radon-Handbuch Deutschland 2019 [4]
Im Radon-Handbuch Deutschland ist eine Tabelle enthalten, in der ein Trend für die Erfolgsaussichten sowie die Kostenhöhe aufgenommen ist. Obwohl keine Angaben zur Datengrundlage enthalten sind, kann davon ausgegangen werden, dass hier eine ausreichende Datenbasis zur Verfügung stand (Tab. 8.15).

Es fällt auf, dass lediglich im Radon-Handbuch Deutschland aufwendige Abdichtungsmaßnahmen als Sanierungslösung aufgenommen sind. Nicht nachvollzogen werden können die sehr große Streuung der Werte für aktive Bodenluftabsaugungslösungen (Gruppe 5 und 6). Dagegen ist die für Abdichtungslösungen gestaffelte Erfolgseinschätzung vom Grundsatz her nachvollziehbar. Da aber die Datenbasis für die im Radon-Handbuch aufgeführten Wertebereiche der Reduktion nicht bekannt ist, werden diese nicht in die folgende Gesamteinschätzung einbezogen.

Zusammenfassung und Schlussfolgerungen:

A) **Abdichtungsmaßnahmen.**
In den Studien werden ausschließlich Ergebniss für partielle Abdichtungen, wie zum Beispiel Risse oder offene Anschlussfugen erfasst. Insgesamt enthält die Gruppe 215 Lösungen, die sich auf vier Studien verteilen. Umfangreiche Abdichtungsmaßnahmen mit dem Ziel einer wannenförmigen Ausbildung der Abdichtung sind – mit Ausnahme des Radon-Handbuchs Deutschland – nicht aufgenommen. Das verstärkt die Aussage aus Abschn. 8.4.3.4.1, wonach Gesamtabdichtungen aufgrund des hohen baulichen und kostenmäßigen Aufwandes bei gleichzeitig unsicherem Ergebnis für Sanierungen nur in besonderen Ausnahmefällen geeignet sind (Abb. 8.51).

Die Zusammenstellung in Abb. 8.51 zeigt zwei grundsätzlich verschiedene Bereiche: Während im SSI-Rapport sowie der CSTB-Studie die Lösungen mit ca. 90 %-iger Absenkung sehr gute Ergebnisse bringen, liegen die Absenkungsraten in STUK-A229 sowie HPA-CRCE-019 bei lediglich 30 %. Zu vermuten ist hier, dass es sich in den beiden erstgenannten Studien um exakt geortete Undichtheiten (z. B. Abdichtung von Bauteildurchführungen oder Anschlussfugen Wand-Bodenplatte), in den beiden anderen Veröffentlichungen dagegen um eine klassische Riss- und Schadenssanierung handelt. Bei letzterer können zumeist nicht alle Undichtheiten erfasst werden.

Insgesamt bestätigen die Ergebnisse der Studien, dass lediglich dann, wenn klar begrenzte Undichtheiten geschlossen werden, eine hochwirksame Radonschutzmaßnahme

Tab. 8.15 Reduktionspotenzial verschiedener Sanierungsmaßnahmen nach Radon-Handbuch Deutschland

Gruppe	Maßnahme / Maßnahmenkombination; prozentualer Anteil aller Lösungen	Reduktion der Radonkonzentration um X % zum Ausgangswert	Anmerkungen
Abdichtung der Gebäudehülle			
1	Einfache Abdichtungsmaßnahmen	**0 bis 25**	bis zu 1.000 Bq/m^3 anwendbar
3	Aufwendige Abdichtungsschichten auf Bodenplatte ohne Einbezug der Wände	**30 bis 80**	
4	Wie vor, mit Einbezug der Wände	**50 bis 80**	Wannenförmige Abdichtung (Wände und Bodenplatte)
Bodenluftabsaugung			
5	Unterdruckhaltung im Fußboden (Zwischenbodenabsaugung); Einbezug der Wände	**10 bis 90**	Ergebnis stark abhängig von der Art der anschließenden Wände
6	(aktive) Bodenluftabsaugung (Direktabsaugung, Dränage)	**10 bis 95**	Ergebnis abhängig von Bodenpermeabilität und Ausbildung der Dränage
Lüftungstechnische Maßnahmen			
2	Unterdruckhaltung im Keller, Kellerentlüftung mittels Kleinventilator	**50 bis 80**	
Maßnahmenkombinationen			
7	Aufwendige Abdichtung auf neu eingebauter Bodenplatte und Bodenluftabsaugung (Radondränage)	**bis 99**	Wannenförmige Abdichtung (Wände und Bodenplatte)

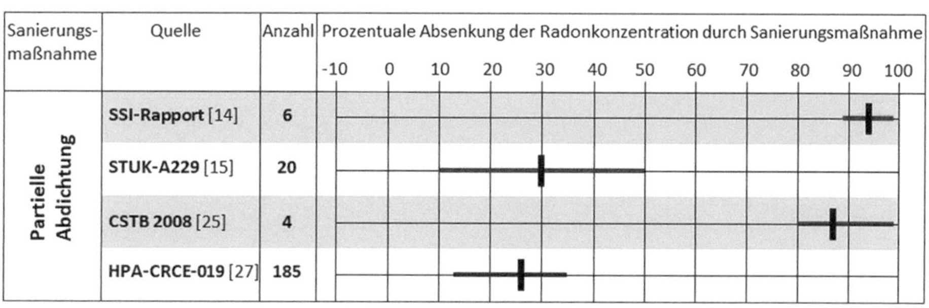

Abb. 8.51 Zusammenstellung der Ergebnisse für Abdichtungslösungen im Gebäudebestand

möglich ist, ansonsten sind partielle Abdichtungen immer im Verbund mit weiteren Maßnahmen (z. B. Bodenluftabsaugung) anzuwenden.

B) Unterdruck im Erdreich durch Bodenluftabsaugung

Diese Gruppe stellt mit Abstand die größte Anzahl aller Sanierungslösungen. Vor allem aktive Direktabsaugungen sind mit 1.091 Lösungen in die Auswertung eingegangen. Lösungen mit passiver Absaugung werden dagegen deutlich seltener angewendet. Die mit 764 Objekten relativ große Gruppe der Zwischenschicht- bzw. Unterbodenabsaugungen bezieht sich ausschließlich auf Lösungen aus Großbritannien, da dort Gebäude mit aufgeständerter unterer Bodenplatte als Standard im Wohngebäudesektor gelten und häufig realisiert werden.

Inwieweit in der Gruppe auch Flächendränagen erfasst sind, konnte nicht ermittelt werden. Ansonsten ist diese Lösung in den verschiedenen Studien nicht aufgeführt. Es zeigt sich, dass die Flächendränage in der Sanierungspraxis nur eine untergeordnete Rolle spielt (Abb. 8.52).

Die aktive Bodenluftabsaugung als Direktabsaugung (über Bohrungen durch die Gebäudehülle oder als Radonschacht unter bzw. neben dem Gebäude) ist nicht nur die am häufigsten eingesetzte Lösung, mit ihr werden auch die besten Ergebnisse erzielt. Die Mittelwerte der einzelnen Gruppen liegen zumeist zwischen 80 und 90 %-iger Absenkung

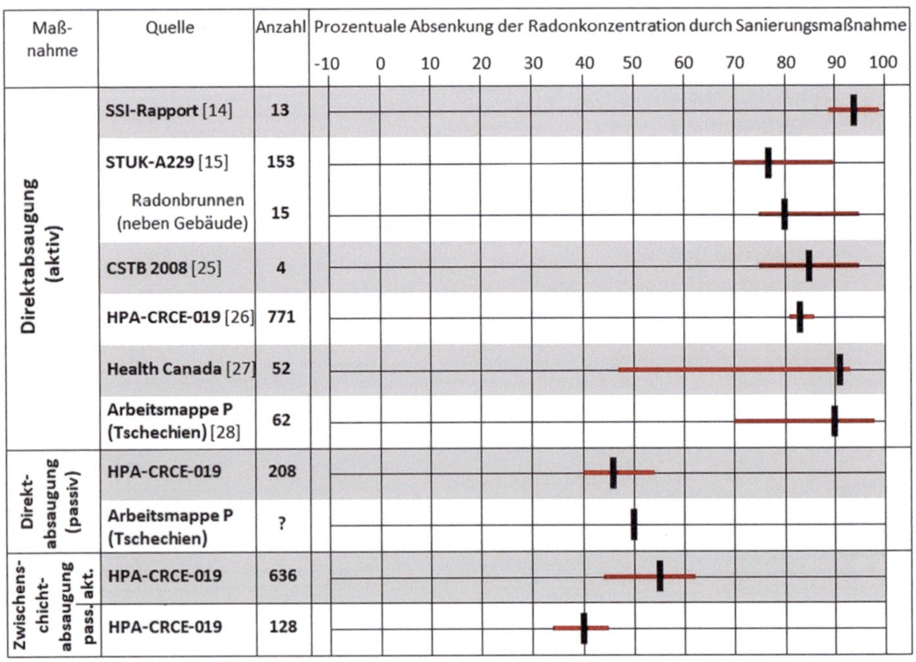

Abb. 8.52 Zusammenstellung der Ergebnisse für verschiedene Lösungen der Bodenluftabsaugung

der Radonkonzentration, bis auf einzelne Ausreiser kann davon ausgegangen werden, dass eine mindestens 70 %-ige Absenkung sicher erreicht wird, die höchsten Absenkraten liegen bei etwa 98 %. Mit passiver Bodenluftabsaugung werden deutlich geringe Absenkraten (im Mittel um 45 bis 50 %) ermöglicht. Ebenso in diesem Bereich liegen die über Zwischenschichtabsaugung erreichbaren Absenkungen, wobei auch bei diesen Lösungen die lüfterunterstützte Absaugung zu einem besseren Wirkungsgrad führt.

C) **Lüftungslösungen**
Die Lüftungslösungen werden für die Auswertung in drei Gruppen untergliedert:

- Erhöhung der Luftwechselrate bei manueller Lüftung (297 Objekte)
- Einbau / Verbesserung einer Abluftanlage (54 Objekte)
- Einbau / Verbesserung einer Zu-, Abluftanlage (553 Objekte)
- Zusätzlich aufgenommen wird die Lösung einer ausschließlichen Kellerlüftung (8 Objekte)

Die Ergebnisse lassen keine eindeutige Aussage zu. Sowohl zwischen den einzelnen Studien als auch innerhalb der Gruppen in einer Studie sind erhebliche Abweichungen vorhanden. In drei Gruppen sind in einzelnen Messungen negative Ergebnisse ermittelt worden, das heißt, dass nach der Sanierung ein höheres Radonniveau in der Raumluft vorlag (Abb. 8.53).

Trotz der nicht eindeutigen Ergebnislage lassen sich einige Trends erkennen:

- Die *Erhöhung der Luftwechselrate* in der Raumluft führt im Durchschnitt zu 20 bis 30 %-iger Verbesserung. Das bestätigt die an anderer Stelle vorgenommene Einschätzung, dass die Erhöhung der natürlichen Luftwechselrate nur dann sinnvoll ist, wenn die Referenzwertüberschreitung gering ist (s. Abschn. 6.5.2). Als dauerhafte Lösung ist die Erhöhung der Luftwechselrate nicht geeignet. Die in der schwedischen Studie erreichte deutlich höhere Absenkrate ist nicht nachvollziehbar. Möglicherweise spielen hier weitere Faktoren eine maßgebende Rolle.
- Durch den Betrieb von *Abluftanlagen* werden nur geringe Absenkungen der Radonkonzentration in der Raumluft erreicht. Diese liegen im Durchschnitt zwischen 20 und 32 %. Lediglich in der kleinsten Studie wurde ein höherer Wert erreicht. Hier wirken – wie bereits erläutert – zwei gegenläufige Prinzipien: Zum einen kann durch die gezielte Erhöhung der Luftwechselrate eine Reduzierung erreicht werden, die Vergrößerung des Unterdruckes im Gebäude erhöht aber die konvektiven Kräfte. Die Frage, welches der beiden Prinzipien maßgeblicher ist, hat großen Einfluss auf die Höhe der Absenkung der Radonkonzentration in der Raumluft. Vermutlich sind durch diese Situation die großen Schwankungen in den Ergebnissen dieser Lösung begründet.
- Mit dem Einbau von *Zu- und Abluftanlagen* werden etwas bessere Ergebnisse erreicht. Hier liegen die durchschnittlichen Reduzierungen der Radonkonzentration

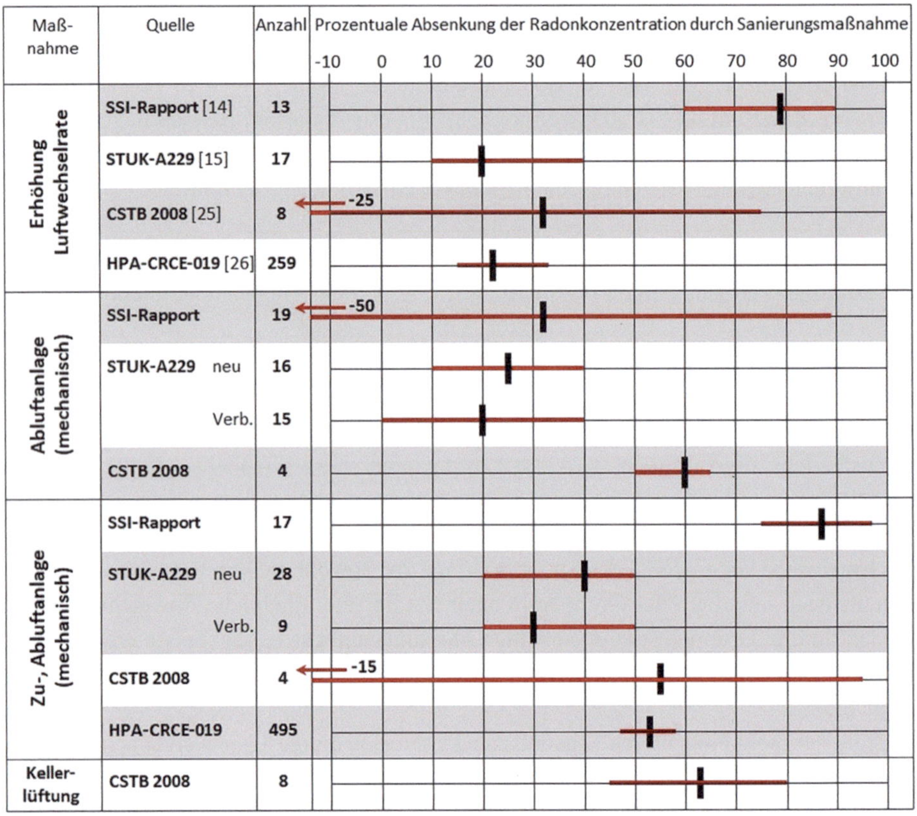

Abb. 8.53 Zusammenstellung der Ergebnisse für lüftungstechnische Lösungen

zwischen 30 und 55 % und somit zumeist etwa 20 % über denen von Abluftanlagen. Auch bei dieser Lösung sind sehr große Ergebnisschwankungen zu beobachten. Aus den ausgewerteten Studien und Veröffentlichungen geht nicht hervor, ob die Anlagen mit Gleich- oder Überdruck betrieben werden. Allerdings dürften bei Überdruckanlagen die Absenkungen deutlich über den hier erfassten liegen Die sehr hohen Werte der schwedischen Untersuchungen fallen auch hier aus dem allgemeinen Rahmen heraus. Möglicherweise sind hier tatsächlich ausschließlich Lösungen erfasst worden, die mit geringem Überdruck betrieben werden.

Zusammenfassung:

1. Flächige ***Abdichtungen der Gebäudehülle*** (Innen- oder Außenabdichtungen) sind in den ausgewerteten Literaturquellen nicht enthalten. Das bestätigt die Aussage, dass derartige Lösungen in der Sanierungspraxis keine Rolle spielen. Mit ***partiellen Abdichtungen*** können Verbesserungen erreicht werden, die in der Regel zur Unterstützung weiterer Maßnahmen dienen. Lediglich dann, wenn klar identifizierte

Fehlstellen geschlossen werden, kann eine deutliche Verminderung der Radonkonzentration in der Raumluft erreicht werden.

2. Die Literaturrecherche bestätigt eindrucksvoll, dass die ***aktive Bodenluftabsaugung*** die effektivste Lösungsgruppe darstellt. Sowohl die erreichten durchschnittlichen Absenkraten, die zumeist über 80 % liegen, als auch die hohe Erfolgsgarantie bestätigen diese Aussage. Die aktive Bodenluftabsaugung ist folgerichtig die größte Gruppe der Lösungen, sie wird weltweit am häufigsten in der Radonsanierung eingesetzt.
3. Mit der ***passiven Bodenluftabsaugung*** werden gegenüber aktiver Bodenluftabsaugung deutlich schlechtere Ergebnisse erzielt. Es bestätigt sich die Aussage, dass diese Lösung nur dann angewendet werden kann, wenn nur geringe Überschreitungen der Radonkonzentration im Bestand vorliegen. Entsprechend der geringeren Wirksamkeit dieser Lösung wird die passive Bodenluftabsaugung nur selten eingesetzt.
4. Die ***Erhöhung der Luftwechselrate*** durch verstärktes Fensterlüften oder Einbau von ALD führt in der Regel zu keiner deutlichen Reduzierung der Radonkonzentration in der Raumluft und eignet sich deshalb nicht für eine dauerhafte Lösung.
5. Die Ergebnisse für ***Lüftungsanlagen*** lassen allgemein keine eindeutigen Schlüsse zu. Lediglich für Abluftanlagen bestätigt sich, dass diese weniger gut als Gleich- oder Überdrucklösungen geeignet sind.

Literatur

[1] DIN/TS 18117-2: Bauliche und lüftungstechnische Maßnahmen zum Radonschutz – Teil 2: Klassifizierung, Auswahl und Handlungsempfehlungen – Entwurf –

[2] Gesetz zum Schutz vor der schädlichen Wirkung ionisierender Strahlung (Strahlenschutzgesetz -StrlSchG) vom 27.06.2017

[3] WHO-Handbook on Indoor Radon – A Public Health perspective; World Health Organization 2009

[4] Bundesamt für Strahlenschutz: Radonhandbuch Deutschland, 2019

[5] WTA-Arbeitsblatt „Radonschutz im Gebäudebestand" (in Bearbeitung)

[6] Musterbauordnung (MBO) in der Fassung vom November 2002, zuletzt geändert durch Beschluss der Bauministerkonferenz vom 27.09.2019

[7] Kemski, Klingel, Siehl, Neznal, Matolin: Erarbeitung fachlicher Grundlagen zur Beurteilung der Vergleichbarkeit unterschiedlicher Messmethoden zur Bestimmung der Radonbodenluftkonzentration, Band 1: Abschlussbericht, März 2012

[8] Kemski, Klingel, Siehl, Neznal, Matolin: Erarbeitung fachlicher Grundlagen zur Beurteilung der Vergleichbarkeit unterschiedlicher Messmethoden zur Bestimmung der Radonbodenluftkonzentration, Band 2: Sachstandsbericht „Radonmessungen in der Bodenluft – Einflussfaktoren, Messverfahren, Bewertung", März 2012

[9] Bundesamt für Strahlenschutz: GEOPORTAL; imis.bfs.de/geoportal/

[10] Haumann, Münzenberg: Erweiterte Radondiagnostik im Bestand – Unterdruckmessungen und Quellensuche; Tagungsband 16. Sächsische Radontage, Dresden 2022

[11] Haumann, Th.: Radonmessungen und Blower Door – Fallbeispiele aus Bestandsgebäuden; 2. Radonfachtag des VDB, München 2017

[12] Reducing Radon Levels in Existing Homes: A Canadian Guide to Professional Contractors; Health Canada, 2010; ISBN: 978-1-100-18472-2

[13] Bundesamt für Gesundheit Schweiz, Abteilung Strahlenschutz: BAG-Wegleitung Radon V2.3.2.2.2023; www.ch-radon.ch

[14] DIN/TS 18117-1:2021-09: Bauliche und lüftungstechnische Maßnahmen zum Radonschutz – Teil 1: Begriffe, Grundlagen und Beschreibung von Maßnahmen

[15] DIN 1946-6:201-12: Raumlufttechnig – Teil 6: Lüftung von Wohnungen – Allgemeine Anforderungen, Anforderungen an die Auslegung, Ausführung, Inbetriebnahme und Übergabe sowie Instandhaltung

[16] J. Conrady, A. Guhr, B. Leißring: Modelllösung für die Vermeidung erhöhter Werte von Wohnungsradon durch bauliche Energiesparmaßnahmen AZ 17349, Deutsche Bundesstiftung Umwelt, 2004

[17] Leitfaden „Minderung der Radonaktivitätskonzentration in denkmalgeschützten Gebäuden"; HTW Dresden im Auftrag des Sächsischen Staatsministeriums für Energie, Klimaschutz, Umwelt und Landwirtschaft; Dresden, 2021

[18] Baumann, F.: „Untersuchungen zur Radonsituation in Passivhäusern; Diplomarbeit HTW Dresden; Dresden 2006

[19] Bionda, Ruckstuhl, Bucher, Manz: Radonbelastung in Innenräumen von Niedrigenergiebauten mit Luft- Erdwärmetauschern; Luzern, September 2012

[20] Melzer, D.; Chr. Wilhelm; Chr. Grimm: Natürliche Strahlenexposition der Bevölkerung in Baden-Württemberg durch Erdwärmenutzung; Tagungsband 5. Sächsischer Radontag, Dresden 2011

[21] Merkblatt „Schutz vor Radon an Arbeitsplätzen in Anlagen der Wassergewinnung, -aufbereitung und -verteilung"; Ministerium für Umwelt, Klima und Energiewirtschaft Baden-Württemberg, 12/2020

[22] Bertil Clavensjö: Radonatgärders beständighet (Long therm performance of different radon remedial methods in Sweden); SSI-Rapport 2002:10, Juni 2002

[23] Kemski, J.; Uhlig, R.: Erarbeitung von DIN-Normen bzgl. baulicher Maßnahmen für den Radonschutz, Los 1 „Radon" (BfS-Forschungsvorhaben 3617S12250); 11/2019

[24] STUK-A229 / SYYSKUU 2008: Arvela und Reisbacka: Asuntojen radonkorjaaminen; Helsinki 2008

[25] Collignan, Bernhard und Bernhard Sullerot; Guide Technique: Le Radon dans les bâtiments¸CSTB 2008

[26] Hodgson et al.: An analysis of radon remediation methoos; HPA-CRCE-019, 2011

[27] Health Canada: Summary Report on Acrive Soil Depressurization (ASD) Field Study; Ottawa, June 2016

[28] Jiránek, Martin und Milena Honziková: Radon- Stavebni souvislosti I, Sešit P: Odvětráni podloži; Návrh a realizace větracich systémů podloži v novycj i stávajicich stavbách; Praha 2017

Rechtliche Stellung des Radonschutzes im Planungs- und Bauprozess

9

9.1 Einführung in den Problemkreis

Der Radonschutz hat sich in der Bau- sowie Immobilienwirtschaft noch nicht im erforderlichen Maße etablieren können, obwohl die Gesundheitsgefährdung im Vergleich zu vielen anderen schädlichen Einwirkungen deutlich höher, seit langem bekannt und zudem statistisch klar belegt ist. Hierfür lassen sich eine Reihe von Gründen benennen. Der Wesentlichste ist sicher, dass gesetzliche Regelungen zum Radonschutz erst vor wenigen Jahren eingeführt worden sind und dementsprechend die Aus- und Weiterbildung der betroffenen Kreise (Architekten, Bauingenieure, Handwerker, aber auch Auftraggeber und Mitarbeiter in der Immobilienwirtschaft), sowie die öffentliche Wahrnehmung noch ungenügend ausgeprägt sind. Auch können die verschiedenen Zielwerte für die Radonkonzentration in der Raumluft und deren rechtliche Bewertung für Außenstehende zu Irritationen führen. So waren in Deutschland bis zum Inkrafttreten des Strahlenschutzgesetzes Empfehlungswerte von 200 Bq/m^3 für Neubauten und 400 Bq/m^3 für Sanierungen eingeführt worden, in der Schweiz bestand zusätzlich ein rechtlich bindender Grenzwert von 1.000 Bq/m^3. Nach dem Inkrafttreten des Strahlenschutzgesetzes ist die Situation zwar gesetzlich, aber in der fachlichen Diskussion nicht final geklärt, werden verschiedene Werte diskutiert. So wird neben dem mit dem StrlSchG eingeführten Referenzwert von 300 Bq/m^3 (s. Abschn. 9.2.3.6) durch verschiedene Institutionen, wie die WHO, einige Verbände, aber auch durch das Bundesamt für Strahlenschutz ein Zielwert von 100 Bq/m^3 gefordert, da es als sicher gilt, dass das Gesundheitsrisiko auch schon bei geringen Konzentrationserhöhungen signifikant ansteigt. Ein weiterer Aspekt, der sich im Zusammenhang mit der rechtlichen Stellung des Radonschutzes ergibt, ist, dass seit der Einführung des Strahlenschutzgesetztes noch zu wenig Zeit vergangen ist, um über höchstrichterliche Urteile Rechtssicherheit zu offenen oder interpretierbaren

W.-R. Uhlig et al., *Radongeschütztes Bauen*,
https://doi.org/10.1007/978-3-658-38115-8_9

Fragestellungen herzustellen. Das betrifft sowohl öffentlich-rechtliche als auch zivilrechtliche Regelungen.

In den folgenden Abschnitten werden zuerst die Regelungen des Strahlenschutzgesetzes und der Strahlenschutzverordnung vorgestellt, um daran anschließend auf öffentlich-rechtliche als auch zivilrechtliche Fragestellungen im Zusammenhang mit dem Radonschutz einzugehen. In einem kurzen Exkurs wird abschließend die Normungstätigkeit zum Radonschutz in Deutschland vorgestellt.

9.2 Strahlenschutzgesetzgebung in Deutschland

9.2.1 Überblick über die gesetzlichen Grundlagen des Radonschutzes

Mit dem Strahlenschutzgesetz (StrlSchG) vom 27.06.2017 [1] sowie der Strahlenschutzverordnung(StrlSchV) vom 29.11.2018 [2] ist erstmalig eine gesetzliche Grundlage für den Radonschutz in Gebäuden geschaffen worden. Die Grundlage des StrlSchG ist die 2013 beschlossene Richtlinie 2013/59/Euratom (EU-Grundnorm) [3].

Mit der Einführung des StrlSchG wurde die alte Strahlenschutzverordnung (letzte Fassung vom 30.12.2018) abgelöst, in der bereits Regelungen zum Schutz vor ionisierender Strahlung an Arbeitsplätzen und im Arbeitsprozess enthalten waren, die aber noch nicht einen umfassenden gesetzlichen Rahmen für den baulichen Radonschutz beinhaltete.

9.2.2 Die EU-Grundnorm als Grundlage für die Ausweisung nationaler Regelungen

Grundlage für nationale gesetzliche Regelungen des Radonschutzes ist für alle Staaten der EU die „Richtlinie 2013/59/Euratom des Rates vom 5. Dezember 2013 zur Festlegung grundlegender Sicherheitsnormen für den Schutz vor den Gefahren einer Exposition gegenüber ionisierender Strahlung ...". [3] In dieser Richtlinie werden für die EU-Staaten erstmalig Anforderungen an den Schutz der Bevölkerung vor Radon verbindlich und umfassend geregelt. Insbesondere wird in den Artikeln 54, 74, 75 und 103 sowie den Anhängen XIII und XVIII auf den Schutz der Menschen vor Radon eingegangen.

Artikel 54 regelt die Verfahrensweise für „Radon am Arbeitsplatz". Es wird festgelegt, dass die Aktivitätskonzentration an Arbeitsplätzen im Jahresmittel 300 Bq/m^3 nicht überschreiten darf, soweit Überschreitungen nicht durch national bedingte besondere Gegebenheiten gerechtfertigt sind. An Arbeitsplätzen, die sich im Erd- oder Kellergeschoss eines Gebäudes befinden, sind in sogenannten Radonvorsorgegebieten

Radonmessungen durchzuführen. Ebenso werden Messungen an Arbeitsplätzen mit besonderem Belastungsprofil gefordert. Die Bestimmung, ob ein Gebiet als besonders belastet einzustufen ist, erfolgt nach den Festlegungen in Artikel 103 in Verbindung mit dem im Anhang XVIII erläuterten „Nationalen Maßnahmenplan".

Artikel 74 enthält Regelungen zur „Radonexposition in Innenräumen". Der Referenzwert für die Aktivitätskonzentration in der Luft darf auch für diese Räume den Jahresmittelwert von 300 Bq/m^3 nicht überschreiten. Während in Absatz (1) dieses Artikels allgemein von Innenräumen gesprochen wird, erfolgt im Absatz (2) eine Konkretisierung dahingehend, dass sich die Festlegungen auf Wohnräume beziehen, woraus folgerichtig der Schluss gezogen werden kann, dass nicht ständig genutzte Räume unberücksichtigt bleiben können. Im Gegensatz zu den in Artikel 54 beschriebenen Regelungen für Arbeitsplätze ist für Wohnräume keine Messpflicht aufgenommen, es wird lediglich auf die Förderung von Maßnahmen zur Ermittlung gefährdeter Räume, zur Unterstützung von Maßnahmen zur Reduzierung der Radonkonzentration sowie auf die Pflicht zur umfassenden Information der Bevölkerung durch die Mitgliedsstaaten verwiesen.

Artikel 75 enthält Regelungen zu der „von Baustoffen ausgehenden Gammastrahlung". Danach darf der Referenzwert für die zusätzliche externe Exposition in Innenräumen durch Gammastrahlung aus Baustoffen 1 mSv pro Jahr nicht überschreiten. Für Baustoffe, die diesbezüglich durch die Mitgliedsstaaten als bedenklich eingestuft werden, ist vor dem Inverkehrbringen die Aktivitätskonzentration für die Radionuklide Ra-226, Th-232 (oder seines Zerfallsprodukts Ra-228) und K-40 zu bestimmen. Die Ergebnisse sind den zuständigen nationalen Behörden mitzuteilen. Für Baustoffe, deren Dosisabgabe vermutlich überschritten wird, sind durch die Mitgliedsstaaten angemessene Maßnahmen, wie spezielle Anforderungen in Bauvorschriften oder Einschränkungen für die Verwendung, festzulegen.

In **Artikel 103** wird die Erstellung eines nationalen „Radon-Maßnahmenplans" gefordert. Dieser zielt allgemein auf die Reduzierung der Risiken durch die Radon-Exposition. Im Anhang XVIII der Grundnorm sind die Inhalte des Maßnahmenplanes detailliert erfasst.

Für Neubauten sind gem. Artikel 103 Maßnahmen zu ergreifen, den Radoneintritt zu verhindern. Des Weiteren regelt Artikel 103, dass in den Mitgliedsstaaten Gebiete ermittelt und festgelegt werden, für die erwartet wird, dass der Jahresmittelwert der Radonkonzentration in einer beträchtlichen Zahl der Gebäude den nationalen Referenzwert überschreitet.

Die Europäische Union hatte den Mitgliedsstaaten eine Frist von vier Jahren gesetzt, in der die Regelungen der EU-Grundnorm in nationales Recht zu übernehmen sind. Für Deutschland ist das mit dem Strahlenschutzgesetz (StrlSchG) sowie der Strahlenschutzverordnung (StrlSchV) realisiert worden.

9.2.3 Strahlenschutzgesetz (StrlSchG) und Strahlenschutzverordnung (StrlSchV)

9.2.3.1 Überblick über die Festlegungen von StrlSchG und StrlSchV

Die Festlegung zum Schutz vor Radon sind im Strahlenschutzgesetz (StrlSchG) in Teil 4, Kap. 2 (dort §§ 121 bis § 135) geregelt. In der Strahlenschutzverordnung befasst sich Teil 4, Kap. 1 (dort §§ 153 bis 158) mit dem Schutz vor Radon. Die ebenfalls wichtige Frage des Schutzes vor Radioaktivität in Bauprodukten wird im StrlSchG in Teil 4, Kap. 3 (§§ 133 bis 135) sowie in der StrlSchV in Teil 4, Kap. 2 (§ 159) behandelt.

Die Forderungen zum Radonschutz im Strahlenschutzgesetz können den folgenden Gruppierungen zugeordnet werden:

1. Allgemeine Forderungen: §§ 121, 122, 124, 125,
2. Maßnahmen im Neubaugeschehen: § 123 Abs. 1
3. Maßnahmen an Arbeitsplätzen: §§ 126 bis 132
4. Schutz vor Radioaktivität in Baustoffen: §§ 133 bis 135

Für Bestandsgebäude sind im Strahlenschutzgesetz keine verbindlichen Forderungen enthalten. Es werden aber – zum Beispiel über den Radonmaßnahmenplan – freiwillige Maßnahmen zur Verbesserung der Radonsituation angeregt. Sanierungen im Bestand sind in § 123 Abs. 4 aufgenommen, allerdings lediglich mit Empfehlungscharakter (s. Abschn. 9.2.3.5).

In der folgenden Übersicht (Tab. 9.1) sind die Paragrafen des Strahlenschutzgesetzes zusammengestellt und den entsprechenden Paragrafen der Strahlenschutzverordnung gegenübergestellt.

9.2.3.2 Ausweisung von Radonvorsorgegebieten

Verfahren zur Ausweisung der Radonvorsorgegebiete

Radonvorsorgegebiete gem. § 121 Abs. 1 StrlSchG sind Gebiete, für die erwartet wird, dass die über das Jahr gemittelte Radonkonzentration in der Raumluft in einer beträchtlichen Zahl von Gebäuden mit Aufenthaltsräumen oder Arbeitsplätzen den Referenzwert von 300 Bq/m^3 überschreitet. In der StrlSchV wird dies dahingehend konkretisiert, dass die Voraussetzung zur Ausweisung von Radonvorsorgegebieten dann gegeben ist, wenn in 75 % des Gebietes einer Verwaltungseinheit eine Überschreitung des Referenzwertes in mindesten 10 % der Gebäude prognostiziert wird. Die Festlegung der Radonvorsorgegebiete erfolgt durch die Bundesländer. Der Gesetzgeber hat keine Vorgaben erlassen, wie das Prognoseverfahren konkret auszugestalten ist, es wird lediglich in § 153 Abs. 1 StrlSchV verlangt, dass für die Prognose ein wissenschaftlich basiertes Verfahren zugrunde gelegt wird. Ebenfalls Sache der Länder ist es, die Größe und den Zuschnitt der Verwaltungseinheiten festzulegen.

Tab. 9.1 Vergleichende Zusammenstellung der Forderungen zum Radonschutz im Strahlenschutzgesetz und in der Strahlenschutzverordnung

Festlegungsinhalte		StrlSchG	StrlSchV
Gemeinsame Vorschriften für Aufenthaltsräume und	Gebietsfestlegungen	§ 121	§ 153
	Radonmaßnahmenplan	§ 122	
	Maßnahmen an Gebäuden; Neubauten	§ 123 Abs. (1) bis (3)	§ 154
	Maßnahmen an Gebäuden, Bestandsgebäude	§ 123 Abs. (4)	
Schutz vor Radon in Aufent-	Referenzwert für Aufenthaltsräume	§ 124	
	Maßnahmen zur Unterrichtung der Bevölkerung; Reduzierung der Radonkonzentration	§ 125	
Schutz vor Radon an Arbeitsplätzen in Innenräumen	Referenzwert an Arbeitsplätzen	§ 126	
	Messung der Radonkonzentration	§ 127	§ 155
	Reduzierung der Radonkonzentration	§ 128	
	Anmeldung der Arbeitsplätze	§ 129	
	Abschätzung der Exposition	§ 130	§ 156
	Beruflicher Strahlenschutz	§ 131	§§ 156, 157, 158
	Verordnungsermächtigung	§ 132	
Schutz vor Radioaktiv i-tät in Baustoffen	Referenzwert	§ 133	
	Bestimmung der spezifischen Aktivität	§ 134	
	Maßnahmen, Verordnungsermächtigung	§ 135	§ 159

Die Festlegung der Radonvorsorgegebiete war bis zum Jahresbeginn 2021 durch die Bundesländer abzuschließen. Im Ergebnis ist die durch das BfS veröffentlichte Karte der Radonvorsorgegebiete (Abb. 9.1) entstanden. Beim Vorliegen neuer Erkenntnisse ist die Ausweisung der Radonvorsorgegebiete zu überprüfen. Aktuell liegen nach [4] 210 Gemeinden aus sechs Bundesländern in Radonvorsorgegebieten. Sie umfassen damit insgesamt etwa 2,4 % der Fläche Deutschlands sowie etwa 1,1 Mio. Einwohner. Durch das Bundesamt für Strahlenschutz wird geschätzt, dass sich in den Radonvorsorgegebieten ca. 34.000 Gebäude mit Referenzwertüberschreitung befinden, von denen ca. 26.000 Wohngebäude sind.

Bewertung des Verfahrens zur Ausweisung der Radonvorsorgegebiete:
Die hier vorgestellte Verfahrensweise zur Ausweisung von Radonvorsorgegebieten basiert auf einem statistischen Ansatz, d. h., in Radonvorsorgegebieten ist lediglich die Wahrscheinlichkeit zur Überschreitung des Referenzwertes höher als in nicht ausgewiesenen Gebieten. Für konkrete Gebäude lassen sich aus der Festlegung somit keine Schlussfolgerungen ableiten. Gebäude mit Überschreitung des Referenz- oder Vorsorgewertes befinden sich sowohl innerhalb als auch außerhalb dieser Gebiete, in Vorsorge-

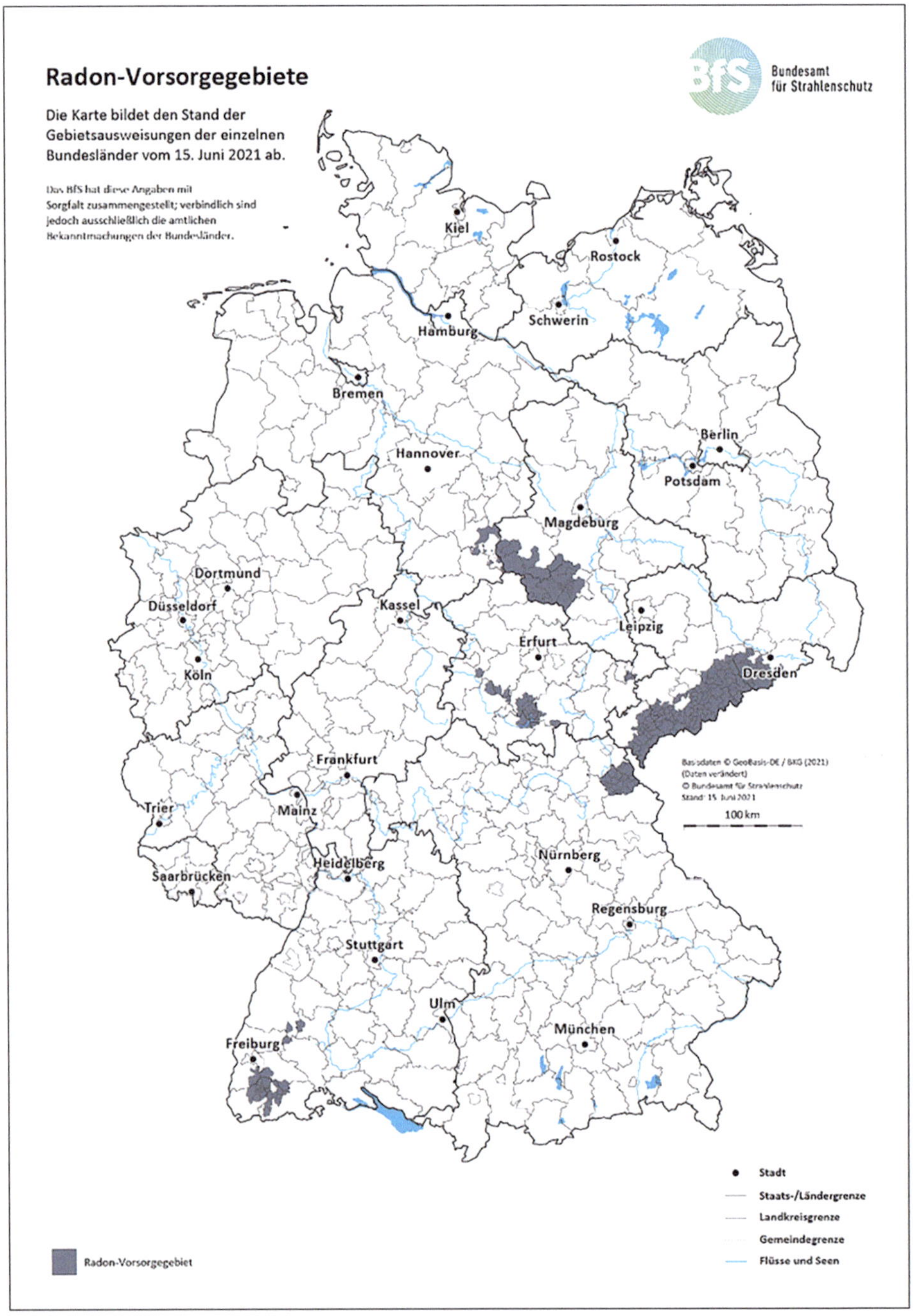

Abb. 9.1 Übersichtskarte Radon-Vorsorgegebiete (Stand Juni 2021). (Quelle: Bundesamt für Strahlenschutz)

gebieten allerdings in größerer Anzahl. Die häufig zu beobachtende Herangehensweise, in nicht als Radonvorsorgegebiet eingestuften Gebieten den Radonschutz in Planung und Bau unberücksichtigt zu lassen, ist demnach nicht akzeptabel.

Im Verfahren zur Ausweisung der Radonvorsorgegebiete hat der Gesetzgeber keine klaren Regularien für die Festlegungen der sogenannten Verwaltungseinheiten vorgegeben. Das hat dazu geführt, dass der Zuschnitt der Einheiten in einigen Fällen so gewählt wurde, dass möglichst wenige Radonvorsorgegebiete ausgewiesen werden müssen. So ist nachvollziehbar, dass zum Beispiel Orte oder Regionen, in denen hohe Radonbelastungen eigentlich die Einstufung als Vorsorgegebiet rechtfertigen, in einem sehr groß gewählten Areal sozusagen „versteckt" werden können. Zwar ist eine solche Vorgehensweise nicht im Sinne der Ziele des Radonschutzes einer verbesserten Gesundheitsvorsorge, sie ist aber durch die gesetzgeberischen Vorgaben rechtlich gedeckt. Ein weiteres Problem bei der Ausweisung von Radonvorsorgegebieten ist die teilweise noch zu geringe Datenbasis, die allerdings durch Messkampagnen ständig verbessert wird.

Konsequenzen für Gebäude und Arbeitsstätten in Vorsorgegebieten.
Für Neubauten in Vorsorgegebieten sind besondere Anforderungen zu erfüllen, die in § 154 StrlSchV zusammengestellt sind (s. Abschn. 9.2.3.4). Die besonderen Anforderungen an Arbeitsplätzen in Vorsorgegebieten sind in §§ 126 bis 132 StrlSchG in Verbindung mit §§ 155 bis 158 StrlSchV beschrieben. Auf sie wird in Abschn. 9.2.3.7 eingegangen.

9.2.3.3 Der Radonmaßnahmenplan

In § 122 StrlSchG sind die Grundlagen für die Erstellung eines Radonmaßnahmenplanes beschrieben. In diesem werden die Ziele des Strahlenschutzgesetzes und Handlungsempfehlungen zu deren Umsetzung erläutert. Er enthält die Ziele für die Bewältigung der langfristigen Risiken der Exposition durch Radon in Aufenthaltsräumen und an Arbeitsplätzen hinsichtlich sämtlicher Quellen (Boden, Bauprodukte, Wasser). Für Deutschland ist dieser vom Bundesministerium für Umwelt, Naturschutz und nukleare Sicherheit in der Fassung vom März 2019 [5] veröffentlicht worden. Der Maßnahmenplan befasst sich mit den folgenden Schwerpunkten:

1. Öffentlichkeitsarbeit
2. Erhebung der Radonsituation sowie Identifikation und Ausweisen von Gebieten
3. Erfassung und Beschreibung von Maßnahmen, die den Zutritt von Radon in Aufenthaltsräume von Neubauten verhindern oder erheblich erschweren.
4. Erfassung und Beschreibung von Maßnahmen, mit denen die Radonkonzentration in der Luft von bestehenden Gebäuden reduziert werden kann.
5. Radon an Arbeitsplätzen
6. Forschung zu Radon und zu Schutzmaßnahmen
7. Radonvorsorge bei Trinkwasser
8. Evaluation der Umsetzung von Maßnahmen

9.2.3.4 Radonschutzmaßnahmen in Neubauten

Festlegungen:
Nach § 123 des StrlSchG ist für Neubauten der Zutritt von Radon aus dem Baugrund zu verhindern oder erheblich zu erschweren. Diese Pflicht gilt als erfüllt, wenn die anerkannten Regeln der Technik des Feuchteschutzes eingehalten werden, wobei auch andere Lösungen zum Erreichen des Zieles zugelassen sind. Soweit die hier geforderten baulichen Maßnahmen zu einem unangemessenen Aufwand führen, kann die zuständige Behörde von der Pflicht zur Umsetzung befreien. Eine solche Situation liegt beispielsweise dann vor, wenn zu erwarten ist, dass eine Überschreitung des Referenzwertes unabhängig von den geplanten Maßnahmen nicht zu erwarten ist.

Eine Erfolgsmessungen wird im Strahlenschutzgesetz nicht gefordert.

Für Gebäude in Radonvorsorgegebieten wird zusätzlich die Anwendung einer weiteren Maßnahme gefordert. Hierfür werden in § 154 StrlSchV fünf Möglichkeiten genannt.

1. Verringerung der Radon-222-Aktivitätskonzentration unter dem Gebäude,
2. gezielte Beeinflussung der Luftdruckdifferenz zwischen Gebäudeinnerem und Bodenluft an der Außenseite von Wänden und Böden mit Erdkontakt, sofern der diffusive Radoneintritt aufgrund des Standorts oder der Konstruktion begrenzt ist,
3. Begrenzung der Rissbildung in Wänden und Böden mit Erdkontakt und Auswahl diffusionshemmender Betonsorten mit der erforderlichen Dicke der Bauteile,
4. Absaugung von Radon an Randfugen oder unter Abdichtungen,
5. Einsatz diffusionshemmender, konvektionsdicht verarbeiteter Materialien oder Konstruktionen.

Eine Priorisierung der Maßnahmen wird nicht vorgenommen, obwohl diese durchaus sinnvoll und angebracht wäre.

Bewertung:
Die gesetzlichen Festlegungen zum Radonschutz in Neubauten lassen das Bemühen des Gesetzgebers erkennen, den Radonschutz möglichst ohne zusätzliche bauliche und finanzielle Aufwendungen realisieren zu können. Zwar ist dieses Ziel grundsätzlich zu befürworten, die konkreten Festlegungen sind aber aus bautechnischer Sicht nicht befriedigend. Korrekt ist, dass als grundlegende Maßnahme des Radonschutzes die Einhaltung der Regelungen zur Gebäudeabdichtung benannt wird. Allerdings lassen die Regelungen der Abdichtungsnorm DIN 18533 Bauweisen zu, die nicht vollständig konvektionsdicht sind (s. Abschn. 7.4.2). Da aber die Konvektionsdichtheit der maßgebliche Faktor für die Verhinderung des Eintrittes radonhaltiger Bodenluft ins Gebäude ist (s. Abschn. 6.2), ergibt sich hier ein Widerspruch zur allgemeinen Zielstellung des Radonschutzes.

Die für Gebäude in Vorsorgegebieten benannten fünf zusätzlichen Maßnahmen erfassen die üblichen Möglichkeiten für einen erhöhten Schutz, beinhalten aber auch mit

Punkt 4 der Nennung eine Lösung, die im Neubaugeschehen keine Rolle spielt und der in der Sanierungspraxis allenfalls in besonderen Situationen eine ergänzende Funktion zukommt. Die Zusammenfassung von Standardlösungen mit solchen, deren Anwendung nur bei speziellen Gegebenheiten infrage kommt, wäre dann kein Problem, wenn die zusätzlich erforderliche Lösung nicht der vollkommen freien Wahl durch die Bauausführenden überlassen würde. So ist es gesetzeskonform, wenn eine Lösung angewendet wird, die im konkreten Falle ungeeignet ist. Es ist zu hoffen, dass hier zum Beispiel über Bauvorschriften eine Konkretisierung vorgenommen wird.

Aus baufachlicher Sicht besonders problematisch ist, dass keine Erfolgskontrollmessungen gefordert werden. Da Radon in der Luft mit den menschlichen Sinnen nicht erfasst werden kann, besteht die Gefahr, dass dadurch erhöhte Expositionen nicht erkannt und somit die Anforderungen des Gesundheitsschutzes verfehlt werden.

9.2.3.5 Radonschutzmaßnahmen in Bestandsgebäuden

Für Bestandsbauten werden im Strahlenschutzgesetz keine Maßnahmen gefordert, es *sollen* lediglich dann, wenn es im Zusammenhang mit Veränderungen an Gebäuden mit Aufenthaltsräumen oder Arbeitsplätzen zu erheblicher Verminderung der Luftwechselrate kommt, Maßnahmen in Betracht gezogen werden (§ 123, Abs. (4)).

Auch wenn die im Gesetzestext gewählte Formulierung Maßnahmen nicht zwingend vorschreibt, kommt eine Soll-Vorschrift einer mehr oder minder eindringlichen Empfehlung des Gesetzgebers gleich. Insbesondere sind dann, wenn es bei Nichtbeachtung dieser Empfehlung zu einer Überschreitung der Zielwerte kommt, zivilrechtliche Schadenersatzforderungen möglich (s. Abschn. 9.3.5). Die Gesetzespassage bezieht sich ausschließlich auf bauliche Veränderungen, bei denen die Luftwechselrate erheblich vermindert wird, was typischerweise im Zusammenhang mit energetischen Sanierungen zu erwarten ist. Alle sonstigen Veränderungen an Gebäuden sowie allgemein der Gebäudebestand werden nicht erfasst. Somit kann allein durch die Umsetzung der Forderungen aus dem Strahlenschutz eine substanzielle Verbesserung der Gesundheitsvorsorge nur auf einen sehr großen Zeitraum bezogen erreicht werden.

9.2.3.6 Der Referenzwert

Die Einführung eines Referenzwertes als Jahresmittelwert in Höhe von 300 Bq/m^3 für Aufenthaltsräume und Arbeitsplätze ist ein zentraler Bestandteil des Strahlenschutzgesetzes. Der für den Referenzwert gewählte Wert stellt dabei einen Kompromiss zwischen Gesundheitsvorsorge und Aufwandsbegrenzung für die bau- und lüftungstechnischen Maßnahmen dar. Der Gesetzgeber hat bewusst und aus gutem Grund keinen Grenzwert festgelegt. Während ein Grenzwert nicht überschritten werden darf, ist eine kurzzeitige und/oder nur geringe Überschreitung des Referenzwertes durchaus zulässig, sie sollte aber immer mit der Überprüfung und ggf. Einleitung von Maßnahmen zur Reduzierung des Wertes verbunden sein. Bei Einführung eines Grenzwertes für die Radonkonzentration würde beispielsweise ein Messwert von 301 Bq/m^3 bereits einen Mangel darstellen. Dabei muss berücksichtigt werden, dass allein durch Messungenauigkeiten, aber auch geringe Änderungen des Nutzerverhaltens oder der Umweltsituation immer mit einem mehr oder weniger großen Streubereich der Messwerte zu rechnen ist. Zudem steigt das Gesundheitsrisiko mit dem Anstieg der Radonbelastung kontinuierlich an, sind in diesem Zusammen die 300 Bq/m^3 ein willkürlich gewählter Wert, aus dem sich unter Betrachtung der Gesundheitsvorsorge die Festlegung eines Grenzwertes nicht rechtfertigen lässt. Unabhängig von der hier geschilderten Unschärfe des Referenzwertes gibt der Gesetzgeber mit dessen Einführung eine Orientierung für zivilrechtliche Reglungen und öffentlich-rechtliche Verpflichtungen vor, auf die im Abschn. 9.3 eingegangen wird.

9.2.3.7 Radonschutzmaßnahmen an Arbeitsplätzen

Der Gesetzgeber hat im Strahlenschutzgesetz sowie der Strahlenschutzverordnung für bestehende Arbeitsplätze eine umfangreiche Handlungspflicht vorgegeben, mit der die Forderungen des Art 54 Abs. 2 der EU-Grundnorm umgesetzt werden. Hier wird also eine Handlungsverpflichtung für bestehende Arbeitsplätze formuliert, während für Bestandsgebäude mit Aufenthaltsräumen lediglich eine Handlungsempfehlung ausgesprochen worden ist (s. Abschn. 9.2.3.5). Das im Strahlenschutzgesetz eingeführte Stufenkonzept (s. Abb. 9.2) zielt nach [6] darauf, die Radonkonzentration an Arbeitsplätzen in großer Breite zu senken und gleichzeitig durch das stufenweise Vorgehen die Aufwendungen auf das Notwendige zu begrenzen. Da die Überwachung der Arbeitsplätze auf Arbeitsfelder mit erhöhter Exposition durch Radon gem. § 127, Abs. 1 Pkt.2 StrlSchG sowie Arbeitsplätze mit direktem Bodenkontakt und Lage in Vorsorgegebieten (§ 127, Abs. 1 Pkt. 1 StrlSchG) begrenzt ist, darf bezweifelt werden, dass damit die Senkung der Radonkonzentration an Arbeitsplätzen *in großer Breite* erreicht wird. Erinnert sei in diesem Zusammenhang auf die Begrenzung der ausgewiesenen Gebiete auf lediglich 2,4 % der Fläche Deutschlands mit etwa 1,1 Mio. Einwohnern (s. Abschn. 9.2.3.2), womit gerade einmal ca. 1,3 % der Bevölkerung erfasst sind. Zwar liegt die Wahrscheinlichkeit der Referenzwertüberschreitung in Vorsorgegebieten per Definition höher als in

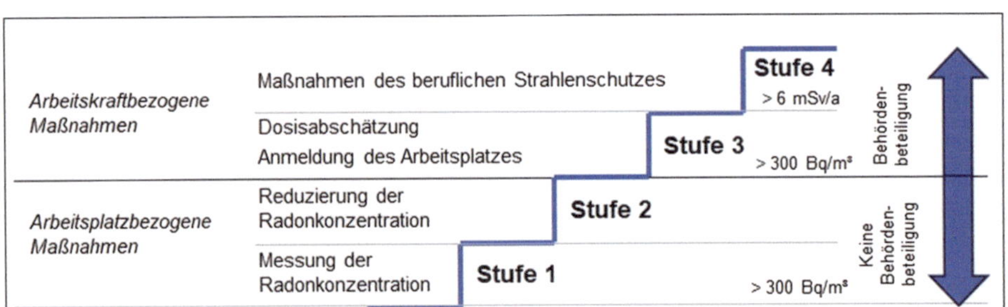

Abb. 9.2 Stufenkonzept der Handlungsempfehlungen bei der Bewertung von Arbeitsplätzen nach Strahlenschutzgesetz

allen anderen Gebieten, trotzdem dürfte in den ca. 97,8 % der nicht erfassten Flächen eine deutliche größere Anzahl von Arbeitsplätzen mit Referenzwertüberschreitung anzutreffen sein. Die Begrenzung der Betrachtung auf erdberührte Räume lässt sich entgegen der Kritik an der Begrenzung auf Vorsorgegebiete auch baufachlich gut begründen, reduziert sich doch die Radonkonzentration in höher gelegenen Gebäudebereichen gegenüber den erdberührten Räumen im Regelfall deutlich.

Das Stufenkonzept erfasst insgesamt 4 Stufen mit einer Vorstufe (Abb. 9.2).

In der folgenden Abb. 9.3 ist die Vorgehensweise zur Umsetzung des Stufenkonzeptes zusammengefasst dargestellt. Detaillierte Erläuterungen zu den vier Stufen sind in dem Leitfaden des Bundesamtes für Strahlenschutz [6] enthalten.

Die Verantwortlichkeit für die Durchführung der Maßnahmen des Stufenkonzeptes ist in. § 127StrlSchG geregelt. Danach ist verantwortlich, „wer in seiner Betriebsstätte eine Betätigung beruflich ausübt oder ausüben lässt“ bzw. „in wessen Betriebsstätte ein Dritter in eigener Verantwortung eine Betätigung beruflich ausübt oder von Personen ausüben lässt, die unter dessen Aufsicht stehen“. Für angemietete Räumlichkeiten ist danach der Inhaber der Betriebsstätte, nicht aber der Vermieter der Räume verantwortlich.

Zu beachten ist die Tatsache, dass die Durchführung der im Stufenkonzept zusammengefassten Maßnahmen nicht notwendigerweise auf Arbeitsplätze in Vorsorgegebieten begrenzt ist. So können die zuständigen Behörden die Durchführung von Maßnahmen auch außerhalb dieser Gebiete anordnen (s. § 127, Abs. 1 StrlSchG), wenn Anhaltspunkte dafür vorliegen, dass der Wert der Radon-Aktivitätskonzentration in der Raumluft über dem Referenzwert von 300 Bq/m^3 liegt.

9.2.3.8 Schutz vor Radioaktivität in Baustoffen

In den §§ 133 bis 135 StrlSchG sowie § 159 StrSchV sind die Grundlagen für den Schutz vor Radioaktivität in Baustoffen zusammengefasst. In § 133 wird der Referenzwert für die effektive Dosis mit 1 mSv/a festgelegt. Das dazugehörige Berechnungsverfahren ist in Anlage 17 der Strahlenschutzverordnung enthalten, auf das in Abschn. 6.3.3 eingegangen wurde. In § 134 wird der Rahmen gesteckt, für welche Bauprodukte und Baustoffe die Ermittlung der effektiven Dosis vorzunehmen ist. Danach ist ein Nachweis für alle Baustoffe und Bauprodukte zu führen, die die folgenden mineralische Primärrohstoffe oder Rückstände enthalten:

1. Saure magmatische Gesteine sowie daraus entstandene metamorphe und sedimentäre Gesteine
2. Sedimentgestein mit hohem organischem Anteil wie Öl-, Kupfer- und Alaunschiefer und
3. Travertin.

In § 135 ist geregelt, dass der Produzent der Baustoffe zur Kennzeichnung und Information verpflichtet ist.

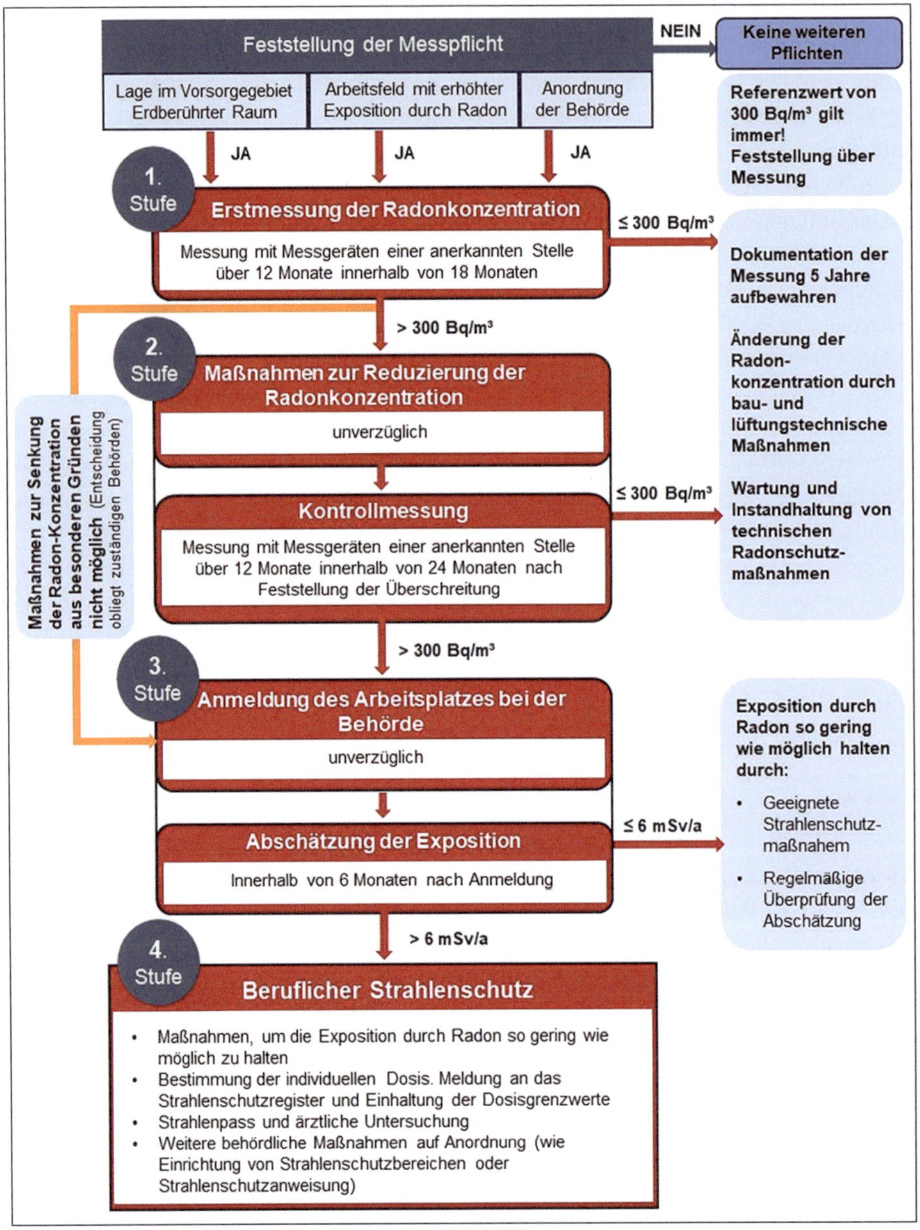

Abb. 9.3 Schematisches Ablaufdiagramm für die gesetzlich vorgeschriebenen Messungen und Maßnahmen zum Schutz vor Radon an Arbeitsplätzen in Innenräumen (nach [6])

9.3 Radonschutz im Baurecht

9.3.1 Übersicht

In diesem Abschnitt wird nach einer kurzen Vorstellung der Ziele von Bauplanungs- und Bauordnungsrecht der Frage nachgegangen, welche Schlussfolgerungen für den Radonschutz aus Bauplanungs- und Bauordnungsrecht (öffentliches Recht) und Privatrecht abgeleitet werden können.

9.3.2 Bauplanungs- und Bauordnungsrecht

Das öffentliche Baurecht untergliedert sich in das Bauplanungsrecht und Bauordnungsrecht. Im **Bauplanungsrecht** sind die öffentlich-rechtlichen Grundlagen für die Nutzbarkeit des Bodens geregelt. Mit ihm werden auf Grundlage des Baugesetzbuches und weiterer Verordnungen verbindliche Regelungen für die Städtebauliche Ordnung und Entwicklung aufgestellt. Wichtigstes Instrument des Bauplanungsrecht ist die Bauleitplanung mit dem Flächennutzungs- und Bebauungsplan. Schwerpunkte des **Bauordnungsrechts** sind die Anforderungen an das Grundstück und seine Bebauung. Das Bauordnungsrecht befasst sich mit baulich-technischen Anforderungen an die Bauvorhaben und regelt in erster Linie die Abwehr von Gefahren, die von der Errichtung, dem Bestand und der Nutzung baulicher Anlagen ausgehen. Die Regelungen des Bauordnungsrechtes unterliegen der Hoheit der Bundesländer. Wichtigstes Element des Bauordnungsrechtes sind die Bauordnungen der Länder. Die Musterbauordnung hat keine rechtliche Verbindlichkeit, sie enthält aber grundlegende Empfehlungen für die Bauordnungen der Bundesländer.

9.3.3 Radonschutz im Bauplanungsrecht

Die Festsetzungen des Bebauungsplanes gründen auf dem Baugesetzbuch (BauGB). In § 1 Abs. 6 des BauGB wird u. a. gefordert, die „Allgemeinen Anforderungen an gesunde Wohn- und Arbeitsverhältnisse“ zu berücksichtigen. In diese allgemeine Formulierung kann die Gesundheitsgefährdung durch Radon einbezogen werden. Da in der im BauGB § 9 Abs 1 zusammengestellten Auflistung von schädlichen Umwelteinwirkungen und sonstigen Gefahren die Gefährdung durch natürliche Strahlung nicht aufgeführt ist, besteht allerdings keine Möglichkeit, den Radonschutz als Schutzziel im Bebauungsplan aufzunehmen. Möglich ist lediglich, Flächen im Bebauungsplan zu kennzeichnen und damit auf eine besondere Gefährdung hinzuweisen. Aus einer Kennzeichnung können keine rechtlichen Bindungen abgeleitet werden, mit ihr wird aber auf eine besondere Gefährdung im gekennzeichneten Gebiet hingewiesen.

9.3.4 Bauordnungsrechtliche Aspekte

In § 3 der Musterbauordnung (MBO) sind die allgemeinen Anforderungen an Gebäude zusammengefasst. Danach sind „Anlagen so anzuordnen, zu errichten, zu ändern und instand zu halten, dass die öffentliche Sicherheit und Ordnung, insbesondere Leben, Gesundheit und die natürlichen Lebensgrundlagen, nicht gefährdet werden" In § 13 MBO wird weiterhin gefordert, dass „...Bauliche Anlagen so angerordnet, beschaffen und gebrauchstauglich sein (müssen), dass durch Wasser, Feuchtigkeit, pflanzliche und tierische Schädlinge sowie andere chemische, physikalische oder biologische Einflüsse Gefahren oder unzumutbare Belästigungen nicht entstehen".

Die hier zitierten Forderungen aus der Musterbauordnung sind so oder in ähnlichen Formulierungen in allen Landesbauordnungen zu finden. Radonschutz ist Gesundheitsvorsorge und damit grundsätzlich auch bauordnungsrechtliches Ziel für Planung und Ausführung von Baumaßnahmen im Neubaugeschehen sowie der Gebäudesanierung. Es ist also prinzipiell möglich, die Erfüllung von Radonschutzmaßnahmen im Rahmen des Baugenehmigungsverfahrens zu fordern, allerdings sind diese (noch) nicht als allgemein anerkannte Regel der Bautechnik anerkannt (s. Abschn. 9.4). Zudem kann im Neubaugeschehen lediglich auf der Grundlage erhöhter Bodenradonbelastungen auf die Gefahr einer erhöhten Radonkonzentration in der Raumluft geschlossen werden, wir haben es also mit einer Prognose zu tun. Dabei ist zu beachten, dass die Lage in einem Radonvorsorgegebiet allenfalls als Indiz für erhöhte Bodenradonbelastungen herangezogen, die tatsächliche Belastung erst über Bodenradonmessungen festgestellt werden kann. In Bestandsgebäuden kann dagegen die Ausgangssituation sehr einfach über Raumluftmessungen bestimmt werden, die Unsicherheit einer Prognose fällt hier weg. Ein weiterer Problemkreis liegt in der Festlegung der Zielwerte. Zwar dürfte in den meisten Fällen der im Strahlenschutzgesetzt festgelegte Referenzwert von 300 Bq/m^3 herangezogen werden, der Charakter als Referenzwert lässt aber einen gewissen Deutungs-Spielraum zu. In diesem Zusammenhang soll hier auch auf die durch die WHO und weitere Gremien geforderte Begrenzung der Radonkonzentration in der Raumluft auf 100 Bq/m^3 verweisen werden, die im Sinne der Forderungen der Gesundheitsvorsorge durchaus zu berücksichtigen ist.

Zusammenfassend kann festgestellt werden, dass Forderungen zum radonsicheren Bauen im Baugenehmigungsverfahren möglich sind, aber vor allem für Neubauten nur in besonderen Fällen verhältnismäßig sein dürften. Da in Bestandsgebäuden die Unsicherheit der Zielprognose wegfällt sind hier eher Forderungen im Baugenehmigungsverfahren denkbar. Allerdings hat gerade für Bestandsgebäude der Gesetzgeber im Strahlenschutzgesetz keine Forderung, sondern lediglich eine Soll-Formulierung zum Radonsicheren Bauen aufgenommen (s. Abschn. 9.2.3.5). Dies legt nahe, dass auch im Baugenehmigungsverfahren lediglich in Ausnahmefällen mit Auflagen zum Radonsicheren Bauens zu rechnen sein wird und diese sich auf hohe vorhandene Überschreitungen der Zielwerte im Bestand konzentrieren werden. Insgesamt kann festgestellt werden, dass die Entwicklung zur Einbindung des Radonschutzes in das Bauordnungsrecht erst am Anfang steht.

9.3.5 Zivilrechtliche Ansprüche aus dem Radonschutz

Im Zivilrecht werden die Rechtsbeziehungen zwischen natürlichen Personen untereinander sowie zu juristischen Personen auf Grundlage das Bürgerlichen Gesetzbuches (BGB) geregelt. Hinsichtlich des Radonschutzes betreffen mögliche Forderungen und Ansprüche das Kauf-, Miet- und Werkvertragsrecht. Zivilrechtliche Haftungsansprüche können neben den am Bau Beteiligten (Baufirmen, Bauträgern, Architekten usw.) auch Vermieter und weitere involvierte Gruppen betreffen und sie können sowohl im Rahmen von Neubau- und Sanierungsvorhaben als auch für Bestandsgebäude geltend gemacht werden.

Gebäude müssen nach BGB frei von Sachmängeln gebaut und vermietet werden, wobei hierbei ausdrücklich mögliche Gesundheitsgefährdungen eingeschlossen sind. Liegt ein Sachmangel vor, kann nach BGB der Mieter bzw. Käufer vom Vertrag zurücktreten, Schadensersatz, Mietminderung oder Nachbesserung verlangen. Ein Sachmangel liegt dann vor, wenn Abweichungen zwischen dem Soll- und Istwert vorliegen. Die Frage, welche Radonbelastungswerte die Eingruppierung als Sachmangel rechtfertigen, ist bisher nicht abschließend geklärt, da, wie bereits an anderer Stelle ausgeführt, der Referenzwert von 300 Bq/m^3 allenfalls orientierenden Charakter besitzt und auch bei deutlich niedrigeren Werten ein steigendes Risiko der Erkrankung an Lungenkrebs nachgewiesen ist. Trotzdem dürfte aufgrund des Fehlens alternativer Ansatzpunkte der Referenzwert im Zivilrecht Bedeutung erlangen. Die Frage ist, inwieweit zwischen den Vertragsparteien in Kauf-, Miet- oder Werkverträgen von dem Referenzwert abweichende Auslegungswerte vereinbart werden können. Für niedrigere Werte (z. B. 100 Bq/m^3) dürfte eine solche Vereinbarung unproblematisch sein, da, wie bereits beschrieben, schon bei Werten von 100 Bq/m^3 ein erhöhtes Gesundheitsrisiko nachgewiesen worden ist und zudem verschiedene nationale und internationale Organisationen diesen Wert fordern. Dagegen ist die Vereinbarung eines über dem Referenzwert liegenden Zielwertes, wie z. B. 500 oder 1.000 Bq/m^3 problematisch, da hier eine Vereinbarung getroffen würde, die durch die Festlegung des Strahlenschutzgesetzes nicht gedeckt ist. Zwar ist zu beachten, dass ein Referenzwert nicht mit einem Grenzwert gleichgesetzt werden kann und deshalb ein gewisser Ermessensspielraum vorhanden ist, eine eindeutige Klärung, bis zu welcher Höhe eine solche Überschreitung des Referenzwertes noch tragbar ist, liegt aber noch nicht vor. Die Vereinbarung eines höheren Auslegungswertes kann dann sinnvoll sein, wenn zum Beispiel in einem Bestandsgebäude sehr hohe Ausgangswerte gemessen worden sind und eine Sanierung mit dem Ziel der Erreichung des Referenzwertes bau- und lüftungstechnisch nicht möglich oder nur mit sehr hohem, wirtschaftlich nicht darstellbarem Aufwand zu realisieren wäre.

Zusammenfassend kann gesagt werden, dass auch hinsichtlich zivilrechtlicher Ansprüche infolge erhöhter Radonbelastungen noch viele Fragen offen sind. Es empfiehlt sich deshalb, den Ziel- oder Auslegungswert in Form eines Höchstwertes individualvertraglich zu vereinbaren. Dadurch können spätere Auseinandersetzungen ab welcher Radonkonzentration in der Raumluft ein Sachmangel vorliegt, bereits bei Vertragsabschluss vermieden werden.

9.4 Normen und Arbeitsblätter zum radonsicheren Bauen und Sanieren

Normen sowie diese ergänzenden Regelungen sind eine wichtige Grundlage für die Planung und Ausführung von Baumaßnahmen. Für das radonsichere Bauen und Sanieren ist das Normenwerk in Deutschland noch im Entstehen. So wird bei DIN aktuell die Norm DIN/TS 18117 „Bauliche und lüftungstechnische Maßnahmen zum Radonschutz" erarbeitet. Die Bezeichnung DIN/TS verdeutlicht, dass die Norm vorerst in der Form einer Vornorm herausgegeben wird, da sich der Normenausschuss einig war, dass der bau- und lüftungstechnische Radonschutz noch nicht als „Allgemein anerkannte Regel der Technik" eingeschätzt werden kann.

Die Norm ist in zwei Teile gegliedert mit

DIN/TS 18117-1:2021-09: **Bauliche und lüftungstechnische Maßnahmen zum Radonschutz – Teil 1: Begriffe, Grundlagen und Beschreibung von Maßnahmen** [7]
sowie
DIN/TS 18117-2: **Bauliche und lüftungstechnische Maßnahmen zum Radonschutz – Teil 2: Klassifizierung, Auswahl und Handlungsempfehlungen** [8]

In Teil 1 der Vornorm sind die Grundlagen des bau- und lüftungstechnischen Radonschutzes zusammengefasst. Neben einer systematischen Zusammenstellung der möglichen Lösungen enthält dieser Normenteil eine Berechnungsvorlage, mit der die zu erwartende Radonkonzentration im Gebäude abgeschätzt werden kann. Detaillierte Erläuterungen der Lösungen des bau- und lüftungstechnischen Radonschutzes sind in Teil 1 der Vornorm nicht enthalten. Teil 1 der Vornorm wurde 2021 veröffentlicht.

Inhaltliche Schwerpunkte von Teil 2 der Vornorm sind die Beschreitung der bau- und lüftungstechnischen Lösungen sowie Handlungsempfehlungen für deren Einsatz und für die Auswahl der Lösungen in Neubauvorhaben. Die Veröffentlichung von Teil 2 ist im 1. Halbjahr 2005 zu erwarten.

Als Ergänzung für Bestandsgebäude wird aktuell bei der „Wissenschaftlich-technischen Arbeitsgemeinschaft für Bauwerkserhaltung und Denkmalpflege" (WTA) das Arbeitsblatt „**Radonschutz im Gebäudebestand**" [9] erarbeitet, welches die erforderlichen Ergänzungen zur DIN/TS 18117 für die Gebäudesanierung erfasst. Im WTA-Arbeitsblatt werden die Lösungen, die vor allem in der Sanierung eingesetzt werden, beschrieben und es werden Handlungsempfehlungen für deren Einsatz gegeben. Das WTA-Arbeitsblatt ist aktuell noch in Bearbeitung. Die Veröffentlichung ist für 2025 geplant.

Literatur

[1] Gesetz zum Schutz vor der schädlichen Wirkung ionisierender Strahlung (Strahlenschutzgesetz -StrlSchG) vom 27.06.2017
[2] Verordnung zum Schutz vor der schädlichen Wirkung ionisierender Strahlung (Strahlenschutzverordnung – StrlSchV) vom 29.11.2018
[3] Richtlinie 2013/59/Euratom des Rates vom 5. Dezember 2013 zur Festlegung grundlegender Sicherheitsnormen für den Schutz vor den Gefahren einer Exposition gegenüber ionisierender Strahlung …
[4] Hoffmann, B.: „Behördliche Ausweisung der Radonvorsorgegebiete nach StrlSchG – Methoden und Signifikanz“, Tagungsband DCONex 2022, Essen 2022
[5] Radonmaßnahmenplan zur nachhaltigen Verringerug der Expostion gegenüber Radon; Bundesministerium für Umwelt, Naturschutz und nukleare Sicherheit, März 2019; bmbuv.de/fileadmin/Daten_BMU/Pools/Broschueren/radonmassnahmenplan_bf.pdf
[6] Bundesamt für Strahlenschutz: Radon an Arbeitsplätzen in Innenräumen – Leitfaden zu den §§ 126 bis 132 des Strahlenschutzgesetzes“ Juni 2022
[7] DIN/TS 18117-1:2021-09: Bauliche und lüftungstechnische Maßnahmen zum Radonschutz – Teil 1: Begriffe, Grundlagen und Beschreibung von Maßnahmen
[8] DIN/TS 18117-2: Bauliche und lüftungstechnische Maßnahmen zum Radonschutz – Teil 2: Klassifizierung, Auswahl und Handlungsempfehlungen – Entwurf -
[9] WTA-Arbeitsblatt „Radonschutz im Gebäudebestand“ (in Bearbeitung)

MIX
Papier aus verantwortungsvollen Quellen
Paper from responsible sources
FSC® C105338

If you have any concerns about our products,
you can contact us on
ProductSafety@springernature.com

In case Publisher is established outside the EU,
the EU authorized representative is:
Springer Nature Customer Service Center GmbH
Europaplatz 3, 69115 Heidelberg, Germany

Printed by Libri Plureos GmbH
in Hamburg, Germany